DUDEN

Wie sagt man in Österreich?

GW00360613

DUDEN-TASCHENBÜCHER
Praxisnahe Helfer zu vielen Themen

DUDEN

Wie sagt man in Österreich?

**Wörterbuch der österreichischen
Besonderheiten**

von Jakob Ebner

2., vollständig überarbeitete Auflage

Bibliographisches Institut Mannheim/Wien/Zürich
Dudenverlag

Ebner, Jakob:
Duden „Wie sagt man in Österreich?": Wörterbuch d. österr. Besonderheiten/von Jakob Ebner. – 2., vollst. überarb. Aufl. – Mannheim, Wien, Zürich: Bibliographisches Institut, 1980. (Duden-Taschenbücher; Bd. 8)
ISBN 3-411-01794-5

Aus dem Vorwort zur ersten Auflage

Das deutsche Sprachgebiet ist nicht nur in mehrere Staaten geteilt, sondern zerfällt auch rein sprachlich in verschiedene Landschaften, von denen jede bei aller Übereinstimmung mit den anderen ihre eigenen sprachlichen Eigenheiten hat, die für die jeweiligen Nachbarn ungewöhnlich sind. Soweit solche landschaftlichen Besonderheiten Österreich betreffen, sind sie in diesem Buch zusammengestellt.

Da Österreich, wie auch die Schweiz, selbständiger Staat ist und auf einer langen Tradition aufbaut, haben sich hier die sprachlichen Eigenheiten stärker ausgeprägt als in den Sprachlandschaften innerhalb Deutschlands. Im Austausch mit den slawischen Nachbarn im Osten, den romanischen im Süden und den Deutschen im Westen, mit denen es durch die Geschichte einerseits, durch die gemeinsame Mundart andererseits verbunden ist, hat sich die deutsche Sprache in Österreich in oft recht eigenständiger Weise entwickelt. Die Mundart Österreichs ist bairisch, also gleich wie in Bayern, der äußerste Westen aber, das Bundesland Vorarlberg, spricht alemannisch; er gehört also in den gleichen Dialektraum wie die Schweiz, Südwestdeutschland und das Elsaß. Daher hat das österreichische Deutsch viel mit den Nachbarlandschaften gemeinsam, und viele Merkmale dieser südlichen Landschaften überschneiden sich. Andererseits hat die staatliche Organisation viele Prägungen bewirkt, die nicht über die Landesgrenzen hinüberreichen.

Es sind vielfältige Probleme, die in diesem Wörterbuch zur Sprache kommen, und ebenso vielfältig ist der Kreis der Benutzer, für den es bestimmt ist. Es soll den Deutschen, der sich, sei es im Urlaub, bei einer Geschäftsreise oder zum Studium, in Österreich aufhält, über ihm unbekannte Wörter, fremdartige Formulierungen oder andere Fragen, die sich ergeben könnten, informieren. Im gleichen Maß kann es dem Leser österreichischer Dichter oder Zeitungen dienen.

Das Buch ist aber auch für den Österreicher gedacht. Er wird über seine Sprache genaue Auskunft erhalten, über Rechtschreibung, Wortgebrauch, Aussprache, Bedeutung usw. Das ist sicher nützlich, denn den wenigsten deutschen Wörterbüchern steht der Platz oder stehen die Fachleute zur Verfügung, solche landschaftlichen Besonderheiten in genügendem Maß zu behandeln. Bei vielen in Österreich auftretenden Zweifelsfällen wird sich herausstellen, daß es gar nicht um die Frage richtig oder falsch geht, sondern daß es sich einfach um einen sprachgeographischen Unterschied handelt. Die Sprachwissenschaft hat sich zwar mit den Mundarträumen längst eingehend befaßt, so auch in Österreich, sie hat aber erst in neuerer Zeit in der von Hugo Moser herausgegebenen Sonderreihe der Duden-

Beiträge über die „Besonderheiten der deutschen Schriftsprache im Ausland" damit begonnen, die Landschaften der Hochsprache zu bearbeiten. Was Österreich betrifft, sind zwei ausführlichere Arbeiten zu erwähnen: H. Rizzo-Baur, „Die Besonderheiten der deutschen Schriftsprache in Österreich und Südtirol", Mannheim 1962 (Duden-Beiträge 5) und Z. Valta, Prag, „Die österreichischen Prägungen im Wortbestand der deutschen Gegenwartssprache", 1967; dem Autor der letztgenannten Arbeit bin ich sehr zu Dank verpflichtet, daß ich das Manuskript seiner leider noch ungedruckten Arbeit einsehen durfte.

Mannheim/Wien, im August 1969

Jakob Ebner

Vorwort zur zweiten Auflage

In der Neubearbeitung wurde der Wortschatz ergänzt und aktualisiert. Dazu wurde das neueste Schrifttum ausgewertet, einschließlich der Jugendliteratur. Über 700 Stichwörter wurden neu aufgenommen. Dies wurde durch platzsparenden Druck ermöglicht. Außerdem wurden Wörter der älteren Literatursprache und ältere Sachbezeichnungen sowie Wörter mit zu geringem Unterschied zum Sprachgebrauch in Deutschland gestrichen. Der allgemeine Teil am Schluß des Buches wurde durch eine Darstellung der österreichischen Umgangssprache und eine Suchliste Binnendeutsch–Österreichisch erweitert.

Die vielen Anregungen und Korrekturvorschläge, die mich in den letzten zehn Jahren in Rezensionen und Briefen erreichten, bildeten eine wichtige Grundlage für die Neubearbeitung. Ich habe allen Benützern und Kritikern der ersten Auflage für ihre Mitarbeit zu danken.

Linz, im Mai 1980

Jakob Ebner

INHALTSVERZEICHNIS

Die sprachlichen Verhältnisse in und um Österreich

alemannischer Dialektraum

bairischer Dialektraum

ungefähre Grenze zwischen mittel-
und südbairischem Dialekt

CSSR
tschechisch

Niederösterreich

WIEN

Burgen-land

UNGARN
magyarisch

serbokroatisch

Steiermark

Ober-österreich

Kärnten

JUGOSLAWIEN
slowenisch

Salzburg

Ost-tirol

ITALIEN
italienisch

BAYERN
bairisch

deutsch

Tirol

Vor-arl-berg

alemannisch

SCHWEIZ

Minderheiten:
slowenisch (Südkärnten) kroatisch (Burgenland) magyarisch (Burgenland) tschechisch (Wien)

WAS SIE IN DIESEM BUCH FINDEN

● In diesem Buch wird nicht ein Querschnitt durch den gesamten Wortschatz, der in Österreich vorkommt, geboten, sondern es verzeichnet nur den Teil der allgemeinen deutschen Hochsprache, der sich in Österreich vom übrigen deutschen Sprachgebiet unterscheidet. Es ersetzt also kein deutsches und kein österreichisches Wörterbuch, sondern gibt zusätzliche Informationen, die in anderen Wörterbüchern gewöhnlich nicht in diesem Ausmaß geboten werden können.

● Das Hauptaugenmerk dieses Wörterbuchs liegt auf der Darstellung des in Österreich als hochsprachlich geltenden Wortschatzes; nur in diesem Bereich wurde Vollständigkeit angestrebt. In zweiter Linie, aber möglichst ausführlich, wird der umgangssprachliche Wortschatz berücksichtigt. Dieses Buch ist aber kein Mundartwörterbuch. Ein solches wäre in diesem Rahmen nicht möglich. Es sind nur wenige mundartliche Wörter angeführt, die für den österreichischen Sprachgebrauch typisch sind und in einem größeren Gebiet gebraucht werden. – Es ist auch nicht Aufgabe dieses Buches, alle Eintragungen des „Österreichischen Wörterbuches" zu verzeichnen.

● Besonders zu beachten ist das Wörtchen *auch*. Wörter mit mehreren Bedeutungen werden natürlich nicht mit allen Bedeutungen angeführt, sondern nur mit den spezifisch österreichischen. Formulierungen wie *bedeutet österr. auch* zeigen an, daß die übrigen Bedeutungen (und das sind meist die häufigeren) gemeindeutsch sind.

ZUR ANLAGE DES BUCHES

Die Auswahl der Stichwörter

1. Es sind im wesentlichen zwei Gruppen von Wörtern, die in dieses Buch aufgenommen wurden:

1. Wörter, die auf Österreich (und seine Nachbarlandschaften) beschränkt sind.

2. Wörter, die im gesamten deutschen Sprachraum verbreitet sind, in Österreich aber in irgendeiner Weise vom Binnendeutschen abweichend gebraucht werden.

2. Es ist vor allem ein Wörterbuch der österreichischen Hochsprache, daneben wird noch die Umgangssprache berücksichtigt. Mundartliche Wörter wurden nur dann aufgenommen, wenn das häufige Vorkommen im öffentlichen Leben und in der Literatur es als nützlich erscheinen ließ.

3. Das Buch behandelt die Gegenwartssprache. Veraltete Wörter erscheinen nur, wenn sie bei älteren Leuten tatsächlich noch in Gebrauch sind.

Ein besonderes Problem stellen hier alte Fremdwörter dar, die in Deutschland veraltet, in Österreich noch üblich sind. In älterem Schrifttum über österreichische Eigenheiten finden sich oft Wörter, die inzwischen auch in Österreich außer Gebrauch gekommen sind. Sie sind daher vom Standpunkt der Gegenwartssprache aus keine österreichischen Besonderheiten mehr und wurden deshalb auch in dieses Buch nicht mehr aufgenommen. An ihre Stelle sind andere, in Deutschland veraltete, in Österreich aber noch übliche Wörter getreten.

4. Der Unterschied zum Binnendeutschen kann die Aussprache, Betonung, Bedeutung, Rechtschreibung usw. betreffen. Unterschiede in der Häufigkeit des Vorkommens wurden mit Ausnahme von wenigen ganz auffälligen Wörtern nicht berücksichtigt, weil sich nur selten etwas Eindeutiges aussagen läßt.

Auf Sachinformationen aller Art, wie Abkürzungen, Titel, Bezeichnungen von Institutionen u. ä. wurde verzichtet, weil sie den Rahmen dieses sprachlichen Wörterbuchs gesprengt hätten.

5. Ein für die Lexikographie des Österreichischen fast unlösbares Problem stellt Vorarlberg dar. Zum alemannischen Dialektgebiet gehörend, nimmt es am Großteil der schweizerischen Besonderheiten teil, ist aber selbst in seinem Dialekt nicht einheitlich. Für eine vollständige Erfassung des Vorarlberger Sprachgebrauchs wäre fast ein Schweizer Wörterbuch nötig, das hier natürlich nicht gebracht werden kann. Zudem fehlt in Vorarlberg (wie in der Schweiz) weitgehend eine Umgangssprache, und Mundartwörter sind in diesem Buch nur in Ausnahmefällen verzeichnet. Es wurde daher nur eine Auswahl der Schweizer Wörter in der Zeitungssprache Vorarlbergs und eine Auswahl von Wörtern, die auf den wirtschaftlichen und geographischen Gegebenheiten beruhen, aufgenommen.

Die Terminologie

Für die Darstellung der räumlichen Verhältnisse wurden folgende Termini verwendet:

Gemeindeutsch: im gesamten deutschen Sprachgebiet in annähernd gleichem Maß vorkommend.

Binnendeutsch: im größten Teil des deutschen Sprachraums mit Ausnahme der Randgebiete (besonders Österreichs und der Schweiz) vorkommend.

Dem Binnendeutschen stehen *österreichisch* und *schweizerisch* gegenüber.

Oberdeutsch faßt süddeutsch, österreichisch und schweizerisch zusammen.

Bayrisch bezeichnet die Sprache im heutigen Freistaat Bayern.

Bairisch dient zur Bezeichnung des ganzen Volksstammes und des gesamten Dialektraumes und umfaßt daher Altbayern und Österreich (ohne Vorarlberg).

Das Verhältnis zu den Nachbarlandschaften

1. Der Nutzen eines Buches, in dem nur die reinen Austriazismen, d. h. die auf Österreich beschränkten Spracheigentümlichkeiten, behandelt werden, wäre gering. Will man die österreichische Hochsprache in allen ihren Erscheinungen erfassen, muß man jene Wörter mit einbeziehen, die auch in einer benachbarten Sprachlandschaft vorkommen. Bei diesen Wörtern wurde, sofern dies sinnvoll erschien, in runder Klammer die regionale Verbreitung angegeben, z. B. auch süddt., auch schweiz., auch ostmitteldt. usw.

2. Eine exakte landschaftliche Abgrenzung läßt sich nur in seltenen Fällen erreichen.

Wenn ein österreichisches Wort vereinzelt auch in Deutschland vorkommt, im allgemeinen dort aber noch ungebräuchlich ist, gilt es in diesem Buch immer noch als Austriazismus. Wenn es im Binnendeutschen bereits allgemein bekannt ist, wird es nicht mehr aufgenommen.

Viele Wörter sind nicht zu trennen von den natürlichen Gegebenheiten. So ist es klar, daß ein Wort aus den Tiroler Alpen auch im benachbarten südlichen Teil von Bayern, so weit eben die Alpen reichen, vorkommt.

Es kommt auch oft vor, daß z. B. ein Dichter oder Journalist ein Wort von einem Österreich-Aufenthalt mitbringt und es, teils zur Abwechslung, teils aus Originalitätssucht, in Deutschland verwendet.

3. Bei vielen Formen, meist betrifft es die Betonung, gibt es im Binnendeutschen zwei Varianten: Wenn in Österreich nur eine davon üblich ist, wird sie in diesem Buch angegeben.

Nicht aufgeführt sind Formen, bei denen es (laut Duden) neben der meist gebrauchten Hauptform noch eine Nebenform gibt und die Hauptform auch die in Österreich übliche ist. *Münster* hat z. B. meist den Artikel *das,* selten *der,* in Österreich nur *das,* daher erscheint Münster nicht als Stichwort dieses Buches.

Die Belege und Beispiele

1. Auf die Beispiele wird besonderer Wert gelegt. Sie sollen die Bedeutung eines Wortes erhellen, den Gebrauch innerhalb des Satzes verdeutlichen und zugleich Beleg und Beweis für das Vorkommen sein. Die Beispiele sind nach Möglichkeit Belege aus einem literarischen Werk oder einer Zeitung. Konstruierte Beispiele finden sich nur, wenn ein Wort mehr der gesprochenen Sprache angehört und daher kaum schriftlich festgehalten ist, oder neben einem zitierten Beleg, wenn die Verwendung des Wortes noch nicht klar genug gezeigt wurde.

Ältere oder umgangssprachliche Wörter kommen oft in verschiedenen Schreibungen vor. Die Stichwörter sind in der heute üblichen oder genormten Form aufgenommen; ebenso sind häufige Nebenformen verzeichnet, nicht aber jede literarisch belegte seltene oder alte Schreibweise. Die Form des Belegs kann also u. U. von der Form des Stichwortansatzes abweichen.

2. Für die literarischen Belege wurde ein Querschnitt durch die österreichische Literatur dieses Jahrhunderts exzerpiert. Einzelbelege aus der Literatur des vorigen Jahrhunderts wurden nur dort verwendet, wo der heutige Sprachgebrauch (evtl. näher gekennzeichnet durch ugs., veraltet usw.) gleich ist.

Zitiert werden die Werke nach Möglichkeit nach leicht zugänglichen und billigen Ausgaben, das sind meist Taschenbücher. Die Seitenzahlen betreffen die Seite der jeweiligen Ausgabe, nicht der Einzelerzählung oder des einzelnen Gedichtes.

3. Die Belege aus Zeitungen geben streng den Sprachgebrauch der Gegenwart wieder. Sie sind daher auf den Zeitraum Oktober 1968 bis Mai 1980 beschränkt. Da es in diesem Buch in erster Linie um die Hochsprache geht, stammt die Mehrzahl der Belege aus überregionalen Zeitungen, für den alemannischen Westen aus den „Vorarlberger Nachrichten". Kleinere Blätter oder Boulevardzeitungen sind zwar auch wichtig (mehr bäuerlichen Wortschatz findet man eben nur in einer Bauernzeitung), sie werden aber erst in zweiter Linie herangezogen. Wenn der Autor einer zitierten Zeitungsstelle von Interesse ist, wurde der Name in eckigen Klammern hinzugefügt.

Sprachschichten, Stilbewertungen und Angaben zum Wortgebrauch

1. Sprachschichten
Die Gliederung eines Wortschatzes geht im allgemeinen von bestimmten Sprachschichten aus, die allerdings nicht scharf voneinander getrennt sind. Der einzelne Sprecher kann je nach den Umständen an mehreren Sprachschichten Anteil haben. Wir unterscheiden:

Hochsprache, auch *Standardsprache* oder *Normalsprache* genannt: die genormte, in der Schule gelehrte und gesellschaftlich allgemein anerkannte Sprachform. (Im Wörterverzeichnis nicht näher gekennzeichnete Wörter gelten als hochsprachlich.)

Umgangssprache: die mehr im mündlichen Gebrauch verwendete Sprachform, die sich zwar nach den Normen der Hochsprache richtet, diese aber nur ungenau einhält. Regionale Färbungen in der Lautform, die sich oft im Schriftbild zeigen, sind deutlich erkennbar. Eine der Hochsprache sehr nahe kommende Umgangssprache ist die *Alltagssprache,* z. B. fuzeln.

Mundart: die räumlich begrenzte, auf der natürlichen Sprachentwicklung einer Landschaft beruhende Sprachform, die sich in ihrem grammatischen System grundsätzlich vom System der Hochsprache unterscheidet, z. B. aussi.

2. Angaben zu den Stilschichten
Wörter, die vom normalen Sprachgebrauch abweichen, erhielten – soweit dies möglich war – eine stilistische Kennzeichnung. In Zweifelsfällen blieb ein Wort unbewertet.

gehoben: nur in feierlicher, poetischer Ausdrucksweise, z. B. Kanzelwort.

bildungssprachlich: Ausdrucksweise einer Bevölkerungsschicht, die eine gewisse Bildung hat (drückt keine positive Wertung, sondern nur eine Zuordnung aus), z. B. Austro-.

salopp: nachlässig, burschikose Ausdrucksweise, meist in der gesprochenen Sprache und mit vielen ausgefallenen Verwendungsweisen, z. B. gschupft.

derb: grobe, ungepflegte Ausdrucksweise, z. B. Beuschel (für Lunge).

vulgär: sehr niedrige, anstößige, gossenhafte Ausdrucksweise, z. B. Badhur.

3. Angaben über besondere Nuancen in Gebrauch und Bedeutung:

abwertend: drückt das persönliche ablehnende Urteil des Sprechers aus, z. B. Kepplerin.

scherzhaft: nur in absichtlich witziger oder spöttischer Ausdrucksweise, z. B. Backhendlfriedhof.

4. Zeitliche Angaben:

Neuprägung: erst in jüngster Zeit auf Grund irgendwelcher neuer Verhältnisse aufgekommenes Wort, z. B. Coloniaraum.

veraltend: von jüngeren Leuten nicht mehr gebrauchtes Wort; Wort, das bereits etwas altmodisch wirkt, z. B. Biegung.

veraltet: nur noch von wenigen alten Leuten gebraucht oder in absichtlich altertümlicher Ausdrucksweise, z. B. Pfeid.

5. Bereichsangaben:

Wenn ein Wort nur in einem bestimmten Bereich vorkommt und dies aus der Definition nicht eindeutig hervorgeht, wurde in Sperrdruck der Bereich angegeben, z. B. Amtssprache, Skisport, Druckerei, Küche usw.

Die Verweise

Die Verweise am Ende eines Artikels dienen dazu,

   a) die Wortfamilien aufzuzeigen,
   b) auf Synonyme hinzuweisen.

Von den Zusammensetzungen wird auf das jeweilige Grundwort verwiesen, dort findet man dann Verweise auf andere Zusammensetzungen. Nicht verwiesen wird vom Grundwort auf Zusammensetzungen, die in der alphabetischen Reihenfolge unmittelbar nachfolgen.

   Z. B. Gegenstand: →Hauptgegenstand, Lehrgegenstand, Lieblingsgegenstand, Nebengegenstand usw.
   Jause: →Marende.

Der Aufbau der Artikel

Gemäß den beiden Gruppen von Wörtern, die in diesem Buch erscheinen, gibt es auch zwei Gruppen von Artikeln:

1. Artikel, die Wörter betreffen, die auf Österreich (und die Nachbarlandschaften) beschränkt sind. Z. B.:

   Fleischhauerei, die; -, -en: „Fleischerei": *Havlicek steht in der Tür der Fleischhauerei und frißt Wurst* (Ö. Horvath, Geschichten aus dem Wiener Wald 402). →**Fleischhauer.**

Artikel dieser Gruppe enthalten also: *Hauptstichwort* (halbfett Grotesk), *Nebenstichwort* (halbfett), *Artikel* oder *Stammformen* (bei Substantiven bzw. Verben), *grammatische Angaben* (z. B. /nur prädikativ/), *Herkunft* (bei Fremdwörtern, nur Angabe der Sprache, aus der das Wort zuletzt übernommen wurde, wobei keine Vollständigkeit angestrebt wurde), *Aussprache* (meist nur bei Fremdwörtern, wenn sie vom Schriftbild abweicht, sowie bei Wörtern mit mundartlicher Aussprache; Lautschrifttabelle Seite 17), *Stilschicht, Altersschicht, Bereich* o. ä. (wenn nötig), *Bedeutung,* evtl. Angabe der *Nachbarlandschaften,* in denen das Wort außerdem vorkommt, evtl. Bemerkungen zum *Wortgebrauch, Beispiele* (mit Quellenangabe), *Verweise.*

> In der österreichischen Umgangssprache und Mundart gibt es keinen Genitiv und kein Präteritum. In schriftlicher Verwendung solcher Wörter sind diese Formen aber denkbar. Daher ist im Wörterverzeichnis der Genitiv angegeben; das Präteritum steht nur bei umgangssprachlichen Wörtern, die mehr der Alltagssprache angenähert sind und schriftlich (z. B. auch in Zeitungsglossen) öfter vorkommen, es fehlt bei Verben der Mundart und der nur gesprochenen Umgangssprache.

2. Bei Wörtern, die auch im Binnendeutschen vorkommen, in Österreich aber in irgendeiner Weise unterschiedlich verwendet werden, wurde außer dem Stichwort (mit Artikel, Stammform o. ä.) nur der Unterschied angegeben, durch den sich das Wort vom Binnendeutschen unterscheidet; z. B.

Chirurg, der; -en, -en: wird in Österr. [kiˈrʊrk] ausgesprochen, im Binnendt. [ç...]. Ebenso spricht man **Chirurgie, chirurgisch** mit [k...] am Anfang.

Solche Unterschiede können außer der *Aussprache* die *Betonung,* das *Geschlecht, Deklinations- oder Konjugationsformen, Rechtschreibung,* die *Bedeutung* o. ä. betreffen. Wenn mehrere Wörter einer Wortfamilie in gleicher Art behandelt werden und im Alphabet unmittelbar folgen, sind sie zu einem Artikel zusammengefaßt worden.

BESONDERE ZEICHEN

( ) In runden Klammern stehen:

1. Stil- und Altersschichten, z. B. ugs., veraltend.

2. Die Angabe der Quelle eines Belegs, z. B. H. Doderer, Die Dämonen.

3. Zusätze oder Erklärungen bei den Definitionen, z. B. „bräunen" *(von der Sonne).*

4. Die hochsprachliche Entsprechung eines nicht ohne weiteres verständlichen mundartlichen Wortes innerhalb eines Beleges, z. B. *ka* (keine) *Ansprach.*

[ ] In eckigen Klammern stehen:

1. Buchstaben und Wörter, die ausgelassen werden können, z. B. „[polizeiliche] Ermittlung": es handelt sich im allgemeinen um eine von der Polizei durchgeführte Ermittlung, dies muß aber nicht unbedingt der Fall sein.

2. Bemerkungen oder Erklärungen innerhalb eines Beispiels, z. B. *Premier* [phonetische Schreibung].

3. Alle Ausspracheangaben, z. B. [ma'søɾɪn].

/ 1. Innerhalb von Schrägstrichen stehen grammatische Angaben, z. B. /Plural/, /nur prädikativ/.

2. Der Schrägstrich steht auch in Sätzen, bes. Wendungen, zwischen Wörtern, die ausgewechselt werden können, z. B. *gar nicht/net ignorieren.*

3. Der Schrägstrich trennt die Verse innerhalb eines Belegs, z. B. *War net Wien, ging net gschwind / wieder amal der Wind.*

⟨ ⟩ In Winkelklammern stehen die Sprachen, aus denen ein Fremdwort stammt, z. B. ⟨franz.⟩.

→ Ein Pfeil nach rechts drückt aus, daß unter dem Stichwort, das nach dem Pfeil steht, ein anderes Wort dieser Wortfamilie oder ein sinnverwandtes Wort zu finden ist, oder daß das betreffende Wort unter dem Stichwort erklärt wird, auf das durch den Pfeil verwiesen wird.

„ " Unter Anführungszeichen stehen die Definitionen. Darunter werden auch Synonyme verstanden, die dem Stichwort genau entsprechen und daher zur Erklärung herangezogen werden.

* Ein Sternchen vor einem halbfett gedruckten Satz kennzeichnet eine feste Wendung oder Fügung.

** Zwei Sternchen kennzeichnen eine Wendung oder Fügung, die nicht zu der Bedeutung gehört, hinter der sie angefügt ist.

... Drei Punkte drücken aus, daß innerhalb eines Wortes oder Satzes Teile ausgelassen wurden. Bei manchen Belegen, bes. bei Qualtinger und Schnitzlers „Leutnant Gustl", wurden die Punkte bereits vom Dichter gesetzt und erfüllen die Funktion einer Gedankenpause.

ⓦ Eingetragenes Warenzeichen.

. – Ein Punkt unter einem Vokal bezeichnet Kürze, ein Strich Länge der betonten Silbe.

VERZEICHNIS DER
IN DIESEM BUCH VERWENDETEN ABKÜRZUNGEN

afrik.	afrikanisch	jmdm.	jemandem	port.	portugiesisch
Amtsspr.	Amtssprache	jmdn.	jemanden	rfl.	reflexiv
arab.	arabisch	jmds.	jemandes	rhein.	rheinisch
bayr.	bayrisch			rumän.	rumänisch
Bgld.	Burgenland	kath.	katholisch		
binnendt.	binnendeutsch	Ktn.	Kärnten	Sbg.	Salzburg
dt.	deutsch	lat.	lateinisch	scherzh.	scherzhaft
				schweiz.	schweizerisch
engl.	englisch	malai.	malaiisch	slaw.	slawisch
fam.	familiär	mdal.	mundartlich	slow.	slowenisch
franz.	französisch	mitteldt.	mitteldeutsch	span.	spanisch
geh.	gehoben	niederld.	niederländisch	Sprachwiss.	Sprachwissenschaft
gemeindt.	gemeindeutsch	NÖ	Niederösterreich	Stmk.	Steiermark
griech.	griechisch			süddt.	süddeutsch
		o. ä.	oder ähnliches	südwestdt.	südwestdeutsch
hebr.	hebräisch	OÖ	Oberösterreich	Tir.	Tirol
indian.	indianisch			tr.	transitiv
indon.	indonesisch	österr.	österreichisch	tschech.	tschechisch
ital.	italienisch	Österr.	Österreich	ugs.	umgangssprachlich
itr.	intransitiv	ostdt.	ostdeutsch		
		ostmitteldt.	ostmitteldeutsch	ungar.	ungarisch
japan.	japanisch				
jidd.	jiddisch			Vbg.	Vorarlberg
jmd.	jemand	pers.	persisch		

LAUTSCHRIFT

a	h**a**t	hat		ņ	B**a**den	ˈbaːdņ
aː	B**ah**n	baːn		ŋ	l**a**ng	laŋ
ɐ	Ob**er**	ˈoːbɐ		o	Mor**a**l	moˈraːl
ɐ̯	**Uh**r	uːɐ̯		oː	B**oo**t	boːt
ã	p**en**s**ee**	pãˈseː		o̜	l**o**yal	lo̜aˈjaːl
ãː	Ab**on**nement	abõˈmãː		õ	F**on**due	fõˈdyː
æ	B**a**ck	bæk		õː	F**on**d	fõː
æː	C**o**ttage	kɔˈtæːʒ		ɔ	**O**rchester,	ɔrˈçɛstər, hɔkņ
ʌ	Bl**u**ff	blʌf			H**a**cken	
ai̯	w**ei**t	vai̯t		ɔ	P**a**tschen	pɔːtʃņ
au̯	H**au**t	hau̯t		ø	**Ö**kon**o**m	økoˈnoːm
b	B**a**ll	bal		øː	**Ö**l	øːl
ç	**i**ch	ɪç		œ	g**ö**ttlich	ˈɡœtlɪç
d	d**a**nn	dan		œ̃	ch**a**cun à	ʃakœasõˈɡu
dʒ	G**i**n	dʒɪn			son goût	
e	Meth**a**n	meˈtaːn		œ̃ː	P**a**rfum	parˈfœ̃ː
eː	B**ee**t	beːt		ɔy̯	H**eu**	hɔy̯
ɛ	h**ä**tte	ˈhɛtə		ɔa̯	M**oa**r	mɔa̯
ɛː	w**ä**hlen	ˈvɛːlən		p	P**a**kt	pakt
ɛ̃	timbr**ie**ren	tɛ̃ˈbriːrən		pf	Pf**ah**l	pfaːl
ɛ̃ː	Timbre	ˈtɛ̃ːbrə		r	R**a**st	rast
ɛa̯	H**ea**nz	hɛa̯(n)ts		s	H**a**st	hast
ə	h**a**lte	ˈhaltə		ʃ	sch**a**l	ʃaːl
f	F**a**ß	fas		t	T**a**l	taːl
ɡ	G**a**st	ɡast		ts	Z**a**hl	tsaːl
h	h**a**t	hat		tʃ	M**a**tsch	matʃ
i	vit**a**l	viˈtaːl		u	kul**a**nt	kuˈlant
iː	v**ie**l	fiːl		uː	H**u**t	huːt
i̯	St**u**die	ˈʃtuˈdi̯ə		u̯	akt**u**ell	akˈtu̯ɛl
ɪ	B**i**rke	ˈbɪrkə		ʊ	P**u**lt	pʊlt
ɪa̯	sch**ie**ch	ɪa̯ç		v	w**a**s	vas
j	j**a**	jaː		x	B**a**ch	bax
k	k**a**lt	kalt		y	Ph**y**sik	fyˈzɪk
l	L**a**st	last		yː	R**ü**be	ˈryːbə
ļ	N**a**bel	ˈnaːbļ		ỹ	Et**ui**	eˈtỹi
m	M**a**st	mast		ʏ	f**ü**llen	ˈfʏlən
m̩	gr**o**ßem	ˈɡroːsm̩		z	H**a**se	ˈhaːzə
n	N**ah**t	naːt		ʒ	Gen**ie**	ʒeˈniː

A

aba, ober [ˈɔːɐ̯ɐ] (mdal.): „herunter"
(auch bayr.); zusammengesetzt mit Verben: *Ich verstehe deinen Zweifel nicht, ich
sagte doch, paß mal besser auf – der Oberbombenwerfer. Sedlatschek: Noja, aber
tschuldige – wirfst du denn nicht auch Bomben ober?* (K. Kraus, Menschheit I 135).

abaschaun, obaschaun, hat abagschaut
(mdal.): **1.** „herunterschauen". **2.** (gefühlsbetont) „vom Himmel herunterschauen":
Sindelar, schau aba ([Ausruf am Fußballplatz:] Sindelar [berühmter Fußballspieler
um 1930], schau herunter vom Himmel,
wie schlecht heutzutage gespielt wird!);
*der Poldl mecht scheen schaun, wann er
abaschaun mecht, wia 's zuageht in sein
Wirtshaus ...* (H. Qualtinger/C. Merz, Der
Herr Karl 13); *Ferdinand Raimund, Franz
Grillparzer, Adalbert Stifter ... schaut's oba
auf solche Landsleut!* (Wiener Sprachblätter Sept. 1968). →**schauen.**

abbeuteln, beutelte ab, hat abgebeutelt:
„etwas abschütteln": *... daß ich solche
Schreckenstage von meiner Seele abbeuteln
könnte wie ein Hund seine Flöhe?* (H. Hofmannsthal, Der Unbestechliche 156).
→**beuteln.**

Abbrändler, der; -s, -: „Bauer, dessen
Hof durch einen Brand zerstört wurde"
(auch süddt.): *Abbrändler oder von Naturkatastrophen Betroffene* (H. Doderer,
Wasserfälle 130).

abbrennen, brannte ab, hat abgebrannt:
bedeutet in Österr. auch „bräunen" (von
der Sonne): *sich abbrennen lassen; die
Sonne brannte ihn tüchtig ab.* →**abgebrannt.**

abbrocken, brockte ab, hat abgebrockt:
„abpflücken" (auch süddt.): *ich brocke
mir einige Äpfel ab; Blumen, Beeren, Kirschen abbrocken.* →**brocken.**

Abbruchsarbeit, die; -, -en: österr. Form
für binnendt. „Abbrucharbeit".

abeisen, eiste ab, hat abgeeist: „abtauen": *den Kühlschrank abeisen.*

abend kann österr. auch in Verbindung
mit einer Uhrzeit stehen: *jeweils um sechs
Uhr abend sollte die Aufenthaltszeit der
Tochter enden* (F. Torberg, Jolesch 84).

Abendkassa, die; -, -en: österr. Form für
„Abendkasse": *Im Volkstheater dagegen
untermalen die Sitzehüter das Bühnengeschehen gern durch Schillinggeklingel und
einen Schwatz mit der Garderobiere, während sie gemeinsam Abendkassa machen*
(Die Presse 2. 1. 1969). →**Kassa.**

Aberhunderte: Hunderte und Aberhunderte: österr. Schreibung für binnendt.
„Hunderte und aber Hunderte", dasselbe
gilt auch für **Tausende und Abertausende:**
Aber was heißt Hunderte und Aberhunderte? Ausgerechnet! Sagen Sie gleich Tausende und Abertausende (K. Kraus, Menschheit I 47).

Abertausende →Aberhunderte.

Abfertigung, die; -, -en: österr. Form für
binnendt. „Abfindung": *... die zu seiner
Pension fällig gewordene Abfertigung ...*
(Wochenpresse 25. 4. 1979).

Abfertigungsanspruch, der; -s, ...sprüche: „Anspruch auf →Abfertigung".

Abfertigungsrücklage, die; -, -n: „für
die Zahlung von Abfertigungen bestimmte Geldreserve": *...wenn das Ausmaß der
bisher gebildeten Abfertigungsrücklage
25% übersteigt ...* (Rundschreiben der Creditanstalt, Februar 1978).

abfieseln, hat abgefieselt (ugs.): „abnagen": *... und einen Knochen zum Abfieseln*
(B. Frischmuth, Kai 47).

abfretten, sich; frettete sich ab, hat sich
abgefrettet (ugs.): **a)** „sich mühevoll im

Leben durchbringen": *der Mann ist fort, sie muß sich allein mit den Kindern abfretten.* **b)** „mit etwas sich länger mühsam beschäftigen und zu keinem rechten Ergebnis kommen": *sie muß sich beim Heizen immer mit diesem alten Ofen abfretten.* →**durchfretten, fretten.**

Abgang, der; -[e]s, Abgänge: Amtsspr. „Fehlbetrag": *Riefensberg (Abgang in der Gemeinderechnung 1967)* (Vorarlberger Nachrichten 4. 11. 1968); *den Abgang von 50 Schilling mußte die Kassierin selbst ersetzen.* Die allgemeinere Bedeutung „Verlust, Abfall" (z. B. beim Handel durch Transportschäden) ist gemeindt.

abgängig: „vermißt; nicht nach Hause zurückgekehrt": *die Leiche der bis zum Skelett abgemagerten Abgängigen lag auf dem Boden der Kaminkammer* (Express 2. 10. 1968); *Von den 172 Kindern, die in Wien abgängig waren ...* (Die Presse 8. 1. 1969); *Als die Rosa Riedl über eine Woche abgängig war* (C. Nöstlinger, Rosa Riedl 149).

Abgängigkeitsanzeige, die; -, -n: „Meldung bei den Behörden, daß jmd. vermißt wird": *Die Eltern hatten sofort am 20. Februar ... die Abgängigkeitsanzeige erstattet* (Die Presse 13. 3. 1969).

abgebrannt: bedeutet in Österr. auch „(von der Sonne) gebräunt": *von der Sonne abgebrannt kehrten wir aus Italien zurück.* Die Bedeutung „ohne Geld" ist gemeindt.

abgedreht (ugs.) ['ɔːdraːt]: „verdorben, skrupellos" (auch bayr): *ein abgedrehter Kerl; der ist ganz schön abgedreht.*

abgestraft (veraltend): „durch ein Gericht rechtskräftig verurteilt und bestraft; vorbestraft": *Die kenn i eh. Die is wegen Diebstahl abgstraft und wegen Vagabundasch war s' aa eingliefert* (K. Kraus, Menschheit II 105). →**abstrafen.**

abgreifen, griff ab, hat abgegriffen: „abtasten": *ich lasse micht nicht von jedem abgreifen.* Vgl. →**angreifen.**

abhängen, hing ab, ist abgehangen, „angewiesen sein": bildet österr. (und südtl.) das Perfekt mit sein: *er ist/war von ihr finanziell abgehangen.*

abhäuteln, häutelte ab, hat abgehäutelt (ugs.): **a)** „die Haut abziehen": *er hat den Maulwurf abgehäutelt.* **b)** „die Haut verlie-

ren": *du hast einen Sonnenbrand, du häutelst schon ab.*

abi, obi ['ɔːvi] (mdal.): „hinab" (auch bayr.): *Gemma schwimmen, meine Damen? San ma (wir) abi zum Wasser* (H. Qualtinger/C. Merz, Der Herr Karl 10); meist zusammengesetzt mit Verben: *am nexten Tag bin i abiganga (hinabgegangen) ins Wirtshaus ... a klans Golasch, a klans Bier ... alles wieder Lei'wand* (H. Qualtinger/C. Merz, Der Herr Karl 27).

abidrahn obidrahn, hat abidraht (mdal): „jmdn. rücksichtslos benachteiligen; durchfallen lassen": *Der ist bei mir schon erledigt ... rrrtsch ... obidraht* (H. Qualtinger/C. Merz, Die Überfahrprüfung 95).

abistessen, hat abigstessen (mdal.): **a)** „hinabstoßen". **b)** „schnell, in einem Zug austrinken": *Da waren im Inundationsgebiet, Überschwemmungsgebiet – so Standeln ... san mir g'sessen mit de Madeln ... Ribiselwein abig'stessen* (H. Qualtinger/C. Merz, Der Herr Karl 10).

Abiturient, der; -en, -en ⟨lat.⟩: das Wort ist in Österreich ungebräuchlich (→Maturant), wird aber in Zusammenhang mit →Abiturientenlehrgang oder -kurs verwendet: *Kurs für Abiturienten* (Presse 30. 1. 1970).

Abiturientenlehrgang, der; -[e]s, ...gänge: „einjähriger Lehrgang für Abgänger einer allgemeinbildenden höheren Schule, nach dem die Reifeprüfung einer berufsbildenden Schule abgelegt werden kann, z. B. an einer Handelsakademie".

abknöpfeln, knöpfelte ab, hat abgeknöpfelt: ugs. für „abknöpfen": *die Kapuze vom Mantel abknöpfeln.*

abkrageln, kragelte ab, hat abgekragelt (ugs.): „[Geflügel] den Hals umdrehen, abschneiden": *den Hahn abkrageln;* (derb:) *er drohte dem Nachbar, ihn abzukrageln.*

Ablöse, die; -, -n: **a)** „Bei Beginn eines Mietverhältnisses für eine Wohnung einmal vom Mieter zu leistende Summe": *Blindengasse, 8, 4 Zimmer, 2 Kabinette, Abstellraum, 1. Stock, Lift, gegen Ablöse* (Kurier 16. 11. 1968, Anzeige). **b)** „Summe, die ein [Fußball]verein bei der Erwerbung eines Spielers dem früheren Verein zahlt": *Er stünde zwar noch bis Sommer

1970 unter Vertrag, aber deutete an, daß man sich gegen eine genügend hohe Ablöse zweifellos einigen könnte (Die Presse 22./ 23. 2. 1969).

abmahnen, mahnte ab, hat abgemahnt Amtsspr.: „mahnen": *Er verfrachtete den erfolglos „Abgemahnten" in den Arrestantenwagen und später in die Ausnüchterungszelle* (Presse 25./26. 4. 1970).

Abmahnung, die; -, -en: Amtsspr. „Mahnung": *... deren Besatzung nach einer Abmahnung des Illuminierten* (Betrunkenen) *... den Festgenommenen ... anzeigten* (Profil 10. 12. 1979).

Abonnement, das; -s, -s ⟨franz.⟩: wird in Österr. nur [abɔnˈmãː] ausgesprochen, im Binnendt. auch [abɔnəˈmãː].

abpaschen, paschte ab, ist abgepascht (ugs.): „heimlich, plötzlich verschwinden; abhauen": *Morgen früh, wenn du's Obers holst, paschen wir ab* (J. Nestroy, Lumpazivagabundus 61).

abrebeln, rebelte ab, hat abgerebelt: „(Beeren) von der Traube abpflücken": *Die Ribisel (Johannisbeeren) werden ... gewaschen und dann erst „abgerebelt"* (R. Karlinger, Kochbuch 493). →**Gerebelte, rebeln.**

absammeln, sammelte ab, hat abgesammelt: „einsammeln, bes. von Geld" (auch süddt.): *während des Festes wird für das Rote Kreuz abgesammelt; ... die in den Häusern absammelten* (H. Doderer, Wasserfälle 130).

abschaffen, schaffte ab, hat abgeschafft: bedeutet österr. veraltend auch „abschieben; des Landes verweisen": *Ja, dachte er, solche Individuen sind abzuschaffen. Sie erregen öffentliches Ärgernis* (E. Canetti, Die Blendung 267).

abschauen, schaute ab, hat abgeschaut: „etwas Gesehenes nachahmen; absehen, abgucken" (auch süddt.): *wenn du noch einmal abschaust, nehme ich dir das Heft weg.* →**schauen.**

abschießen, schoß ab, ist abgeschossen (ugs.): „verschießen, verbleichen" (auch süddt.): *abgeschossene Vorhänge; der Stoff schießt schon sehr stark ab.* →**schießen.**

abschlecken, schleckte ab, hat abgeschleckt: „ablecken" (auch süddt.): *Kein Dreck an einem wahren Stecken / jeder*

echte Finger / zum Abschlecken (P. Handke, Kaspar 90). →**schlecken.**

abschmalzen, schmalzte ab, hat abgeschmalzen: (von Teigwaren o. ä.) „in Fett schwenken [und mit gebräunter Zwiebel und gerösteten Bröseln vermengen]": *Nudeln abschmalzen.*

Abschnitzel, das; -s, -: „Abfall, urspr. aus Holz beim Schnitzen, dann auch aus Papier o. ä. beim Schneiden; kleine Fleischstückchen" (auch süddt.): *Gleich ihm selbst strebten aber viele Leute stadteinwärts, und der Eindruck, den ihre Bewegung machte, ... erinnerte an Spreu und Abschnitzel, die ein Windstoß hinter sich herzieht* (R. Musil, Der Mann ohne Eigenschaften 626). →**Schnitzel.**

Abschreib...: österr. für binnendt. „Abschreibungs..." (in bezug auf die Steuer): **Abschreibmöglichkeit, Abschreibposten** (Beleg →**Unterstandsgeber**).

abseit: österr. Form für „abseits (Regelverstoß bei Ballspielen)": *er steht, ist abseit.* Die binnendt. Form mit -s wird jetzt immer häufiger; die österr. Trennung zwischen „abseits: abgelegen" und „abseit (beim Fußball)" wird also nicht mehr genau eingehalten. Ebenso: **Abseit,** das; -, -.

Absenz, die; -, -en ⟨lat.⟩: bedeutet österr. (und schweiz.) bes. auch „Abwesenheit von der Schule": *du mußt für deine Absenzen eine Entschuldigung bringen.*

absieden, sott/siedete ab, hat abgesotten: a) „längere Zeit sieden lassen": *das Fleisch, die Suppe absieden.* b) „abkochen; durch Kochen haltbar, keimfrei machen": *die Milch absieden, daß sie nicht sauer wird.*

Absolutorium, das; -s, ...ien ⟨lat.⟩: „Bestätigung einer Hochschule, daß man die vorgeschriebene Anzahl von Semestern oder Übungen belegt hat und deshalb während der noch ausstehenden Abschlußprüfungen nicht mehr inskribieren muß": *ich habe mir am Dekanat das Absolutorium geholt.*

absperren, sperrte ab, hat abgesperrt: bes. österr. (und süddt.) für „abschließen". →**sperren.**

Absteigquartier, das; -s, -e: österr. Form für binnendt. „Absteigequartier": *Der Besitzer der Scheune hatte jedoch das Tor ver-*

21

nagelt, weil sie seit Jahren von Lichtscheuen als Absteigquartier benützt wurde (Oberösterr. Nachrichten 20. 1. 1969).

abstrafen, strafte ab, hat abgestraft Amtsspr. „gerichtlich verurteilen und bestrafen": *Es gibt heutzutage eine Art von Auto-Rowdies, die ich als Verbrecher abstrafen lassen würde!* (H. Doderer, Die Dämonen 210). Das Wort kommt meist in der Form →**abgestraft** vor.

Abszeß, der; Abszesses, Abszesse ⟨lat.⟩, „Eitergeschwür": ist in Österr. ugs. und oft auch hochsprachlich Neutrum: das Abszeß.

Abteilung, die; -, -en: wird in Österr. meist auf der ersten Silbe betont, sowohl in der Bedeutung „Trennung" als auch „durch Trennung Entstandenes; abgeschlossener Teil innerhalb einer größeren Organisation o. ä.".

abtreiben, trieb ab, hat abgetrieben: Küche bedeutet österr. (und süddt.) auch „zu Schaum rühren": *Die Eidotter mit dem Zucker, dem Vanillezucker und der Zitronenschale schaumig abtreiben* (Kronen-Zeitung-Kochbuch 308).

Abtrieb, der; -[e]s, -e: Küche bedeutet österr. auch „durch Abtreiben entstandener Teig; Rührteig": *Schnee und Mehl vorsichtig unter den Abtrieb mischen* (Thea-Kochbuch 31).

Abverkauf, der; -[e]s, Abverkäufe: „Verkauf [der gesamten Waren eines Geschäftes] unter ihrem Wert": *Der in Brody gebürtige Schmul Leib, auch Sam Zwetschkenbaum, hätte zum Abverkauf der gestohlenen Sachen, die im aufgefärbten Zustand verhandelt wurden, ein neues Geschäft errichtet* (A. Drach, Zwetschkenbaum 238); *Verbilligter Abverkauf von Restbeständen* (Filmschau 11. 1. 1969); *Abverkauf von Haus- und Steilwandzelten* (auto touring 12/1978).

abverkaufen, verkaufte ab, hat abverkauft: „[unter dem Wert] verkaufen (z. B. die gesamten Waren wegen Schließung eines Geschäftes)": *Hier wie in den Unterführungsbauwerken sollen seit Monaten die beanspruchbaren Werbeflächen abverkauft worden sein* (Vorarlberger Nachrichten 6. 11. 1968); *... also Schlafsäcke, Pelzjacken, Eispickel – für zweihundert Mann. Nach einigen Jahren hat die Gewerkschaft diese Dinge abverkauft* (Die Presse 4. 2. 1969).

Abwasch, die; -, -en, „Abwaschbecken, Spüle": *Nasti nahm den Filter von der Kanne und stellte ihn in die Abwasch* (C. Nöstlinger, Rosa Riedl 92). Der binnendt. Gebrauch: der Abwasch [das abzuwaschende Geschirr] ist in Österr. unbekannt.

Abwäsche, die; -, -n: bes. im Handel übliche (hyperkorrekte) Form von →**Abwasch.**

Abwaschschaff, Abwaschschaffel, das; -[e]s, -e (veraltend): „weites Gefäß, Schaff, das zum Geschirrspülen verwendet wird". →**Schaff, Schaffel.**

abziehen, zog ab, hat abgezogen: 1. „vervielfältigen": *einen Text für alle Mitarbeiter, Schüler abziehen.* 2. (ugs.) „sich entfernen": *zieh ab!*

abzuzeln, zuzelte ab, hat abgezuzelt (ugs.): „ablecken": *Den höchsten Herrschaften hat's geschmeckt, daß sie sich die Finger nur so abgezuzelt haben ...* (F. Herzmanovsky-Orlando, Gaulschreck 177). →**zuzeln.**

achromatisch: wird österr. auf der ersten Silbe betont, im Binnendt. auf der dritten.

adabei, (älter:) a dabei/Adv./(ugs.): „bei jeder Sache, die einen eig. gar nichts angeht, neugierig herumstehend"; eigentlich „auch dabei": *Is alles stier, / is's einerlei, / denn mir san mir / und a dabei* (K. Kraus, Menschheit II 269). →**mir san mir.**

Adabei, der; -s, -s (ugs.): „jmd., der ‚auch dabei' ist, sich überall wichtig und dazugehörig fühlt; Wichtigtuer". Seit etwa 1930 häufig als Titel von Klatschspalten in Boulevardzeitungen (z. B. Express, Kronenzeitung) verwendet; *Otto Schenk-Adabei auf Reisen* (Titel, Schallplatte Preiserrecords, PR 3177); *Zum Schluß stand die Königin eingekeilt in einem Knäuel von Reportern und Adabeis vor dem Tisch mit Geschenken* (Die Presse 12. 5. 1969).

adaptieren, adaptierte, hat adaptiert ⟨lat.⟩: das gemeindt. Fachwort aus der Biologie und Physiologie mit der Bedeutung „anpassen" wird in Österr. allgemein für „eine Wohnung/ein Haus herrichten;

etwas für einen bestimmten Zweck anpassen" gebraucht: *das Schloß wurde als Museum adaptiert; Die alten Prinzipien wurden adaptiert, der bürgerliche Organismus erhielt neue Blutzufuhr* (W. Kraus, Der fünfte Stand 45).

Adaptierung, die; -, -en ⟨lat.⟩: „Einrichtung, bes. einer Wohnung oder eines Hauses für einen bestimmten Zweck; Anpassung an besondere Erfordernisse": *Nach einer Adaptierung könnten weitere 40 Prozent der Gesamtbestände des Museums ausgestellt werden* (Die Presse 23. 1. 1969). Dazu: **Adaptierungskosten:** *daß für die Adaptierungskosten ... keine begünstigte Finanzierung möglich wäre* (Presse 23. 2. 1979); **Adaptierungspläne.**

adelig: bes. österr. Form, binnendt. auch „adlig": *Rosenberg und Rosenthal zum Beispiel sind adelige Namen* (R. Musil, Der Mann ohne Eigenschaften 843); *jedermann lobte den höchst adeligen Anstand dieses künftigen Rittersmannes* (H. Doderer, Das letzte Abenteuer 88).

adjustieren, adjustierte, hat adjustiert ⟨lat.⟩: Amtsspr. bedeutet in Österr. „dienstmäßig kleiden": *die Soldaten werden adjustiert;* (auch übertragen:) *Wenn auch Erich von Däniken als letzter auf die Idee verfallen wäre, sich ... als Lama körperlich und geistig zu adjustieren ...* (Die Presse 26. 3. 1969). Die gemeindt. Bedeutung „zurichten, genau einstellen, anpassen" ist in Österr. sehr selten.

Adjustierung, die; -, -en ⟨lat.⟩: **a)** Amtsspr. „Uniform, dienstmäßige Kleidung": *... Ordonnanz, die ... in ihrer dienstlichen Adjustierung, mit blinkendem Helm, umgeschnalltem Karabiner ... einem theatralischen Kriegsboten nicht unähnlich war* (J. Roth, Radetzkymarsch 215/216). **b)** (scherzh.) „Aufmachung": *Und in einer Adjustierung, die bei der Weiblichkeit alle Kleidertypen mit Ausnahme eines, des Cocktailkleides, umfaßt* (Die Presse 1./2. 2. 1969).

Adjutum, das; -s, Adjuten: Amtsspr. „Entlohnung eines Beamten (z. B. Gerichtspraktikanten, Probelehrers) in der Probezeit": *saß dann mit dem noch weniger als schmalen ‚Adjutum' ... beim Bezirksgerichte* (H. Doderer, Wasserfälle 71).

Advent, der; -[e]s, -e: wird in Österr. auch [at'fɛnt] ausgesprochen, im Binnendt. nur [...v...]. Die Zusammensetzungen werden in Österr. ohne Fugen-s gebildet: **Adventfeier, Adventkonzert, Adventkranz, Adventsingen, Adventsonntag;** im Binnendt. meist mit -s-: Adventsfeier usw.

Advokat, der; -en, -en: „Rechtsanwalt"; das gemeindt. Wort „Rechtsanwalt" setzt sich auch in Österr. durch: *Mit Hochschulprofessor Dr. Theodor Veiter (Advokat in Feldkirch, Vbg.) sprach ... ein international anerkannter Fachmann und Gelehrter* (Das Menschenrecht, Oktober 1968); *Die Richter und Advokaten Roms ... sind jetzt zur „Schocktherapie" geschritten* (Die Presse 28. 1. 1969).

Advokaturskanzlei, die; -, -en (veraltet): „Anwaltskanzlei": *Und dabei lächelte er resignierend und zugleich entschuldigend wegen des Ausdruckes ‚pupillarsicher', der ihm wohl mehr in die Sphäre seiner Advokaturs-Kanzlei, als hierher gehörig schien* (H. Doderer, Die Dämonen 401). Dazu: **Advokaturskonzipient.**

Affaire, die; -, -n [aˈfɛːr(ə)] ⟨franz.⟩: wird in Österr. häufig noch in der französischen Schreibung verwendet: *... bis zum vermeintlich ehrenvollen Ende der jeweiligen Affaire* (Die Presse 28. 10. 1968).

Affiche, die; -, -n [...ʃ...] ⟨franz.⟩: „Plakat": *„Bunt-Plakate ... und Text-Affichen* (Wochenpresse 25. 4. 1979).

affichieren, affichierte, hat affichiert [...ʃ...] ⟨franz.⟩: „plakatieren": *Österreichs Außenwerbeunternehmen werden ... 1000 Plakate für diese Kampagne affichieren* (Presse 16. 2. 1979); **Affichierung.**

Afrika: wird österr. mit kurzem Vokal gesprochen, im Binnendt. meist mit langem.

Afterleder, das; -s, -: „Hinterleder des Schuhs".

Agenden, die /Plural/ ⟨lat.⟩: „Aufgaben, Obliegenheiten": *er führte die Agenden eines Finanzreferenten.*

Agent, der; -en, -en ⟨ital.⟩: bedeutet in Österr. auch noch „Geschäftsvertreter, reisender Geschäftsmann" (im Gegensatz zum ortsansässigen Händler; oft abwertend): *Unter den Händlern sind auch Leute in Uniform, ein kleiner Oberleutnant, der* *einem Agenten von riesenhaften Körperformen „Tips" gibt* (K. Kraus, Menschheit II 169). →**Handelsagent, Ratenagent, Versicherungsagent.**

Agentie, die; -, -n [agɛnˈtsiː] ⟨ital.⟩: die urspr. Bedeutung „Geschäftsstelle" hat sich fast nur noch in „Geschäftsstelle der Donau-Dampfschiffahrtsgesellschaft" erhalten: *Die Agentie Linz der ersten Donau-Dampfschiffahrts-Gesellschaft ...* (Oberösterreichische Nachrichten 30. 4. 1969).

agentieren, agentierte, hat agentiert ⟨ital.⟩: „als Agent tätig sein; Käufer, Kunden werben".

Agiotage, die; -, -n ⟨franz.⟩: wird in Österr. [aʒi̯oˈtaːʒ] ausgesprochen, also ohne Endungs-e, und bedeutet österr. auch: „unerlaubter Handel mit Eintrittskarten".

Agioteur, der; -s, -e [-ˈtøɐ̯] ⟨franz.⟩: „jmd., der mit zu überhöhten Preisen angebotenen Eintrittskarten handelt": *wegen des geringen Interesses am Länderspiel blieben die Agioteure auf ihren Karten sitzen.*

agnoszieren, agnoszierte, hat agnosziert ⟨lat.⟩: Amtsspr. „die Identität feststellen": *Die Leichen des Bastillensturmes sind längst agnosziert* (E. E. Kisch, Der rasende Reporter 308); *Er konnte auch nur drei oder höchstens vier Spieler mit Sicherheit agnoszieren* (F. Torberg, Die Mannschaft 447).

Agnoszierung, die; -, -en ⟨lat.⟩: Amtsspr. „Feststellung der Identität": *Schippel ... verbrannte zwar ebenfalls, doch blieben hinreichende Teile der Leiche zu dessen späterer Agnoszierung übrig* (A. Drach, Zwetschkenbaum 57).

Agrasel, das; -s, -n [ˈɔ...] (ostösterr. mdal.): „Stachelbeere": *... das Entfernen von unerwünscht langen Stielen und einzelner Blättchen von den Agrasseln, dies alles dauerte durch Stunden* (H. Doderer, Die Dämonen 1281).

Ahnl, die; -, -n (mdal., veraltet): „Großmutter": *Dein Ahnl ... kennt mich als klein' Bub'n* (L. Anzengruber, Der Meineidbauer 13); *meine Ahndl hat meiner Mutter die Brautschuh eingeriemt* [zugeschnürt] (P. Rosegger, Waldschulmeister 124).

ajour [aˈʒuːɐ̯] ⟨franz.⟩, „eingerandet, durchbrochen": österr. Schreibung, binnendt. „a jour".

ajourieren, ajourierte, hat ajouriert [aʒuˈriːrən] ⟨franz.⟩: „Edelsteine nur am Rande fassen, wobei der Boden freibleibt".

Akademie, die; -, -n ⟨griech.⟩: bedeutet in Österr. auch „literarische oder musikalische Veranstaltung": *Bis zum zwölften August spätestens wollte alles wieder heimgekehrt sein, denn auf den Siebzehnten fiel Livias Geburtstag, der jedes Jahr spaßhaftfestlich mit einer Art Akademie begangen wurde* (F. Werfel, Der veruntreute Himmel 12).

Akonto, das; -s, -s oder Akonten ⟨ital.⟩: „Anzahlung": *ein Akonto leisten.*

Akquisitor, der; -s, -en ⟨lat.⟩: „Werbevertreter"; binnendt. „Akquisiteur": *Jedoch muß andererseits gesagt werden, daß die Herren ... als Akquisitoren eines für die Verlagsproduktion von Pornberger und Graf möglicherweise sehr wichtigen Manuskriptes ... recht wenig taugten* (H. Doderer, Die Dämonen 1195).

Akrobatik, die; - ⟨griech.⟩: wird österr. mit kurzem a gesprochen, binnendt. mit langem.

akustisch ⟨griech.⟩: bedeutet in Österr. auch „mit guten Klangverhältnissen": *ein akustischer Saal* (ein Saal, in dem man gut hört, in dem Musik unverfälscht klingt).

Akt, der; -[e]s, -en: österr. Form für binnendt. „die Akte": *Durch einen ähnlichen Zwischenfall war auch der Akt Hans Lepp ohne jede besondere Absicht ins Laufen gekommen; da sich Hans beim Militär befand, mußte sein Akt ins Justizministerium* (R. Musil, Der Mann ohne Eigenschaften 15).

Alchemie, die; - [alkeˈmiː] ⟨arab.⟩: österr. auch für „Alchimie": *Dasselbe gilt von der Wissenschaft, die ... lange Zeit nur zusammen mit Alchemie und Astrologie ein ergiebiges Interesse erweckte* (W. Kraus, Der fünfte Stand 40). Ebenso: **Alchemist, alchemistisch.** Sowohl **Alchemie** als auch **Alchimie** werden österr. mit -k- gesprochen, binnendt. [alçiˈmiː] usw.

Algebra, die; - ⟨arab.⟩: wird in Österr. immer auf der zweiten Silbe betont, im Binnendt. auf der ersten.

Alice: wird in Österr. [a'lis], binnendt. [a'li:sə] ausgesprochen.

alkoholhältig: österr. für binnendt. „alkoholhaltig". →**-hältig**.

alleinig: bedeutet in Österr. auch „ohne Begleitung [auftretend]": *eine alleinige Dame.*

Alleinuntermiete, die; -, -n: „Vermietung einer ganzen Wohnung an Untermieter, wobei der Hauptmieter nicht in der Wohnung lebt; möblierte Wohnung": *bis sie eine Wohnung bekommen, wohnen sie in Alleinuntermiete.*

allerweil →allweil.

alleweil →allweil.

allfällig: A m t s s p r. „gegebenenfalls, allenfalls vorkommend" (auch schweiz.): *Der Preis für eine Platzkarte beträgt je Sitzplatz Schilling 12,50 zuzüglich allfällig anfallender Portospesen, wenn die Plätze bei im Ausland gelegenen Reservierungsstellen bestellt werden müssen* (Amtliches österreichisches Kursbuch, Sommer 1968, 11).

Allfällige, das; -n: Amtsspr. „das gegebenenfalls, eventuell Vorkommende; z. B. als letzter Punkt einer Tagesordnung, bei dem eventuell auftretende Fragen behandelt werden, die sonst noch nicht besprochen wurden": *Unter „Allfälligem" wurden verschiedene Anregungen und Vorschläge unterbreitet, die vom Bundesobmann vermerkt wurden* (Vorarlberger Nachrichten 2. 11. 1968).

allgemein: wird in Österr. immer auf der ersten Silbe betont.

allweil, alleweil, allerweil (ugs.): „immer": *Aber Nièce, du verletzt mich – das is nicht schön von der Nièce, wenn einem die Nièce allweil verletzen tut* (J. Nestroy, Das Mädl aus der Vorstadt 396); *hörn S' zu, Dokterl, und schaun s' sich nicht allerweil nach die Menscher um* (K. Kraus, Menschheit I 224); *Wirst nicht lebendig bleiben, ißt du zu wenig alleweil* (R. Billinger, Der Gigant 293).

almen, almte, hat gealmt: „(Vieh) auf der Alm halten": *die Bergbauern almen ihr Vieh.*

Almenrausch →Almrausch.

Almer, der; -s, -: „Senne; Hirt auf der Bergweide" (auch süddt., schweiz.).

Almerin, die; -, -nen: „Sennerin" (auch süddt., schweiz.): *Das Abendrot ist auf den Bergen gestanden, der Sangschall einer Almerin hat an die Wände geschlagen* (P. Rosegger, Waldschulmeister 48).

Almrausch, Almenrausch, der; -es: „Alpenrose, Rhododendron" (auch süddt.): *Hotel Almrausch ladet Sie ein 2654 Prein a. d. Rax* (Die Presse 16. 1. 1969, Anzeige). →**Almrose.**

Almrose, die, -, -n /meist Plural/: „Alpenrose" (auch süddt.): *Offenkundig wegen dieser drei Gäste entfiel das Baden, dafür durfte B. P. unterwegs, am Fuß der Porzescharte, Almrosen pflücken* (Die Presse 6. 12. 1968). →**Almrausch.**

Alpendollar, der; -s (ugs., scherzhaft): „Schilling": *„die schönsten Versprechen an die Währung sind ohne Stabilität nur noch einen hohlen Alpendollar wert* (Presse 2. 7. 1970).

Alpin-: Bestimmungswort in der Bedeutung „Alpen-, Hochgebirgs-": **Alpingendarm, Alpinchef** (Sportchef des alpinen Skilaufs).

alsdann: wird österr. (und süddt.) auch als auffordernder Ausruf oder zur Einleitung einer abschließenden Bemerkung verwendet: „also dann!, nun!": *Alsdann Madl, ich dank dir recht schön, daß du mit mir gegangen bist* (C. Nöstlinger, Rosa Riedl 69).

Alte, der; -n: bedeutet in Österr. auch „Wein von einer früheren Ernte; bereits ausgegorener Wein" (im Gegensatz zum →„Heurigen"): *Übrigens ist anzunehmen, daß die Römer, obgleich sie jungen Wein im allgemeinen wenig schätzten, zum Heurigen gegangen sind ... Sie werden halt ,an Alten' getrunken haben* (H. Doderer, Die Dämonen 674).

Alumnat, das; -[e]s, -e ⟨lat.⟩: bedeutet bei manchen Orden „Anstalt zur Heranbildung von Geistlichen".

Alzerl, das; -s, -n ['altsɐl] (ugs., bes. Wien): „ein [ganz klein] wenig": *ein Alzerl Käs, ein Stückl Fisch* (J. Weinheber, Der Phäake 49).

am: die Präposition „am" steht in Österr. oft für „auf dem": *Ich hab' sie in Eisenstadt immer am Nachtkastl neben der Uhr* (H. Doderer, Die Dämonen 837); *Manche* *haben Mützen am Kopf* (G. F. Jonke, Geometrischer Heimatroman 81); *bis der Motor am Stand rund läuft* (auto touring 12/1978); meist in Verbindungen wie: **am Boden, am Land, am laufenden halten, am Markt, am Programm:** *der Ärmsten habens 's einmal bei einer Hochzeit am Land einen Nagel in den Kopf geschlagen* (F. Herzmanovsky-Orlando, Gaulschreck 161). Als hochsprachl. nicht korrekt gilt am bei Angabe einer Richtung: *ich lege das Buch am Tisch.*

ambitioniert ⟨lat.⟩: ist ein in Österr. sehr geläufiger Ausdruck für „ehrgeizig, strebsam" (im Binnendt. ist das Wort selten oder geh.): *Wir suchen Sie, den tüchtigen, ambitionierten Reisevertreter im Alter von 25 bis 35 Jahren* (Vorarlberger Nachrichten 23. 11. 1968, Anzeige).

Ambo, der; -s, Amben ⟨ital.⟩: österr. für binnendt. „Ambe" mit der zusätzlichen Bedeutung „Treffer mit zwei gezogenen Nummern". →**Terno.**

Amen: *so sicher wie das Amen im Gebet:* in Österr. übliche Form für binnendt. „... wie das Amen in der Kirche": *Das Amen im Gebet wird so gewiß wie das Amen im Gebet sein* (P. Handke: Weissagung 62).

Ammoniak, das; s- ⟨ägypt.⟩: wird in Österr. auf der zweiten Silbe betont, im Binnendt. auf der ersten oder letzten.

amtsbekannt: Amtsspr. „aktenkundig".

amtshandeln, amtshandelte, hat amtsgehandelt: Amtsspr. „in amtlicher Eigenschaft vorgehen": *ein Zollbeamter amtshandelt immer zusammen mit einem Zollwachebeamten* (Trend 5/1975).

Amtskanzlei, die; -, -en: „Büro einer Behörde, eines Amtes": *Zum ersten Mal, seitdem er diese Bezirkshauptmannschaft leitete, saß er zu abendlicher Stunde in seiner Amtskanzlei* (J. Roth, Radetzkymarsch 179). →**Kanzlei.**

Amtskappel, das; -s, -n (ugs.): **a)** „Dienstmütze, Uniformkappe [als Zeichen der Autorität eines Beamten]": *auch ohne ,Amtskappl' kann ein Gendarm einschreiten* (Presse 19. 7. 1979). **b)** (abwertend) „engstirniger, überheblicher Beamter".

anbandeln, bandelte an, hat angebandelt (ugs.): „anbändeln; mit jmdm. ein Liebesverhältnis anzuknüpfen versuchen; Streit beginnen" (auch süddt.): *er bandelt mit ihr an.*

Anbot, das; -[e]s, -e: „auf eine Ausschreibung hin erstelltes Angebot, Kostenvoranschlag": *Zwetschkenbaum, der schon bei der allgemeinen Stellung des Anbots vorbehaltlos bereitwillig war, wurde dies um so mehr bei detaillierter Bekanntgabe der Vorzüge* (A. Drach, Zwetschkenbaum 191).

Anbotslegung, die; -, -en: „Vorlage eines Anbots": *Als Stichtag für die Anbotslegung gilt der 1. Dezember* (Presse 5. 11. 1969). →**Anbot.**

Anbotssumme, die; -, -n: „die im →Anbot genannte Kostensumme": *Die Anbotssummen kamen den E-Werken wesentlich zu hoch vor* (Profil 17/1979).

anders: in der Verbindung mit **jemand, niemand, wer** steht österr. (und süddt.) die gebeugte Form (im Binnendt. immer „anders"): *Jemand anderer: Hermann Lenz* (P. Handke, Als das Wünschen 81); *der konnte auch jemand anderem gehört haben* (B. Frischmuth, Sophie Silber 22); *jemand anderen.*

aneifern, eiferte an, hat angeeifert: „ansporten" (auch süddt.): *Das Ich schreckt vor solchen Unternehmungen zurück, die gefährlich scheinen und mit Unlust drohen, es muß beständig angeeifert ... werden* (S. Freud, Abriß der Psychoanalyse 49).

Aneiferung, die; -, -en: „Anfeuerung, Ansporn; Anregung": *ohne die Wahrhaftigkeit der geschilderten Ereignisse zu verändern, aber auch, ohne sie in dem trockenen, jeder Aneiferung der Phantasie, wie der patriotischen Gefühle entbehrenden Tone wiederzugeben* (J. Roth, Radetzkymarsch 11/12).

anessen, sich; aß an, hat angegessen (ugs.): „sich satt essen".

anfangen: *sich mit jmdm. etwas anfangen:* „sich mit jmdm. einlassen": *er wollte sich mit dem streitsüchtigen Nachbarn nichts anfangen; Fang dir mit diesem Menschen ja nichts an!*

Angabe, die; -, -n: bedeutet in Österr. auch „Anzahlung": *eine Angabe leisten.*

Angela: wird österr. auf der zweiten Silbe tont, binnendt. auf der ersten.

angeloben, gelobte an, hat angelobt: bedeutet in Österr. „feierlich vereidigen": *Die Jahrgänge 1946 und 1947 von Röthis wurden am vergangenen Sonntag vormittag im festlich geschmückten Gemeindesaal angelobt* (Vorarlberger Nachrichten 24. 11. 1968).

Angelobung, die; -, -en: „feierliche Vereidigung auf eine Funktion, ein Amt" (auf die Verfassung wird [wie binnendt.] vereidigt): *unter eher ungewöhnlichen Umständen wurden am Montag Angelobung und Amtseinführung der beiden neuen Regierungsmitglieder ... durchgeführt* (Die Presse 3. 6. 1969).

angreifen, griff an, hat angegriffen: österr. auch für „anfassen": *Ich möchte nichts angreifen" sagte der Milchfahrer* (G. Roth, Ozean 91).

anhauen, sich; haute an, hat angehaut (ugs.): „sich stoßen, anstoßen": *ich habe mich an der Kante angehaut.*

Animo, das; -s ⟨ital.⟩ (veraltend): **1.** „Vorliebe für etwas": *er hat Animo für Kaffee.* **2.** „Schwung, Lust": *heute habe ich Animo für einen Heurigen.*

Anis, der; -es, -e: wird in Österr. immer auf der ersten Silbe betont, im Binnendt. meist auf der ersten.

Anisbogen, der; -s, ...bögen /meist Plural/: „feines Gebäck in gebogener Form, mit Anis bestreut".

Anisscharte, die; -, -n /meist Plural/: →„Anisbogen": *Kellner: Wienertascherl, Anisscharten, Engländer ...* (K. Kraus, Menschheit I 216).

ankennen, kannte an, hat angekannt (ugs.): „anmerken": *man kennt ihm an, daß er froh ist, wieder frei zu sein* (Linzer Kirchenzeitung 4. 2. 1979).

annadeln, nadelte an, hat angenadelt: „mit einer Nadel/Stecknadel befestigen": *ein Abzeichen am Rock annadeln.*

anno ⟨lat.⟩: ist die in Österr. übliche Schreibung, binnendt. meist „Anno": *anno zehn* (im Jahr 1910); *wie im Wien von anno dazumal* (W. Kraus, Der fünfte Stand 18). Anno Domini, A. D., wird auch in Österr. groß geschrieben.

anpicken, pickte an, hat/ist angepickt (ugs.): „ankleben": *das Blatt ist angepickt, ich bringe es nicht mehr herunter; er hat den Henkel der zerbrochenen Schale wieder angepickt.* →**picken.**

Anrainer, der; -s, -: wird in Österr. auch dort gebraucht, wo im Binnendt. „Anlieger" steht: *Zufahrt nur für Anrainer.*

Anrainermacht, die; -, ...mächte: „angrenzende Macht": *Die „Prawda" wies darauf hin, daß die Sowjetunion eine Anrainermacht des Schwarzen Meeres sei* (Die Presse 9. 12. 1968).

Anrainermaut, die; -, -en: „Sondergebühren* (→Maut) *für Anrainer": ..mehr Ermäßigung bringen, als eine Anrainermaut gebracht hätte* (auto touring 12/ 1978).

Anrainerverkehr, der; -s: „Anliegerverkehr".

anrauchen: *(ugs.) sich eine [Zigarette] anrauchen:* „sich eine Zigarette anstecken".

Ansage, die; -, -n: in der Grundschule für „Diktat": *heute haben wir eine Ansage; an deiner Stelle würde ich jetzt nicht raunzen, nachdem in der Ansage wieder sechs Fehler waren* (M. Lobe, Omama 87).

anschaffen, schaffte an, hat angeschafft: „jmdm. etwas befehlen" (auch süddt.): *Wer hat dem Elefanten alles angeschafft, was er tun muß? Sein Wärter? Sag, Mami, darf er ihm alles anschaffen?* (H. Hofmannsthal, Der Unbestechliche 147).

anschauen, schaute an, hat angeschaut: ist österr. (und süddt., schweiz.) das übliche Wort für „ansehen". Das Wort kommt auch im Binnendt. vor, während „ansehen" in Österr. selten ist oder gespreizt wirkt: *Er schaut mich bescheiden an, nickt und sagt ...* (R. Musil, Der Mann ohne Eigenschaften 463); *Man darf, wenn man sich einen Film anschaut, nicht zufällig in der darin behandelten Materie über Gebühr bewandert sein* (Kronen-Zeitung 5. 10. 1968). →**schauen.**

anschlagen, schlug an, hat angeschlagen: „ein Faß anstechen, anzapfen": *das Bier ist ganz frisch, ich habe gerade angeschlagen.*

Ansitz, der; -es, -e (westösterr.): „[großer, repräsentativer] Wohnsitz": *die Grafenfamilie hat einen Ansitz in den Bergen.*

ansonst, ansonsten: wird österr. (und schweiz.) auch als unterordnende Konjunktion verwendet; „andernfalls": *ansonsten er sich gezwungen sehe, ein Verfahren einzuleiten* (Salzburger Nachrichten 10. 2. 1979).

ansperln, sperlte an, hat angesperlt (ugs.): „mit einer Stecknadel befestigen": *Wir sehen* [die Tiere] *...abgebildet, aufgestellt und angesperlt* (P. Rosei, Daheim 156).

Ansprache, die; -: bedeutet in Österr. auch: „Möglichkeit zum Gespräch; Unterhaltung" (auch süddt.): *und mit niemand kann man ... sich unterhalten ... nur mit Ihnen. Ka* (keine) *Ansprach ...* (H. Qualtinger/C. Merz, Travnicek am Mittelmeer 43).

anstehen, stand an, ist angestanden: bedeutet österr. auch: a) „angewiesen sein": *auf dich, auf dein Geld stehe ich nicht an.* b) „nicht mehr weiter können": *jetzt stehe ich an.*

ansuchen, suchte an, hat angesucht: „Ein Gesuch einreichen" (im binnendt. veraltet als „förmlich bitten"): *sie hat um Einreiseerlaubnis nach Deutschland angesucht* (Express 6. 10. 1968).

Ansuchen, das; -s, -: ist in Österr. gleichbedeutend mit „Gesuch", es muß nicht (wie im Binnendt.) eine „förmliche Bitte, ein Anliegen" sein: *So wie sie müßte jeder andere ebenfalls mit einer Absage rechnen, der sein Ansuchen* [bei der Polizei] *aus reiner Eitelkeit stellt* (Die Presse 14./15. 12. 1968).

antauchen, hat angetaucht (ugs.): a) „anschieben": *tauch mir ein wenig an, ich kann den Wagen nicht allein schieben.* b) „sich mehr bemühen; mehr leisten; sich mehr anstrengen": *Nehmen S' sich ein Beispiel! Jetzt muß man halt bißl antauchen* (K. Kraus, Menschheit II 117).

Antifaschismus, der; - ⟨griech./ital.⟩ wird in Österr. immer auf der ersten Silbe betont, im Binnendt. meist auf der vorletzten. Ebenso: **antiklerikal, Antikritik,** im Binnendt. auf der letzten.

Antimon, das; -s ⟨arab.⟩: wird in Österr. immer auf der ersten Silbe betont, im Binnendt. auf der letzten.

antimonarchisch ⟨griech.⟩: wird in Österr. immer auf der ersten Silbe betont, im Binnendt. auf der vorletzten. Ebenso: **Antizyklone.**

Antrag: auf Antrag →über.

antrinken, sich; trank sich an, hat sich angetrunken (ugs.): „sich voll-, betrinken": *er hat sich schon wieder angetrunken* (im Binnendt. nur mit Objekt, z. B. sich einen Rausch antrinken).

antun: *sich etwas antun: bedeutet österr. ugs. auch: a) „sich [grundlos] über etwas aufregen": *Dem begütigenden Einwand Riegelsams, sich nichts anzutun ...* (A. Drach, Zwetschkenbaum 15). b) „sich bemühen, engagieren": *er tut sich sehr viel an.*

anverwahrt: Amtsspr. „beiliegend".

Anwert, der; -[e]s: „Wertschätzung" (auch bayr.); das Wort kommt meist in den Fügungen **Anwert finden** und **Anwert haben** vor: *I bin ja aa net scheen. Aber ein Mann halt sich immer no* (noch). *Ein Mann hat noch immer einen gewissen Anwert* (H. Qualtinger/C. Merz, Der Herr Karl 22).

anzwidern, hat angezwidert (ugs.): „mürrisch sein zu jmdm.": *du sollst mich nicht ständig anzwidern.*

Apanage, die; -, -n ⟨franz.⟩: wird in Österr. [apaˈnaːʒ] ausgesprochen, also ohne Endungs-e.

aper: „schneefrei". Das (auch süddt. und schweiz.) Wort ist durch den Skisport teils auch im Binnendt. bekannt: *Die letzten Wochen waren trocken, die Straßen aper, die Pässe frei* (Vorarlberger Nachrichten 18. 11. 1968); (übertragen:) *Die Skifinanzen sind aper, Österreichs Skisport droht wieder einmal, auf aperes Gelände zu geraten* (Die Presse 16. 1. 1969).

apern, aperte, hat geapert: „tauen" (auch süddt., schweiz.): *die Hänge apern bereits;* meist in der Fügung **es aper:** „Der Schnee schmilzt".

Apfelkren, der; -s: Küche „Soße aus Meerrettich und fein geriebenen rohen Äpfeln". →**Kren.**

Apfelspalte, die; -, -n: „Apfelscheibe": *Die Bisamratte berühre, indem sie die Apfelspalte fresse, den Draht* (G. Roth, Ozean 184). →**Spalte.**

Apfelstrudel, der; -s, -: „mit kleinge-

schnittenen Äpfeln gefüllter →Strudel":
*Gulyas will im Lokal gegessen sein, doch
Marillenknödel, Apfelstrudel, Powidl-
tatschkerln in privatem Zirkel* (H. Weigel,
O du mein Österreich 93). →**Strudel.**

Appetit, der; -s: wird österr. mit kurzem i
gesprochen, binnendt. meist mit langem.

Apportl, das; -s, -n (ugs.): „Gegenstand,
der geworfen wird, damit ihn der Hund
wieder zurückbringt": *such's Apportl!*
(Zuruf an den Hund).

Approvisation, die; -, -en ⟨lat.⟩ (veraltet): Amtsspr. „Versorgung mit Lebensmitteln": *während des ersten Weltkrieges
machte die Approvisation große Schwierigkeiten.*

approvisionieren, approvisionierte, hat
approvisioniert ⟨lat.⟩ (veraltet): Amtsspr. „mit Lebensmitteln versorgen".

Approvisionierung, die; -, -en ⟨lat.⟩
(veraltet): Amtsspr. „Versorgung mit Lebensmitteln": *Die Approvisionierung
Wiens für die Kriegsdauer wurde vom Bürgermeister gemeinsam mit dem Ackerbau-
minister gesichert* (K. Kraus, Menschheit I
50 und II 212).

Ar, das; -s, -e ⟨lat.⟩; Flächenmaß: ist in
Österr. nur Neutrum, im Binnendt. auch
Maskulinum.

Araber: kann österr. (wie schweiz.) auf
der ersten oder zweiten Silbe betont werden, binnendt. nur auf der ersten.

Aranzini, die /Plural/ ⟨ital.⟩: „überzuk-
kerte oder schokoladeübergossene Oran-
genschalen": *Die Aranzini werden in Gläser gefüllt und trocken und dunkel aufbe-
wahrt* (R. Karlinger, Kochbuch 477).

Ärar, der; -s, -e ⟨lat.⟩ (veraltend):
„Staatseigentum, Fiskus"; auf dem Land
bes. für „staatlicher Wald" gebraucht;
früher auch für „Staat, staatliche Gewalt": *Das ist ein Skandal! Das sollte man
dem Ärar anzeigen!* (K. Kraus, Menschheit I 223). →**Forstärar, Staatsärar.**

ärarisch ⟨lat.⟩ (veraltend): „staatlich": *Es
waren ärarische Schimmel, jeder auf dem
linken Auge blind geworden, für militäri-
sche Zwecke also unbrauchbar* (J. Roth,
Die Kapuzinergruft 32); *in ihrer Dienstzeit
als ärarische Straßenwächter* (Die Presse
24. 7. 1969).

Arbeiterabfertigung, die; -, -en: „Abfer-

tigung, Abfindung für Arbeiter". →**Abfertigung.**

Arbitrage, die; -, -n ⟨franz.⟩: wird in
Österr. [arbiˈtraːʒ] ausgesprochen, also
ohne Endungs-e.

Architektensgattin, die; -, -nen: österr.
Form für binnendt. „Architektengattin".

Arena, die; -, Arenen ⟨lat.⟩: bedeutet in
Österr. auch „Sommerbühne": *Die Som-
mer-„Arena" in Baden. Sie wird als das
schönste Sommertheater Österreichs bezeichnet* (Die Presse 10. 6. 1969).

Armensünderglocke, die; -, -n: österr.
Form für binnendt. „Arm[e]sündergloc-
ke". Ebenso: **Armensünderhemd, Armen-
sünderkarren, Armensündermiene, Ar-
mensünderzelle.**

Armutschkerl, das; -s, -n (ugs., emotional verstärkend): „bedauernswertes Wesen": *eigentlich gehören wir ja zusammen,
du Armutschkerl und ich* (P. Gruber,
Hödlmoser 47).

Arrestantenwagen, der; -s, ...wägen:
„Wagen zum Häftlingstransport" (Beleg
→abmahnen).

Arztensgattin, die; -, -nen: österr. Form
für binnendt. „Arztgattin": *Und die Arztensgattin ging in Eugens altes Haus* (H.
Doderer, Wasserfälle 77).

Aschanti, die; -, - ⟨afrik.⟩: verkürzte
Form von →„Aschantinuß".

Aschantinuß, die; -, ...nüsse ⟨afrik.⟩
(bes. in Wien): „Erdnuß".

Äskulap ⟨griech.⟩, „griech.-römischer
Gott der Heilkunde": wird in Österr. immer auf der ersten Silbe betont, im Binnendt. meist auf der letzten.

aspirieren, aspirierte, hat aspiriert ⟨lat.⟩:
bedeutet bes. österr. (selten binnendt.)
auch: „sich um etwas bewerben": *auf einen Posten aspirieren.*

Aß, das; Asses, Asse (ugs.): „Eitergeschwür".

assentieren, assentierte, hat assentiert
⟨lat.⟩: „auf Militärtauglichkeit
hin untersuchen": *Jedes assentierte
Schwein bekommt gleich seine Legitima-
tionskapsel – eine Blechnummer, die ins
Ohrläppchen geklemmt wird* (E. E. Kisch,
Der rasende Reporter 181).

Assentkommission, die; -, -en ⟨lat.⟩
(veraltet): „Musterungskommission": *Da-*

mit er vor der Assentkommission erscheine (K. Kraus, Menschheit II 128); *Der Befund der Assent-Kommission war unwiderruflich. Er lautete: „Für den Tod untauglich befunden"* (J. Roth, Die Kapuzinergruft 104).

Au, die; -, -en: „feuchtes [Wiesen]gelände an Flüssen und Seen" (auch süddt.), binnendt. „Aue": *Die Au ist zum Walde, der Wald zur Wildnis geworden* (P. Rosegger, Waldschulmeister 157).

Auditor, der; -s, -en ⟨lat.⟩: Amtsspr. „öffentlicher Ankläger bei einem Militärgericht", binnendt. „Auditeur": *... und der düstere Trommelwirbel begleitete die eintönigen Urteilssprüche der Auditoren, und die Weiber der Ermordeten lagen kreischend um Gnade vor den kotbedeckten Stiefeln der Auditoren* (J. Roth, Radetzkymarsch 234).

auf: a) wird in Österr. auch mit Verben wie →denken, →vergessen, →erinnern verbunden. **b)** statt binnendt. **für, zum** oder **an:** *Unüberlegtes Ausbrechen aus einer Fahrzeugkolonne führte in der Nacht auf Sonntag zu einem Serienunfall* (Express 7. 10. 1968); *Nach einer durchaus befriedigend verlaufenen Sommersaison sind schon seit einiger Zeit Vorbereitungen auf die Wintersaison 1968/69 ... im Gange* (Vorarlberger Nachrichten 23. 11. 1968); auf Krücken gehen. **auf die Länge** →**Länge; auf die Letzt** →**Letzt; auf die Nacht** →**Nacht.**

aufdrehen, drehte auf, hat aufgedreht: bedeutet österr. (und süddt.) auch **1.** „einschalten": *Herta hatte das Radio aufgedreht* (B. Frischmuth, Haschen 85); *In den Tunnels Licht aufdrehen* (auto-touring 9/1979). **2.** (ugs.) „wütend werden; laut zu schimpfen und fluchen anfangen": *Wenn er etwas getrunken hat, dreht er immer auf.*

auffa (mdal.): „herauf" (auch bayr.), meist zusammengesetzt mit Verben: *An (einen) Musikanten hat s' auferbestellt, wegen dera ihren verdächtigen Leibstuhl* (F. Herzmanovsky-Orlando, Gaulschreck 72).

auffi (mdal.): „hinauf" (auch bayr.), meist zusammengesetzt mit Verben: *Die Anny is da, Frau Rambausek, gehn S' amal*

glei' auffi und hazen (heizen) *S' urntli* (ordentlich) *ein bei ihr* (H. Doderer, Die Dämonen 1331); *ma kann überall mitn Sessellift auffifahrn* (H. Qualtinger/C. Merz, Der Herr Karl 25).

auffretten, frettete auf, hat aufgefrettet (ugs.): „aufwetzen": *die Schuhe haben ihn aufgefrettet; er hat sich an den Fersen aufgefrettet.* →**fretten.**

aufgelegt: bedeutet in Österr. (ugs.) auch: **a)** „klar, offensichtlich": *ein aufgelegter Blödsinn.* **b)** (beim Kartenspiel) „im Ergebnis von vornherein auf Grund der ausgegebenen Karten feststehend, ohne daß das Spiel noch durchgeführt werden müßte": *ein aufgelegter Schnapser.*

aufgemascherlt →**aufmascherln.**

aufhalten, hielt auf, hat aufgehalten: steht österr. auch für binnendt. „anhalten, stoppen": *Zwei Gendarmeriebeamte hielten uns auf* (auto touring 2/1979).

aufhauen, haute auf, hat aufgehaut: bedeutet bes. ostösterr. ugs. auch „angeben, ostentativ prassen": *arme Leute, die es sich nur bei besonderen Gelegenheiten leisten könnten, „aufzuhauen"* (A. Drach, Zwetschkenbaum 213/214).

aufhussen, hat aufgehußt (ugs.): „aufhetzen, aufwiegeln": *laß dich nicht von ihm aufhussen!*

aufkaschieren, kaschierte auf, hat aufkaschiert: „aufkleben, aufziehen": *ein Foto, ein Bild auf einen Karton aufkaschieren.*

aufklauben, klaubte auf, hat aufgeklaubt: „aufheben, aufsammeln" (auch süddt.): *Die Zündhölzer habe er aufgeklaubt, als sie ihr aus der Tasche gefallen seien* (A. Drach, Zwetschkenbaum 85). →**klauben.**

aufkochen, kochte auf, hat aufgekocht: bedeutet österr. (und süddt.) auch „(bei bes. Anlässen) sehr reichlich kochen": *für das Fest wurde groß aufgekocht.*

auflassen, ließ auf, hat aufgelassen: bedeutet österr. (und süddt.) auch „schließen, stillegen; aufgeben": *ein Geschäft, Amt, eine Haltestelle auflassen; ein vor Jahren aufgelassenes Ambulatorium* (Wochenpresse 25. 4. 1979); *... daß man kaum verlangen könne, die Straße zum aufgelassenen Bahnhof Lingenau-Hittisau im Win-*

ter *ständig zu räumen* (Vorarlberger Nachrichten 26. 11. 1968).

Auflassung, die; -, -en: bes. österr. (und süddt.) für „Schließung, Stillegung": *die geplante Auflassung der Schule rief heftige Proteste hervor; die Auflassung eines Weges, Geschäftes.*

auf Lepschi gehen →Lepschi.

aufliegen, lag auf, ist aufgelegen: bedeutet österr. (und süddt.) auch „ausliegen": *in der Bibliothek liegen die neuesten Zeitschriften auf; die aufliegenden Bücher dürfen nicht weggenommen werden.* →**liegen.**

aufmascherln, hat aufgemascherlt (ugs.): „aufputzen, auffällig kleiden, schmükken": *sie mascherlt ihre Kinder furchtbar auf; ... ob man Nestroy pur oder Nestroy aufgemascherlt* (bearbeitet) *zu sehen wünscht* (Wochenpresse 7. 1. 1970). →**Masche.**

aufmischen, mischte auf, hat aufgemischt (veraltend): „beleben, in Schwung bringen": *Ja, es zeigt sich eben, daß der einzige, der das Kuratorium ein bisserl aufgemischt hat, der Bernhardi war* (A. Schnitzler, Professor Bernhardi 561).

aufnahmsfähig: österr. Form für binnendt. „aufnahmefähig". Ebenso: **Aufnahmskanzlei, Aufnahmsprüfung:** *Da die Aufnahmsprüfungen so leicht sind, daß nur drei Prozent durchfallen, ... schwoll das Schülerkontingent während der letzten Jahre ... allmählich an* (Wochenpresse 25. 12. 1968).

aufnehmen, nahm auf, hat aufgenommen: bedeutet in Österr. auch „jmdn. engagieren, anstellen": *Wenn du willst, kann dir ja der Leindorf einen Hilfssekretär aufnehmen, der dich in allem vertritt, was du nicht magst* (R. Musil, Der Mann ohne Eigenschaften 780).

aufpelzen, pelzte auf, hat aufgepelzt: „aufbürden"; kommt in Österr. meist im Sport vor: „jmdm. Tore schießen", bes. wenn dadurch die große Überlegenheit ausgedrückt werden soll: *die Vienna hat wieder vier Tore aufgepelzt bekommen.*

aufpicken, pickte auf, hat aufgepickt (ugs.): „aufkleben": *ein Plakat aufpicken.* →**picken.**

aufpudeln, sich; hat sich aufgepudelt (ugs.): „sich aufregen, entrüsten": *Pudel*

dich nicht auf, du alte Streberin (C. Nöstlinger, Rosa Riedl 114).

aufreiben, hat aufgerieben (ugs.): „zum Schlag ausholen": *trau dich nicht, gegen mich aufzureiben.*

Aufreibfetzen, der; -s, -: „Scheuertuch": *Zwei nasse Aufreibfetzen neben dem Herd* (H. Doderer, Die Dämonen 1283). →**reiben.**

aufscheinen, schien auf, ist aufgeschienen: „auftreten, erscheinen, vorkommen" (auch süddt.): *Nicht weniger als fünf Bundesliga-Spieler scheinen in dem Kader auf: Starek, Pumm, Siber, Kondert und Fraydl* (Die Presse 3./4. 5. 1969); *Weder die Natur noch jene Begriffe, die in ihrem Gefolge aufscheinen, ... sind Kräfte, die ohne Wirken der Vernunft hilfreich sein können* (W. Kraus, Der fünfte Stand 51).

aufschlecken, schleckte auf, hat aufgeschleckt: „auflecken": *Bello, der ... alles aufschleckte* (M. Lobe, Omama 94).

aufschlichten, schlichtete auf, hat aufgeschlichtet: „aufstapeln": *das von der Überschwemmung zurückgelassene Holz zusammenträgt und aufschlichtet* (P. Rosei, Daheim 138).

aufschmeißen, hat aufgeschmissen (ugs., salopp): „bloßstellen": *Schmeißt mi auf vur meine Freind, vur meine Haberer, vur die Gäst* (H. Qualtinger/C. Merz, Der Herr Karl 13).

aufschnaufen, schnaufte auf, hat aufgeschnauft (ugs.): „erleichtert aufatmen" (auch süddt.): *er hat richtig aufgeschnauft, als die Sache erledigt war.*

aufschobern, schoberte auf, hat aufgeschobert: „zu Schobern anhäufen": *Is 's Heu schon aufg'schobert?* (J. Nestroy, Der Zerrissene 529). →**Schober, schöbern.**

aufsieden, siedete/sott auf, hat aufgesotten: „aufkochen/aufwallen lassen": *die Milch aufsieden; nach dem Aufsieden noch zehn Minuten ziehen lassen.*

Aufsitzer, der; -s, -: „Reinfall": *dieser Handel war ein Aufsitzer; dieser Aufsitzer wird mir eine Lehre sein.*

aufspendeln, hat aufgespendelt (ugs.): „mit einer Stecknadel befestigen": *das Kopftuch ihm Haar, das Abzeichen am Hut aufspendeln.* →**spendeln.**

aufsperren, sperrte auf, hat aufgesperrt:

„aufschließen" (auch süddt.): *Man stand dann noch in einem Grüppchen vor dem Haustor, das Hubert aufgesperrt hatte* (H. Doderer, Die Dämonen 1107). →**sperren.**

aufstecken, steckte auf, hat aufgesteckt (ugs.): bedeutet österr. (und süddt.) auch „etwas erreichen, gewinnen": *er hat bei ihr nichts aufgesteckt; da hatte sie nicht gerade viel Ehre aufgesteckt, aber viel Liebe gewonnen* (R. Musil, Der Mann ohne Eigenschaften 454).

aufsteigen, stieg auf, ist aufgestiegen: Schule bedeutet in Österr. auch „in die nächste Klasse kommen", binnendt. „versetzt werden": *der Schüler ist geeignet, in die zweite Klasse aufzusteigen* (Zeugnisvermerk).

Auf Wiederschauen: (ugs.) „auf Wiedersehen!". Während die Form mit *-schauen* in Österr. häufig als unfein gilt und die Umgangssprache zurückgedrängt wird zugunsten *-sehen*, setzt sich die urspr. österr. Form mit *-schauen* immer mehr im Binnendt. durch.

aufzahlen, zahlte auf, hat aufgezahlt: „dazuzahlen" (auch süddt.): *wenn Sie in der ersten Klasse fahren wollen, müssen Sie 100 Schilling aufzahlen.*

Aufzahlung, die; -, -en: „zusätzliche Zahlung, Mehrpreis" (auch süddt.): *bei Aufzahlung von 2000 Schilling wird das Modell auch mit vier Türen geliefert.*

aufzwicken, zwickte auf, hat aufgezwickt (ugs., salopp): „für sich gewinnen, bes. ein Mädchen": *Weißt also, gestern hab ich mir eine fesche Polin aufgezwickt – also tulli!* (K. Kraus, Menschheit I 107).

Augenglas, das; -es, ...gläser: „Brille" /meist im Plural/: *die Augengläser aufsetzen; ihre Augengläser und dahinter das brave Gesichtchen* (M. Mander, Kasuar 260). Im Binnendt. ist das Wort veraltend und wird als Sammelbezeichnung für Brille, Monokel usw. verwendet.

Augustin ⟨lat.⟩: der Eigenname wird in Österr. immer auf der ersten Silbe betont.

aus /Präp./: wird in Österr. auch bei der Angabe eines [Schul]faches verwendet: *eine Prüfung aus Latein ablegen; mir fehlt nur noch die Prüfung aus Philosophie; ein „Sehr gut" aus Mathematik.*

ausbeuteln, beutelte aus, hat ausgebeutelt: „etwas ausschütteln": *Ich beutle stets mein Staubtuch aus direkt vor ihrer Nase* (P. Hammerschlag, Krüppellied). →**beuteln.**

Ausbildner, der; -s, -: österr. Form für binnendt. „Ausbilder": *... ist zu den Gebirgsjägern nach Tirol eingerückt und ist bereits Ausbildner* (Freinberger Stimmen, Dezember 1968).

aus der Weis →**Weis.**

ausdeutschen, deutschte aus, hat ausgedeutscht (ugs.): „jmdm. etwas erklären, deutlich machen" (auch süddt.): *dir muß man alles lang ausdeutschen, bis du etwas begreifst.*

Ausfahrer, der; -s, -: „Fahrer, der bestellte Waren zu den Kunden bringt" (auch süddt.).

ausfolgen, folgte aus, hat ausgefolgt: „jmdm. etwas übergeben, aushändigen": *Präsident Benya habe sie ihm, sagte der Anwalt, ausgefolgt* (Die Presse 4. 2. 1969); *Die Körper der Hingerichteten ... können aber der Familie auf ihr Begehren ausgefolgt werden, wenn kein Bedenken dagegen obwaltet* (P. Handke, Das Standrecht 99).

Ausfolgung, die; -, -en: Amtsspr. „Aushändigung; Übergabe": *in einigen Fällen wurden die Apotheker auch stutzig und verweigerten die Ausfolgung der „verschriebenen" Präparate* (Die Presse 1. 4. 1969).

ausforschen, forschte aus, hat ausgeforscht: Amtsspr. bedeutet in Österr. „[durch die Polizei] ausfindig machen": *Gestern Abend, um 20 Uhr, überfiel ein bis jetzt noch nicht ausgeforschter junger Mann in Linz die 58jährige M. V.* (Linzer Volksblatt 24. 12. 1978).

Ausforschung, die; -, -en: Amtsspr. „[polizeiliche] Ermittlung": *A. W. setzte für jeden Hinweis, der zur Ausforschung des Täters führt, 1000 Schilling Belohnung aus* (Oberösterreichische Nachrichten 27. 12. 1968).

ausfra[t]scheln, hat ausgefra[t]schelt (ugs.): „jmdn. indiskret ausfragen": *ich lasse micht doch nicht von ihr ausfratscheln.* →**fra[t]scheln.**

ausführlich: wird in Österr. immer auf der ersten Silbe betont, im Binnendt. auch auf der zweiten.

Ausgedinge, das; -s, -: bes. österr. und süddt. für „Altenteil": *Und da heißt es für den Vater ganz einfach: verzichten! Ins Ausgedinge gehen* (R. Billinger, Der Gigant 287).

ausgehen: * **es geht sich aus:** „es reicht, paßt": *du brauchst mir kein Geld borgen, es geht sich aus; es geht sich gerade noch aus, daß wir nach dem Theater den letzten Zug erreichen; die Rechnung, Gleichung geht sich aus* (kommt zu einem [runden] Ergebnis); * **etwas geht sich an jmdm. aus:** „jmd. wird als Schuldtragender hingestellt, hat die Folgen zu tragen": *Ausgehen tut es sich bestimmt wieder an uns* (B. Frischmuth, Kai 83).

ausgemugelt: Skisport „so stark befahren, daß durch das häufige Abschwingen an den gleichen Stellen die Piste uneben ist": *der Hang ist ausgemugelt.* →Mugel.

Ausgleichszulage, die; -, -n: „Zulage, mit der die Differenz zur Mindestrente ausgeglichen wird".

ausgsteckt: „durch einen Kranz aus Tannenzweigen, Strohbündeln o. ä. gekennzeichnet, daß hier heuriger, neuer Wein ausgeschenkt wird", bes. in Wendungen wie: **es ist ausgsteckt, ausgsteckt hat** (auf einer Tafel am Ortseingang, auf der die Weinbauern verzeichnet sind, die gerade mit dem Ausschank ihres Weines an der Reihe sind). →**ausstecken; Ausschank.**

aushacken, hackte aus, hat ausgehackt: bedeutet in Österr. bes. „ein geschlachtetes Tier zerlegen": *ein Schwein aushakken.*

ausheben, hob aus, hat ausgehoben: bedeutet in Österr. auch „leeren" (von Briefkästen): *den Briefkasten ausheben.*

Aushebung, die; -, -en: „Leerung (des Briefkastens)": *nächste Aushebung des Briefkastens: 20 Uhr.*

auskochen, kochte aus, hat ausgekocht (veraltet): bedeutet österr. auch „für jmdn. die volle Verpflegung kochen": *in diesem Gasthaus wird für die Arbeiter der Fabrik ausgekocht.*

Auskocherei, die; -, -en (veraltet): „Volksküche".

Auskocherin, die; -, -nen (veraltet): „ständige Köchin".

auskommen, kam aus, ist ausgekommen: bedeutet österr. (und süddt.) auch „entwischen": *der Vogel ist (aus dem Käfig) ausgekommen.*

Auslage, die; -, -n: bedeutet österr. (und süddt.) in erster Linie „Schaufenster": *ich habe das Buch in der Auslage gesehen; die Auslage gestalten, arrangieren; Heut vor einem Jahr hab ich dich zum erstenmal gesehn. In unserer Auslage* (Ö. Horvath, Geschichten aus dem Wiener Wald 405).

Auslag[en]scheibe, die; -, -n: „Schaufensterscheibe": *eine zerbrochene Auslagscheibe; an die Innenseite der Auslagescheiben ... war eine Nachricht geschrieben* (P. Rosei, Ozean 48).

auslangen, langte aus, hat ausgelangt: „ausreichen; langen": *das Geld wird nicht auslangen.*

Auslangen, das; -s: * **das/sein Auslangen finden:** „auskommen; den Lebensunterhalt bestreiten können": *Und was nun das Öl anbelangt, so kann Simon recht wohl gleich zwei Kannen mitnehmen, damit er über den Winter das Auslangen findet* (K. H. Waggerl, Brot 47).

auslassen, ließ aus, hat ausgelassen: bedeutet österr. (und süddt.) auch: 1. „loslassen, freilassen": *achtung, nicht auslassen, ho ruck* (G. F. Jonke, Geometrischer Heimatroman 112); *das alles mußt du mir unbedingt noch erklären, ich laß dich nicht aus* (R. Musil, Der Mann ohne Eigenschaften 1022). 2. „versagen, schwächer werden": *der Alte läßt schon ganz aus; seine Füße, die Kräfte lassen immer mehr aus.*

auslösen, löste aus, hat ausgelöst: bedeutet österr. (und süddt.) auch: 1. „herausnehmen; herauslösen; aushülsen": *Knochen aus dem Fleisch auslösen; Bohnen, Erbsen [aus den Hülsen] auslösen.* 2. „loskaufen; einlösen": *einen Gefangenen auslösen; Mit seinem Paket begab er sich auf den Bahnhof, löste den Rohrplattenkoffer aus* (E. Canetti, Die Blendung 317).

Ausnahme, die; -: bedeutet österr. (und süddt.) auch „Altenteil": *in die Ausnahme gehen.*

Ausnahmserscheinung, die; -, -en: österr. Form für binnendt. „Ausnahmeerscheinung": *Ich mußte damals ... in dem*

Manne, der um etliche Jahre früher in der Presse ein Übel erkannt hatte, eine Ausnahmserscheinung sehen (K. Kraus, Literatur und Lüge 62). Ebenso: **Ausnahmsfall:** *Der unumwundene Verdacht einer Tätigkeit für die Nazi wurde nur in ganz seltenen Ausnahmsfällen geäußert* (F. Torberg, Hier bin ich, mein Vater 201); Ebenso: **Ausnahmsstellung, Ausnahmszustand.**

ausnehmen, nahm aus, hat ausgenommen: bedeutet in Österr. auch „jmdn./etwas trotz Dunkelheit, unklarer Sicht erkennen, wahrnehmen können": *Das Zimmer war von außen ein wenig erleuchtet, aber in den Ecken, wo die Betten standen, ragten undurchdringliche Schattenmassen, und Clarisse konnte nicht ausnehmen, was geschah* (R. Musil, Der Mann ohne Eigenschaften 438).

Ausnehmer, der; -s, -: „Altenteiler".

ausplauschen, plauschte aus, hat ausgeplauscht: **1.** „[ein Geheimnis] ausplaudern": *der Kleine hat den ganzen Plan ausgeplauscht.* **2.** /rfl./ „sich etwas von der Seele reden, sich aussprechen": *wann hast du denn Zeit, daß wir uns einmal richtig ausplauschen können.* →**plauschen.**

ausputzen, putzte aus, hat ausgeputzt: bedeutet österr. auch „innen reinigen": *ein Zimmer, Geschirr ausputzen.*

ausrasten, [sich], rastete [sich] aus, hat [sich] ausgerastet: „sich ausruhen" (auch süddt.): *leg dich hin und raste dich ein wenig aus; und in Wien rasten Sie aus – im Spital* (F. Th. Csokor, 3. November 1918, 268).

ausratschen, ratschte aus, hat ausgeratscht (ugs.): **1.** /tr./ (seltener für:) „ausplaudern": *sie war bei der Nachbarin und hat es bereits ausgeratscht.* **2.** /rfl./ „sich nach Herzenslust aussprechen, unterhalten": *ich mache einen Besuch bei einer Freundin, um mich wieder einmal auszuratschen.*

ausrauchen, rauchte aus, ist ausgeraucht: bedeutet österr. (und süddt.) auch „verdunsten; [durch Verdunsten] den Geschmack verlieren": *verschließe die Flasche gut, sonst raucht der Schnaps aus.*

ausreden, redete aus, hat ausgeredet: bedeutet österr. (und süddt., schweiz.) auch **1. a)** /rfl./ „sich aussprechen": *ich muß*

mich mit dir einmal ausreden. **b)** „ausführlich besprechen, bereden": *Hab was Wichtiges auszureden mit dir* (F. Weiser, Licht der Berge 121). **2.** in der Fügung **sich auf etwas/jmdn. ausreden:** „etwas/jmdn. als Vorwand für eine Ausrede gebrauchen; etwas auf jmd. anderen abwälzen"; binnendt. „sich herausreden": *Ich könnte mich natürlich darauf ausreden, daß ich in einer falsch eingerichteten Welt ja gar nicht so handeln darf* (R. Musil, Der Mann ohne Eigenschaften 636). ** mit jmdm./miteinander ausgeredet haben:** „nichts mehr voneinander wissen wollen": *du brauchst mich gar nicht mehr zu grüßen, wir haben miteinander ausgeredet.*

ausreiben, rieb aus, hat ausgerieben: bedeutet in Österr. auch „mit einer Bürste reinigen, scheuern": *den Bretterboden muß ich oft ausreiben, wenn wir es sauber haben wollen* (G. Roth, Ozean 191). →**reiben.**

Ausreibfetzen, der; -s, -: „Putz-, Scheuertuch": *Das Türl unter der Abwasch ging auf, der Ausreibfetzen schwebte heraus* (C. Nöstlinger, Rosa Riedl 95).

Ausreibtuch, das; -[e]s, ...tücher: „Putz-, Scheuertuch". →**Reibtuch.**

ausrichten, richtete aus, hat ausgerichtet: bedeutet österr. (und süddt.) ugs. auch „jmdn. schlechtmachen, herabsetzen": *währenddem der eigentliche Mittelpunkt, um den sich die Peripherie der Unterhaltung dreht, meistens außerhalb des Zirkels liegt, weil gewöhnlich nur die Abwesenden ausgerichtet werden* (J. Nestroy, Der Unbedeutende 586).

ausrinnen, rann aus, ist ausgeronnen: **a)** „herausfließen": *das Faß ist undicht, das Wasser rinnt aus.* **b)** „durch Ausfließen leer werden; leerlaufen": *das Faß rinnt aus* (auch süddt.).

Ausrufzeichen, das; -s, -: österr. (und schweiz.) Form für binnendt. „Ausrufezeichen". →**Rufzeichen.**

aussa (mdal.): „heraus" (auch bayr.), auch zusammengesetzt mit Verben: *Da hat s' es Trikot zerrissen, / Da hab'n s' es aussag'schmissen ...* (F. Herzmanovsky-Orlando, Gaulschreck 160).

Ausschank, die; -, Ausschänke: ist in Österr. in der Bedeutung „Schankraum; Schanktisch" Femininum, im Binnendt.

Maskulinum (der; -[es]): *die Gaststube liegt neben der Ausschank.* →**Schank.**

ausschauen, schaute aus, hat ausgeschaut: bedeutet österr. (und süddt.) auch „aussehen": *er schaut gut aus; als die altdeutschen Kostüme ... nicht einmal älter ausgeschaut haben als heutzutage ein Smoking* (R. Musil, Der Mann ohne Eigenschaften 1225). * *wie schaut's aus?:* „wie geht's, klappt es?". →**schauen.**

ausschießen, schoß aus, ist ausgeschossen: bedeutet österr. (und süddt.) „bleich werden, schießen": *die Vorhänge sind ausgeschossen.* →**schießen.**

ausschnapsen, schnapste aus, hat ausgeschnapst (ugs.): „vereinbaren": *VP und SP schnapsten sich personelle Neubesetzung aus* (Wochenpresse 25. 4. 1979); *das muß ich mir mit ihm ausschnapsen.*

ausschnaufen, [sich]; schnaufte [sich] aus, hat [sich] ausgeschnauft (ugs.): „sich verschnaufen; kurz stehen bleiben, um zu rasten" (auch süddt.): *er muß beim Stiegensteigen bei jedem Stockwerk ausschnaufen; Der Mann schnauft sich aus* (P. Rosegger, Waldschulmeister 284).

ausschoppen, schoppte aus, hat ausgeschoppt (ugs.): „ausstopfen": *ein Glück für diese Haut, daß sie mit lauter Nebukadnezar ausgeschoppt ist* (J. Nestroy, Judith und Holofernes 719). →**schoppen.**

ausschroten, schrotete aus, hat ausgeschrotet: **a)** „(Fleisch) fachgerecht für den Verkauf zerlegen; aushacken". **b)** (veraltend) „publizistisch, propagandistisch ausschlachten": *das Ereignis wurde reichlich ausgeschrotet.*

ausspechteln, hat ausgespechtelt (ugs.): „erspähen; suchen": *... weil sie Hans zwischen zwei Omamas ausspechteln will* (E. Jelinek, Die Ausgesperrten 250).

außen: a) steht österr. (und süddt.) dort, wo es im Binnendt. „draußen" heißt, wenn es *nicht* die Bedeutung „außerhalb von, im Freien" hat; bei **draußen** wird in Österr. immer vorausgesetzt, daß der Sprecher sich irgendwo innen befindet und seine Blickrichtung nach außen geht, es kann also nie heißen „hier draußen", sondern nur „hier außen". **b)** Veraltend kann in Österr. auch außen für „draußen" stehen: *außen warten; Und noch steht der*

ganze Roggen außen (K. Schönherr, Erde 23). →**heraußen, innen.**

aussenden, sandte aus, hat ausgesandt: Amtsspr. „[an alle zuständigen Stellen] versenden" (also auch mit Sachobjekt, im Binnendt. nur mit Personen als Objekt): *... wurde ... der Entwurf ... [des Gesetzes] ... zur Begutachtung ausgesandt* (auto-touring 2/1979).

Aussendung, die; -, -en: Amtsspr. „Rundschreiben, Pressemitteilung; Verlautbarung": *Das stelle ... das Kuratorium für Verkehrssicherheit in einer Aussendung fest* (auto touring 2/1979).

äußerln /nur im Infinitiv/: (den Hund) äußerln führen: „den Hund auf die Straße führen": *beim abendlichen „Äußerln" mit dem Hund* (Die Presse 9. 3. 1979).

außer Obligo →**Obligo.**

außerorts /Adverb/: „außerhalb des Ortes; auswärts"; das an sich schweizerische Wort kommt auch im österr. Bundesland Vorarlberg vor: *... auch von außerorts werden die Interessenten gerne als Mitglieder aufgenommen* (Vorarlberger Nachrichten 7. 11. 1968).

außertourlich: „zusätzlich; nicht in der normalen Ordnung stehend": *... sei außertourlich in Nächten Schildwacht gestanden* (A. Drach, Zwetschkenbaum 120); *Er würde bestimmt die Prüfungen machen und außertourlich General werden* (J. Roth, Radetzkymarsch 152).

aussi (mdal): „hinaus" (auch bayr.), meist zusammengesetzt mit Verben: *... da san ma g'sessn ... ham in Regn aussig'schaut* (H. Qualtinger/C. Merz, Der Herr Karl 22); *ich hab' keine Luft, laßt's mich auße* (E. Canetti, Die Blendung 262).

ausspeisen, speiste aus, hat ausgespeist: „Kinder oder Bedürftige verpflegen, bes. in Kriegs-, Notzeiten": *die Flüchtlinge ausspeisen; ich laß alles liegen und stehn – ich geh morgen nicht – du kannst allein gehn ausspeisen* (K. Kraus, Menschheit I 250).

Ausspeisung, die; -, -en: „Versorgung von Kindern oder Bedürftigen mit Essen": *Ausspeisungen durchführen; wir* [ein Hotel] *sind ja keine Ausspeisung* (Die Presse 16. 2. 1979). →**Schulausspeisung.**

ausspotten, spottete aus, hat ausgespot-

tet: „verspotten" (auch süddt., schweiz.):
*er spottet mich immer aus; Sophie hat ihn
neulich erst ausgespottet, daß er* ... (E. Jelinek, Die Ausgesperrten 246).

ausstallieren, hat ausstalliert (ostösterr.
ugs.): „aussetzen, bemängeln": *Selbst an
mir hat er immer wieder was auszustallieren. Der Lippenstift war ihm zu rot und der
Büstenhalter schnitt mich angeblich zu
stark ein* (B. Frischmuth, Kai 187).

Ausstand, der; -[e]s (veraltend): „Ausscheiden aus der Schule (bes. nach Beendigung der Pflichtschule) oder aus einem
Dienstverhältnis" (auch süddt.). →**ausstehen, Einstand, einstehen.**

ausständig: „ausstehend; fehlend; noch
nicht erledigt": *die ausständigen Gebühren; ... hat nämlich noch mehr als drei Jahre Haft ausständig, die er bei einer neuerlichen Verurteilung hätte absitzen müssen*
(Express 2. 10. 1968); *den Auftrag, alle
ausständigen Beträge einzutreiben* (Die
Presse 9. 4. 1969).

ausstecken, steckte aus, hat ausgesteckt:
„zum Zeichen, daß neuer Wein ausgeschenkt wird, einen Buschen, Kranz o. ä.
über dem Tor des Gasthauses oder Weinkellers aufhängen"; meist in der Form
→**ausgsteckt.**

ausstehen, stand aus, ist ausgestanden
(veraltend): „aus der Schule, einer Anstellung ausscheiden" (auch südd.): *Unsere
älteste Tochter ist bereits aus der Schule
ausgestanden.* →**Ausstand, Einstand, einstehen.**

austarieren, tarierte aus, hat austariert
⟨ital.⟩: „auf einer Waage das Leergewicht
feststellen". Die übertragene Bedeutung
(ins Gleichgewicht bringen, ausgleichen)
ist gemeindeutsch.

Austrag, der; -[e]s: „Altenteil; Naturalausgedinge der Bauern nach Übergabe ihres Hofes" (auch süddt.): *der Bauer lebt
jetzt im Austrag; ihn zum Nachgiebigsein,
... vielleicht gar zum Gehen in den Austrag
verlocken* (R. Billinger, Lehen aus Gottes
Hand 236).

austragen, sich etwas; trug sich aus, hat
sich ausgetragen (veraltet): „sich etwas
ausbedingen".

Austrägler, der; -s, -: „Altenteiler" (auch
süddt.).

Austragstüberl, das; -s, -[n]: „Wohnraum für die im Austrag lebenden alten
Bauern" (auch süddt.).

austreiben, trieb aus, hat ausgetrieben:
K ü c h e bedeutet in Österr. auch: „ausrollen, auswalken": *den Teig mit dem Nudelwalker austreiben.*

Austro- ⟨lat.⟩: bildungsspr. Vorsilbe zur
Bezeichnung einer bes. österr. Ausprägung; **Austromarxismus, Austro-Porsche**
usw.: *...redet ... vom „Austromasochismus"
und meint damit jene Mentalität, die den
Begriff des Österreichischen von vornherein
in negative Beziehungen ... setzt* (Die Presse
21./22. 11. 1970).

ausweihen, weihte aus, hat ausgeweiht:
„(zum Priester) weihen": *er wird heuer
ausgeweiht.*

Ausweis, der; -es, -e: S c h u l e bedeutet
veraltend in Österr. auch „Zeugnis".
→**Halbjahrsausweis, Semesterausweis,
Trimesterausweis.**

auswerkeln, werkelte aus, hat ausgewerkelt (ugs.): „ausleiern; durch ständigen
Gebrauch so abnützen, daß das Gefüge
locker wird": *die Gangschaltung beim
Fahrrad ist ganz ausgewerkelt.*

Auszügler, der; -s, -: „alter Bauer, der im
Auszug lebt, Altenteiler" (auch süddt.):
*Am 22. April starb nach kurzer Krankheit
der Auszügler von der Haidingersölde in
Unterweinberg* (Rieder Volkszeitung 1. 5.
1969).

Auszugsbauer, der; -n, -n: „Altenteiler":
*Die Einkommens- und Vermögensbesteuerung der Auszugsbauern wird immer wieder
heftig kritisiert* (Zuschußrentnerbrief 2. 12.
1968, Nr. 10).

Autodrom, das; -s, -e ⟨griech.⟩: „Fahrbahn für elektrische Kleinautos auf Vergnügungsstätten, Jahrmärkten o. ä.", auch
für das Fahrzeug selbst (binnendt. Skooter): *Vor dem Autodrom blieb Andi stehen*
(M. Lobe, Omama 23); *...flitzte wild im
Autodrom herum* (24). Im Binnendt. wird
Autodrom wie Motodrom gebraucht.

Automatenbuffet, das; -s, -s: „Automatenrestaurant; Schnellimbißstätte". →**Buffet.**

Automatik, die; -: wird österr. mit kurzem a gesprochen, binnendt. mit langem.

Autospengler, der; -s, -: „Autoschlosser"

(auch süddt., schweiz.): *Als Anführer der Bande wurde der 19jährige W. H., ein gelernter Autospengler, eruiert* (Die Presse 6. 2. 1969). **Autospenglerei.**

Avers, der; -es, -e ⟨franz.⟩, „Vorderseite einer Münze oder Medaille": wird in Österr. [a'vɛr] ausgesprochen, im Binnendt. [a'vɛrs].

Aviso, das; -s, -s [a'viːzo] ⟨ital.⟩, „Hinweis, Wink": österr. Form für binnendt. „Avis": *Über Interpol erhielt die Gendarmerie ein Aviso, daß P. am Mittwoch um 1 Uhr mit der AUA-Maschine aus Frankfurt in Wien-Schwechat eintreffen werde* (Die Presse 5. 12. 1968). Auch als Überschrift bei wichtigen Mitteilungen usw.

B

Bacchanal, das; -s, -e ⟨lat.⟩, „Trinkgelage": wird in Österr. meist [baka'naːl] ausgesprochen. Ebenso: **Bacchanalien, Bacchant[in], bacchantisch, Bacchus.**

bacherlwarm (ugs., salopp): „angenehm warm; lauwarm": *Er ist doch eh bacherlwarm* (Profil 17/1979).

Back, der; -s, -s [bæk] ⟨engl.⟩: Sport „Verteidiger" (auch schweiz.): *Stürmer, Back und Goalmann im Sprung nach dem Ball* (F. Torberg, Die Mannschaft 124).

Backbord, der; -[e]s, -e, „linke Schiffsseite": ist in Österr. meist Maskulinum, im Binnendt. Neutrum.

Backerbsen, die /Plural/: „Mehlerbsen; Suppeneinlage aus Teigwaren in Erbsenform": *Die Backerbsen brauchen beim Backen Platz zum Auflaufen. Tropfen Sie daher nie zu viel Teig ein!* (Thea-Kochbuch 31). →**Gebackene Erbsen.**

Backerbsensuppe, die; -, -n: „Suppe mit Backerbsen als Einlage".

Bäckerei, die; -, -en: bedeutet in Österr. auch „[süßes] Kleingebäck; Keks o. ä.": *Frau Fiala kann hingegen den Hausfrauenstolz nicht unterdrücken, einem Kenner und besseren Menschen Servietten, feines Geschirr und edle Bäckerei vorsetzen zu dürfen* (F. Werfel, Der Tod des Kleinbürgers 12); *und auch bei hausgemachten Bäckereien können Sie der Magenverstimmung und der Gewichtszunahme steuern* (Die Presse 7./8. 12. 1968). →**Teebäckerei, Weihnachtsbäckerei.**

Backhendl, das; -s, -n: „Backhuhn, -hähnchen". Durch die „Wienerwald"-Restaurants wurde das Wort auch in der Bundesrepublik bekannt: *mit knurrendem Magen im ersten Bezirk auf ein Schnitzel oder Backhendl Jagd machen* (Die Presse 9. 4. 1969).

Backhendlfriedhof, der; -[e]s, ...höfe (ugs., scherzhaft): „Bauch".

Backhendlstation, die; -, -en: „Restaurant, das bes. Backhendl führt"; durch die „Wienerwald"-Restaurants auch in der Bundesrepublik bekannt.

Backrohr, das; -[e]s, -e: österr. für binnendt. „Backofen, Backröhre": *den Kuchen aus dem Backrohr nehmen; Neuwertiger AEG-Elektroherd, kombiniert mit Kohlenzusatzherd, 380 Volt, 3 Platten und Backrohr, zu verkaufen* (Vorarlberger Nachrichten 30. 11. 1968, Anzeige).

Bácsi ['baːdʒi] ⟨ungar.⟩ (ugs., bes. in Wien): **1.** urspr. „Onkel", Bezeichnung für eine vertraute oder beliebte Person /immer an den Namen angehängt/: *Puskas-Bácsi; Recht so! Der Xenophon-Bacsi, der hier hängt, genügt uns dazu – samt seinen zehntausend Hopliten* (F. Th. Csokor, 3. November 1918, 246). **2.** (selten) „Ungar": *aber der ist kein Revolutionär, sondern – eben ein ‚bácsi' wie wir in Wien die Ungarn oft nennen* (H. Doderer, Die Dämonen 481).

Badewaschel, der; -s, -n (ugs., salopp): „Bademeister": *Wiens oberste Badewaschel* [Bäderverwaltung] (Profil 10. 4. 1979).

Badhur, die; -, -en (vulgär): Schimpfwort „Hure": *Zieh dich an, aber marschmarsch! Du Badhur!* (Ö. Horvath, Geschichten aus dem Wiener Wald 401).

Bagage, die; - ⟨franz.⟩: wird in Österr. [ba'ga:ʒ] ausgesprochen, also ohne Endungs-e: *Das Traurige is, daß die Zivilgerichte die Bagasch* [phonetische Schreibung] *noch unterstützen* (K. Kraus, Menschheit I 240).

Bagatelle, die; -, -en: ⟨franz.⟩: wird in Österr. meist ohne Endungs-e gesprochen: *und also wegen so einer Bagatell is der Weltkrieg ausgebrochen! Rasend komisch eigentlich* (K. Kraus, Menschheit I 56).

bagatellmäßig: meist in der Wendung **jmdn. bagatellmäßig behandeln:** „jmdn. geringschätzig behandeln": *ich habe es nicht notwendig, mich von ihm so bagatellmäßig behandeln zu lassen.*

bagschierlich (ostösterr. ugs.): „herzig, niedlich": *„Nur ein bisserl denen pakschierlichen Mondscheinnympherln nachsteigen – so g'fallen S' mir!"* (F. Herzmanovsky-Orlando, Gaulschreck 147).

Bagstall, der; -s, -e (ostösterr., mdal.): „Pfosten, Betonpfeiler als Zaunstütze".

bähen, bähte, hat gebäht: „(in Scheiben geschnittenes Brot oder Gebäck) rösten" (auch süddt., schweiz.): *ein Kamillentee kochen und dazu eine Semmel bähen* (B. Frischmuth, Haschen 103).

Bahnhofsbuffet, das; -s, -s: „kleines Imbißrestaurant in einem Bahnhof": *Distler ist es auch, der gemeinsam mit Fungo am Bahnhofsbuffet der nächsten Station einen besonders prächtigen „Prinzen schiebt"* (F. Torberg, Die Mannschaft 226). →**Buffet.**

Bahnhofsrestauration, die; -, -en (veraltend): „Restaurant in oder nahe einem Bahnhof": *Sie ... erkennt den alten Kellner der Bahnhofsrestauration* (R. Billinger, Lehen aus Gottes Hand 233). →**Restauration.**

Bahnhofsvorstand, der; -[e]s, ...stände: österr. Form für binnendt. „Bahnhofsvorsteher": *...da die meisten italienischen Bahnhofsvorstände einen zweitägigen Streik angekündigt haben* (Die Presse 30. 6. 1969). →**Vorstand.**

Bahnschranken, der; -s, -: österr. (und süddt.) Form für „die Bahnschranke": *ein geschlossener Bahnschranken ... brachte(n) ihn wahrscheinlich um den Sieg* (Die Presse 9. 6. 1969). →**Schranken.**

Bahnwächter, der; -s, -: „Bahnwärter".

Bahöl, der; -s (ugs., bes. Wien): „großer Lärm, Geschrei, Tumult": *Beim Heurigen machen jetzt die den Bahöl und tan mit die Glasln skandiern* (J. Weinheber, Sieg der Provinz 38).

Baier, der; -s (ugs., im Osten Österreichs): „Quecke (Unkraut)".

Baisse, die; -, -n, „Kurssturz bei der Börse": wird in Österr. [bɛːs] ausgesprochen, also ohne Endungs-e.

Bakelit, das; -s ⓌZ: wird österr. mit kurzem i gesprochen, binnendt. mit langem.

Balken, der; -s, -: kurz für „Fensterbalken": „Fensterladen": *Die Balken waren geschlossen, darum war es so dunkel* (G. Roth, Ozean 205).

Balkon, der; -s, -s/-e: wird in Österr. [bal'ko:n] ausgesprochen.

Ballawatsch →Pallawatsch.

Ballesterer, der; -s, - (ugs., salopp): „Fußballspieler": *Wieder einmal hatten nämlich unsere Ballesterer das übliche Pech* (Kronen-Zeitung 4. 10. 1968).

ballestern, ballesterte, hat ballestert (ugs., salopp): „Fußball spielen": *Die Bundeshauptstadt Wien besitzt ein Stadion, darin gut und gern 60000 Menschen zuschauen können, wie zweiundzwanzig andere Menschen unten auf dem Rasen ballestern* (Kronen-Zeitung 4. 10. 1968).

Ballon, der; -s, -s ⟨franz.⟩: wird in Österr. [ba'lo:n] ausgesprochen.

Ballonmantel, der; -s, ...mäntel: „Mantel aus Ballonstoff; Popelinmantel": *Vom warmgefütterten Ballonmantel über den Sportmantel und eleganten Stadtulster bis zum echten Pelz* (Kurier 16. 11. 1968, Anzeige).

Ballschani, der; -s, - (ugs.): „Junge, der den Ball wieder ins Spielfeld zurückbringt": *Sonst könnten die am Ende glauben, daß man als Ballschani zu fungieren gedenkt* (F. Torberg, Die Mannschaft 131). →**Schani.**

Bamperletsch, Pamperletsch, der; -[e]s, -e ⟨ital.⟩ (ostösterr., ugs.): „kleines Kind".

bampfen, hat gebampft (ugs.): „mampfen".

Bams, der; -, -e (ugs., salopp): „Kind" (auch bayr.): *Kaufens doch dem herzigen Bams was Ähnliches! Vielleicht eine gedie-*

gene Trompete (Ö. Horvath, Geschichten aus dem Wiener Wald 415).

bamstig (ugs.): **1. a)** „aufgedunsen, schwammig; müde, schwer auf den Gliedmaßen lastend": *ein bamstiges Gefühl.* **b)** „aufwendig, protzig": *alles bamstig und altmodisch luxuriös, noch dazu in zwei Stockwerken ... breite, tiefe, samtgepolsterte Sitzlogen ...* (H. Doderer, Die Dämonen 56). **2.** „holzig, nicht kernig; welk": *die Radieschen, der Karfiol ist b.*

Bandage, die; -, -n ⟨franz.⟩: wird in Österr. [ban'da:ʒ] ausgesprochen, also ohne Endungs-e.

Band[e]l, das; -s, -: **a)** (veraltet) „vier zusammengebundene Stück": *ein Bandel Würste.* **b)** (ugs., auch bayr.) „Band; Bändchen": *... der Wanzenböck ist sogar nie anders als sechsspännig gefahren – bunte Bandeln auf die Hörner –, und die höchsten Damen sind hintennach gelaufen ...* (F. Herzmanovsky-Orlando, Gaulschreck 14). * **jmdn. am Bandel haben:** „jmdn. völlig beherrschen", binnendt.: „an der Leine haben".

Bandelei, die; -, -en (veraltet): „Liebesverhältnis": *Es ist halt ein weitgehender Flirt, aber deswegen noch keine Bandelei* (H. Hofmannsthal, Der Schwierige 24).

bandeln, hat gebandelt (ugs.): „tändeln; die Zeit mit unwichtigen Tätigkeiten verplempern": *er bandelt den ganzen Tag an dem alten Radio.* Dazu: **Bandler,** der.

Bandit, der; -en, -en: wird österr. mit kurzem i gesprochen, binnendt. mit langem.

Bandl →Bandel.

Baon, das; -s, -s: Kurzwort zu „Bataillon": *... sind die Leute sofort der Ausbildung zu unterziehen und beim nächsten Marsch-Baon einzuteilen* (K. Kraus, Menschheit I 235).

Baraber, der; -s, - ⟨ital.⟩ (ugs.): „schwer arbeitender Hilfsarbeiter, bes. [Straßen]bauarbeiter": *die Steinklopfer krepieren im Staub, die Baraber schwitzen unter ihren Lasten* (E. Fussenegger, Zeit des Raben – Zeit der Taube 191).

barabern, baraberte, hat barabert ⟨ital.⟩ (ugs.): „schwer arbeiten": *in den Ferien barabert er am Bau, um Geld zu verdienen.*

Bärendreck, der; -s (ugs.): „Lakritze; eingedickter Süßholzsaft" (auch süddt., schweiz.).

Bärenzucker, der; -s: bes. im Handel übliche Nebenform von „Bärendreck".

bärig (bes. in Tirol, ugs.): „toll, ausgezeichnet": *die Ski sind bei der Abfahrt bärig gelaufen.*

Barren, Barn, der; -s, -: „Futtertrog" (auch süddt.): *Onkel Ferry stand gerade am Barren und schüttete ... Hafer ein* (B. Frischmuth, Ida); *Frieda ... warf verzweifelt den Lappen in den Eimer ... und lief hinter den Barren, wo sie sich versteckte* (F. Kafka, Das Schloß 135). →Freßbarren, Futterbarren.

Barterl, das; -s, -n (ugs.): „Kinder-, Brustlätzchen" (auch bayr.): *dem Kind ein Barterl umhängen.*

Bartwisch, der; -[e]s, -e: „Handbesen, Handfeger" (auch bayr.): *bring mir einen Bartwisch und eine Schaufel* (C. Nöstlinger, Rosa Riedl 95).

Bassena, die; -, -s ⟨franz., ital.⟩ (bes. Wien): „Wasserbecken im Flur eines alten Wohnhauses, von dem mehrere Wohnparteien das Wasser holen". Dort trafen oft die Hausfrauen zusammen, wobei der neueste Tratsch ausgetauscht wurde oder Streitigkeiten ausgetragen wurden. Die Bassena wurde so zum Symbol für Klatsch und Gezänk niederen Niveaus: ... *paßt haargenau zu der homerischen Farbigkeit einer Bassena-Affaire, die dieser Streit unter zwei Intellektuellen mittlerweile angenommen hat* (Die Presse 18. 10. 1968).

Bassenatratsch, der; -es: „Tratsch, Klatsch niedrigsten Niveaus".

Bassenawohnung, die; -, -en: „Altbauwohnung ohne eigene Wasserleitung und Toilette": *Anteil der Bassenawohnungen geht ständig zurück* (Die Presse 15./16. 1. 1977). →Bassena.

Bauchfleck, der; -s, -e (ugs.): „Sprung ins Wasser, bei dem man auf dem Bauch landet", binnendt.: „Bauchklatscher".

Bauernkrapfen, der; -s, -: „tellergroßer →Germkrapfen".

Baunzerl, das; -s, -n ⟨ital.?⟩ (mdal.): „kleines längliches Weißgebäck; mürbes Milchgebäck". →Bosniak.

Bauschen, der; -s, -: ist eine österr. (und

süddt.) Nebenform zu „Bausch": *ein Bauschen Watte.*

Bauxerl, das; -s, -n ⟨lat.⟩ (ostösterr., ugs.): „kleines, herziges Kind, Mädchen": *So ein liebes Bauxerl!; sie ist offensichtlich die kleine Freundin seines Sohnes, das ist fein, weil sie ein fesches Bauxerl ist* (E. Jelinek, Die Ausgesperrten 256).

Bazi, der; -, - (scherzh., ugs.): **a)** „Lump, Gauner", nicht ernst gemeintes Schimpfwort (auch bayr.): *das Schlechtere hat er mir überlassen, so ein Bazi!* **b)** Schimpfwort der Bewohner der österr. Bundesländer auf die Wiener. Man meint damit etwa einen Menschen, der zwar groß und gescheit redet, im Grunde aber feig ist und wenig zu sagen hat. →**Gscherter.**

Beamtenmatura, die; -, ...ren: „Aufstiegsprüfung für den öffentlichen Dienst".

Beamtenwitwe, die; -, -n: österr. Form für binnendt. „Beamtenwitwe": *Beamtenswitwe, 68 Jahre, sucht Anschluß an seriöses Ehepaar* (Kurier 16. 11. 1968, Anzeige).

beangaben, beangabe, hat beangabt: Amtsspr., Kaufmannsspr. „eine Anzahlung leisten auf": *eine bestellte Ware beangaben.*

beanständen, beanständete, hat beanständet: österr. Nebenform zu „beanstanden": *was hat er denn zu beanständen gehabt?* Dazu: **Beanständung.**

bedanken, bedankte, hat bedankt: bedeutet österr. (und süddt.) in Verbindung mit einem Akkusativ: „(jmdm.) für etwas danken"; meist im Passiv: *Es war ein ruhiger, dicker Wunsch, verschönt von Frauen, die seinem Wort lauschten und es mit Bewunderung bedankten* (R. Musil, Der Mann ohne Eigenschaften 911); *der Redner wurde vom Vorsitzenden herzlich bedankt.*

bedecken, bedeckte, hat bedeckt: bedeutet österr., besonders in der Amtsspr. in Verbindung mit Ausdrücken aus dem Finanzwesen o. ä. „ausgleichen, wieder ins Gleichgewicht bringen, decken": *Diese Ausgaben werden für 1955 mit dem Höchstbetrag von 150 Millionen Schilling ... festgesetzt. Sie sind durch Mehreinnahmen bei Kapitel 17 Titel 1 § 3 „Zölle" zu*

bedecken (Bundesgesetzblatt 21. 9. 1955); *ein Defizit bedecken.*

Bedeckung, die; -, -en: bedeutet in der österr. Amtsspr. auch „Deckung, Ausgleich": *... vom Standpunkt finanzieller Bedeckung ...* (Österr. Rundfunk I, 31. 12. 1968, 12.21 Uhr [Staatssekretär Pisa]); *Da die Bedeckung durch Mehreinnahmen auf anderen Konten gegeben ist, wurden die Kreditüberschreitungen einstimmig beschlossen* (Vorarlberger Nachrichten 6. 11. 1968).

bedienen, bediente, hat bedient: bedeutet österr. auch: **1.** (ugs., salopp) „benachteiligen": *jedenfalls hat er* [der Schiedsrichter] *eine der beiden Mannschaften „bedient"* (F. Torberg, Die Mannschaft 78); auch in der Fügung **bedient sein:** „in der Tinte sitzen; in einer schwierigen, peinlichen Situation, in Not sein". **2.** „als →Bedienerin arbeiten": *am Vormittag geh' ich bedienen* (B. Frischmuth, Amy 140).

Bedienerin, die; -, -nen: „Aufwartefrau": *Inzwischen war Frau Rambausek, die Bedienerin, für ein kurzes eingetreten* (H. Doderer, Die Dämonen 1331); *Bedienerin für Kino für einige Wochentage ... gesucht* (Kurier 16. 11. 1968, Anzeige).

Bedienung, die; -, -en: bedeutet österr. auch: **a)** „Hausgehilfin": *ich mache die ganze Hausarbeit allein, nur beim Großreinemachen nehme ich mir eine Bedienung.* **b)** „Stelle als Hausgehilfin": *sie hat sich um eine Bedienung beworben.*

Bedingnis, das; -ses, -se: Amtsspr. „Bedingung, Voraussetzung, unter der etwas erbaut, betrieben o. ä. werden kann": *Die Bundesländer-Sachverständigen und Erbauerfirmen streben eine Neufassung der derzeit geltenden Bedingnisse an* (Vorarlberger Nachrichten 26. 11. 1968).

bedingt: steht in der österr. Rechtssprache für binnendt. „mit Bewährung": *eine bedingte Strafe; er erhielt drei Jahre bedingt.*

beeidigen, beeidigte, hat beeidigt: bedeutet österr. „in Eid nehmen".

beflegeln, beflegelte, hat beflegelt: „jmdn. respektlos beschimpfen": *der Rektor der Universität mußte sich von Studenten beflegeln lassen.*

befürsorgen, befürsorgte, hat befürsorgt:

bes. Amtsspr. „betreuen": *eine Nachbarin befürsorgte die alte gehbehinderte Frau.*

begriffsstützig: österr. Form zu bin-' nendt. „begriffsstutzig".

beheben, behob, hat behoben: bedeutet in Österr. auch: **a)** „abheben": *Die beiden Sparbücher verbrannten sie allerdings, als sie einsehen mußten, das Geld nicht beheben zu können* (Die Presse 24. 6. 1969); *die Zinsen beheben.* **b)** „abholen": *Als Annerl die Post behob, war Herbert bereits seit einigen Tagen tot* (M. Brod, Annerl 26).

Behebung, die; -, -en: bedeutet österr. auch: „das Abheben; Abholen": *bei der Behebung des Geldes ist das Sparbuch mitzubringen.*

Behebungsfrist, die; -, -en: Amtsspr. „Frist, innerhalb der eine Postsendung o. ä. abgeholt werden muß": *die Behebungsfrist beträgt zwei Wochen.*

Behelf, der; -[e]s, -e: steht österr. auch für „[Hilfs]mittel", bes. in Zusammensetzungen. →**Heilbehelf, Lehrbehelf, Zeichenbehelf.**

behüt, dich Gott (geh.): Abschiedsgruß: *Behüt' Dich Gott, Hans, wir werden im Himmel schon wieder zusammenkommen* (P. Rosegger, Waldschulmeister 253). →**pfiat di Gott.**

bei: die Präposition wird in Österr. häufiger gebraucht als im Binnendt., bes. statt *an, zum* und überall, wo eine sonst nicht näher bestimmte Beziehung zwischen Satzteilen hergestellt werden soll: *sie saß bei* (an) *der Kasse; sie schaute beim* (zum) *Fenster heraus; Doch mir hängt die ... Masche schon lange beim* (zum) *Hals heraus* (Express 2. 10. 1968).

beibringen, brachte bei, hat beigebracht: Amtsspr. bedeutet österr. (und süddt., schweiz.) auch „etwas beschaffen, vorlegen": *ein ärztliches Attest, die fehlenden Dokumente beibringen; Olah selbst habe den Entwurf als Beilage zu einem Beweisantrag beigebracht* (Die Presse 11. 2. 1969).

Beibringung, die; -, -en: Amtsspr. „Beschaffung, Vorlage": *Personen, die diesem Kreise angehören, haben diese Tatsache unter Beibringung einer entsprechenden Bestätigung dem zuständigen Militärkommando ... zu melden* (Plakat, Militärkommando Wien, Herbst 1968).

beichthören, hörte beicht, hat beichtgehört (ugs.): „die Beichte hören": *der Pfarrer bekommt zu Ostern eine Aushilfe zum Beichthören.*

Beidl, der; -s, -n: eig. „Beutel", wird österr. ugs. auch als derbes Schimpfwort verwendet, „Trottel, lästiger Mensch o. ä.": *Wos, warnen a no? Sö Amtsperson Sö! Sö Hungerleider! I bring Ihna um! (Wirft ihm einen Korb mit Haselnüssen nach.) A so a Beidl!* (K. Kraus, Menschheit I 262).

Beilage, die; -, -n: bedeutet österr. auch: „Anlage [zu einem Brief]": *in der Beilage übersende ich einen Lebenslauf und zwei Zeugnisse; Olah selbst habe den Entwurf als Beilage zu einem Beweisantrag beigebracht* (Die Presse 11. 2. 1969).

beiläufig: bedeutet in Österr. auch „ungefähr, etwa": *... daß ich – beiläufig in Gilberts Alter – ein Mädchen angeschwärmt hatte* (H. Broch, Versucher 14); *ich weiß es nicht genau, ich kann nur eine beiläufige Zeit angeben.*

Bein, das; -[e]s, -er: bedeutet in Österr. ugs. „Knochen": *mir tun nach dem Marsch alle Beiner weh; der Hund nagt an einem Bein.* Bein als Bezeichnung für die unteren Gliedmaßen (Plural: Beine) ist österr. (und süddt., schweiz.) in der Mundart und Umgangssprache nicht üblich, dafür steht →**Fuß.**

Beindlvieh →**Beinlvieh.**

Beinfleisch, das; -es: „eine Rindfleischspeise": *Beinfleisch: keine Zubereitungsart, sondern eine spezielle Sorte gekochten Rindfleisches, dem Knochen (Bein) benachbart, mit dem gemeinsam es serviert werden muß* (H. Weigel, O du mein Österreich 92).

beinhart: „sehr hart" (auch süddt.): *er hat einen beinharten Schädel; beinhart und unbarmherzig! Einer der besten Western des Jahres* (Vorarlberger Nachrichten 30. 11. 1968).

Beinlvieh, Beindlvieh, das; -s (mdal., sonst veraltet): „Hornvieh": *das Beinlvieh haben wir im Sommer auf der Alm.*

Beinscherzel, das; -s, -n: „eine Rindfleischsorte, meist gekocht, vom hinteren Teil des Rindes".

Beiried, das; -[e]s, und die; -: eine Rindfleischsorte, „hinteres Rumpfstück vom Rücken, meist gedünstet": *Man hat die Wahl ... zwischen Zander, Beiried oder Kalbsbries* (Die Presse 16. 2. 1979).

beischließen, schloß bei, hat beigeschlossen: „(einer Sendung) etwas beilegen": *der Sendung ist ein Begleitschreiben des zuständigen Beamten beigeschlossen; die nötigen Unterlagen beischließen.*

Beisl, Beisel, das; -s, -n: „Kneipe; einfaches Gasthaus" (auch bayr.). Das Wort kann abwertend gebraucht werden für ein schlechtes Lokal, ebenso aber salopp im guten Sinn für ein Gasthaus, in dem man billig einfachere, dafür aber reichliche Speisen essen und sich gemütlich aufhalten kann, ohne auf die gespreizten Umgangsformen eines feinen Restaurants Rücksicht nehmen zu müssen: *Irgendwo muß ich doch schließlich hingeh'n ... ich könnt' mich ja in irgendein Beisl setzen, wo mich kein Mensch kennt* (A. Schnitzler, Leutnant Gustl 126); *Ich ging aus. Zunächst, um in einem Beisl zu essen, obgleich ich sonst diese kleinen Wirtshäuser nicht in der Gewohnheit hatte* (H. Doderer, Die Dämonen 70). →**Stammbeisl.**

Beißer, der; -s, -: bedeutet in Österr. auch: 1. „längere Eisenstange zum Lokkern und Heben schwerer oder großer Gegenstände": *Ich bringe den Felsbrocken nicht von der Stelle, ich muß den Beißer holen.* 2. (ugs.) „ungehobelter, brutaler Mensch". 3. „Weinkenner, →Weinbeißer".

Beistand, der; -[e]s, ...stände: bedeutet in Österr. veraltend auch „Trauzeuge": *Die Gäste ... wünschten „Gesundheit für die Brautleute, für die Beistände beiderseits und die geladenen Hochzeitsgäste"* (G. Roth, Ozean 164).

beistellen, stellte bei, hat beigestellt: „[zusätzlich] zur Verfügung stellen": *Vertreter gesucht, Firmenwagen wird beigestellt; Wohnung, Verpflegung, Material beistellen; Suche Friseuse, Zimmer kann beigestellt werden* (Vorarlberger Nachrichten 6. 11. 1968, Anzeige).

Beistellung, die; -, -en: „Besorgung, Beschaffung von etwas, was zu einer beruflichen Tätigkeit oder zum Aufenthalt an ei

nem Ort benötigt wird": *Wir bieten ordentliche Bezahlung, Beistellung der Arbeitskleidung, zusätzliche Vergünstigung* (Kronen-Zeitung 5. 10. 1968, Anzeige).

Beistrich, der; -[e]s, -e: ist der in Österr. übliche Ausdruck für „Komma"; das binnendt. „Komma" ist in Österr. fast unbekannt: *Gewisse optimistische Äußerungen maßgeblicher Persönlichkeiten – „es fehlt nur noch ein Beistrich"* ... (Die Presse 28. 4. 1969).

Beiwagerl, das; -s, -n (ugs., salopp): Schule „→Probelehrer".

beiziehen, zog bei, hat beigezogen: bedeutet österr. (und süddt., schweiz.; sonst nur in der juristischen Fachsprache) „jmdn. zu etwas zuziehen; jmdn. teilnehmen lassen; etwas zusätzlich verwenden, heranziehen": *die Operation war so schwierig, daß man einen Spezialisten beiziehen mußte; Das Gericht möge doch einen Buchsachverständigen beiziehen* (Die Presse 28. 2. 1969).

Beiziehung, die; -, -en: „das [zusätzliche] Heranziehen" (auch süddt., schweiz.): *eingehende Besprechungen im kleinsten Kreis unter Beiziehung von Rathausjuristen* (Die Presse 20. 6. 1969).

Bekenntnis, das; -ses, -se: bedeutet in Österr. auch „Steuererklärung".

Belangsendung, die; -, -en: „von einer Interessensvertretung (Gewerkschaft, Kammern, Parteien) gestaltete und von ihr verantwortete Rundfunksendung".

Benelux: wird österr. auf der letzten Silbe betont, binnendt. meist auf der ersten.

benzen, penzen, hat gebenzt (ugs., auch bayr.): **a)** „(um etwas) bitten, betteln": *Laß mich aus – jede Woche beim KM für ein' Juden um ein' kontumazfreien Grenzübertritt penzen* (K. Kraus, Menschheit II 130). **b)** „ständig jmdn. ermahnen, an jmdm. etwas auszusetzen haben; tadeln: *wie lang muß man denn noch benzen, daß ihr euch beeilt; die Alte benzt ständig.*

Bergisel, der; -: in Österr. übliche Schreibung des Bergnamens, im Binnendt. Berg Isel.

Bergkraxler, der; -s, - (ugs.): „Bergsteiger; Kletterer": *Er ist ein richtiger Bergkraxler, jeden Sonntag ist er auf einem Gipfel.* →**kraxeln.**

Bergler, der; -s, -: „jmd., der [unter schwierigen Bedingungen] auf dem Berg wohnt": *Ein Bergler läßt sich eben nur schwer in einen Hilfsarbeiter ... umfunktionieren* (Die Presse 28. 1. 1977); *die Stadtund Talleute sind zu verwöhnt, die halten es hier nicht aus, aber wir Bergler ...*

Bergstadel, der; -s, -: „Hütte, kleineres Haus auf einem Berg als Stall im Sommer oder als Aufbewahrungsort für Futter". →Stadel.

berufen, berief, hat berufen: bedeutet in Österr. auch „Berufung einlegen": *Gegen die gleichzeitig ausgesprochene Landesverweisung beriefen die drei Verurteilten* (Die Presse 29./30. 3. 1969).

Beserlbaum, der; -[e]s, ...bäume (ostösterr. ugs.): „verkümmerter, kleiner Baum; Birke": *Ich seh' das Straßel noch vor mir, mit den Beserlbäumen links und rechts oben auf der Höh'* (H. Doderer, Die Dämonen 585).

Beserlpark, der; -s, -e (ugs., Wien): „kleiner Park mit Büschen": *Im Beserlpark um die Ecke schnüren Hunde locker durchs Gras* (E. Jelinek, Die Ausgesperrten 26/27).

Besitzer, der; -s, -: bedeutet österr. in bestimmten Verwendungen auch „Besitzer eines Hauses, Anwesens o. ä.": *gestorben ist N. N., Besitzer in ...*

Best, das; -s, -e (veraltend): „ausgesetzter Preis, bes. bei einem Wettkampf, Scheibenschießen, Tombola o. ä." (auch süddt.): *Wer hat das Best gemacht?*

Bestand, der; -[e]s, Bestände: bedeutet österr. auch: **1.** Amtsspr. „Pacht, Miete" (auch süddt.): *er hat seinen ganzen Besitz in Bestand gegeben; etwas in Bestand haben, nehmen.* **2.** „Dauer des Bestehens": *Anläßlich des 125jährigen Bestandes des Wiener Männergesangvereines ...* (Vorarlberger Nachrichten 23. 11. 1968).

Bestandsjubiläum, das; -s, ...läen: „Jubiläum des Bestehens": *Das Tanzorchester des Südwestfunks unter Rolf-Hans Müller feiert heute, Samstag, sein zehnjähriges Bestandsjubiläum* (Vorarlberger Nachrichten 23. 11. 1968).

Bestandvertrag, der; -[e]s, ...träge: Amtsspr. „Pacht-, Mietvertrag": *Ab 1. Juni 1969 läuft der neue Bestandvertrag mit*

der burgenländischen Landesregierung (Die Presse 9. 7. 1969).

Bestattnis, die; -, -se (Vorarlberg): „Begräbnis". Dazu: **Bestattnisgottesdienst.**

bestbekannt: „überall bekannt"; auch: „überall sehr geschätzt": *der bestbekannte Forscher erhielt die höchste Auszeichnung des Landes.*

bestbemittelt: „sehr reich": *er stammt aus einer bestbemittelten Familie.*

besteingerichtet: „mit bester Einrichtung, höchstem Komfort versehen": *besteingerichtetes Zimmer in schöner Lage zu vermieten.*

Bestemm /ohne Artikel/ (ostösterr., ugs.): „Opposition, Widersetzlichkeit, Ablehnung jeder Zusammenarbeit": *aus Bestemm; ... muß die ÖVP ... zeigen, daß sie nicht nur Bestemm macht* (Die Presse 5. 7. 1979).

bestinformiert: „sehr gut informiert": *Das Rätselraten um ein bisher streng gehütetes Geheimnis ..., hat am Mittwoch, überraschend auch für bestinformierte Kreise, geendet* (Die Presse 3. 4. 1969).

Bestkegelscheiben, das; -s (veraltend): „Wettkampf im Kegeln, bei dem für die Sieger Preise verteilt werden". →Best, Kegelscheiben.

bestoßen, bestieß, hat bestoßen: bedeutet österr. auch: „(eine Alm) mit Vieh beschicken": *diese Alm wird nicht mehr bestoßen.*

bestqualifiziert: „sehr gut qualifiziert": *Bestqualifizierte, internationale Fachleute und Journalisten ermitteln die Sieger dieser Meisterschaft* (Vorarlberger Nachrichten 14. 11. 1968).

Bestschießen, das; -s: „Wettschießen, bei dem für die Sieger Preise ausgesetzt sind". →Best.

bestsituiert: „reich; materiell gesichert": *Adeliger, 55, 175, charmanter, hochintelligenter Witwer, bestsituiert, wünscht Dame mit Niveau ... kennenzulernen* (Kurier 16. 11. 1968, Anzeige).

Bestverteilung, die; -, -en: „Preisverteilung". →Best.

betakeln, hat betakelt (ugs.): „betrügen, beschwindeln": *Ich wil kein'n Unfrieden stiften, das laßt mein Herz nicht zu, aber wenn ein Mann, wie der Herr Lorenz, beta-*

*kelt wird, kann halt mein Herz auch nicht
ruhig zuschau'n* (J. Nestroy, Faschingsnacht 182).

beteilen, beteilte, hat beteilt: „beschenken". Im Gegensatz zu beschenken meint
beteilen meist eine größere Aktion, in der
mehrere oder viele Menschen beschenkt
oder mit Notwendigem versorgt werden:
*die Flüchtlinge werden mit Lebensmitteln
beteilt; die Kinder mit Spielsachen reich beteilen;* auch ironisch für „übervorteilen".

Beteilung, die; -, -en: „Beschenkung; Zu-
teilung": *Angesichts der vielen Kinder* [von
Uganda-Flüchtlingen] *wäre aber eine Beteilung mit Obst und Vitamintabletten nötig*
(Salzburger Nachrichten 14. 11. 1972).

Beton, der; -s ⟨franz.⟩: wird in Österr.
[be'to:n] ausgesprochen.

betreten: Amtsspr. (sonst veraltet) in
der Fügung **betreten werden:** „ertappt
werden": *so ist das Gericht zuständig, ... in
dessen Sprengel er betreten wird* (§ 54 (1)
Strafprozeßordnung); *Er könnte beim Da-
beigewesensein betreten werden* (A. Kuh,
Kaffeehaus 25).

Betretung, die; -, -en: Amtsspr. in der
Fügung im **Falle der Betretung** oder **im
Betretungsfall** „beim Ertapptwerden; im
Fall, daß jmd. ausfindig gemacht wird":
*Der Jude Dr. Siegelberg wurde im Falle der
Betretung im deutschen Reichsgebiet zur
Verhaftung ausgeschrieben* (Die Presse
18./19. 1. 1969).

Betretungsfall →Betretung.

betroppezt ⟨jidd.⟩ (ugs.): „bestürzt, sehr
überrascht; sprachlos": *Der alte Biach (betroppezt, doch gefaßt): Trauerfahnen müssen herausgehängt werden* (K. Kraus,
Menschheit II 59).

Bettbank, die; -, ...bänke: „Couch, die
auch als Bett benützt werden kann;
Schlafcouch": *der Gast muß im Wohnzim-
mer auf einer Bettbank schlafen; Elegante
Vollpolster-Garnitur auf Chromlaufrollen,
Bettbank mit Automatik und großem Bett-
zeugraum ... 4490.* – (Kurier 16. 11. 1968,
Anzeige).

Bettgeher, der; -s, -: „Untermieter, der
nur nachts zum Schlafen anwesend ist
und dessen Zimmer während des Tages
von der vermietenden Familie benützt
wird": *sie erfährt es todsicher, da sorgt*

*schon mein früherer Bettgeher, der Karli
Populka, dafür* (R. Billinger, Der Gigant
301).

Bettlade, die; -, -n: **a)** (veraltend, auch
südd.) „Bettgestell": *... als der erste* [Bau-
er auf dem Hof] *... diese Bettlade an die
Wand zimmerte* (H. Waggerl, Jahr 9). **b)**
„Bettzeuglade".

Bettpolster, der; -s, ...polster/...pölster:
„Bettkissen". →Polster.

Bettstatt, die; -, ...stätten (veraltend,
auch südd., schweiz.): „Bett": *Er hauste in
einem abgetrennten, leeren Zimmer, das
zur Wohnung gehörte; irgendwo hatten
Clarisse und Walter eine eigene Bettstatt
aufgetrieben* (R. Musil, Der Mann ohne
Eigenschaften 781).

Beugel, das; -s, -: „Hörnchen, Kipfel":
Preßburger Beugel (Thea-Kochbuch 146).
→Hörnchen, Mohnbeugel, Nußbeugel.

Beuschel, das; -s: **1.** „Speise aus Tierin-
nereien, bes. Herz und Lunge; Lungenha-
schee" (auch bayr.): *... ja mit einer Intensi-
tät ..., die ihm geradezu ins Fleisch schnitt,
in die seelischen Weichteile, sollte man sagen, wofür über der Wiener das Wort ‚Beuschel'
mitunter im übertragenen Sinne gebraucht,
das sonst eine Bezeichnung für genießbare
und beliebte Eingeweideteile, etwa vom
Kalb darstellt, für Herz und Lunge nämlich*
(H. Doderer, Die Dämonen 941). **2.** (derb)
„Lunge", auch: „Eingeweide des Menschen": *Der Poldl hat mir das Beuschl von
an Serben versprochen* (K. Kraus,
Menschheit I 44). →Lüngerl.

beuteln, beutelte, hat gebeutelt: „schüt-
teln" (auch südd.): *den Kopf beuteln; ein
Kind beuteln* (am Haarschopf ziehen); *Mit
diesen Muskeln lassen Sie ... sich die Seele
aus dem Leib beuteln* (H. Broch, Der Versucher 97). →abbeuteln, ausbeuteln.

Bewerb, der; -s, -e: „Wettbewerb, Wettkampf": *sich für einen Bewerb anmelden;
den Gegner, die Mannschaft aus dem Bewerb werfen; daß Sänger ... und Kapellen
gleichzeitig zu diesem Bewerb zugelassen
waren* (Vorarlberger Nachrichten 30. 11.
1968).

Bezirk, der; -[e]s, -e: bezeichnet in Österr.
eine kleine Verwaltungseinheit, die über
mehreren Gemeinden steht; mehreren Bezirken übergeordnet ist ein Bundesland.

Die amtliche Bezeichnung lautet: politischer Bezirk. Abkürzung: [pol.] Bez.

Bezirksgericht, das; -[e]s, -e: „Gericht eines Gerichtsbezirkes (kleinste geographische Einheit der Justizverwaltung)", binnendt. „Amtsgericht": *Im Sammelgefängnis des österreichischen Bezirksgerichtes verhielt sich Schmul Leib Zwetschkenbaum verhältnismäßig still ...* (A. Drach, Zwetschkenbaum 7).

Bezirkshauptmann, der; -[e]s, ...leute: „Vorsteher eines politischen Bezirks": *Er erkannte, daß der Bezirkshauptmann zu jenen einfachen Naturen gehörte, die gleichsam noch einmal in die Schule geschickt werden mußten* (J. Roth, Radetzkymarsch 178). Vgl. Bezirksvorsteher.

Bezirkshauptmannschaft, die; -, -en: a) „Verwaltungsbehörde eines politischen Bezirks": *Zum ersten Mal, seitdem er diese Bezirkshauptmannschaft leitete* (J. Roth, Radetzkymarsch 179). b) „Gebäude der Verwaltungsbehörde eines Bezirks": *Links neben der Kaserne war das Bezirksgericht, ihr gegenüber die Bezirkshauptmannschaft* (J. Roth, Radetzkymarsch 96). →BH.

Bezirkstrottel, der; -s, -n: sehr starkes Schimpfwort, eig. „größter Trottel des Bezirkes", Steigerung zu „Dorftrottel" (auch süddt.).

Bezirksvorsteher, der; -s, -: „Vorsteher eines Wiener Bezirks". Vgl. Bezirkshauptmann.

BH: neben „Büstenhalter" auch: a) „Bundesheer" (auch auf Kennzeichen von Militärfahrzeugen). b) „Bezirkshauptmannschaft".

Biegel, das; -s, -[n]: „Schenkel von Back-, Brathendln".

biegen, bog, hat gebogen: bedeutet in Österr. veraltend auch „flektieren, abwandeln" (im Binnendt. „beugen"): *Das Substantiv, Adjektiv wird schwach, stark gebogen.*

Biegung, die; -, -en (veraltend): „Abwandlung, Flexion" (im Binnendt. „Beugung"): *die Biegung des Substantivs, Adjektivs; starke, schwache Biegung.* →**Fallbiegung.**

Bierkiste, die; -, -n: „Bierkasten": *... daß dort Bierkisten, Weinflaschen ... aufbe-*

wahrt werden (B. Hüttenegger, Freundlichkeit 38).

Bierkrügel, das; -s, -: „Krug oder Henkelglas mit einem halben Liter Inhalt". →**Krügel.**

Biertippler, der; -s, - (ugs.): „Biertrinker, der von Lokal zu Lokal zieht und sich langsam betrinkt": *Waast? Net? Verstehst? (Selbstgespräch eines Biertipplers)* (Titel eines Gedichtes von J. Weinheber, 43).

Bildstock, der; -[e]s, ...stöcke: „Heiligen-, Marienbild, Kreuz im Freien; Marterl" (auch süddt.): *der Bauer bekreuzigte sich, als er an dem Bildstock vorüberging.*

Billard, das; -s: der Plural heißt österr. Billards, binnendt. Billarde: die Aussprache ist [bi'ja:r], die Betonung liegt immer auf der zweiten Silbe, im Binnendt. auf der ersten.

Billeteur, der; -s, -e [bijɛ'tøːr] ⟨franz.⟩: bedeutet in Österr. „Platzanweiser, der im Theater oder Kino die Eintrittskarten überprüft und Programme verkauft": *mir warn in an Kino ang'stellt. I war Billeteur, net? Sie war Billetteurin ... a guate Billetteurin, wirklich ...* (H. Qualtinger/C. Merz, Der Herr Karl 17). Dazu: **Kino-, Theaterbilleteur.**

Billett, das; -[e]s, -s [bi'jeː, ugs.: bɪˈlɛt, bi'jɛt] ⟨franz.⟩: ist in Österr. noch allgemein üblich in der Bedeutung „kleines Briefchen; Glückwunschkarte in einem Kuvert": *jmdm. zur Hochzeit ein Billett schicken; Früher schrieb man Briefe. Oder Briefkarten. Oder wenigstens Billetts* (Die Presse 22./23. 2. 1969).

Binder, der; -s, -: „Böttcher; Faßbinder" (auch süddt.): *Es ging die Zahl der Fachgruppenmitglieder zurück bei den Schuhmachern um 40,9 Prozent, den Wagnern und Karosseriebauern um 39,1, den Bindern, Korb- und Möbelflechtern um 39* (Die Presse 18. 11. 1968).

Binkel, Pinkel, der; -s, -[n] (ugs., auch bayr.): a) „Bündel": *So! Da wär'n wir; meine Sachen hab' ich in dem Bünkel z'sammgebunden* (J. Nestroy, Der Talisman 266). b) (nicht sehr grobes) Schimpfwort: *A so a Binkel, wüll sich da aufbrausnen – was hom denn Sö fürs Votterland geleistet? ... Sö Binkel –* (K. Kraus, Menschheit I 93); *Es sei auch schon ein Herr dage-*

wesen, irgend so ein steinreicher Binkel (C. Nöstlinger, Rosa Riedl 128). →**Zornbinkel.**

bis: wird in Österr. auch als Konjunktion gebraucht: „sobald, wenn": *ich werde dich sofort benachrichtigen, bis ich etwas erfahren habe.*

Bischofsbrot, das; -[e]s: „feiner Kuchen mit Rosinen, Mandeln o. ä.".

Biskotte, die; -, -n ⟨lat., ital.⟩: „Biskuit in länglicher Form, Löffelbiskuit".

bissel, bisserl, bissl (ugs.): „ein bißchen" (auch südd.): *Mir hilft ein bisserl Romantik oft besser in den Sattel einer belebteren Stimmung als schwarzer Kaffee* (H. Doderer, Die Dämonen 326); *O ja, mir scheint, bei der hätt' ich Chance gehabt, wenn ich mich nur ein bissl zusammengenommen hätt'* (A. Schnitzler, Leutnant Gustl 132); *das gefeit ist gegen Euer Bestes durch ein bisserl eine Angst* (H. Hofmannsthal, Der Schwierige 88).

Bißgurn, Bisgurn, die; -, - (ugs.): Schimpfwort für „zänkische, streitsüchtige Frau" (auch bayr.): *Z'widere Bißgurn, die geht mir noch ab* (J. Nestroy, Der Unbedeutende 641).

Bitsche, Bitschen, die; -, -n (ugs.): „Kanne": *die Milch in die Bitsche schütten.* Dazu: *Milchbitsche.*

bittlich (veraltend): * **bittlich werden:** „vorstellig werden, bitten": *So wurde sie beim freiwilligen adeligen Damenstift Maria-Schul um Aufnahme als Ehrenstiftsdame bittlich* (L. Qualtinger, Biedermeiermorde 127).

blad (ugs., bes. Wien, abwertend): „dick, von großer Körperfülle" (auch bayr.); auch als Schimpfwort: *Blader Hund, wannst jetzt no a Wort redst, nacher schmier i dr a Fotzen eini, daß d'-* (K. Kraus, Menschheit I 105).

Blade, der; -n, -n (ugs., bes. Wien, abwertend): „dicker Mensch": *Sixt* (siehst), *der Blade aufn Faßl / is der Herr von Engelbrecht* (J. Weinheber, Beim Heurigen 55).

Blamage, die; -, -n ⟨franz.⟩: wird in Österr. [blaˈmaːʒ] ausgesprochen, also ohne Endungs-e.

blank: bedeutet österr. (und südd.) bes. auch: „ohne Mantel": *die Sonne scheint schon so warm, daß man ruhig blank gehen kann.*

Blassel, der; -s, - (ugs.): „Tier mit weißem Fleck auf der Stirn"; dann allgemein „Haustier, Hofhund": *da fallt es ihm wie ein Fünfundzwanzig-Pfund-Gewicht aufs Herz, daß er von Jugend auf ans G'wölb gefesselt war, wie ein Blassel an die Hütten* (J. Nestroy, Jux 429).

Blätterteigkolatsche, die; -, -n: „Kolatsche aus Blätterteig". →**Kolatsche.**

Blaukraut, das; -[e]s: österr. (und südd.) für binnendt. „Rotkohl": *Gedünstetes Blaukraut* (R. Karlinger, Kochbuch 203); *Dornbirner Marktbericht. Preise pro Kilo: Blaukraut 5,–, grüne Bohnen 16,– ...* (Vorarlberger Nachrichten 23. 11. 1968).

Bloch, der; -[e]s, -e / Blöcher: „gefällter und von Ästen gesäuberter Baumstamm" (auch südd.): *die Bloche vom Wald ins Sägewerk transportieren.* →**Holzbloch.**

blöd: österr. (und bayr.) nur so gebrauchte Form, im Binnendt. auch „blöde": *ich war ja ganz blöd von der Singerei und der Hitz'* (A. Schnitzler, Leutnant Gustl 128).

Bloßfüßige, der; -n, -n (ugs.): **a)** „barfüßiger Mensch". **b)** (abwertend) „Mensch aus einem unterentwickelten Land", auch allgemein „naiver Mensch".

Bluejean, die; -, -s [bluˈdʒiːn] /meist Plural/: wird in Österr. auf der zweiten Silbe betont und kann auch im Singular gebraucht werden; im Binnendt. nur mit Betonung auf der ersten Silbe.

Bluff, der; -s, -s: wird österr. [blœf] oder [blʌf] ausgesprochen, binnendt. [blʊf].

Blunze, Blunzen, die; -, -n (ugs., auch bayr.): **1.** „Blutwurst": *Es kommt mir vor wie eine geplatzte dicke Wurst, eine Blunzen etwa* (H. Doderer, Die Dämonen 1062). ***das ist mir Blunzen** (ugs., salopp): „das ist mir völlig egal". **2.** Schimpfwort oder abwertende Bezeichnung für eine „dicke, unbewegliche Frau".

blutlebendig: „sehr lebendig, agil": *der Alte ist noch blutlebendig.*

Bockerl, das; -s, -n: „Föhrenzapfen".

Bockshörndel, das; -s, -n (ugs.): „Frucht des Johannisbrotbaumes": *Doch als der Knecht mit einer nicht mißzuverstehenden Geste des Empfangenwollens seine Hand beharrlich ausstreckte ..., entschloß sich*

Meier Druckmann schließlich, in das gierig hingehaltene Greiforgan einige Boxhörndel, das ist Johannisbrothülsen, zu legen (A. Drach, Zwetschkenbaum 151).

Bogen, der; -s: kann bes. österr. (und süddt.) im Plural Bogen und Bögen lauten.

Böhmak ['be:m...] der; -s, -en (ugs., bes. Wien, abwertend): „Böhme, Tscheche".

böhmakeln ['be:m...] böhmakelte, hat geböhmakelt (ugs., bes. Wien, abwertend): „schlechtes Deutsch sprechen; radebrechen": *er böhmakelt da etwas zusammen, ich verstehe ihn nicht.*

böhmische Dalken, die /Plural/: „eine Mehlspeise in Form von kleinen Fladen mit Marmelade": *weil* [er] *von den böhmischen Dalken und Golatschen ... schon genug gehabt hat* (L. Perutz, Nachts). →**Dalken.**

böhmisch einkaufen (ugs.): „stehlen": *Doch wird an diesen Tagen weniger ‚böhmisch eingekauft' als sonst* (Oberösterreichische Nachrichten 3. 12. 1968).

Bohrist, der; -en, -en: „Facharbeiter, der Sprenglöcher bohrt": *Wir suchen zum baldmöglichsten Eintritt: Maschinenschlosser, Schreiner, Bohristen* (Vorarlberger Nachrichten 23. 11. 1968, Anzeige).

Bollette, die; -, -n ⟨ital.⟩: Amtsspr. „Zollerklärung": *wenn auf einen Zollschreck* (Zöllner) *zwölf Warenerklärungen („Bolletten") warten ...* (Trend 5/1979).

Bombardement, das; -s, -s: wird in Österr. [bɔmbard'mã:] ausgesprochen, im Binnendt. [...də'mã:].

Bonbon, das; -s, -s ⟨franz.⟩: ist österr. (und süddt.) immer Neutrum und wird nur [bõ'bõ:] ausgesprochen.

Bonifaz: der Name wird in Österr. meist auf der ersten Silbe betont, im Binnendt. meist auf der letzten.

Borax, das; -es: ist österr. auch Neutrum, binnendt. nur Maskulinum.

Börse, die; -, -n: „→Geldbörse": *Sie ließ die Börse wieder zuschnappen* (M. Lobe, Omama 38).

Bösewicht, der; -[e]s: der Plural lautet in Österr. Bösewichte, im Binnendt. meist Bösewichter.

Bosniak, der; -en, -en: 1. „Bewohner Bosniens": *Die blutroten Feze auf den Köpfen der hellblauen Bosniaken brannten in der*

Sonne (J. Roth, Radetzkymarsch 143). **2.** (bes. ostösterr.) „kleines, längliches Schwarzgebäck mit Kümmel": *So wurde das ungarische Gulasch und die böhmischen Buchteln, der italienische Risotto, der südslawische Bosniak in die Wiener Küche eingemeindet* (W. Lorenz, AEIOU 82).

Bosnigel, der; -s, -n (mdal., auch bayr.): „boshafter Mensch"; oft auch scherzhaft bei Kindern: *du bist ein rechter Bosnigel, mit dir hat man immer Ärger.*

Bouillon, die; -, -s ⟨franz.⟩: „Fleischsuppe ohne Einlage": wird in Österr. [bu'jõ:] ausgesprochen.

Boulevard, der; -s, -s ⟨franz.⟩: wird in Österr. [bul'va:r] ausgesprochen, im Binnendt. [bulə'va:r].

Bouquet →Buket.

Bramburi, die /Plural/ ⟨tschech.⟩ (mdal.): „Kartoffeln": *doch d'Bramburi wern / jetzt vornehm Kartoffeln und spreizen si* (sich) *gern* (J. Weinheber, Synonyma 37).

Branche, die; -, -n: wird österr. [brã:ʃ] ausgesprochen, also ohne Endungs-e.

brandeln, brandelte, hat gebrandelt (ugs., auch bayr.): **1.** „nach Verbranntem riechen": *was brandelt denn da so, habt ihr etwas angezündet?* **2.** (salopp) „(übermäßig viel oder sehr ungern) zahlen": *ihn hat die Polizei betrunken beim Autofahren erwischt, er hat ganz schön brandeln müssen.*

Brandleger, der; -s, -: „Brandstifter": *Brandleger attackierte Feuerwehr* (Die Presse 11. 3. 1969).

Brandlegung, die; -, -en: „Brandstiftung": *Wegen Versicherungsbetruges durch Brandlegung* (Die Presse 3. 6. 1969).

Branntweiner, der; -s, -: Amtsspr. „Wirt einer Branntweinschenke": *Schnaps hätte er getrunken. Aber es war einfach nicht üblich. Man ging als sauberer Bursch nicht zum ‚Branntweiner'* (H. Doderer, Die Dämonen 122).

Branntweinschank, die; -, -en: „Branntweinschenke": *Und er hätte den Auftritt in Freuds Branntweinschank sicher auch erzählt* (H. Doderer, Die Dämonen 934).

Brat, das; -[e]s: „feingehacktes Fleisch als Wurstfüllung", binnendt. „Brät".

Brathendl, das; -s -[n]: „Brathähnchen";

bes. durch die „Wienerwald"-Restaurants auch in Deutschland schon vielfach bekannt.

Bratl, das; -s, -n (ugs., auch bayr.): „Braten", bes. „Schweinebraten". Die Verkleinerungsform besagt hier nicht, daß es sich um einen kleinen Braten handelt.

Bräu, das; -[e]s, -e: das besonders bayrische Wort für a) „Biersorte", b) „Bierlokal" kommt auch in österr. Gegenden vor, die dem Bayrischen benachbart sind, z. B. in Salzburg: *Stern-Bräu.*

Braune, der; -n, -n: bezeichnet im Wiener Kaffeehaus einen Kaffee mit einem bestimmten Helligkeitsgrad, etwa zwischen „gold" und →„Kapuziner": *einen kleinen Braunen, einen großen Braunen im Kaffeehaus trinken.*

Bräustüberl, das; -s, -n: „kleines Bierlokal". →Bräu.

Brein, der; -s (mdal.): „Hirse; Hirsebrei".

Bremsler, der; -s, - (ugs.): „Zucken in einem Glied oder Knochen; Ruck, nervöse Zuckung": *Aber es macht nur ein Bremsler, 's ist gleich vorbei* (J. Nestroy, Lumpazivagabundus 28).

brennheiß (ugs.): „sehr heiß": *die Suppe, das Bügeleisen ist brennheiß.*

Brennsuppe, die; -, -n: „Suppe aus Mehlschwitze" (auch süddt.).

brenzlich: österr. (und süddt.) häufigere Form für binnendt. „brenzlig": *Er distanzierte sich, als er bemerkte, daß sein Sprechen in Gegenden ihn führte, die sozusagen brenzlich waren* (H. Doderer, Die Dämonen 717).

Brettl, Brettel, das; -s, -[n]: bedeutet österr. (und süddt.) auch a) „kleines Brett". b) „Ski"; das Wort wird vor allem verwendet, wenn das Gefühl der Freude am Skifahren mitklingen soll: *Brettl fahren; ... weil die athletischen Artisten auf den zwei „Brettln" echte Faszination ausstrahlen* (Die Presse 22. 1. 1969). Die Bedeutung „Kabarett" ist gemeindeutsch.

Brettljause, die; -, -n: „ auf einem Brett servierte → Jause auf bäuerliche Art": *Im Gasthaus gab's eine zünftige Brettljause mit Zwetschkenschnaps.*

Brezel, das; -s, -: österr. neben binnendt. die Brezel; -, -n.

Brezen, die; -, -: „weißes Gebäck, etwa in

Form einer Acht", im Binnendt. nur in der Verkleinerungsform: die Brezel.

Brillantin, das; -s ⟨franz.⟩: österr. auch für „die Brillantine (Haarpflegemittel)".

brillieren, brillierte, hat brilliert wird österr. [brɪˈjiːrən] oder [brɪˈliːrən] ausgesprochen, binnendt. [brɪlˈjiːrən].

Brimsen, der; -s ⟨rumän., slowakisch⟩: „eine Art Schafkäse".

Brimsenkäse der; -s: „Schafkäse".

brocken brockte, hat gebrockt: bedeutet österr. (und süddt.) „pflücken": *Äpfel, Beeren, Blumen brocken; Wir möchten dem Herrn bloß grad die schönen Äpfel zeigen, die wir gebrockt haben* (R. Billinger, Der Gigant 317). →abbrocken.

Bröckerl, das; -s, -n (ugs.): „kräftiger, dicker Mensch": *Aus dem 14jährigen „Bröckerl" ist inzwischen ein echter Kraftprotz geworden* (Die Presse 15. 12. 1970).

brodeln, brodelte, hat gebrodelt (ugs.): bedeutet österr. bes. „trödeln; Zeit unnütz verschwenden; sehr langsam sich bewegen": *brodel nicht so, sonst kommst du zu spät.*

Bronze, die; -, -n ⟨franz.⟩: wird in Österr. [brõːs] ausgesprochen, also ohne Endungs-e.

Brosche, die; -, -n ⟨franz.⟩: wird in Österr. [broʃ] ausgesprochen, also mit langem Vokal und ohne Endungs-e.

Brösel, das; -s, -[n]: ist in Österr. immer Neutrum: *Was im September möglich gewesen wäre ... wurde im wieder einsetzenden allgemeinen Streit um jedes Brösel des Budgetkuchens vertan* (Die Presse 15./16. 2. 1969). →Semmelbrösel.

Brötchen, das; -s, -: bedeutet in Österr. „kleines belegtes Brot": *in der Pause gab es Fruchtsaft und Brötchen.* Für die binnendt. Bedeutung heißt es „Semmel".

Brotwecken, das; -s, -: „länglich geformtes Brot, meist 1 kg schwer": *Schnee auf einem heißen Brotwecken oder Das Suchen nach dem gestrigen Tag* (Buchtitel von H. C. Artmann). →Wecken, Weckerl.

Bruckfleisch, das; -es: „Abfallbrocken verschiedener Fleischsorten, bes. Innereien [die von der Schlachtbank (Schlagbrücke) weg verkauft wurden]": *ein Tellerfleisch, ein Krügerl Bier, / schieb an und ab ein Gollasch ein, / (kann freilich auch* *ein Bruckfleisch sein)* (J. Weinheber, Der Phäake 49).

Bruderschaft: *Bruderschaft trinken:* österr. für binnendt. „Brüderschaft trinken".

brutig: österr. meist für binnendt. „brütig; zum Brüten bereit": *eine brutige Henne.*

Buam, die [buːɐm] /Plural/ (eig. „Buben"): Bez. von Musikgruppen, z. B. Linzer Buam, ähnlich „Brothers" usw.

Bub, der; -en, -en (auch süddt., schweiz.): **a)** „Junge", allgemein als Bezeichnung für „männliches Kind": *Das ist nicht das einzige Mal, daß ich Furcht gehabt hab', als kleiner Bub, damals im Wald* (A. Schnitzler, Leutnant Gustl 131). **b)** „Lehrling", veraltend auch: „junger Knecht": *wenn ich nicht selbst Zeit habe, schicke ich den Buben.* – Nicht zu verwechseln damit ist das gemeindeutsche veraltete und abwertende Wort „Bube" („gemeiner Mensch"). →**Lehrbub, Rotzbub.**

Bübel, das; -s, -n: „kleiner Bub": *Knie nieder, Bübel, da sind sie schon* (J. Weinheber, Sankt Nikolaus 32).

Bücherkasten, der; -s, ...kästen: „Bücherschrank" (auch süddt.): *Aufschriften überall; am Bücherkasten stand ‚Bücherkasten'* (H. Doderer, Die Strudlhofstiege 61). →**Kasten.**

Büchl, das; -s, -n: eig. „Büchlein", es handelt sich hier aber weniger um ein kleines Buch, sondern meist um ein Buch, das man oft benützt, mit dem man, teils auch gefühlsmäßig, sehr vertraut ist, in dem man immer wieder nachschlagen muß (für Vorschriften, um etwas zu notieren o. ä.): *der Schiedsrichter zog das Büchl und notierte den unfairen Spieler; Es stand nicht alles im Reglement, man konnte die Büchl von vorn nach hinten und wieder von hinten nach vorn durchblättern, es stand nicht alles drin!* (J. Roth, Radetzkymarsch 193). *wie es im Büchl steht:* „wie man sich etwas normalerweise vorstellt; Musterbeispiel für etwas": *ein Gauner, wie es/er im Büchl steht.*

Buchtel, die; -, -n /meist Plural/: „ein Gebäck aus Hefeteig, oft mit Marmelade o. ä. gefüllt": *Mächtige Gugelhupfe gab's und Berge von Krapfen, Buchteln und Kletzenbrot, so daß das Schmatzen und Schnal-*

zen kein Ende nahm (F. Herzmanovsky-Orlando, Gaulschreck 39); *Buchteln formen und mit Powidl, Mohnfülle ... oder Marmelade füllen* (Thea-Kochbuch 140). →**Wuchtel.**

buckelfünferln (ugs., salopp): *jmd. kann jmdn. buckelfünferln:* „jmd. möchte mit jmdm. nichts mehr zu tun haben": *du kannst mich buckelfünferln.*

Buckelkraxe, die; -, -n (ugs.): „Traggestell auf dem Rücken" (auch bayr.): *der Bauer trägt den Käse auf einer Buckelkraxe ins Tal. jmdn. buckelkraxen tragen/nehmen:* „huckepack tragen/nehmen": *Peterle (zerrt Hannes am Ärmel): Trag mich buckelkraxen* (K. Schönherr, Erde 19) →**Kraxe.**

Buckerl, das; -s, -n (ugs.): **a)** „Verbeugung der Kinder beim Gruß": *das Kind macht ein schönes Buckerl.* **b)** „Bückling; unterwürfiges Verhalten gegenüber jmdm.", bes. in der Fügung **Buckerl machen:** *er steht gut bei seinem Chef, weil er dauernd seine Buckerl macht; zuerst werden wir besetzt, und dann sieht es so aus, als ob wir für die „Befreiung" noch zum Buckerlmachen verpflichtet wären.*

Budel, Pudel, die; -, -n (ugs.): „Ladentisch" (auch bayr.): *und die Budel der Phantasie voll ausgeraumt wird mit Waren von ehemals ...* (J. Nestroy, Jux 430).

Buderl, das; -s, -n (ugs.): „größeres Schnapsglas, Schnapsfläschchen": *Drachenstein hatte inzwischen allen ein Buderl Enzian gereicht* (B. Frischmuth, Sophie Silber 10).

Büffet, Buffet, das; -s, -s [byˈfeː] ⟨franz.⟩: ist die österr. (und schweiz.) Schreibung für binnendt. „Büfett". Das Wort bedeutet österr. auch „kleines Restaurant, in dem man einen Imbiß einnehmen kann": *Um das Buffet, das der Schuldiener Wondratschek im Vestibül des Josefs-Realgymnasiums betrieb* (F. Torberg, Die Mannschaft 58). →**Automatenbuffet, Bahnhofsbuffet.**

Bügelladen, der; -s, ...läden: „Bügelbrett": *... ein oder zwei solcher Tische einfach aus gehobelten Brettern bei einem Tischler zusammenschlagen lassen, ... so etwa wie man ein Plättbrett, oder, wie es hierzulande heißt, einen ‚Bügel-Laden' auf-*

legt (H. Doderer, Die Dämonen 310).

Bühel, Bühl, der; -s, -: „Hügel" (auch süddt., schweiz.).

Buket, Bouquet, das; -s, -s [bu'ke:]: österr. für binnendt. „Bukett (Blumenstrauß, Duft des Weins)".

bumfest (ugs.): „sehr fest; so fest, daß etwas kaum oder nicht bewegt werden kann": *der Stein sitzt bumfest im Boden, den bringt man ohne Sprengen nicht heraus; die Tür is bumfest geschlossen.*

Bummerl, das; -s, -n (ugs.): „Verlustpunkt beim Kartenspiel, bes. beim Schnapsen": *wieviel Bummerln hast du schon? Er hat ihm drei Bummeln angehängt.*

Bummlerei, die; -, -en: österr. meist für „Bummelei, Trödelei": *Diese Landschaft, mit ihrem maßvollen Berg- und Hügelgelände, eignet sich zu einer Art Bummlerei auf Skiern außerordentlich gut* (H. Doderer, Die Dämonen 219).

Bumser, der; -s, -: „Terrorist" (nur auf Südtirol bezogen).

bumstinazi: österr. (bes. in der Kindersprache) auch für: „bums", lautnachahmend für einen Fall oder Stoß: *Hat dir der Terszczyansky einfach dem Zugführer gsagt ghabt, er soll den Kerl niedermachen, mit'n Bajonett – bumstinazi!* (K. Kraus, Menschheit II 249).

Bundesbahner, der; -s, -: österr. auch für „Eisenbahner": *Bei dem Sturz wurde der Bundesbahner schwer verletzt* (Kronen-Zeitung 5. 11. 1968).

Burenwurst, die; -, ...würste: „eine grobe Wurst, die heiß an einem Wurststand oder in einem Büffet gegessen wird": *a r ogschöde buanwuascht* [eine abgeschälte Burenwurst] (H. C. Artmann in dem Gedicht: *wos an weana olas en s gmiad ged*).

Burg, die; -: bedeutet österr. auch „Burgtheater": *Nein, heut gehts nicht ... ich ruf dann noch, wir sind / heut abend in der Burg* (J. Weinheber, Der Präsidialist 41).

Bürgerschule, die; -, -n: frühere Bezeichnung (1883–1927) der jetzigen „Hauptschule": *er war durchgefallen und eingekehrt in die ihm vorbestimmte Bürgerschule* (F. Torberg, Die Mannschaft 99).

Burgschauspieler, der; -s, -: „Schauspie-

ler am Wiener Burgtheater": *Ausgerechnet den Wagen des Burgschauspielers Paul Hörbiger suchte sich ein Dieb für seine Spazierfahrt ... aus* (Kronen-Zeitung 4. 10. 1968). **Burgschauspielerin,** die; -, -nen.

Burli, das; -, -: Koseform zu „Bub": *Bist ja doch mein Burli* (E. Jelinek, Die Ausgesperrten 145).

burren, burrte, hat geburrt (ugs.): „surren", meist handelt es sich um ein dumpfes Geräusch, das länger anhält und durch schnelle Bewegung verschiedener Art hervorgerufen wird, z. B. durch das Flackern der Flammen im Ofen, durch eine Maschine o. ä.: *das Feuer burrt im Ofen; der Staubsauger burrt; die Kreissäge burrt mir in den Ohren.*

Bursch, der; -en, -en: Österr. meist für „Bursche, junger Mann": *ein fescher, junger Bursch; und am Abend wird / längst Vergangnes nah, / spielt ein Bursch gerührt / Ziehharmonika* (J. Weinheber, Alt-Ottakring 11).

Buschen der; -s, - (ugs.): „Blumenstrauß" (auch süddt.), bes. auch: „Strauß von Zweigen vor einer Buschenschank zum Zeichen, daß hier Heuriger ausgeschenkt wird": *Da und dort ein Tor / hat noch breiten Schwung, / Buschen grün davor / lädt wie einst zum Trunk* (J. Weinheber, Alt Ottakring 11); *jetzt braust man durch die Grinzinger Allee, und dann gemäßigter durch den alten Weinort selbst, mit seinen Buschen an der Stange* (H. Doderer, Die Dämonen 1009).

Buschenschank, die; -, -en: „Heurigenlokal; Straußwirtschaft": *... sie ... probieren es mit einer Buschenschank, deren einziges Gastzimmer die Küche ist* (G. Roth, Ozean 175). →**Buschen.**

büseln, hat gebüselt (ugs., salopp): „schlafen".

Bussel →Busserl.

busseln, busserln, busselte, hat gebusselt: „küssen" (auch süddt.). In mehr bäuerlichem Bereich ist busseln das allgemeine Wort für „küssen", sonst bedeutet es mehr herzhaftes, harmloses Küssen: *Wie früher die Hexen ausschauten, die auf dem Scheiterhaufen den brennenden Tod busseln mußten* (R. Billinger, Lehen aus Gottes Hand 194).

Busserl, Bussel, das; -s, -n (ugs.): **1.** „Kuß"; die Verkleinerungsform bedeutet hier keine Verkleinerung: *Was, a Busserl wolln S' haben? Sie, ein einfacher Soldat?* (K. Kraus, Menschheit I 227); *ich möcht' ja schreien ... ich möcht' ja lachen ... ich möcht' ja dem Rudolf ein Busserl geben ...* (A. Schnitzler, Leutnant Gustl 144). **2.** „ein sehr kleines süßes Gebäck": →**Bussi, Kokosbusserl.**

Bussi, das; -, -: familiäre und kindertüm-liche Form zu „Busserl; Küßchen": *gib der Tante ein Bussi.*

Butte, Butten, die; -, -n: „hölzernes Trag-gefäß, Bütte" (auch süddt., schweiz.): *Lastträger hatten es sich angewöhnt, ihre Butten durch den Stephansdom zu tragen* (G. Fussenegger, Maria Theresia 300). →**Tragbutte.**

Butter: *Butter am/auf dem Kopf haben: „ein schlechtes Gewissen haben, verlegen sein" (auch süddt.).

C

Calvin: der Name des Genfer Reforma-tors wird in Österr. auf der ersten Silbe betont, im Binnendt. auf der letzten.

campieren →**kampieren.**

Cercle, der; -s [sɛrkl] ⟨franz.⟩: österr. auch für eine „Platzkategorie im Theater oder Konzertsaal, die die ersten Reihen vor der Bühne umfaßt".

Cerclesitz, der; -es, -e: „Sitzplatz im Cer-cle".

Ceylon: wird österr. ['tseɪlɔn] ausgespro-chen, binnendt. ['tsaɪlɔn].

Chance, die; -, -n ⟨franz.⟩: wird in Österr. ['ʃã:s] ausgesprochen, also ohne Endungs-e.

Chef, der; -s, -s ⟨franz.⟩: wird in Österr. [ʃe:f] ausgesprochen, also lang und mit ge-schlossenem e, im Binnendt. [ʃɛf].

Chemie, die; -: wird österr. (und süddt.) [keˈmi:] ausgesprochen. Ebenso spricht man **Chemikalie, Chemiker, chemisch, Chemismus** mit [k...] am Anfang.

Chiffon, der; -s, -s ⟨franz.⟩, „feines Ge-webe": wird in Österr. [ʃɪˈfoːn] ausgespro-chen und kann im Plural auch Chiffone heißen.

China: wird österr. (und süddt.) ['ki:na] ausgesprochen, im Binnendt. [ç...]. Ebenso spricht man **Chinese, chinesisch** am An-fang mit [k...].

Chinchilla ⟨indian.-span.⟩: ist in Österr. Neutrum: das; -s, -s, im Binnendt. auch: die; -, -s.

Chineser →**Kineser.**

Chinin: wird österr. (und süddt.) [ki'ni:n] ausgesprochen, im Binnendt. [ç...].

Chirurg, der; -en, -en: wird österr. (und süddt.) [ki'rʊrk] ausgesprochen, im Bin-nendt. [ç...]. Ebenso spricht man **Chirur-gie, chirurgisch** mit [k...] am Anfang.

Chitin, das; -s: wird österr. (und süddt.) [ki'ti:n] ausgesprochen, im Binnendt. [ç...]. Ebenso **Chitinpanzer** usw.

Christkindl, das; -s, -n: **a)** /ohne Plural/ häufiger für „Christkind" in der Bedeu-tung „Spender der Weihnachtsgeschen-ke". **b)** „Weihnachtsgeschenk": *er hat ein schönes Christkindl bekommen; das habe ich zum Christkindl bekommen.*

Christkindlmarkt, der; -[e]s, ...märkte: „Weihnachtsmarkt": *An 36 Ständen des Wiener Christkindlmarktes werden Dinge angeboten, die in irgend einem Zusammen-hang mit dem Weihnachtsfest stehen* (Die Presse 14./15. 12. 1968).

Club →**Klub.**

Coca Cola, Cola, das; -s, -s: ist österr. nur Neutrum, binnendt. meist Femininum.

Coloniakübel, Koloniakübel, der; -s, -n (Wien): „großer Mülleimer im Hof eines Hauses, der von der städtischen Müllab-fuhr geleert wird": *Z'Mittåg der Gol-laschg'stankn / kann mi net irritiern. / I geh so in Gedankn / Coloniakübeln stiern* (J. Weinheber, Straßenvolk 46); *Sie leer-ten die Koloniakübel von sieben Häusern* *aus, die Minuten vergingen, die Kolonne der wartenden Autolenker wurde größer und größer* (Kurier 16. 11. 1968). Die eingedeutschte Schreibung mit K... kommt bereits häufiger vor.

Coloniawagen, Koloniawagen, der; -s, - (Wien): „Wagen der städtischen Müllabfuhr".

Coloniaraum, Koloniaraum; der; -[e]s, ...räume (Wien, Neubildung): „Platz im Hauseingang eines Wohnbaus, in dem die Mülleimer untergebracht sind".

Corner, der; -s, - [k...] ⟨engl.⟩: „Eckball, Eckstoß beim Fußball": *Ja daß überhaupt Corner und Elfer und eigentlich das ganze Fußballspiel etwas andres ist* (F. Torberg, Die Mannschaft 38).

Cottage, das; -, -s ⟨engl.⟩ [ˈkɔtɪʃ]: bedeutete in Wien „Villenviertel": *wir waren draußen eingeladen in der Gartenvorstadt oder im Cottage, wie man das jetzt nennt* (H. Doderer, Die Dämonen 208). Umgangssprachlich auch als Femininum (die;

-, s) in französisierender Aussprache [kɔˈtæːʒ]. Vgl. dazu auch die Stichwörter **Kombination** und → **volley.**

Cottagelage, die; -, -n ⟨engl.⟩: „Lage im Cottage": *19., Cottagelage, Zweifamilienvilla, 8 Zimmer, reichlich Nebenräume, Zentralheizung, Garage, verkauft günstig...* (Die Presse 1./2. 2. 1969, Anzeige). →**Cottage.**

Cottagestraße, die; -, -n: „Straße im Cottage".

Cottagewohnung, die; -, -en: „[vornehme] Wohnung im Cottage".

Coupé →Kupee.

Courage, die; - ⟨franz.⟩: wird in Österr. [kuˈraːʒ] ausgesprochen, also ohne Endungs-e.

Creme, die; -, -n [kreːm]: bildet österr. (und schweiz.) den Plural auf -n, binnendt. auf -s.

Croutonwecken, der; -s, - [kruˈtõː...] ⟨franz.⟩: „Crouton in länglicher Form". →**Wecken.**

D

da: ist österr. gleichbedeutend mit „hier", wobei der Gegensatz *da – dort* sehr genau beachtet wird. Binnendt. *da* in der Bedeutung „dort" widerspricht österr. Sprachgefühl vollkommen, weil „da" immer auf etwas in der Nähe des Sprechers Liegendes bezogen wird. In dem Satz *ich fahre dieses Jahr nicht nach Berlin, ich war gerade im Vorjahr da* müßte es in Österr. also unbedingt *dort* heißen.

Dachgleiche, die; -, -n: „Fest der Handwerker, wenn der Dachstuhl eines neuen Hauses aufgesetzt wurde; Richtfest": *Bei der Dachgleiche spendierte der Architekt das Bier.* →**Firstfeier.**

Dachgleichenfeier, die; -, -n: „Dachgleiche, Richtfest". →**Firstfeier.**

Dachtel, die; -, -n (ugs.): „Ohrfeige; Schlag mit der Hand auf den Hinterkopf" (auch südd., ostmitteldt.).

Dädl, der; -s, -[n] (ugs.): bedeutet österr. (und südd.) „willensschwacher, schlapper, einfältiger Mensch". →**Tattedl.**

dafürstehen, stand dafür, ist dafürgestanden: bedeutet österr. ugs. in der Verbindung **es steht [sich] dafür:** „es lohnt sich": *„Dann hör lieber auf. Es steht nicht dafür."* (F. Torberg, Die Mannschaft 339); *ich muß erst sehen, ob es sich überhaupt dafürsteht.*

dag: Abkürzung für →Dekagramm.

daheim: ist österr. (und südd., schweiz.) das hauptsächlich gebrauchte Wort für „zu Hause": *Weiß gar nicht, wie's meinem Vater geht. Hör gar nichts von daheim* (R. Billinger, Der Gigant 308); *Jedoch dieses fast mittägliche Frühstück artete zur Freß-Orgie aus, zu der alles herangezogen wurde, was er nur daheim hatte* (H. Doderer, Die Dämonen 1304).

Daheim, das; -s: „das Zuhause; Ort an dem man ständig wohnt und sich daheim fühlt" (auch südd., schweiz.): *er hat kein Daheim.*

daherbringen, brachte daher, hat dahergebracht (ugs.): „herbeibringen". Das

Wort wird oft abwertend gebraucht oder dient zur Verstärkung von „bringen": *was bringst denn du wieder daher; wir haben schon so viel gegessen und jetzt bringt sie noch etwas daher.*

daherein: „hier herein", verstärkend zu „herein": *Der soll sich nur dahereingetrauen! Hat die Rosse gestern erschreckt, sind durch, mit dem Wagen* (R. Billinger, Der Gigant 292). →**da.**

dahier: verstärkend für „hier": *weil ihr eine Rückkehr nach Hause unmöglicher noch schien als der traurige Aufenthalt dahier* (G. Fussenegger, Haus 158).

dahinwursteln, wurstelte dahin, hat dahingewurstelt (ugs.): „in Provisorien, ohne Lösung dahinarbeiten": *Aber bis dahin muß ich dahinwursteln* (B. Frischmuth, Kai 198).

Dalk, der; -[e]s, -e (ugs.): „Dummkopf, ungeschickter Mensch" (auch süddt.): *Der reiche Herr ober uns gibt große Tafel; sein wir nit eing'laden? Salerl: Du Dalk! da speisen lauter reiche Leut'* (J. Nestroy, Zu ebener Erde und erster Stock 81).

dalken, hat gedalkt (mdal.): „dumm, kindisch reden".

Dalken, die /Plural/: „eine Mehlspeise in der Form von kleinen Fladen": *... Laberln, Pogatscherln, Dalken, Schöberln ...* (H. Weigel, O du mein Österreich 91). →**böhmische Dalken.**

Dalkerei, die; -, -en (ugs.): „Scherz, Dummheit; sinnloses Getue": *jetzt keine Dalkereien gemacht - der Herr Notarius glaubt sonst, wir halten ihn für einen Narren* (J. Nestroy, Das Mädl aus der Vorstadt 357).

dalkert, dalket (mdal.): „dumm, ungeschickt, kindisch": *Redts net so dalkert daher* (K. Kraus, Menschheit I 46).

Damian, der; -s, -e (ugs., veraltend): „ungeschickter, unreifer Mensch", in Anlehnung an den Vornamen Damian zu →damisch gebildet, analog zu →**Dummian,** Fadian: *Die jugendlichen Damiane, die nichts anderes im Kopf haben* (E. Jelinek, Die Ausgesperrten 242).

damisch (ugs.): **a)** „dumm, läppisch": *Der damische Herr lacht wie ein Pavian und fragt, ob er schon weiß, daß seine Frau da ist* (A. Lernet-Holenia, Ollapotrida

368). **b)** /nur prädikativ/ „schwindlig, verwirrt": *er war ganz damisch, als er aus dem stickigen Kino ins Freie trat.* **c)** „sehr, ungeheuer": *Der General (sich die Stirne wischend): Damisch heiß is herint* (K. Kraus, Menschheit II 240).

Dampfl, das; -s, -n (auch süddt.): „aus Mehl, Wasser und Sauerteig oder Hefe bereiteter Teig, der einige Zeit gehen muß, bis er endgültig zum Backen von Brot o. ä. verwendet werden kann; Hefeprobe, -stück": *das Dampfl anmachen, herrichten; Aus der Germ, einem Teil der Milch und etwas Zucker ein Dampfl bereiten, an einem warmen Ort gehen lassen* (Kronen-Zeitung-Kochbuch 264).

Danachachtung →Darnachachtung.

darnach: ist in Österr. noch meist gebrauchte Form für „danach": *Darnach konnte das für Donnerstag vorgesehene Zeugenprogramm planmäßig abgewickelt werden* (Die Presse 28. 2. 1969).

Darnachachtung, Danachachtung, die; -, besonders in der Fügung **zur Darnachachtung:** Amtsspr. „zur Beachtung": *Indem ich meine Verlobung auflöse und Ihnen die Dame zur Darnachachtung und weiteren Amtshandlung übergebe* (A. Lernet-Holenia, Ollapotrida 632).

darnieder: österr. noch sehr häufig für „danieder", auch in den Komposita: *... so sehr lagen meine Gefühle für sie darnieder* (I. Bachmann, Alles 127).

dasig I. [dɔːzɪg] /nur attributiv/ (mdal.) „hiesig" (auch schweiz.): *Es wird gelingen, Dich in die dasige Gelehrtenschule zu stellen* (P. Rosegger, Waldschulmeister 29). **II.** [daːzɪg] (mdal.): „verwirrt, schüchtern, benommen" (auch süddt.): *d'Madeln sind sonsten so leicht / Dasig zu machen* (J. Nestroy, Zu ebener Erde und erster Stock 152).

Dätschen →Tetschen.

Daubel, die; -, -n: „Fischnetz" (nur in der Donaufischerei).

dazuschauen, dazuschaun, schaute dazu, hat dazugeschaut: „sich dazuhalten, dafür sorgen; sich beeilen": *Dann werd' ich also einfach nicht schießen lassen! Auch nicht mit gefälltem Bajonett vorgehen! Die Gendarmerie soll selber dazuschaun, wie sie fertig wird* (J. Roth, Radetzkymarsch 152);

Unsinn, Kinder, schaut lieber dazu, daß ihr den Jordan fit bekommt (F. Torberg, Die Mannschaft 477).

Dechant, der; -en, -en ⟨lat.⟩, „einem Dekanat vorstehender Geistlicher": wird in Österr. immer auf der ersten Silbe betont, im Binnendt. auf der letzten.

Defilee, das; -s, -n ⟨franz.⟩: bedeutet österr. (und schweiz.) „parademäßiger Vorbeimarsch": *Defilee der ausgerückten Schützenkompanie vor der Königin* (Die Presse 8. 5. 1969).

Deka, das; -[s], - ⟨griech.⟩: österr. Kurzform zu „Dekagramm": *Der Schmierkas? Zehn Deka vier Kronen* (K. Kraus, Menschheit I 260).

Dekagramm, das; -s ⟨griech.⟩: wird in Österr. allgemein als grundlegende Gewichtseinheit verwendet; man verlangt in Österr. also 10 Dekagramm, wo es im Binnendt. 100 Gramm heißt. Die Abkürzung lautet in Österr. *dag,* die Betonung liegt auf der ersten Silbe. *Für jeden Tag verfügen die Astronauten über eine Ration von 15 Dekagramm* (Express 11. 10. 1968).

delogieren, delogierte, hat delogiert [delo'ʒiːrən] ⟨franz.⟩: besonders österr. für „jmdn. zum Ausziehen aus der Wohnung zwingen": *Wegen Abbruchs des Hauses wurden die Mieter delogiert.*

Delogierung, die; -, -en ⟨franz.⟩: „erzwungenes Ausziehen aus der Wohnung": *Er sei nicht mehr imstande, den Zins zu bezahlen und stehe deshalb kurz vor der Delogierung* (Die Presse 15. 4. 1969).

Delta, das; -s, -s ⟨griech.⟩, der Plural heißt in Österr. nur Deltas, binnendt. auch übliches Delten ist in Österr. ungebräuchlich.

Demeter, die; - ⟨griech.⟩, „Göttin des Ackerbaues": wird in Österr. meist auf der ersten Silbe betont, im Binnendt. auf der zweiten.

demolieren, demolierte, hat demoliert, „zerstören": kann österr. auch im Sinn von „(ein Gebäude) abreißen" verwendet werden: *Kloster wird demoliert* (Die Presse 16. 4. 1971). Ebenso: **Demolierung,** die; -, -en: *Kloster und Internatsgebäude ... werden ... der Spitzhacke zum Opfer fallen. Die Weichen für die Demolierung sind jedenfalls gestellt* (Die Presse 16. 4. 1971).

Demontage, die; -, -n: wird österr. [demɔn'taːʒ] ausgesprochen, also ohne Endungs-e.

denken, dachte, hat gedacht: kann österr. (und süddt.) auch mit *auf* verbunden werden, binnendt. nur mit *an: Ich dachte auf das und jenes und war nicht traurig und nicht froh* (F. Grillparzer, Der arme Spielmann 281). →**auf.**

Depp →Tepp.

der...: mundartl. verstärkende Vorsilbe bei Verben (auch bayr.), z. B. sich **derfangen** (sich erholen, wieder finden), **derschlagen** (erschlagen), **dertreten** (zertreten), **derwischen** (erwischen): *Das ist ein Hund. Der g'hört dertreten* (H. Doderer, Die Dämonen 955).

dermalen: „jetzt", kommt in Österr., bes. in der Amtsspr., noch vor, ist sonst aber (wie binnendt.) veraltet.

derzeit: österr. und süddt. meist für „zur Zeit", im Binnendt. verhältnismäßig selten; Abkürzung: *dzt: Von zwei Justizbeamten eskortiert, erschien am Montag B. P., derzeit Untersuchungshäftling des Wiener Straflandesgerichtes* (Die Presse 29. 4. 1969).

derzeitig: „zur Zeit vorkommend" (auch süddt.): *Da bei einem derzeitigen Stand von etwa 5000 Hörern ein Ausbau ... als dringend notwendig angesehen wird* (Die Presse 9. 5. 1969).

Dessert, das; -s, -s ⟨franz.⟩: wird in Österr. [dɛ'sɛːr] ausgesprochen, die im Binnendt. auch vorkommende Aussprache mit Endungs-t ist ungebräuchlich.

Detschen →Tetschen.

detto ⟨ital.⟩: Amtsspr. „dasselbe; wie oben" (auch bayr.); binnendt. „dito": *... kommen wir alle drei in Wien zusammen beim Meister Hobelmann, dort bin ich entweder glücklich, oder ihr erfahrt, wo ich in meinem Unglück zu finden bin. Zwirn und Knierim: Gilt detto* (J. Nestroy, Lumpazivagabundus 30).

Deuter, der; -s, -: bedeutet österr. auch „Wink; Kopf- oder Handbewegung, um auf etwas aufmerksam zu machen": *gib ihm einen Deuter.*

dezidiert ⟨lat.⟩: „bestimmt entschieden, unabänderlich" (auch schweiz., selten auch binnendt.): *etwas dezidiert erklären;*

für etwas dezidiert Stellung nehmen, eintreten; Die österreichischen Sicherheitsbehörden haben die Erhebungen eingestellt, da die dezidierten Aussagen der Russen, er wolle unbedingt in seine Heimat ..., eine Untersuchung gegenstandslos erscheinen lassen (Die Presse 8. 5. 1969).

Dezigramm, das; -s, -e ⟨lat.⟩: wird in Österr. auf der ersten Silbe betont, im Binnendt. auf der letzten.

Deziliter, der/das; -s, - ⟨lat.⟩: wird in Österr. auf der ersten Silbe betont, im Binnendt. auf der dritten.

Dezimalpunkt, der; -[e]s, -e ⟨lat.⟩: „hochgestellter Punkt nach einer Zahl zur Kennzeichnung der folgenden Dezimalstellen": 1·50; *den Dezimalpunkt setzen.* Das Wort kommt außer Gebrauch, weil in den Schulen neuerdings statt des Punktes ein Komma gesetzt wird.

Dezimalzeichen, das; -s, - ⟨lat.⟩: „Zeichen nach einer Zahl zur Kennzeichnung der folgenden Dezimalstellen (→Dezimalpunkt oder Komma)".

Diakon, der; -s, -e ⟨griech.⟩: wird in Österr. auf der ersten Silbe betont.

Diäten, die /Plural/: wird im Binnendt. nur mit Bezug auf Abgeordnete und Hochschullehrer verwendet, österr. allgemeiner für jede Art von Aufwandsentschädigung, z. B. auch bei Dienstreisen (Beleg: →Nächtigungsgeld).

Dickerl, das; -s, -n (ugs.) „dickes Kind": *Er war noch ein rechtes Dickerl, als er schon Hanteln liftete* (Die Presse 15. 12. 1970).

Diener, der; -s, - bedeutet in der Amtsspr. auch: „Dienstleistender, Dienstpflichtiger" /nur als Grundwort in Zusammensetzungen/ z.B.zu Wehrersatzdienst: [Wehr]ersatzdiener; →**Grundwehrdiener, Präsenzdiener, Wehrdiener, Zivildiener.**

Dienstgeber, der; -s, -: bes. österr. auch für „Arbeitgeber": *...der... seinem ehemaligen Dienstgeber mit einem namhaften Kredit ausgeholfen hatte* (Die Presse 14. 5. 1969).

Dienstmann, der; -[e]s: Der Plural zu Dienstmann lautet österr. **a)** in der Bedeutung „Höriger, Lehensmann": Dienstmannen (wie binnendt.): **b)** in der Bedeutung „Dienstbote": Dienstleute: *damit die Dienstleute glauben sollten, ich suchte nur nach etwas im Hause* (F. Grillparzer, Der arme Spielmann 287); **c)** in der Bedeutung „Gepäckträger": Dienstmänner.

Dienstnehmer, der; -s, -: bes. österr. auch für „Arbeitnehmer": ... *die Sondersteuer – bekanntlich zehn Schilling pro Dienstnehmer und Woche –* (Die Presse 24. 6. 1969).

Dienstpragmatik, die; -: Amtsspr. „generelle Norm für das öffentlich-rechtliche Dienstverhältnis in Österreich" (1979 offiziell ersetzt durch Beamtendienstrecht).

Dienststellenausschuß, der; ...sses, ...üsse: Amtsspr. „Personalvertretung an einer Dienststelle".

Dille, die; -, -n: österr. auch für „der Dill".

Dill[en]kraut, das; -[e]s, ...kräuter: österr. meist für „Dill": *So sagte ich ... das Dillenkraut sei geradezu heute, wie damals, mit dem Beinfleisch vermählt* (J. Roth, Die Kapuzinergruft 59); *Das Dillenkraut in der Butter leicht anlaufen lassen, das Mehl dazugeben und kurz durchmischen* (Kronen-Zeitung-Kochbuch 72).

Dion: österr. Kurzwort für „Direktion", seltener auch für „Division": *ÖBB Dion Wien; ÖBB Dion Villach; ÖBB Dion Linz* (Amtliches österreichisches Kursbuch).

Diplomatensgattin, die; -, -nen: österr. Form für binnendt. „Diplomatengattin": *Diplomatensgattin als Ehrendame* (Die Presse 3. 4. 1969).

Diplomkaufmann, der; -[e]s, ...leute: wird in Österr. *Dkfm.* abgekürzt, in Deutschland Dipl.-Kfm.

Dippel →Tippel.

Dippelbaum, der; -[e]s, ...bäume: „Balken, der bei Bauten für Zimmerdecken o. ä. verwendet wird": *...begannen die alten Dippelbäume lichterloh zu brennen* (Die Presse 14. 1. 1971).

Direktrice, die; -, -n ⟨franz.⟩: wird in Österr. [diʁɛkˈtriːs] ausgesprochen, also ohne Endungs-e.

Dirimierungsrecht, das; -[e]s, -e: „Entscheidungsrecht bei Stimmengleichheit": *der Vorsitzende machte von seinem Dirimierungsrecht Gebrauch.*

Dirn, die; -, -en (veraltend): bedeutet österr. (und südd.) „Magd bei einem

Bauern" (die Bezeichnung ist nicht abwertend).

Dirndl, das; -s, -n: **I. 1.** (ugs.) „Mädchen" (auch süddt.): *Dann bleib'n die zwei Anwesen beinand' und g'hör'n meim Dirndl!* (L. Anzengruber, Der Meineidbauer 24). **2.** „Dirndlkleid, Trachtenkleid". Diese Bedeutung hat sich auch über den binnendt. Sprachraum ausgebreitet. **II.** das; -s, -[n] (ostösterr. ugs.): **1.** „Frucht der Kornelkirsche". **2.** /Plural/ „Kornelkirsche (als Baum oder Strauch)". Dazu: **Dirndlbaum, Dirndlschnaps, Dirndlstrauch.**

Dispens, die; -, -en ⟨lat.⟩, „Befreiung von einer Verpflichtung; Ausnahme": ist in Österr. (wie auch im katholischen Kirchenrecht) nur Femininum, im Binnendt. auch Maskulinum: *die Anzahl der Priester, die in den letzten sechs Jahren um die Dispens zur Eheschließung angesucht haben* (Die Presse 3. 7. 1969).

Distinktion, die; -, -en ⟨franz.⟩: bedeutet österr. auch: „Rangabzeichen": *Wir müssen uns jahrelang plagen, und so ein Kerl dient ein Jahr und hat genau dieselbe Distinktion wie wir* (A. Schnitzler, Leutnant Gustl 128); *Feldwebel mit ärarischem Deutsch, das ihren slawischen Muttersprachen angesetzt war wie die Distinktion den Aufschlägen* (J. Roth, Die Kapuzinergruft 56).

disziplinär ⟨lat.⟩: österr. für binnendt. „disziplinarisch, disziplinell" und bedeutet **a)** „die Dienstordnung betreffend": *jmdn. disziplinär bestrafen; ein disziplinäres Vergehen.* **b)** „die Disziplin, Ordnung betreffend": *er wurde aus disziplinären Gründen aus der Schule entlassen.*

Diurnum, das; -s, Diurnen ⟨lat.⟩ (veraltet): „Tagegeld".

Diwan, der; -s: der Plural lautet österr. Diwans, binnendt. -e.

Diwanüberwurf, der; -[e]s, ...würfe (veraltend): „Diwandecke". →**Überwurf.**

Dkfm.: österr. Abkürzung für „Diplomkaufmann" (in Deutschland: Dipl.-Kfm.).

dkg: frühere österr. Abkürzung für →„Dekagramm", →**dag.**

Dodel, der; -s, -n (ugs., abwertend): „blöder Mensch; Trottel": *so ein Dodel; geh weg, du Dodel!*

Dogmatik, die; -: wird österr. mit kurzem a gesprochen, binnendt. mit langem. Ebenso: **Dogmatiker, dogmatisch** usw.

Dolm, der; -s, -: Schimpfwort, „dummer Kerl". →**Dodel, Trottel.**

Domino, der; -s, -s: „Stein beim Dominospiel".

Doppellaibchen, das; -s, -: „eine Gebäckform, bei der zwei Laibchen zusammengebacken sind". →**Laibchen.**

doppeln, doppelte, hat gedoppelt: „neu besohlen" (auch süddt.): *die Schuhe doppeln lassen.*

Doppler, der; -s, -: **1.** „neue, erneuerte Schuhsohle": *einen Doppler machen lassen; der Doppler kostet 50 Schilling.* **2.** (ugs.) „Doppelliter": *...kostet einen Doppler. Den Wein vertrinken wir nach den Wahlen* (Profil 17/1979).

Dorli: österr. Kurzform für den weiblichen Vornamen „Dorothea", binnendt. „Dorle".

Dörrzwetschke, die; -, -n: „Dörrpflaume". →**Zwetschke.**

dorten, „dort": ist in der österr. Hochsprache (wie im Binnendt.) altertümelnd oder gehoben; in der Umgangssprache und den Mundarten ist es sehr häufig: *Schöne Partrioten müssen das dort sein. Neulich hat einer dorten geschrieben, England verdient es, daß es von Deutschland vernichtet wird* (K. Kraus, Menschheit I 88); *Dorten ist mir leichter gewesen ohne die permanente Anschafferei, weil man doch als Professionist eh weiß, was man z'tun hat* (H. Doderer, Die Dämonen 578).

dostig (ugs.): „aufgedunsen, schwammig"; *ein dostiges Gesicht; er sieht dostig aus.*

Dragoner, der; -s, -: bedeutet österr. auch „Rückenspange am Rock und am Mantel".

Drahdiwaberl, das; -s, -n (ugs.): **a)** spöttische Bezeichnung für „unbewegliche, unbeholfene Person (meist Frau)": *Wann S'ihn heut wolln, kummen S'muring (morgen), da kost er vierzehne, habdjehre, Sö Drahdiwaberl Sö – olstan (alsdann), firti, varstanden?* (K. Kraus, Menschheit I 261). **b)** (veraltet) „Kreisel". **c)** (veraltet) „lustige Veranstaltung, Durcheinander".

d) „drehbares Verkaufsgestell, z. B. für Sonnenbrillen, Uhren".

drahn, hat gedraht (ugs., salopp), eig. „drehen": **1.** „nächtlich ausgelassenen Vergnügungen nachgehen; saufen; prassen; die Nacht zum Tag machen": *Heut wird gedraht - gestern hab ich mit dem Sascha Kolowrat gedraht, morgen drah ich mit dem -* (K. Kraus, Menschheit I 24). **2.** /rfl./ (ugs., abwertend): „aufbrechen; sich entfernen": *Dich hab' ich g'fressen! Drah di* (dich)*!* (E. Canetti, Die Blendung 165); *Und jetzt drah di, denn mir* (wir) *möchten allein sein* (E. Jelinek, Die Ausgesperrten 253).

Drahrer, der; -s, - (ugs., salopp): „jmd., der Vergnügungen nachgeht und wenig arbeitet; Nachtschwärmer": *er ist ein rechter Drahrer.*

Drahrerei, die; -, -en (ugs.): „Sauferei, ausgelassenes Fest": *er hat einen Kater von der gestrigen Drahrerei.*

Drainage, Dränage, die; -, -n ⟨franz.⟩: wird in Österr. [drɛˈnaːʒ] ausgesprochen, also ohne Endungs-e.

drapp ⟨franz.⟩: „sandfarben": *ein drappes Kleid.* Dazu: **drappfarben, drappfarbig.**

Draufgabe, die; -, -n: österr. auch für „Zugabe eines Künstlers": *als letzte Draufgabe spielten sie den Radetzkymarsch; das Publikum verlangte eine weitere Draufgabe.*

draufgeben, gab drauf, hat draufgegeben: bedeutet österr. auch „als Zugabe, Draufgabe anfügen": *Kostproben seiner Lyrik ... wurden von Paula Wessely dargeboten, die als persönliche Extrahuldigung für Torberg noch das Gedicht „Praterallee" draufgab* (Express 7. 10. 1968).

drausbringen, brachte draus, hat drausgebracht (ugs.): „jmdn. aus dem Takt, aus der Fassung, aus dem Konzept bringen": *mit deinen Fragen hast du ihn ganz drausgebracht; wenn ihr lacht, bringt ihr ihn beim Gedichtaufsagen draus.*

drauskommen, kam draus, ist drausgekommen: „aus dem Takt, aus der Fassung kommen" (auch süddt., schweiz.): *ich bin drausgekommen, ich muß von vorne anfangen.*

Drauskommen: *sein Drauskommen haben:* ugs. für „sein Auskommen haben":

das Geschäft ist zwar sehr klein, aber er hat sein Drauskommen damit.

draußen →außen.

Dreier, der; -s, -, „Ziffer, Note Drei": österr. (und süddt.) nur so, binnend. meist „die Drei": *er hat einen Dreier bekommen.* →**Einser, Fünfer, Vierer, Zweier.**

Dreierradl, das; -s (ugs.): „Diensteinteilung bei der Polizei in der Reihenfolge: Dienst, Bereitschaft, Freizeit": *die älteren Polizeibeamten möchten am „Dreierradl" festhalten* (Die Presse 12. 12. 1969).

dreifärbig: „dreifarbig". →**färbig.**

Dreiradler, der; -s, -: österr. für binnend. „das Dreirad".

Dreß, die; -, Dressen ⟨engl.⟩, „Sportbekleidung": ist in Österreich. Femininum, im Binnend. Maskulinum: *er hat ja auch eine richtige Dreß an* (F. Torberg, Die Mannschaft 106).

dressieren, dressierte, hat dressiert ⟨franz.⟩: bedeutet österr. besonders auch: **a)** „(Süßspeisen) mit einer Creme o. ä. verzieren, die aus einer Spritze oder einem Dressiersack gedrückt wird": *eine Torte dressieren.* **b)** „durch Ausdrücken aus einem Dressiersack bestimmte Formen aus Teig, Creme o. ä. bilden": *Von dem fertigen Teig gleichmäßige große Krapfen auf ein schwach gefettetes Backblech dressieren* (Kronen-Zeitung-Kochbuch 313).

Dressiersack, der; -[e]s, ...säcke: „Tüte mit Metallspitze, aus deren Öffnung man Creme o. ä. zum Verzieren auf eine Torte oder zum Backen auf ein Blech drücken kann": *Aus der Masse mit einem Kochlöffel oder einem Dressiersack Häufchen aufs Blech geben* (Thea-Kochbuch 146).

drinnen: steht österr. für binnend. „drin". **a)** in der Bedeutung „darin": *was in dem Spielzeugkoffer alles drinnen war* (M. Lobe, Omama 6). **b)** in der Wendung *etwas ist drinnen:* „etwas ist möglich, läßt sich machen": *Arbeitszeitverkürzungen? Nein, das ist auf keinen Fall 'drinnen', das kommt keinesfalls in Frage ...* (Express 11. 10. 1968).

Drischel, die; -, -n: a) „Dreschflegel". b) „Schlagkolben am Dreschflegel" (auch süddt.).

Drittabschlagen, das; -s (Kinderspiel): österr. Form für binnendt. „Drittenabschlagen": *Belgrader Drittabschlagen. Peking und die Beziehungen Jugoslawiens zum Kreml* (Die Presse 11. 3. 1970).

Drops, das; -s, -: ist österr. Neutrum, binnendt. meist Maskulinum.

drüber: ugs. für „jenseits": *für die Menschen im Gebiet drüber der ... Enns* (Linzer Kirchenzeitung 4/1980).

drüberstrahn, hat drübergstraht (ugs., bes. Wien): „zum Abschluß noch etwas dazugeben": *die Schank, an der vor der Sperrstunde bisweilen noch einer „drübergstraht" wird* (Die Presse 9. 3. 1979).

Drüberstrahrer, der; -s, - (ugs., bes. Wien): „etwas Zusätzliches, Zugabe": *als Drüberstrahrer ein Stamperl Schnaps.*

drucken, druckte, hat gedruckt: ugs. für „drücken": *Nach hinten drucken und keine Luft lassen!* (F. Torberg, Die Mannschaft 294).

Drucksorte, die; -, -n /meist Plural/: „für einen besonderen Bereich bestimmtes vorgedrucktes Formular, Papier": *auf der Universität die Drucksorten für die Immatrikulation besorgen; Alle Drucksorten für Gewerbe und Industrie* (Das Menschenrecht, Oktober 1968, Anzeige).

dulliäh /Adjektiv; nur prädikativ/ (ugs.): „ausgelassen, lustig": *die Stimmung war schon ganz dulliäh.*

Dulliäh I. das; - (ugs.): „Ausgelassenheit". II. der; - (ugs., salopp): „leichter Rausch": *mit einem richtigen Dulliäh zog die Gruppe vom Heurigen wieder in die Stadt.*

Dulliähstimmung, die; - (ugs.): „lustige, ausgelassene Stimmung": *nach einigen Vierteln geriet die Gesellschaft immer mehr in eine Dulliähstimmung.*

Dummerl, das; -s, -n (ugs., wohlwollend fam.): „naiver Mensch, dummes Kind", binnendt. „Dummerchen": *Und die Turnlehrerin? fragte sie noch, was ist mit der? Dummerl, sagte er, das ist eine Kollegin* (B. Frischmuth, Haschen 107).

Dummian, der; -s, -e: „Dummkopf; Dummerjan". →**Damian, Fadian.**

dunsten: *(ugs.) **jmdn. dunsten lassen:** „jmdn. warten lassen, im ungewissen lassen": *den lasse ich jetzt einmal dunsten!*

Dunstobst, das; -es, „gedünstetes Obst":

österr. nur so, binnendt. meist „Dünstobst".

durch: wird in Österr. häufig auch bei Zeitangaben verwendet, um die Dauer auszudrücken: „lang, hindurch": *durch zwei Jahre bemühte er sich um ein Visum.*

durchfretten, sich; frettete sich durch, hat sich durchgefrettet (ugs.): „unter großen Schwierigkeiten für den Lebensunterhalt sorgen" (auch bayr.): *nach dem Krieg mußte er sich mühsam durchfretten, bis er eine Stelle fand; vielleicht sind doch unter all den Möglichkeiten, sich durchzufretten, besonders erträgliche* (B. Frischmuth, Kai 204). →**fretten.**

durchgehends: österr. auch für binnendt. „durchgehend".

Durchhaus, das; -es, ...häuser: „Haus mit einem Druchgang, der zwei Straßen verbindet; Durchgangshaus": *Die Menge (die sich um den Wagen gesammelt hat): A Spion! A Spion! (Der Fahrgast ist im Durchhaus verschwunden.)* (K. Kraus, Menschheit I 44) übertragen: *Er ist sich bewußt, daß gerade das Volkstheater für so manche junge Schauspielerpersönlichkeit die Funktion eines Durchhauses hat* (Die Presse 3. 1. 1969).

durchreitern, reiterte durch, hat durchgereitert: „durchsieben": *nach dem Dreschen wird das Getreide noch einmal durchgereitert.* →**reitern.**

durchwegs: österr. (und süddt.) für binnendt. „durchweg": *Schon wenn man sich auf das geistige Bild beschränkt, das der Verstand von irgendetwas gewinnt, gerät man bei der Frage, ob es wahr sei, in die größten Schwierigkeiten, obwohl man durchwegs eine trockene und lichtdurchglänzte Luft atmet* (R. Musil, Der Mann ohne Eigenschaften 1156); *Die beiden folgenden Verse haben durchwegs Artikel* (H. Seidler, Allgemeine Stilistik 148).

durchwuzeln, sich; wuzelte sich durch, hat sich durchgewuzelt (ugs.): „sich durchzwängen": *Und stellen S'Ihnen vor, wenn Sie sich dann bis zur Königin des Festes durchgewuzelt und gezuzelt hab'n – die Augen, die sie dann machen wird* (F. Hermanovsky-Orlando, Gaulschreck 60).

Dürrkräutler, der; -s, - (veraltet): „jmd. der getrocknete Heilpflanzen verkauft".

Durst: die Wendung ***über den Durst trinken** wird österr. ohne Ergänzung gebraucht: *er hat wieder einmal über den Durst getrunken,* binnendt. nur: ein Glas, eins usw. über den Durst trinken.

Dutte, die; -, -n (ugs.): „Euterzitze": *die Ferkel saugen an den Dutten.*
dzt: österr. nur so übliche Abkürzung für „derzeit", im Binnendt. meist: dz. →derzeit.

E

Eau de Cologne: wird österr. [...ko'lɔn] ausgesprochen, also ohne Endungs-e.
ebbes, ebbis westösterr. (und südwestdt.): „etwas".
Eck, das; -[e]s, -en: bes. österr. (und süddt.) ugs. für „die Ecke", im Binnendt. nur noch in geographischen Namen und in den Zusammensetzungen Dreieck usw.: *Aber als ich nun Spennadl um das Eck (richtig die Ecke) des Hauptgehöftes geführt hatte ...* (A. Drach, Zwetschkenbaum 147); *Beim Ausgleich luden die Wiener den Freistoßschützen Pianetti förmlich dazu ein, sich das richtige Eck auszusuchen* (Die Presse 9. 1. 1969). ***übers Eck** →über; im **Eck sein:** „in schlechter Verfassung, außer Form sein": *„Wir sind eben im ‚Eck'",* entschuldigten sich die Spieler nach dem 0:1 (Die Presse 24. 3. 1969); **deutsches Eck:** im Verkehr der Südostzipfel Bayerns: *übers deutsche Eck fahren;* kleines deutsches Eck (Bundesstraße über Bad Reichenhall), großes deutsches Eck (Autobahn über Rosenheim). In Deutschland bedeutet deutsches Eck: Zusammenfluß von Rhein und Mosel in Koblenz.
Egart, die; -, -en (veraltet): „Grasland, das in anderen Jahren als Acker benutzt wird; Brache" (auch bayr.).
Egartwirtschaft, Egartenwirtschaft, die; - (veraltet): „Art der Bodennutzung, bei der ein Grundstück in bestimmtem Wechsel als Acker oder Wiese benutzt wird."
eh (ugs.): „ohnehin, sowieso" (auch süddt.): *Ja, wenn's was anderes wär! Mit Freuden! So aber, lieber Baron Trotta, selbst für unsereinen, na, Ihnen brauch' ich ja eh nix zu sagen* (J. Roth, Radetzkymarsch 203); *Und dann is eh der Hitler kommen*

(H. Qualtinger/C. Merz, Der Herr Karl 15). *(ugs.) **eh klar:** „natürlich, war ja zu erwarten": *Eh klar, Kopfweh hab ich auch schon wieder* (C. Nöstlinger, Rosa Riedl 100); (ugs., salopp) **eh scho wissen:** „wie ja ohnehin bekannt ist; die Schliche kennt man zur Genüge!": *Aber ja, Nazarener, weißt, das sind so Kerle, die sich aus Religion weigern, ein G'wehr zu nehmen, eh scho wissen* (K. Kraus, Menschheit II 93).
e. h.: ist die österr. Abkürzung für „eigenhändig", binnendt.: „ehrenhalber".
ehebaldig: „so bald als möglich": *Bedienerin zu ehebaldigem Termin gesucht.*
ehebaldigst: „sehr bald; so bald als möglich": *Die Bundesregierung wird ersucht, eine diesbezügliche Novelle zum Wappengesetz auszuarbeiten und dem Nationalrat ehebaldigst zuzuleiten* (Vorarlberger Nachrichten 5. 11. 1968).
ehest: bedeutet österr. „baldigst; so bald als möglich": *Sie werden ersucht, die geförderten Unterlagen ehest einzusenden; ...daß ehest der Lawinenhang „Alter Stall" im kommenden Jahr verbaut wird* (Vorarlberger Nachrichten 2. 11. 1968).
ehestens: „baldigst; so bald als möglich" (häufiger als ehest): *Dieselbe gebietet mir: ich möge bei Hofe um meine Entlassung bitten, denn ich würde mich ehestens einschiffen nach Ostindien* (P. Rosegger, Waldschulmeister 207).
Ehnel, der; -s, - (mdal., veraltet): „Großvater". →Ahnl.
Eidamer, der; -s, -: österr. veraltend für „Edamer (Käsesorte)".
Eidamerkäse, der; -s, -: österr. veraltend für „Edamerkäse".
Eierschwamm, der; -[e]s, ...schwämme:

„Pfifferling" (auch süddt.): *Wir haben Pilze gefunden, und wenn es keine Eierschwämme waren und keine Fliegenpilze, dann waren es seiner Erklärung nach Boviste* (Die Presse 21. 10. 1968).

Eierschwammerl, das; -s, -n: ugs. für →„Eierschwamm": *Die Eierschwammerln putzen, sehr gut waschen und abtropfen lassen* (Kronen-Zeitung-Kochbuch 221).

Eierspeise, Eierspeis, die; -, -n: österr. für binnendt. „Rührei": *Der Raum war gelb wie Eierspeise und gekachelt wie ein Badezimmer, sehr appetitlich und wesentlich ungemütlich* (H. Doderer, Die Dämonen 809); *Eierspeis mit Schinken* (Kronen-Zeitung-Kochbuch 222).

Eigengoal, das; -s, -s: Sport „Eigentor": *Beim zweiten Tor wollte Fuchsbichler besonders glänzen und aus einer Robinsonade wurde ein halbes Eigengoal* (Die Presse 9. 1. 1969); übertragen: *Also Volksbegehren für den Papierkorb? Oder gar ... „ein Eigengoal"?* (Die Presse 10. 5. 1969). →**Goal.**

Eiklar, das; -[e]s, -[e]: „weißer Teil im Ei": *Die geschlagenen Eiklar mit dem restlichen Zucker nochmals steif schlagen und gemeinsam mit dem Mehl unter die Dottermasse rühren* (Kronen-Zeitung-Kochbuch 379). Das binnendt. „Eiweiß" wird in Österr. nur als wissenschaftlicher Terminus verwendet. →**Klar.**

einantworten, antwortete ein, hat eingeantwortet: Amtsspr. „[gerichtlich] übergeben": *Zudem bestünden noch weitere Ansprüche von ihrer Seite, was das Vermögen betreffe, es würden ihre Teile davon jetzt erst ‚eingeantwortet' werden* (H. Doderer, Die Merowinger 64).

Einantwortung, die; -, -en: Amtsspr. „[gerichtliche] Übergabe": *Alles in allem konnte freilich jetzt noch von keiner Einantwortung des Erbes die Rede sein, vielmehr nur von den Voraussetzungen zu einer solchen* (H. Doderer, Die Dämonen 683).

einarbeiten, arbeitete ein, hat eingearbeitet: bedeutet österr. auch „versäumte Arbeitszeit nachholen oder vorarbeiten": *... diese Arbeitsstunden bereits vor Weihnachten einzuarbeiten* (Die Presse 16. 11. 1979). Dazu: **Einarbeitung, Einarbeitungsstunden:** *Die Einarbeitungsstunden dürfen*

auf maximal sieben Wochen ... verteilt werden (Die Presse 16. 11. 1979).

einbegleiten, begleitete ein, hat einbegleitet: „einleiten": *die Feier wird mit Musik einbegleitet; ein Buch, einen Vortrag einbegleiten.*

einbekennen, bekannte ein, hat einbekannt: **a)** „bekennen, eingestehen": *da der Josef Wildermuth einbekannte, seinen Vater ermordet zu haben* (J. Bachmann, Ein Wildermuth 135). **b)** „die Steuererklärung abgeben; (ein Einkommen) zur Versteuerung angeben". Dazu: **Einbekenntnis,** das; **Einbekennung,** die.

Einbrenn, die; -: „in Fett geröstetes Mehl; Mehlschwitze" (auch süddt.): *Man bereitet eine dunkle Einbrenn* (R. Karlinger, Kochbuch 53).

Einbrennsuppe, die; -, -n: „mit Einbrenn/Mehlschwitze und Zwiebel, Pfeffer, Majoran u. a. Gewürzen bereitete Suppe": *Kümmelsuppe = Einbrennsuppe* (Kronen-Zeitung-Kochbuch 23).

einfärbig: österr. Form für binnendt. „einfarbig". →**färbig.**

einfaschen, faschte ein, hat eingefascht: „einwickeln; mit einer Fasche verbinden": *einen Fuß einfaschen.*

einfatschen, fatschte ein, hat eingefatscht (bes. ostösterr., sonst veraltend): „→einfaschen": *nur in einem Ochsenstall liegt unser eing'fatschter Gott, der uns hilft aus aller Not* (P. Rosegger, Waldschulmeister 262).

Eingemachte, das; -n: bezeichnet österr. auch eine Fleischspeise, „kleine Stücke Kalbs- oder Hühnerfleisch in heller Soße, Frikassee".

Eingesottene, das; -n: „eingemachte Früchte": *Der auf dem Küchentisch ausgekühlte Vorrat an Eingesottenem dürfte den Mayrinker'schen Bedarf, bei vorsichtiger Schätzung, bis 1931 oder 1932 gedeckt haben* (H. Doderer, Die Dämonen 1285). →**Einsiedeglas, einsieden.**

Eingetropfte, das; -n: „sehr flüssiger Teig, der in die Einlage in eine Suppe (Brühe) getropft wird; Tropfteig": *Die Suppe läßt man mit dem Eingetropften noch einmal aufkochen und stellt sie bis zum Anrichten an den Herdrand* (R. Karlinger, Kochbuch 30). →**Tropfteig.**

einhängen, sich; hängte sich ein, hat sich eingehängt: „den Arm in jmds. Arm legen; sich einhaken" (auch südd.): *sich bei jmdm.,* (auch:) *sich in jmdn. einhängen; Sie hängen sich ein und sind guter Dinge, sie wollen weiter nichts von Leni* (F. Torberg, Die Mannschaft 226).

einheben, hob ein, hat eingehoben: bedeutet österr. (und südd.) auch: „einziehen, kassieren": *Steuern, Geld einheben; der Betrag wird monatlich eingehoben; „Ich werde, Madame", sagte er nach einer längeren Pause, „von Ihnen die vorgeschriebene Buße von fünf Francs einzuheben gezwungen sein ..."* (F. Werfel, Das Lied der Bernadette 342).

Einhebung, die; -, -en: „Einkassierung, Eintreibung" (auch südd.). Dazu: **Einhebungsbeamte, Einhebungstermin.** →**Steuereinhebung, Zolleinhebung.**

eina, einer (mdal.): „herein" (auch bayr.); meist zusammengesetzt mit Verben: *„Geh einer!"* (R. Billinger, Lehen aus Gottes Hand 229).

eini (mdal.): „hinein" (auch bayr.): *i bin eini in de Wohnung ... leise de Tür zuag'macht, hab ganz ruhig zu ihr g'sagt: „Schleich di"* (H. Qualtinger/C. Merz, Der Herr Karl 18); meist zusammengesetzt mit Verben: *Wenn mr nach Venedig einikommen mitn Spazierstöckl* (K. Kraus, Menschheit I 225).

einkasteln, kastelte ein, hat eingekastelt (ugs.): **a)** „einsperren": *... versöhnend hab ich wirken wollen, versöhnend – und derweil hat sich eine Tragödie nach der anderen abgerollt. Die arme Mariann wird eingekastelt und verurteilt* (Ö. Horvath, Geschichten aus dem Wiener Wald 435). **b)** „mit einem Kastel (Viereck) umrahmen": *einen Merksatz im Heft einkasteln.*

einkochen, hat eingekocht: bedeutet österr. ugs. scherzhaft auch: „jmdn. herumkriegen": *Gemma schwimmen, meine Damen? San ma abi zum Wasser, ham si umzogen ... i hab s' a bissel einkocht ... Gebüsch war eh überall* (H. Qualtinger/C. Merz, Der Herr Karl 10).

einkühlen, kühlte ein, hat eingekühlt: „(ein Getränk) kalt stellen": *... der aber erst für nächste Woche den Sekt einkühlen will* (Die Presse 11. 3. 1980).

einlangen, langte ein, ist eingelangt: „ankommen, eintreffen": *zudem hatte Wedderkopp mit neuer Dringlichkeit sich gemeldet. Sein Durchbruch stand bevor ..., und nun wollte er also in wenigen Tagen hier in Wien einlangen* (H. Doderer, Die Strudlhofstiege 895).

einlassen, ließ ein, hat eingelassen: bedeutet österr. (und südd.) auch: **a)** (den Fußboden) „einreiben, einwachsen": *den Boden [mit Wachs] einlassen.* **b)** (Möbel o. ä.) „lackieren, streichen": *den Schrank mit Firnis einlassen.*

einliefern, lieferte ein, hat eingeliefert: kann österr. auch ohne Präposition direkt mit dem Dativ verbunden werden: *V. D. wurde dem Gefangenenhaus des Landesgerichtes Salzburg eingeliefert* (Express 2. 10. 1968).

Einmach, die; -: „helle Mehlschwitze/Einbrenn": *Aus Butter und Mehl eine lichte Einmach bereiten ...* (Kronen-Zeitung-Kochbuch 12).

Einmachsuppe, die; -, -n: „aus einer Einmach zubereitete Kalbsknochensuppe mit Weißbrotstückchen oder Knödeln als Einlage".

Einnahmsquelle, die; -, -n: österr. Form für binnendt. „Einnahmequelle": *Stipendienbezieher ... sind meist gezwungen, sich zusätzliche Einnahmsquellen zu suchen* (Die Presse 14./15. 4. 1979).

Einöd, die; -, -en: österr. Nebenform zu „Einöde": *wohl außerhalb eines Dorfes gelegen, aber nicht in der Einöd* (Die Presse, 24. 12. 1968).

Einödbauer, der; -n, -n: „Bauer auf einem abgelegenen Einzelhof" (auch südd.). →**Einöd.**

Einödhof, der; -[e]s, ...höfe: „einzelner Bauernhof in einer abgelegenen Gegend" (auch südd.). →**Einöd.**

einpapierln, hat einpapierlt (ugs.): **a)** „in Papier einwickeln": *das Zuckerl einpapierln.* **b)** „herumkriegen, einwickeln": *Der Österreicher ... ist elastisch, dann tut er die Leute ... einpapierln* (H. Gleißner, Oberösterreichs Weg). →**papierln.**

einrexen, rexte ein, hat eingerext: „in einem Einmachglas haltbar machen, einwecken": *Fisolen, Marmelade einrexen.* →**Rexglas.**

einsagen, sagte ein, hat eingesagt: „in der Schule etwas zuflüstern, vorsagen" (auch süddt.): *sie [die Lehrer] sehen nicht, wenn wir schwindeln, wenn wir einsagen oder abschreiben, sie können uns nicht ignorieren* (E. E. Kisch, Der rasende Reporter 129).

Einschau, die; -, -en: Amtsspr. „Kontrolle, Überprüfung", binnendt. „Revision": *Bei der Überprüfung war aufgefallen, daß der Abteilungsleiter ... im Zeitraum der Einschau ... keinerlei Dienst versah* (Die Presse 28. 5. 1974). Dazu: **Einschaubericht:** *Der Einschaubericht des Rechnungshofes über die Gebarung der Stadtgemeinde Klosterneuburg* (Die Presse 28. 5. 1974).

Einschicht, die; -, -en: österr. (und süddt.) auch für „Einöde": *Indes, Laien- und Fachwelt nehmen sofort gemeinsam Anstoß daran, wenn irgendwo ein hölzerner Sebastian oder Nepomuk, eine geschnitzte Notburga oder Rosalia von ihren wurmstichigen Sockeln geholt, aus jahrhundertelanger Einschicht wieder „unter die Leut" gebracht werden* (Die Presse 7./8. 12. 1968).

Einschichthof, der; -[e]s, ...höfe: „Bauernhof in der Einöde": *Der Altbauer im Einschichthof, der an den langen Herbstabenden zum Schnitzmesser greift und seine Frömmigkeit in kleine Figuren kerbt* (Linzer Volksblatt 24. 12. 1968).

einschichtig: österr. (und süddt.) für: **a)** „abgelegen, einsam": *nach langer Wanderung kamen wir zu einem einschichtigen Haus.* **b)** „einzeln, wo zwei zusammengehören": *ein einschichtiger Schuh.*

einschleifen, hat eingeschleift (ugs.): „(einen Wagen) bremsen": *Schleif ein!*

einschneiden, schnitt ein, hat eingeschnitten: bedeutet österr. auch „(eine Scheibe) in den Rahmen einsetzen": *ein Fenster, Glas, einen Spiegel einschneiden.*

Einser, der; -s, -, „Ziffer, Note Eins": österr. (und süddt.) nur so, binnendt. meist „Die Eins": *„Ich habe einen Einser bekommen!" sagte Nasti* (C. Nöstlinger, Rosa Riedl 72). →**Dreier, Fünfer, Vierer, Zweier.**

Einsied[e]glas, das; -es, ...gläser: besonders österr. und süddt. für: „Einmachglas": *das Thermometer zeigte die vorgeschriebene Temperatur, und der dritte und letzte Schub der Einsiedegläser würde bald fertig sein und zum Auskühlen auf den Tisch gestellt werden können* (H. Doderer, Die Dämonen 1284). →**Eingesottene.**

einsieden, sott /(auch:) siedete ein, hat eingesotten: besonders österr. und süddt. auch für „einkochen": *Himbeeren, Obst einsieden; Das Einsieden ist eine Zwangshandlung der Hausfrauen, welche nie unterbleibt, obwohl man ja meistens Marmeladen ißt, die vier bis fünf Jahre alt sind* (H. Doderer, Die Dämonen 1281). →**Eingesottene.**

Einspänner, der; -s, -: bedeutet in Österr. auch: **1.** „eine Zubereitungsart von Kaffee im Kaffeehaus": *... den „Einspänner", von dem man nicht weiß, ob er nach dem gleichnamigen Fahrzeug so heißt, dessen Kutscher ihn bevorzugten, oder deshalb, weil der Kaffee darin „eingespannt" wird, nämlich schwarzer Kaffee in ein Glas, das von einer reichen Haube „Schlag" gekrönt ist* (H. Weigel, O du mein Österreich 76/77). **2.** „einzelnes Frankfurter Würstchen [von einem Paar]": *einen Einspänner mit Kren.* →**Kaffe, Obers, Schlag.**

einsperren, sperrte ein, hat eingesperrt: kann österr. auch auf Sachen bezogen werden: „etwas an einen Ort bringen und diesen abschließen": *das Fahrrad in den Keller, die Dokumente im Schreibtisch einsperren.* →**sperren.**

Einsprache, die; -, -n: österr. (und schweiz.) auch für „Einspruch": *wenn niemand Einsprache erhebt, wird der Antrag angenommen.*

Einstand, der; -[e]s, Einstände: bedeutet österr. (und süddt.) besonders „Dienstantritt; Eintritt in ein Lehrverhältnis, in die Schule". →**Ausstand, ausstehen, einstehen.**

einstauben, staubte ein, hat eingestaubt: bedeutet österr. besonders „mit etwas Staubförmigem bedecken; einpudern": *die Haut der Kinder mit Puder einstauben; einen Raum mit einem Insektenpulver einstauben.* Das Wort kann hier also auch binnendt. „einstäuben" vertreten.

einstehen, stand ein, ist eingestanden (ugs.): bedeutet österr. (und süddt.) auch „eine feste Stelle antreten; in die Schule eintreten": *bei einem Bauern als Knecht* *einstehen; der Bub ist sechs Jahre alt und steht im Herbst in die Schule ein.* →**Ausstand, ausstehen, Einstand.**

einstuppen, stuppte ein, hat eingestuppt (ugs.): „einstäuben, einpudern": *das kleine Kind einstuppen.* →**Stupp, stuppen.**

Eintropfsuppe, die; -, -n: „heiße Bouillon, in die ein Teig aus Mehl und Eiern getropft wird". →**Tropfteig.**

Einundzwanzig: „ein Kartenspiel": *Die Griechen ließen sie manchmal erheblich gewinnen, ob nun 'Frische Viere" gespielt wurde oder 'Einundzwanzig'* (H. Doderer, Die Dämonen 1040).

Einvernahme, die; -, -n: „Vernehmung vor Gericht; Verhör" (auch schweiz.): *Bei einer Einvernahme vor dem Untersuchungsrichter hat L. eine widersprüchliche, ja geradezu konfus anmutende Aussage abgelegt* (Die Presse 11. 2. 1969). →**Zeugeneinvernahme.**

einvernahmsfähig: österr. für binnendt. „vernehmungsfähig": *Elf andere Bergarbeiter ... sind erst zum Teil einvernahmsfähig* (Die Presse 19. 3. 1970). →**Einvernahme.**

einvernehmen, vernahm ein, hat einvernommen: „jmdn. vor Gericht vernehmen; verhören" (auch schweiz.): *Augenzeugen sollen einvernommen werden* (Kronen-Zeitung 5. 10. 1968). →**Einvernahme.**

einvernehmlich: „im Einvernehmen mit; einmütig": *einvernehmlich mit dem Bundesministerium für Finanzen teilt das Bundesministerium für Bauten und Technik mit ...* (Vorarlberger Nachrichten 15. 11. 1968).

einwässern, wässerte ein, hat eingewässert: bedeutet österr. auch: „(Blumen) in die Vase stellen": *die Blumen einwässern.*

einweimberln, sich; hat sich einweimberlt (ugs.): „sich einschmeicheln".

eisenhältig: österr. Form für binnendt. „eisenhaltig": *Wässer, die vor ihrer Verwendung zuerst aufbereitet werden müssen, weil sie z. B. eisenhältig sind, eine hohe Härte haben u. dgl. m.* (Vorarlberger Nachrichten 23. 11. 1968). →**-hältig.**

Eiskasten, der; -s, ...kästen: österr. (und süddt.) auch für „Kühlschrank": *Ich hole mir ein Bier aus dem Eiskasten* (B. Frischmuth, Amy 34).

Eismänner, die /Plural/: „Pankratius, Servatius, Bonifatius (12., 13., 14. Mai)"; binnendt. „Eisheilige". (auch süddt.).

Eissalon, der; -s, -s: österr. meist für binnendt. „Eisdiele".

Eisschichte, die; -, -n: österr. Form für binnendt. „Eisschicht". →**Schichte.**

Eisstoß, der; -es, ...stöße: „in Flüssen aufgestautes Eis; Eisstau" (auch süddt.).

Elektorat, das; -s, -e (bildungsspr.): „Gesamtheit der Wahlberechtigten": *... umso mehr, als bei den sonntäglichen Wahlen ungefähr ein Viertel des gesamtösterreichischen Elektorats seine Stimme abgeben wird* (Die Presse 18./19. 10. 1969).

elendig: wird österr. auf der zweiten Silbe betont, binnendt. auf der ersten.

Elite, die; -, -n ⟨franz.⟩: wird in Österr. [e'lIt] ausgesprochen, also ohne Endungs-e und mit kurzem Vokal.

Email, das; -s, -s ⟨franz.⟩: wird österr. (und süddt.) [e'maIl] ausgesprochen, im Binnendt. meist [e'ma:j]. Die binnendt. häufigere Form „die Emaille" ist in Österr. ungebräuchlich.

Emballage, die; -, -n ⟨franz.⟩, „Verpackung": wird in Österr. [āba'la:ʒ] ausgesprochen, also ohne Endungs-e.

Embryo, der; -s, -s und -nen ⟨griech.⟩: kann in Österr. auch Neutrum sein: *das; -s, -s.*

eminent ⟨lat.⟩, „wichtig, hervorragend": wird in Österr. noch allgemein und häufig gebraucht, während es binnendt. als bildungsspr. gilt: *eine eminente Begabung.* Umgangssprachlich ist auch pleonastisches **eminent wichtig** zu hören.

Endel, das; -s, -: „(verstärkter) Stoffrand" (auch bayr.): *das Endel einnähen.*

endeln, endelte, hat geendelt: „bei einem Gewebe, Stoff die Ränder einfassen" (auch bayr.): *den ausgefransten Saum des Kleides endeln.*

Enkerl, das; -s, -n: häufig gefühlsbetont statt „Enkel" (drückt keine Verkleinerung aus): *Wie mit meinen zwei Enkerln in den Tiergarten gehe* (M. Lobe, Omama 98).

Enquete, die; -, -n ⟨franz.⟩: bedeutet österr. auch: „Arbeitstagung": *auf der Enquete der Nationalliga zum Thema der Stellung des Trainers beim Verein* (Die

Presse 29. 5. 1969). Die Aussprache ist [ä'kɛːt], also ohne Endungs-e.

Entenjunge, das; -n: österr. für binnendt.

„Entenklein". →**Ganseljunge, Hasenjunge, Hühnerjunge, Rehjunge.**

entlehnen, entlehnte, hat entlehnt: ist das in Österr. übliche Wort für binnendt. „entleihen" (im Binnendt. ist es veraltet): *Bücher entlehnen.* Dazu: **Entlehnstelle, Entlehnzeiten.**

Entree, das; -s, -s [ä'treː] ⟨franz.⟩ bes. in Wien auch: „Eintrittsgeld": ... *wenn kein Entree verlangt wird* (Die Presse 9. 3. 1979).

entsprechen, entsprach, hat entsprochen: wird österr. in der Bedeutung „den Anforderungen entsprechen, etwas leisten" auch ohne Dativ gebraucht: *wenn der Schüler, Mitarbeiter nicht entspricht,* ...

Eprouvette, die; -, -n [epru'vɛt] ⟨franz.⟩: „Glasröhrchen für chemische Versuche o. ä., Reagenzglas": *Neben dem Fenster eine breite Etagere, zu oberst ein Ständer mit Eprouvetten* (A. Schnitzler, Professor Bernhardi 455). →**Proberöhrchen.**

Equipage, die; -, -n ⟨franz.⟩: wird in Österr. [ek(v)i'paːʃ] ausgesprochen, also ohne Endungs-e.

erbarmen, erbarmte, hat erbarmt: bedeutet österr. (und süddt.) in der Verbindung **etwas/jmd. erbarmt jmdn.:** „etwas/jmd. tut jmdm. leid": *du erbarmst mir; wie er so hilflos dalag, hat er mir richtig erbarmt.*

Erbschleichersendung, die; -, -en (ugs., scherzh.): „Wunschkonzert im Rundfunk, bei dem auch Festtagsgrüße ausgerichtet werden."

Erdapfel, der; -s, Erdäpfel: „Kartoffel" (mdal. in versch. süddt. und schweiz. Gebieten, hochsprachl. nur in Österr.): *Bei Besserung wird eine Diät mit gegrilltem Kalbfleisch und Huhn, Gemüse und in der Schale gekochten Erdäpfeln eingehalten* (Kronen-Zeitung 5. 10. 1968). →**Geröstete, geröstete Erdäpfel, Kartoffel.**

Erdäpfelgulasch, Erdäpfelgulyas, das; -[e]s: „Gulasch mit Kartoffeln [und Wurst]". →**Erdapfel, Gulasch.**

Erdäpfel in der Montur/Schale: „Kartoffeln in der Schale": *Es gab Erdäpfel in der Schale und eine Schüssel Topfen* (M. Lobe, Omama 56). →**Erdäpfel.**

Erdäpfelknödel, der; -s, -: „Kartoffelknödel", eine Speise aus Kartoffeln und Mehl, die ungefähr dem deutschen „Kloß" entspricht: *Erdäpfelknödel schmecken besonders gut zu Wild und zu Schweinernem* (Kronen-Zeitung-Kochbuch 83). →**Erdapfel, Knödel.**

Erdäpfelkoch, das; -s (ugs.): „Kartoffelbrei". →**Erdapfel, Koch.**

Erdäpfelnudeln, die /Plural/: „gebackene oder gekochte fingerdicke Nudeln aus Kartoffelteig": *Erdäpfelnudeln müssen sofort aufgetragen werden. Man gibt Zwetschkenröster und Marillensauce dazu* (Kronen-Zeitung-Kochbuch 268). →**Erdapfel.**

Erdäpfelplatzke, die /Plural/ ⟨tschech. Endung⟩ (mdal., Wien, veraltend): **a)** „Kartoffelplätzchen; Fladen aus Kartoffelteig". **b)** „in Schmalz gebackene Kartoffelpuffer". →**Erdapfel, Platzke.**

Erdäpfelpüree, die; -s, -s: „Kartoffelpüree, Kartoffelbrei". →**Erdapfel.**

Erdäpfelsalat, der; -[e]s, -e: „Kartoffelsalat". →**Erdapfel.**

Erdäpfelschmarren, der; -s: „in Fett gebratene zerkleinerte Kartoffeln" (auch süddt.). →**Erdapfel, Erdäpfelsterz, Schmarren, Sterz.**

Erdäpfelsterz, der; -es: „in Fett gebratene zerkleinerte Kartoffeln". →**Erdapfel, Erdäpfelschmarren, Schmarren, Sterz.**

Erdbeerfrappé, das; -s ⟨franz.⟩: „Frappé mit Erdbeeren". →**Frappé.**

Eremit, der; -en, -en: wird österr. mit kurzem i gesprochen, binnendt. meist mit langem.

Eremitage, die; -, -n ⟨franz.⟩: wird in Österr. [eremi'taːʒ] ausgesprochen, also ohne Endungs-e.

erfließen, erfloß, ist erflossen (veraltend): „ausgehen (von etwas)": ... *der Rittmeister also hielt nunmehr die Gelegenheit für schicklich, um einige Belehrungen erfließen zu lassen, bezüglich der praktischen Durchführung jener Einheit der Person* ... (H. Doderer, Die Strudlhofstiege 635).

Ergänzungskommando, das; -s, -s: „Militärstelle, welche für die Einberufung der Soldaten zum österreichischen Bundesheer zuständig ist" (Abkürzung: ErgKdo): *Ergänzungskommando Oberösterreich;*

Zentrales Ergänzungskommando des Bundesministeriums für Landesverteidigung.

erheben, erhob, hat erhoben: bedeutet österr. (und süddt.) in der Amtsspr. auch: „(behördlich) feststellen": *Zur Zeit ... wird noch erhoben, welchen Weg das Geld nahm* (Die Presse 31. 7. 1969); *daß Unfall erhebende Polizeiorgane dafür sorgen, daß Glassplitter unverzüglich entfernt werden* (Kronen-Zeitung 6. 10. 1968). Das Substantiv Erhebung ist in dieser Bedeutung gemeindt.

erinnern, erinnerte, hat erinnert: kann in Österr. ugs. (neben *an*) auch mit der Präposition *auf* verbunden werden: *„Infanterie natürlich?" fragte gewohnheitsmäßig Herr von Trotta und erinnerte sich einen Augenblick darauf, daß sein eigener Sohn jetzt bei den Jägern diente und nicht bei der Kavallerie* (J. Roth, Radetzkymarsch 171). →**auf.**

Erkenntnis, das; -ses, -se: Amtsspr. „Bescheid, Gerichtsbescheid" (im Binnendt. sehr veraltet): *Der Verfassungsgerichtshof hat in einem gestern ... ergangenen Erkenntnis in diesem Sinn entschieden* (Die Presse 22./23. 3. 1969). →**Straferkenntnis.**

Erlag, der; -[e]s, Erläge: Amtsspr. „Einzahlung (eines Betrages)": *Die Angebotsunterlagen können gegen Erlag von 30 S abgeholt werden* (Vorarlberger Nachrichten 27. 11. 1968).

Erlagschein, der; -[e]s, -e: **a)** „Zahlkarte, Einzahlungsschein der Post": *Erlagscheine sind bei allen Postämtern vorrätig und werden auf Wunsch auch zugesandt* (Vorarlberger Nachrichten 23. 11. 1968). **b)** „für den Empfänger bestimmter Teil des Einzahlungsscheins".

Erlaß, der; ...asses: der Plural zu Erlaß in der Bedeutung „behördliche Verfügung" lautet in Österr. Erlässe: *Übrigens soll jetzt die gesamte Häftlingsarbeit, die derzeit durch die verschiedensten Erlässe und Bestimmungen geregelt wird, ... auf eine definitive, gesetzliche Grundlage gestellt werden* (Die Presse 21. 1. 1969).

erlegen, erlegte, hat erlegt: bedeutet österr. (und süddt., schweiz.) auch „(einen Geldbetrag) zahlen": *die Gebühren, das Eintrittsgeld, eine Kaution erlegen; ... so daß der Betrag hierfür prompt bar erlegt werden mußte* (auto touring 12/1978).

erliegen, erlag, ist erlegen: bedeutet österr. auch: „hinterlegt sein": *ein Telegramm erliegt beim Portier für ihn.*

Ersparnis, die; -, -se: kann österr. in der Bedeutung „das Ersparte" auch Neutrum sein: das; -ses, -se.

Erstklaßler, der; -s, -: österr. für binnendt. „Erstkläßler, Erstklässer".

erstrecken, erstreckte, hat erstreckt /nicht reflexiv/: kann in Österr. auch „verlängern, hinausschieben" (von einem Zeitraum oder Zeitpunkt) bedeuten: *eine Frist, einen Termin erstrecken.* Dazu: **Fristerstreckung.**

eruieren, eruierte, hat eruiert: „jmdn. ermitteln, ausfindig machen": *Das deutsche Konsulat in Tanger schaltete sich ein und eruierte in Deutschland den Besitzer des Wagens* (Die Presse 26. 4. 1969). („Etwas eruieren" ist auch im Binnendt. üblich.)

erzeugen, erzeugte, hat erzeugt: steht in Österr. meist dort, wo im Binnendt. „herstellen" verwendet wird: *Kleider, Ski erzeugen; Nasti erzeugte im Handarbeitsunterricht einen giftgrünen Pullunder* (C. Nöstlinger, Rosa Riedl 34).

Erzeuger, der; -s, -: steht in Österr. meist für „Hersteller, Produzent (von Gütern)"; auch in beliebigen Zusammensetzungen, z. B. **Skierzeuger, Eiserzeuger:** *Rückgänge im Verkauf von Speiseeis ... mußten ... zahlreiche Wiener Eiserzeuger in Kauf nehmen* (Die Presse 14./15. 6. 1969).

Erzeugung, die; -, -en: österr. für „Herstellung, Produktion, Anfertigung": *die Erzeugung von Kleidern, Spirituosen;* auch in beliebigen Zusammensetzungen, z. B. **Sodawassererzeugung, Wäscheerzeugung:** *Der Jubilar stammt aus Schönlinde bei Rumburg in Nordböhmen und hatte dort eine Wäscheerzeugung* (Vorarlberger Nachrichten 26. 11. 1968).

erziehlich: Pädagogik „erzieherisch": *erziehliche Maßnahmen; Einer neuerischen Zeit ... mochte sie (die griechische Selbstliebe) dem erziehlichen Verhältnis gleichzustellen sein, das zwischen dem ... moralischen Ich und dem diesem niedrig schwelenden Bereich der Triebe bestehen soll* (R. Musil, Mann 1165).

Eskamotage, die; -, -n ⟨franz.⟩, „Zauberkunst": wird in Österr. [ɛskamo'taːʒ] ausgesprochen, also ohne Endungs-e.

Essay, der und das; -s, -s ⟨engl.⟩: wird in Österr. immer auf der letzten Silbe betont [ɛ'seː], im Binnendt. auch auf der ersten.

Etablissement, das; -s, -s: wird österr. [etablɪs'mãː] ausgesprochen, binnendt. meist [...sə'mãː].

Etage, die; -, -n: wird österr. [e'taːʒ] ausgesprochen, also ohne Endungs-e.

Etamin, der; -s ⟨franz.⟩, „ein Gewebe": ist in Österr. Maskulinum, im Binnendt. meist Neutrum.

Etikette, die; -, -n ⟨franz.⟩; „Schildchen": österr. (und schweiz., im Binnendt. veraltet) auch für: das Etikett, -[e]s, -e: *etymologisch zusammenhängende Modalformen der indogermanischen Sprachen mit dieser Etikette zu versehen* (H. Seidler, Allgemeine Stilistik 137).

euresgleichen: österr. nur so gebrauchte Form, im Binnendt. auch „euersgleichen": *na ja, so endet es eben, wenn man versucht, sich mit euresgleichen zu verständigen* (F. Torberg, Hier bin ich, mein Vater 45). Ebenso: **eurethalben, euretwegen, euretwillen.**

evident: Amtsspr. *evident halten: seltener statt „in →Evidenz halten": Der so gespeicherte „Stammsatz" wird andauernd „evident" gehalten* (Die Presse 9. 6. 1970).

Evidenz, die; -, -en ⟨lat.⟩: bedeutet österr. in der Amtsspr. auch „handliche, klare Übersicht". ***(etwas) in Evidenz halten:*** „auf dem laufenden halten; registrieren, übersichtlich zusammenstellen": *Willy wollte die Beträge und Werte, unter denen sich auch mehrere Schmuckstücke befanden, schon vorher in genauer Evidenz halten* (F. Torberg, Hier bin ich, mein Vater 142).

Evidenzbüro, das; -s-, -s ⟨lat./franz.⟩: Amtsspr. „Stelle, an der bestimmte Personen, Dinge registriert werden; Registratur": *... haben sie gleich das Ganze aus dem Militärbildungswesen herausgenommen und der Nachrichtenabteilung des Evidenzbüros angegliedert* (R. Musil, Der Mann ohne Eigenschaften 1268). →Evidenz.

exekutieren, exekutierte, hat exekutiert ⟨lat.⟩: Amtsspr. bedeutet österr. auch „pfänden": *er wurde wegen seiner Steuerschulden exekutiert.*

Exekution, die; -, -en ⟨lat.⟩: Amtsspr. bedeutet österr. auch „Pfändung": *Die beklagte Partei ist schuldig, der klagenden Partei binnen 14 Tagen bei Exekution die gesamten Verfahrenskosten zu ersetzen* (Die Presse 29. 1. 1969).

Exekutionsbefehl, der; -s, -e: „gerichtliche Anordnung der →Exekution".

Exekutionswerber, der; -s, -: Amtsspr. „Gläubiger, der die Pfändung veranlaßt hat". →Werber.

Exekutivausschuß, der; ...ausschusses, ...ausschüsse: „Ausschuß zur Ausführung von Beschlüssen o. ä., z. B. bei Gewerkschaften".

Exekutive, die; -: bedeutet in Österr. neben „vollziehende Gewalt im Staat" (wie binnendt.) auch „Gesamtheit der Organe zur Ausführung der vollziehenden Gewalt; Polizei und Gendarmerie": *Weniger Verkehrstote zu Ostern. Maßnahmen der Exekutive dämmten Gefahren ein* (Die Presse 8. 4. 1969).

Exekutivorgan, das; -s, -e: österr. Amtsspr. auch für „Organ der Polizei oder Gendarmerie": *Man soll darauf dringen, daß Exekutivorgane effektiv eingesetzt werden, nicht gegen Formal- und Bagatellverstöße* (auto-touring 2/1979).

Exekutor, der; -s, -en ⟨lat.⟩: „Gerichtsvollzieher".

Exerzizien, die /Plural/ ⟨lat.⟩: gelegentlich vorkommende Schreibung für „Exerzitien".

Expedit, das; -[e]s, -e ⟨lat.⟩: „Versandabteilung [einer Firma]": *er arbeitet im Expedit; Die neue Behörde hatte zwar anfangs weder die Einlaufstelle noch ein Expedit* (G. Fussenegger, Maria Theresia 165). Dazu: **Expeditarbeiter:** *... habe er als Expeditarbeiter in einem Zeitungsvertrieb viele Überstunden gemacht* (Die Presse 13. 12. 1978).

Expositur, die; -, -en ⟨lat.⟩: bedeutet in Österr.: **a)** „auswärtige Zweigstelle einer Firma o. ä." **b)** „Teil einer Schule, der in einem eigenen Gebäude untergebracht ist oder selbständig geleitet wird".

Externist, der; -en, -en: bedeutet in Österr. nur: **a)** „externer (außerhalb des

Internats wohnender) Schüler". **b)** „Schüler, der keinen Unterricht besucht, sondern nach privater Vorbereitung die entsprechenden Prüfungen ablegt": *83% aller Externisten haben ... ihr Maturazeugnis ... erworben* (Die Presse 11. 1. 1971, Anzeige).

extra ⟨lat.⟩: bedeutet österr. (und bayr.) ugs. auch „anspruchsvoll, wählerisch": *sei nicht gar so extra!*

Extrawurst, die; -, ...würste: **1.** „eine Wurstsorte", binnendt. „Lyoner": *Bei den betroffenen Wurstsorten handelt es sich vielfach um jene, die bisher zu den billigsten zählten: Dürre, Knackwurst, Extrawurst* (Die Presse 24./25. 5. 1969). **2.** (ugs. scherzh.) „Ausnahme; etwas Besonderes, das die andern nicht haben": *er will immer eine Extrawurst haben.*

Extrazimmer, das; -s, -: „kleiner, abgesonderter Raum in einem Restaurant": *er speist im Extrazimmer.*

Ezzes, die /Plural/ ⟨jidd.⟩ (ugs.): „Tips, Ratschläge": *Dees san die Ezzes von sein Rechtsanwalt, daß er mi wegn Betrug anzaagt* (Express 16. 10. 1968).

F

Fabrik, die; -, -en ⟨franz.⟩: die betonte Silbe wird in Österr. kurz gesprochen, im Binnendt., bes. im Norden, lang.

Fabrikantensgattin, die; -, -nen: österr. Form für binnendt. „Fabrikantengattin". Ebenso: **Fabrikantenstochter.**

Fabriksarbeiter, der; -s, -: österr. Form für binnendt. „Fabrikarbeiter": *... der Kolchosbauer, der Fabriksarbeiter und einfache Büroangestellte ...* (W. Kraus, Der fünfte Stand 38). Ebenso: **Fabriksbau:** *Fabriksbau eines pyrotechnischen Werkes in Kärnten in die Luft geflogen* (Die Presse 12. 2. 1969); **Fabriksbesitzer, Fabriksbetrieb:** *Für unseren Fabriksbetrieb suchen wir tüchtigen Nachseher* (Vorarlberger Nachrichten 25. 11. 1968, Anzeige); **Fabriksdirektor, Fabrikserzeugnis, Fabrikshalle:** *leere Fabrikshallen, tote Maschinengruppen* (M. Mander, Kasuar 355); **Fabriksmarke, fabriksneu:** *Fabriksneuer Vergrößerungsapparat ... weit unter dem Nettopreis sofort zu verkaufen* (Vorarlberger Nachrichten 27. 11. 1968, Anzeige); **Fabriksschlot, Fabrikstor, Fabriksweg:** *Beim Fabriksweg schließen die Schranken bereits nach 9 Sekunden, in der Gerberstraße nach 25* (Vorarlberger Nachrichten 26. 11. 1968).

fad: österr. (und süddt.) Form für „fade": *„Mir scheint, Sie wollten nur jausnen und das Erzählen ist Ihnen jetzt zu fad", meinte sie lachend. „Mir ist gar nicht fad", erwiderte er* (H. Doderer, Die Strudlhofstiege 132). Im Binnendt. sind beide Formen gültig. Besonders österr. ist die Bedeutung „zimperlich, ängstlich": *trau dich einmal, sei nicht so fad!*

Fadesse, die; - [fa'dɛs] ⟨franz.⟩: „fades Benehmen; langweiliges Gehaben": *Der junge Peter Gruber spielt den Leim ... als ein Jüngling ohne Fadesse* (Express 3. 10. 1968).

Fadian, der; -s, -e: „fader Mensch; langweiliger, zimperlicher Mensch": *So ein Fadian, der hockt den ganzen Tag zu Hause.* →**Damian, Dummian.**

fadisieren, sich; fadisierte sich, hat sich fadisiert (ugs.): „sich langweilen": *ich habe mich gestern im Kino furchtbar fadisiert;* (salopp:) *sich zu Tode fadisieren.*

Fahrer, der; -s, -: bedeutet österr. ugs. auch: „Kratzspur in Form eines längeren Striches": *im Fußboden, auf dem Kotflügel ist ein häßlicher Fahrer zu sehen.*

Fahrstreifen, der; -s, -: österr. meist für binnendt. „Fahrspur": *Der Verkehr sikkerte in einer Reihe von Fahrstreifen stadtauswärts* (B. Frischmuth, Haschen 40).

Fakir, der; -s, -e ⟨arab.⟩: wird in Österr.

immer auf der zweiten Silbe betont, im Binnendt. auf der ersten.

faktisch ⟨lat.⟩: steht in Österr. besonders häufig in der Alltagssprache für „praktisch, eigentlich, quasi": *das ist ja faktisch dasselbe; wenn das so weitergeht, müßte ich faktisch auswandern.* Im Binnendt. ist die Bedeutung des Wortes enger: „auf Tatsachen beruhend; effektiv", z. B. der faktische Besitzstand, die faktische Macht des Staates.

Faktura, die; -, Fakturen ⟨lat.⟩: österr. für binnendt. „Faktur": *Die Faktura der Lufthansa für zwei blutige Boeing-Fauteuils war zu erwarten* (M. Mander, Kasuar 172).

fallweise: a) „gegebenenfalls; in einzelnen Fällen": *außerdem soll fallweise ein „Theaterpreis ..." deutschsprachigen Bühnen zuerkannt werden* (Die Presse 23. 4. 1969). b) „gelegentlich": *er arbeitet nur fallweise; Ihm waren Fremdlinge dieser Art schon recht, ... weil durch ihr fallweises Vorhandensein eine sehr gewitzte Kriminalpolizei sich ... zu einer mehr zurückhaltenden Art des Auftretens und Vorgehens veranlaßt sah* (H. Doderer, Die Dämonen 600).

Falott, der; -en, -en ⟨franz.⟩ (ugs.): „Gauner": *von diesem alten Falotten hätt' ich mich glatt einen Wortbrüchigen nennen lassen* (H. Doderer, Die Dämonen 1072); *ein verwesender Staat exportiert seine Fäulnisprodukte, Falloten und Diplomaten, Schieber und Schreiber* (K. Kraus, Menschheit II 22).

Familienbeihilfe →Kinderbeihilfe.

Famulus, der; - ⟨lat.⟩, „Gehilfe": der Plural lautet in Österr. nur Famuli, im Binnendt. auch Famulusse.

Fanatiker, der; -s, -: wird österr. mit kurzem a gesprochen, binnendt. mit langem. Ebenso: **fanatisch.**

fangen, fing, hat gefangen: bedeutet ugs. in der Fügung **eine [Ohrfeige/Watschen] fangen:** „eine Ohrfeige bekommen": *du fängst jetzt bald eine, wenn du nicht ruhig bist; eine Watschen fangen.*

Fangerl: **Fangerl spielen:* ostösterr. Form neben „Fangen spielen": *Die Lahmen lock ich in ein Haus, / wohl in ein dunkles Gangerl, / schnall' ihnen die Pro-*

thesen aus / und spiel mit ihnen Fangerl (P. Hammerschlag, Krüppellied).

Fangerlspiel, das; -[e]s, -e: →Fangerl.

färbig: österr. für binnendt. „farbig" in der Bedeutung „bunt; nicht weiß und nicht schwarz". Für „nicht weiß in der Hautfarbe" und „lebhaft" heißt es auch in Österr. „farbig": *Hier sind bunte Häute, ... färbige Federn* (C. Wallner, Daheim 156); aber: *eine farbige Schilderung.* →**einfärbig, verschiedenfärbig.**

Farce, die; -, -n ⟨franz.⟩: wird in Österr. ['fars] ausgesprochen, also ohne Endungse.

Fasche, die; -, -n: a) „lange Binde, die um ein verwundetes Glied gewickelt wird" (auch bayr.): *jmdn./etwas mit einer Fasche verbinden.* b) „weiße Umrandungen der Fenster, Türen usw. bei einem farbig verputzten Haus als Zierde". c) „Eisenband zum Befestigen der Angeln an einer Tür, von Haken o. ä.".

faschen, faschte, hat gefascht: „etwas mit einer Fasche [sehr fest] umwickeln": *einen ausgerenkten Fuß faschen.* →**einfaschen.**

faschieren, faschierte, hat faschiert: „durch den Fleischwolf drehen": *Unterspicktes Schweinefleisch wird faschiert* (R. Karlinger, Kochbuch 134).

Faschiermaschine, die; -, -n: „Fleischwolf".

Faschierte, das; -n: a) „Hackfleisch". b) „Speisen aus Hackfleisch, bes. faschierte Laibchen, faschierter Braten": *ein kleines Züngerl mit Püree, / Faschiertes hin und wieder wohl / zum Selchfleisch Kraut, zum Rumpsteak Kohl* (J. Weinheber, Der Phäake 50).

faschierte Braten, der; -n, -s: „Hackbraten, falscher Hase, Hackepeter": *Faschierter Braten = Falscher Hase* (Kronen-Zeitung-Kochbuch 187).

faschierte Laibchen /Plural/: „Buletten, Frikadellen, deutsches Beefsteak". →**Fleischlaibchen.**

Faschingskrapfen, der; -s, -: österr. für binnendt. „Fastnachtskrapfen, Fastnachtspfannkuchen, Berliner u. ä. Bezeichnungen".

Faßbinder, der; -s, -: österr. (und süddt.) für binnendt. „Böttcher, Büttner, Küfer": *Faßbinder wird von Gemüsekonservener-*

zeugungsbetrieb im 12. Bezirk aufgenommen (Die Neue 24. 12. 1968, Anzeige).

Fasson, die; - ⟨franz.⟩: wird österr. (und süddt., schweiz.) [fa'soːn] ausgesprochen, der Plural lautet: Fassonen.

fassonieren, fassonierte, hat fassoniert: „Haare nach Fasson schneiden, zurechtschneiden".

fatieren, fatierte, hat fatiert ⟨lat.⟩: Amtsspr. „die Steuererklärung abgeben": *ein Teil ... fatiert wie Unternehmer, ein Teil zahlt Lohnsteuer* (Wochenpresse 11. 2. 1970).

Fatierung, die; -, -en ⟨lat.⟩: Amtsspr. „Steuererklärung; Bekanntgabe beim Finanzamt": *Er, der ... die Fatierung eines Einkommens von 52000 Mark nie ohne vollständige Gebrochenheit vollzogen hat* (K. Kraus, Literatur und Lüge 57).

Faulenzer, der; -s, -: bedeutet österr. ugs. auch „Linienblatt": *Wenn man ohne ‚Faulenzer' schreibt, kommt man in eine schiefe Lage* (H. Doderer, Die Dämonen 855).

Fauteuil, der; -s, -s [fo'tøːj] ⟨franz.⟩, „Polstersessel": steht in Österr. meist dort, wo es im Binnendt. „Sessel" heißt: *Garnitur, bestehend aus 1 Bettcouch, 2 Fauteuils ab S 3810* (Vorarlberger Nachrichten 12. 11. 1968, Anzeige); *Er hörte zu, was Hertha dem Herrn Mörbischer sagte, der sich auf Jans freundliche Aufforderung hin ihm gegenüber in einem Fauteuil niedergelassen hatte* (H. Doderer, Die Dämonen 716). Das binnendt. „Sessel" ist in dieser Bedeutung in Österr. unbekannt, weil es hier →**Stuhl** bedeutet.

Faverl, das; -s, -n: „eingetropfte Teigklümpchen in der Bouillon".

Faverlsuppe, die; -, -n: →„Eintropfsuppe".

Fazi, der; -, - (Gefängnisjargon): „Hausarbeiter; mit bestimmten Aufgaben betrauter Häftling": *Viereinhalb Jahre war er ... ‚Fazi'* (Die Presse 23. 1. 1980).

Feber, der; -s: „Februar": im amtlichen Sprachgebrauch die überwiegende Form, sonst zum Teil von Februar verdrängt. →**Jänner.**

fechsen, fechste, hat gefechst: „ernten": *... daß in Langenlois ... guter Wein gefechst wird* (Kronen-Zeitung 15. 12. 1967).

Fechsung, die; -, -en „Ernte": *wem werden wir diesen Wein, der von bester Fechsung ist, verkaufen?* (A. Giese, Brüder 79).

Feder, die; -, -n: bedeutet österr. auch: „Federhalter": *die Feder füllen; Er nimmt seine lausigen Akten vor, / schreibt „zufolge" und „auftragsgemäß", / macht Pause punkt zehn, und die Feder am Ohr, / ißt er sein Brot indes* (J. Weinheber, Ballade vom kleinen Mann 20).

Federpennal, das; -s, -e ⟨lat.⟩: „Etui für Schreibzeug usw.", binnendt. „Federmäppchen". →**Pennal.**

Federstiel, der; -[e]s, -e: „Federhalter".

Feitel, der; -s, - (ugs.): „einfaches, billiges Taschenmesser" (auch bayr.). →**Taschenfeitel.**

Feldkurat, der; -en, -en ⟨lat.⟩: „Militärgeistlicher": *beim Feldkommandoposten traf ich zufällig den Feldkuraten von den Fünfunddreißigern. Er war ein feister, selbstzufriedener Mann Gottes, in einem engen, prallen, glänzenden Priesterrock* (J. Roth, Die Kapuzinergruft 69).

Fensterbalken, der; -s, - /meist Plural/: „Fensterladen". →**Balken.**

fensterln, hat gefensterlt (ugs.): „nachts zum Mädchen gehen, besonders ans oder durchs Fenster" (auch süddt.): *fensterln gehen; er hat bei ihr gefensterlt; Ein zweiter Ritter Toggenburg wird aus ihm, das war der große Liebesmathematiker, der das Fensterln zur höchsten Potenz erhoben hat* (J. Nestroy, Das Mädl aus der Vorstadt 381).

Fensterschnalle, die; -, -n: „Griff am Fenster zum Öffnen und Schließen": *Er hate ... den Handspiegel an der Fensterschnalle aufgehängt, und er war im Begriff, sich zu rasieren* (J. Roth, Radetzkymarsch 110). →**Schnalle.**

Fensterstock, der; -[e]s, ...stöcke: „[Holz]einfassung der Fensteröffnung, in welche die Fenster eingehängt werden": *Manchmal sehe ich Fenster sich öffnen. Böse Blicke zwischen den Fensterstöcken* (G. F. Jonke, Geometrischer Heimatroman 110).

Fergger, der; -s, - (Vorarlberg, schweiz.): „Spediteur".

Ferial-: österr. für „Ferien-" in Zusammensetzungen: **Ferialarbeit:** *Bei Ferialar-*

beit unbedingt die Gesetze beachten (Wiener Zeitung 26. 5. 1977); **Ferialkolonie, Ferialkurs, Ferialpraktikant:** *Schon 1924 war er als Ferialpraktikant bei der Agrarbezirksbehörde der Vorarlberger Landesregierung tätig* (Vorarlberger Nachrichten 23. 11. 1968); **Ferialpraxis, Ferialtag, Ferialzeit.**

Ferner, der; -s, -: in Tiroler (und süddt.) Alpengebieten für: „Gletscher": *Der da oben unter dem Ferner dran? Pfüet dich Gott, dös mueß ein Eisloch sein* (K. Schönherr, Erde 7).

ferners (veraltet): „ferner, außerdem". →öfters, weiters.

Fertige, der; -n, -n (veraltet): „alter, ausgegorener Wein".

fesch ⟨engl.⟩: wird in Österr. [feʃ] (gegenüber binnendt. fɛʃ) ausgesprochen und bedeutet: **a)** „hübsch, flott, sportlich aussehend": *Jetzt erst begann sie, ihre neue Bekanntschaft etwas deutlicher und mehr im einzelnen zu sehen und dachte sich dabei: ,a fescher Kerl; aber ausschauen tut er elendig'* (H. Doderer, Die Dämonen 602). **b)** (salopp) „nett; nicht fad": *der Sacha Kolowrat kommt hin, geh sei fesch und komm auch hin, bring dein Schlamperl mit, servus!* (K. Kraus, Menschheit I 78).

Feschak, der; -s, -s ⟨engl.; slaw. Endung⟩ (salopp): **a)** „fescher, sehr männlich aussehender Kerl": *Wozu braucht der Feschak die Intelligenz?* (E. Canetti, Die Blendung 156). **b)** „Kamerad, der zu allem aufgelegt ist, überall mittut, nicht fad ist": *No bist a Feschak, kommst halt also zu was* (K. Kraus, Menschheit I 42).

Feschheit, die; -: „fesches Benehmen, Aussehen": *in seinem Gehaben ist der typische Wiener Markthelfer von einer etwas hintergründigen „Feschheit"* (F. Th. Csokor, 3. November 1918, 235).

Feststiege, die; -, -n: „Prunktreppe": *die Bequemlichkeit des Lifts zugunsten eines gemächlichen Hinaufsteigens über die zierliche Feststiege abzulehnen* (Die Presse 23. 6. 1969). →Stiege.

fetthältig: österr. Form für binnendt. „fetthaltig". →...hältig.

Fetzen, der; -s, -: bedeutet österr. auch: **a)** „Scheuertuch, Staubtuch": *Sie nehmen Fetzen, wischen den Platz feucht auf, reiben*

ihn auch mit Bürsten (G. F. Jonke, Geometrischer Heimatroman 113). **b)** (ugs., salopp) „Rausch": *der hat einen ganz schönen Fetzen!*

Fetzenball, der; -[e]s, ...bälle: **1.** „Stoffball": *dann plötzlich ein richtiger Fußball, und dann wieder Fetzenbälle und sogar Vollgummi- und Tennisbälle* (F. Torberg, Die Mannschaft 104). **2.** „Maskenball".

Fetzenmarkt, der; -s, ...märkte (selten): „Altwarenmarkt, Trödlermarkt": *Es gab ältere Leute ..., die sie [die Brillen] auf dem Fetzenmarkt kauften* (G. Roth, Ozean 147).

Fetzenschädel, Fetzenschädl, der; -s, -n (derb): ein Schimpfwort: *Und was sagen Sie zu einem Fahrer, der sie unvorschriftsmäßig überholt? Erster: ... Fetzenschädl* (H. Qualtinger/C. Merz, Die Fahrschimpfschule 99).

Feuerbeschau, die; -, -en: „behördliche Überprüfung der Feuersicherheit", binnendt. „Brandschau".

Feuerhalle, die; -, -n: österr. auch für „Krematorium": *Die Totenfeier findet am ... in der Feuerhalle der Stadt Wien statt* (Die Presse 17. 11. 1969).

Feuilleton, das; -s, -s [fœj[ə]'tõ:] ⟨franz.⟩: bedeutet in Österr. „populärwissenschaftlicher, im Plauderton geschriebener Aufsatz": *Die Feuilletons von Daniel Spitzer wurden nun als Buch herausgegeben.* Die binnendt. Bedeutung „Kulturteil einer Zeitung" ist in Österr. sehr selten.

Fex, der; -en, -e[n] „jmd., der in etwas vernarrt ist": wird in Österr. nur schwach dekliniert; im Binnendt. meist stark.

Fiaker, der; -s, - ⟨franz.⟩: **a)** „Lohnkutsche mit zwei Pferden": *Gegen halb zwei Uhr ist Melzer damals in Wien angekommen, hat an der Westbahn einen Fiaker genommen und ist in die innere Stadt zum Essen gefahren* (H. Doderer, Die Strudlhofstiege 68). **b)** „Kutscher einer Lohnkutsche mit zwei Pferden": *Der Vater heißt Manes und ist ein Fiaker* (J. Roth, Die Kapuzinergruft 23).

Fiakerzeugl →Zeugl.

Fierant, der; -en, -en ⟨ital.⟩: „Wanderhändler, Markthändler". →**Marktfierant.**

Filz, der; -es, -e: bedeutet österr. auch „Schweinespeck, der zu Schmalz ausgelassen wird; Flomen": ... *gibt den Einkauf von Schweinefleisch und Filz für Donnerstag und Samstag frei* (K. Kraus, Menschheit I 217).

Filzpatschen, die /Plural/ (ugs.): „Hausschuhe aus Filz": *und bei seinem sechsten oder siebten Wiederkommen ... folge ihm das Auge der Fuček sogar um die Windung der Stiege hinauf, ... im Abstand eines Stockwerks, und so leise auf Filzpatschen als wären's Fledermausflügel gewesen* (H. Doderer, Die Strudlhofstiege 118). → **Patschen.**

Finanzer, der; -s, - ⟨franz.⟩ (ugs.): „Zollbeamter": *Ich hab' Dienst gehabt in der Nacht. Wie ich heimkomm', ist sie tot. Vom Finanzer die Frau drüben ist bei ihr gewesen* (J. Roth, Radetzkymarsch 41). → **Grenzfinanzer.**

Fini, Finni: Kurzform zu „Josefine".

Firner, der; -s, -: Nebenform zu →„Ferner".

Firstfeier, die; -, -n: „Fest der Handwerker nach dem Aufsetzen eines Dachstuhls beim Hausbau; Richtfest". → **Dachgleiche, Gleiche.**

fischeln, fischelte, hat gefischelt: „nach Fisch riechen": *am Hafen fischelt es.*

Fischkalter, der; -s, -: „Fischbehälter" (auch süddt., schweiz.). → **Kalter.**

Fisole, die; -, -n ⟨griech.⟩: „Gartenbohne, grüne Bohne": *Fisolen putzen, klein schneiden* (Thea-Kochbuch 161).

Fitschigogerln, Pfitschigogerln, das; -s (ugs.): „Tischfußball mit Kamm und Münze": *Der Vorläufer aller Tischfußballspiele ist zweifellos das „Fitschigogerln"* (Kurier 26. 1. 1974).

fix ⟨lat.⟩: Fluchwort, Kurzform zu „Kruzifix".

Fixlaudon: Fluchwort: *Ja, Fixlaudon, was erwartest denn diesesmal eigentlich so besonders?* (K. Kraus, Menschheit II 131). → **Himmellaudon.**

Flachse, Flaxe, die; -, -n (ugs.): „Flechse, Sehne" (auch bayr.): *Die Flaxen! Die Flaxen! / Die Muskulatur der Haxen!* (G. Kreisler, Max auf der Rax 96).

flachsig, flaxig (ugs.): „zäh, sehnig": *Aber das Gulasch ... war flachsig, oder vielleicht hatte nur Molnár eine flachsige Portion erwischt* (F. Torberg, Jolesch 242).

fladern, hat gefladert (ugs., salopp): „stehlen": *Glaubt dirs Gricht, daß du bleed bist, oder glaubts, daß d an gfladerten Pudel kaufen hast wollen ...* (Express, 16. 10. 1968).

Flankerl, das; -s, -n (ugs.): „Stäubchen, Flocke", bes. in Zusammensetzungen mit Angabe des Materials: Staub-, Moos-, Wollflankerl: *und tupft mit dem Finger ein Moosflankerl von meinem Augenlid* (B. Frischmuth, Kai 63).

Flasche, die; -, -n [flɔʃn]: bedeutet österr. ugs. salopp auch „Ohrfeige": *du kriegst eine Flasche!*

flaumig: bedeutet österr. bes. „sehr weich und locker": *Die Butter wird flaumig abgetrieben und mit 10 dkg (100 g) Zucker und 1 Dotter schaumig gerührt* (R. Karlinger, Kochbuch 461).

Fleckerl, das; -s, -n: a) „kleiner Fleck". b) /Plural/ „quadratisch geschnittene Stükke aus dünnem Nudelteig, die (vermengt mit Wurst- oder Fleischstücken o. ä.) als Hauptspeise gegessen oder als Beilage (z. B. zu einem Saftbraten) oder als Suppeneinlage verwendet werden".

Fleckerlpatschen, der; -s, -: „Hausschuh aus Stoffresten". → **Patschen.**

Fleckerlsuppe, die; -, -n: „Rindsuppe mit Fleckerln als Einlage".

Fleckerlteppich, der; -s, -e: a) „aus Streifen von Stoffresten gewebter Teppich": *„Fleckerlteppiche", über die man unabsichtlich gerne stolpert, betonen das Bäurisch-Einfache des Besitzers* (R. Billinger, Der Gigant 283). b) (übertragen) „etwas, was aus einzelnen Teilen zusammengesetzt ist; Stückwerk", z. B. die österr. Autobahn, solange nur einzelne Stücke befahren werden konnten, oder ein Fernsehprogramm aus mehreren kurzen Sendungen: *Sonst ist Montag - das heißt: Fleckerlteppich, mit „Telesport" als Lichtblick* (Die Presse 17. 2. 1969).

Fleisch: *(ugs.) vom Fleisch fallen:* „abmagern, an Gewicht verlieren" (auch süddt.): *du mußt mehr essen, damit du nicht vom Fleisch fällst.*

Fleischbank, die; -, ...bänke: (veraltet) „Fleischerei": *in die Fleischbank gehen; ein Dieb war in ihre Fleischbank eingedrungen* (L. Perutz, Nachts 19).

Fleischfülle, die; -, -n: „Füllung aus gehacktem Fleisch". →**Fülle.**

Fleischhacker, der; -s, - (ugs., besonders östliches Oberösterreich, Niederösterreich, Wien, Kärnten, Steiermark): **a)** „Fleischer": *Es ist ein Unterschied zwischen Bäck und Bäck, es ist eine Differenz zwischen Fleischhacker und Fleischhacker* (J. Nestroy, Zu ebener Erde und erster Stock 78/79). **b)** „grober, roher Mensch": *Da müßte einer ja auf sein bisserl Hirn gefallen sein, wenn er nicht merkt, daß diese Fleischhacker ... sich wollen gewissermaßen in Permanenz erklären* (H. Doderer, Die Dämonen 978).

Fleischhauer, der; -s, -: „Fleischer", das in der österr. Normalsprache am häufigsten verwendete Wort in dieser Bedeutung: *Bäcker, Schornsteinfeger, Gemüsehändler, Fleischhauer begegneten ihm* (J. Roth, Radetzkymarsch 102). →**Metzger.**

Fleischhauerei, die; -, -en: „Fleischerei": *Havlicek steht in der Tür der Fleischhauerei und frißt Wurst* (Ö. Horvath, Geschichten aus dem Wiener Wald 402). →**Fleischhauer.**

Fleischlaibchen, Fleischlaiberl, (ostösterr.:) **Fleischlaberl,** das; -s, -n: österr. für binnendt. „Bulette, Frikadelle": *I hab ihn eh kennt ... Er ist immer gstanden bei seine alten Fleischlaberln und hat ka Luft mehr kriegt* (H. Qualtinger/C. Merz, Der Herr Karl 12). →**faschierte Laibchen.**

Fleischmaschine, die; -, -n: „Fleischwolf" (auch süddt.): *das Fleisch durch die Fleischmaschine drehen; A. wurde von einer seiner Freundinnen ... mit einer Fleischmaschine erschlagen* (Die Presse 3. 4. 1969).

Fleischschlegel, der; -s, -: „Küchengerät zum Fleischklopfen": *Da saus' ich in meine Küche und hol' den Fleischschlegel* (B. Frischmuth, Amy 136).

Fleischschöberl, das; -s, -n: „eine Suppeneinlage in Form von Würfeln oder Rhomboiden".

Fleischselcher, der; -s, -: „Handwerker, der Fleisch räuchert und mit geräuchertem Fleisch handelt": *Dem Ringeimer hat ein Fleischselcher, wie er ihn mit seiner Frau erwischt hat, eine Ohrfeige gegeben* (A. Schnitzler, Leutnant Gustl 128).

Flesserl, das; -s, -n: „mit Kümmel oder Salz bestreutes Gebäck in Zopfform".

Fliegenpracker, der; -s, -: „Stiel mit elastischem Blatt zum Erschlagen von Fliegen; Fliegenklatsche". →**Pracker.**

Flinserl, das; -s, -n: **a)** „kleines glitzerndes Metallplättchen; Flitter; Ohrgehänge" (auch bayr.): *Der Fürst hatte sich ein neues Flinserl ins Ohr stechen lassen* (B. Frischmuth, Kai 85); **b)** /meist Plural/ „kleines [hingeworfenes] Gedicht": *Flinserln* (Gedichtsammlung von Johann Gabriel Seidl); *Da ich's mit dieser Farce nicht kann, / so stimm ich lieber Flinserln an* (J. Nestroy, Das Mädl aus der Vorstadt 375). **c)** „Stäubchen, →**Flankerl.**

Flirt, der; -s, -s ⟨engl.⟩: wird österr. (und schweiz.) immer [flœ:rt] ausgesprochen, im Binnendt. [flœrt] oder [flɪrt].

Flitscherl, das; -s, -n (salopp, abwertend): „leichtlebiges Mädchen, Flittchen" (auch bayr): *Und die Flitscherln, die ich hinausprotegieren muß!* (K. Kraus, Menschheit II 130).

Floriani: „Fest des hl. Florian".

Florianitag, der; -s: österr. (und bayr.) Form für binnendt. „Floriantag, -fest". →**Josefitag, Leopolditag, Stephanitag.**

Flugzettel, der; -s, -: österr. auch für „Flugblatt, Werbeblatt": *Flugzettel verteilen; Flugzettel sichergestellt ... Paket mit Propagandamaterial der arabischen Untergrundorganisation ...* (Die Presse 8. 4. 1969).

Flysch, der; -es („Mergel- und Tonschiefer mit Sandstein") ist österr. Maskulinum, im Binnendt. Neutrum: das; -es. Aussprache [flyːʃ], binnendt. [flɪʃ].

Fogosch, der; -es, -e ⟨ungar.⟩: eine Fischart, „Schill, Zander": *Fogosch am Rost mit Sauce tartare 40,–* (Speisekarte Hotel Regina, Wien 20. 12. 1968).

Föhre, die; -, -n: ist das österr. (und süddt.) übliche Wort für das zwar bekannte, aber selten gebrauchte und oft etwas gehoben empfundene „Kiefer": *und man hat ihn nachher an dem Aste einer Föhre gefunden* (P. Rosegger, Waldschulmeister 159). Dazu: **föhren:** *föhrene Bretter;* **Föhrenholz, Föhrenwald.**

Folgetonhorn, das; -[e]s, ...hörner: österr. für binnendt. „Martin-Horn; Signal von

Polizei-, Sanitätswagen o. ä.": *auf ausdrücklichen Befehl des praktischen Arztes schaltet der Fahrer sogar Blaulicht und Folgetonhorn ein* (Express 1. 10. 1968).

Fondant, das; -s, -s [fõ'dã:] ⟨franz.⟩: ist in Österr. Neutrum, im Binnendt. Maskulinum.

Forint, der; -[e]s ⟨ungar.⟩: „ungarische Währungseinheit": der Plural lautet österr. Forinte, binnendt. -s.

Forstärar, der; -s, -e (veraltend, noch mdal.): „staatseigener Forst". →**Ärar.**

Forsythie, die; -, -n ⟨engl.⟩: wird in Österr. [fɔr'ziːtsiə] ausgesprochen, im Binnendt. [...y...].

fotzen, hat gefotzt (ugs., auch bayr.): „ohrfeigen": *ich fotz dir eine!*

Fotzen, die; -, - (ugs., auch bayr.): **a)** (derb, abwertend) „Mund, Maul": *Halt die Fotzen!* **b)** „Ohrfeige": *Blader Hund, wannst jetzt no a Wort redst, nacher schmier ich dr a Fotzen eini* (K. Kraus, Menschheit I 105).

Fotzhobel, der; -s, - (ugs.): „Mundharmonika" (auch bayr.): *Annerl, zeig' den Fotzhobel her, den was dir der gute Onkel Rochus geschenkt hat* (F. Hermanovsky-Orlando, Gaulschreck 82).

Fourage, die; -, -n ⟨franz.⟩: österr. (und schweiz.) Form für binnendt. „Furage (Verpflegung)". Das Wort wird österr. [fuˈraːʒ] ausgesprochen, also ohne Endungs-e. Ebenso schreibt man: **fouragieren, Fouragierung, Fourier** („Unteroffizier").

Foxl, der; -s, -n: ugs. für „Fox, Foxterrier": *a kindafazara wossaleichn foxln* (ein Kinderverzahrer Wasserleichen Foxln) (H. C. Artmann in dem Gedicht: wos an weana olas en s gmiad ged).

Frachtenbahnhof, der; -[e]s, ...höfe: österr. auch für „Güterbahnhof".

Frachtenmagazin, das; -s, -e: „Gütermagazin".

Frachtenstation, die; -, -en: „Güterstation".

Frächter, der; -s, -: „Transportunternehmer, der Transporte selbst mit Lkw durchführt": *die Zusammenarbeit mit den Frächtern im kombinierten Verkehr* (Die Presse 31. 10. 1979).

Fragner, der; -s, - (veraltet): österr. (und bayr.) für „Kleinhändler, Gemischtwarenhändler".

Fragnerei, die; -, -en (veraltet): österr. (und bayr.) für „kleiner Laden": *Einen Grünzeugladen sah er: „Bürgerl. Fragnerei des Jaromir und der Ludmilla Eynhof" stand darauf* (F. Hermanovsky-Orlando, Gaulschreck 171).

fraise ⟨franz.⟩, „erdbeerfarben": wird österr. immer [frɛːs] ausgesprochen, also ohne Endungs-e.

Fraisen, die /Plural/: „Krämpfe [bei kleinen Kindern]" (auch süddt.): *er hat die Fraisen;* bildlich: *Ich kriege die Fraisen* [erschrecke], *wenn ich dich so reden höre* (B. Frischmuth, Kai 75); *(ugs.) **in die Frais[en] fallen:** „sehr erschrecken".

Fraktion, die; -, -en ⟨franz.⟩: bedeutet westösterr. auch: „einzeln gelegener Ort, Verwaltungseinheit innerhalb einer Gemeinde": ... *im Ortsteil Ebnit, einer Fraktion der Stadtgemeinde Dornbirn* (Vorarlberger Nachrichten 22. 11. 1968).

Franzi: bes. österr. Form des weiblichen Vornamens „Franziska": *Heute ist er mit der Seinigen erschienen, Franzi Peterka* (F. Torberg, Die Mannschaft 208). →**Gusti, Mitzi.**

Franziskerl, das; -s, -n (bes. Wien): „pyramidenförmiges Räucherwerk aus gepreßtem Kohlenstaub und Weihrauch".

Frappé, das; -s, -s ⟨franz.⟩: „eisgekühltes Getränk aus Milch, vermischt mit zerkleinerten Früchten, z. B. Bananen, Erdbeeren". →**Erdbeerfrappé.**

fra[t]scheln, fra[t]schelte, hat gefra[t]schelt (ugs.): „indiskret ausfragen; tratschen" (auch süddt.); meist in der Form →**ausfra[t]scheln.**

Fratz, der; -en, -en: hat österr. (und süddt., schweiz.) besonders die abwertende Bedeutung „ungezogenes, lästiges Kind": *daß die ungewaschenen und zerlumpten Fratzen nicht ins Herrschaftshaus gelassen werden* (G. Fussenegger, Zeit 159).

Fräulein, das; -s, -: kann veraltet auch Femininum sein: *die; -, -: und hinausschaut durchs Vorgartl auf die Straße – ob vielleicht eine gewisse Fräulein schon bald nach Hause kommt, die sein alles ist* (H. Hofmannsthal, Der Unbestechliche 149).

fremdes I (veraltend): „Ypsilon".

Freßbarren, der; -s, -: „Futtertrog" (auch süddt.): *Der Roßknecht hat gesagt, zuviel Hafer haben s'gestern gekriegt, die Kutschierpferde. Ist noch im Freßbarren der Boden mit dem Hafer verdeckt gewesen* (R. Billinger, Der Gigant 293). →**Barren.**

fretten, sich; frettete sich, hat sich gefrettet: „sich mühsam durchbringen; sich sehr abmühen mit etwas" (auch süddt.): *Da hat dieses Kind einen reichen Großvater gehabt, ... eine wohlhabende Mutter, und einen Vater mit einem enormen Vermögen – und hat sich fretten müssen, und muß es heute noch* (H. Doderer, Die Dämonen 1067). →**abfretten, auffretten, durchfretten.**

Fretter, der; -s, -: **a)** „jmd., der sich hart im Leben durchbringt". **b)** „geiziger Mensch" (auch süddt.). →**fretten.**

Fretterei, die; -, -en: **a)** „hartes mühseliges Leben". **b)** „mühevolle Arbeit, die nicht flott vorwärtsgeht und kein Ende nehmen will". →**fretten, Fretter.**

Freunderlwirtschaft, die; - (ugs., abwertend): „Vettern-, Günstlingswirtschaft".

Frigidaire, der; -s, -[s] ⟨franz.⟩ ⟨Ⓦ⟩: wird in Österr. [frid ʒi'dɛːr] ausgesprochen, im Binnendt. [...g...] oder [...ʒ...].

Friseurin, die; -, -nen [fri'zøːrɪn] ⟨franz.⟩: österr. für binnendt. „Friseuse": *Coiffeur Pazour sucht tüchtige Friseurin für Dauerposten sowie weibliche Lehrlinge* (Kronen-Zeitung 5. 10. 1968, Anzeige).

Fristerstreckung →Erstreckung.

Frittate, die; -, -n ⟨ital.⟩ /meist Plural/: „nudelig geschnittener dünner Eierkuchen als Suppeneinlage": *Nach dem Erkalten werden die Frittaten nudelig geschnitten und mit kochend heißer Rindsuppe übergossen serviert* (R. Karlinger, Kochbuch 29).

Frittatensuppe, die; -: „Rindsuppe mit Frittaten als Einlage": *so wollen sie in Österreich Salzburger Nockerl und nicht Königsberger Klopse, sie wollen ein Selchkarree und keinen Kassler Rippespeer, sie wollen eine Frittatensuppe und keine Ochsenschwanzsuppe essen* (W. Lorenz, AEIOU 81). →**Frittate.**

froh: *um etwas froh sein:* „froh sein, daß man etwas hat, dankbar sein für etwas" (auch süddt., schweiz.): *du wirfst die alten Kleider weg, andere wären froh drum; es wird schon kalt, jetzt bin ich froh um meinen Mantel.*

Froschgoscherl, das; -s, -n **a)** (ugs.) „Löwenmaul". **b)** „durch besonderes Raffen des Stoffes geformte Borte an Trachtenkleidern": *Winterdirndl ... adrett geschmückt mit Samtborten, kunstvoll gelegten „Froschgoscherln",* *Silberknöpfen* (Kronen-Zeitung 5. 10. 1968). →**Goscherl.**

Frotté, das und der; -s, -s: österr. neben „Frottee".

Früchtenbrot, das; -es, -e: österr. Form für binnendt. „Früchtebrot": *Kleines Früchtenbrot* (R. Karlinger, Kochbuch 310).

Früchterl, das; -s, -n (ugs.): „mißratener Mensch; Früchtchen".

Fru-Fru, Frufru, das; -, -s: österr. meist für „Fruchtjoghurt": *Ob er noch ein Frufru als Dessert will* (E. Jelinek, Die Ausgesperrten 230).

Früh: *in der Früh:* österr. (und süddt., schweiz.) meist für „am Morgen": *er steht in der Früh sehr zeitig auf; die Wachhabenden sind in der Früh zum Bürgermeister gegangen* (G. F. Jonke, Geometrischer Heimatroman 139).

Fuchs, der: wird österr. in der Bedeutung „braunes Pferd" auch schwach gebeugt: des/dem/den Fuchsen, die Fuchsen.

fuchsen, hat gefuchst: bedeutet österr. ugs. auch: „nicht gelingen, Schwierigkeiten bereiten": *es, die Arbeit hat mich gefuchst; heute fuchst's wieder.*

Fuchtel, die; -, -n (ugs.): „zänkische, herrschsüchtige Frau": *diese Fuchtel bringt ihren Mann noch ins Grab.*

führen, führte, hat geführt: bedeutet österr. auch „transportieren, fahren" /mit Akkusativ/: *Die Kisten werden in Lkw ... geführt* (auto touring 2/1979). Dazu: **Führer:** *Der Milchführer bog von der Straße ab* (G. Roth, Ozean 202).

fuhrwerken, fuhrwerkte, hat gefuhrwerkt: bedeutet österr. (und süddt.) „mit einem Fuhrwerk, Fahrzeug mit Zugtier [beruflich] fahren": *im Winter fuhrwerken die Bauern, damit das Holz vom Wald herunterkommt.*

Fuhrwerker, der; -s, -: **a)** „Lenker eines Fuhrwerkes". **b)** „Unternehmer, der

Transportaufträge mit einem Fuhrwerk ausführt".

Fülle, die; -, -n: Küche bedeutet österr. (und süddt., ostmitteldt.) auch „Füllung": *Fülle für Mohnbuchteln, Fülle für Nuß-buchteln, Fülle für Topfenbuchteln* (R. Karlinger, Kochbuch 259); *Das Hendl putzen, ausnehmen und die Haut vorsichtig vom Brustfleisch lösen, so daß eine Tasche entsteht. Die fertige Fülle in diese Tasche geben* (Kronen-Zeitung-Kochbuch 204). →**Fleischfülle, Nußfülle, Topfenfülle, Mohnfülle.**

Füllfeder, die; -, -n: österr. (und süddt.) für „Füllfederhalter": *mit der Füllfeder schreiben; die Füllfeder füllen.*

Fummel, die; -, -n (ugs., derb): Schimpfwort für „dumme Frau": *„Du bist nicht einmal ein Roß, Didi, du bist ja geradezu das A...ch von solch einem Tier"* ... *„Du saublöde Fummel!" schrie er* (H. Doderer, Die Dämonen 954).

Fundamt, das; -[e]s, ...ämter: österr. für „Fundbüro".

Fundus, der; -, - ⟨lat.⟩: Amtsspr. „Landgut mit allen dazugehörigen Einrichtungen".

Fünfer, der; -s, -, „Ziffer, Note Fünf": österr. (und süddt.) nur so, binnendt. meist „die Fünf": *Das Rekursrecht von Schülern bzw. deren Eltern gegen „Fünfer", die sie als ungerechtfertigt empfinden, ... ist hinfällig geworden* (Die Presse 15./16. 3. 1969). →**Dreier, Einser, Vierer, Zweier.**

Funzen, die, - - (ugs., abwertend): „eingebildete, aber dumme Frau": *So eine blöde Funzen!*

fürgeben, hat fürgegeben (bes. ober-österr.): „(Tieren das Futter) [in den Futtertrog] geben": *Ist noch im Freßbarren der Boden mit dem Hafer verdeckt gewesen. Er hat ihnen den Hafer aber nicht fürgegeben* (R. Billinger, Der Gigant 293).

füra (mdal.): „hierher nach vorne" (auch bayr.), meist zusammengesetzt mit Verben: *Fahr füra Rabasbua* (Raubersbub) *vadächtiga* -*!* (K. Kraus, Menschheit I 48).

füri (mdal): „vor, [dorthin] nach vorne" (auch bayr.), meist zusammengesetzt mit Verben: *Laßts die Buam füri!* (F. Torberg, Die Mannschaft 70).

Fuß, der; -es, Füße: steht österr. (und süddt., schweiz.) auch für binnendt. „Bein": *Vergebens hätte er, Schimaschek, es angebahnt, mit ihr insofern Kontakt zu finden, als er seine „Füße" (wienerisch für Beine) unter Aufsuchung der ihrigen (hier richtig: Füße) ausstreckte* (A. Drach, Zwetschkenbaum 44).

füßeln, hat gefüßelt: bedeutet bes. süd-ostösterr. ugs. auch „ein Bein stellen".

Fußgeher, der; -s, -: österr. auch für „Fußgänger": *Beide Fußgeher mußten schwerverletzt in das Krankenhaus Hohenems eingeliefert werden* (Vorarlberger Nachrichten 27. 11. 1968). Ebenso: **Fußgeherzone:** *Bedenken gegen die Einrichtung einer ... Fußgeherzone in der Favoritenstraße ...* (Die Presse 17. 6. 1970).

Futterbarren, der; -s, -: „Futtertrog". →**Barren.**

Futterstadel, der; -s, -: „abgelegene Hütte im Gebirge zum Aufbewahren von Futter". →**Stadel.**

Fuzel, der; -s, -n (ugs.): „Staubflocke, Fussel": *die Fuzeln abbürsten.* Vgl. →*Fuzerl.*

fuzeln, fuzelte, hat gefuzelt (ugs.): **a)** „sehr klein, eng schreiben": *das kann doch niemand lesen, wenn du so fuzelst; ein Wort an den Rand fuzeln.* **b)** „sehr kleine Stücke abschneiden": *nicht am Brot fuzeln, sondern eine richtige Schnitte abschneiden!*

Fuzerl, das; -s, -n (ugs.): „sehr kleines Stück": *er notierte die Zahl auf einem Fuzerl Papier.*

G

Gabelfrühstück, das; -s, -e: bes. ost-österr. auch für „Zwischenmahlzeit am Vormittag, Jause" (binnendt. veraltend,

nur für feierliche Anlässe gebraucht). (Beleg →**Tellerfleisch**).

gaberln, gaberlte, hat gegaberlt (ugs.):

Fußball „den Ball mit mehreren leichten Stößen aufspielen, um ihn heranzuholen und zum Schuß vorzubereiten": ... *der einmal an der Kornerlinie den Ball gleich viermal gaberlte* (Oberösterr. Nachrichten 2. 5. 1980).

Gabon: die in Österr. übliche Form für „Gabun (afrikanischer Staat)".

Gage, die; -, -n ⟨franz.⟩: wird in Österr. [ˈgaːʒ] ausgesprochen, also ohne Endungs-e. Das Wort bezeichnete in der österr.-ungar. Monarchie das „Gehalt der Offiziere": *Die meisten wären mit allem zufrieden gewesen, wenn sie etwas höhere Gagen, etwas bequemere Garnisonen und etwas schnellere Avancements gehabt hätten* (J. Roth, Radetzkymarsch 152).

Gagist, der; -en, -en [gaˈʒist] (veraltet): in der österr.-ungar. Monarchie „Angestellter des Staates oder des Militärs".

Galerie, die; -, -n: bedeutet österr. auch: **1.** „Tunnel an einem Berghang mit Öffnungen zur Talseite, Halbtunnel" (auch schweiz.): *die Straße wurde durch Galerien wintersicher gemacht.* **2.** „Unterwelt, Verbrecherwelt": *Zum Trost schickte ihm die Wiener Galerie eine halbe Million* (Die Presse 7. 3. 1980).

gallertartig: wird österr. immer auf der zweiten Silbe betont, im Binnendt. meist auf der ersten.

Gallerte, die; -, -n: österr. nur so, im Binnendt. auch „das Gallert".

Gams, der; -, - (ugs.): „Gemse" (auch süddt. und Jägersprache): *Im selben Zusammenhang seien im heurigen Herbst gegenüber dem vorjährigen 150 Gams weniger erlegt worden* (Vorarlberger Nachrichten 25. 11. 1968).

Gamsbock, der; -[e]s, ...böcke (ugs.): „Gemsbock": *Ich bin g'hupft wie ein Gamsbock* (Die Presse 1./2. 2. 1969).

Gand, die; -, -en und das; -s; Gänder (westösterr. und schweiz.): „Geröll-, Schutthalde".

Ganeff, der; -s, -s ⟨jidd.⟩: „Gauner, Ganove": *Da lies ich in der Zeitung, auch her, die Redaktion des Journal de Geneve – Beinsteller: Ganef. (Gelächter).* (K. Kraus, Menschheit I 255).

Gansbiegel, das; -s, -[n]: „Gänsekeule". →Biegel.

Gansbraten, der; -s, -: österr. (und süddt.) auch für binnendt. „Gänsebraten": *Gansbraten mit Kastanien* (Kronen-Zeitung-Kochbuch 207).

Ganser, der; -s, -: österr. auch für „Gänserich".

Gansl, das; -s, -n (ugs.): **a)** „Gans". Die Verkleinerungsform wird besonders dann gebraucht, wenn eine gebratene Gans als besondere Kostbarkeit der Küche gemeint ist: *Schöne, fette Ganseln, ... am nexten Tag is uns allen schlecht g'wesen* (H. Qualtinger/C. Merz, Der Herr Karl 14); *Weihnacht. Woran denken Sie, wenn Sie heute, am Heiligen Abend, das Wort aussprechen? ... Ans Gansl* (Weihnachtsgans) *und ans Ausschlafen?* (Die Neue 24. 12. 1968). **b)** (abwertend) „unerfahrenes, kindisches Mädchen".

Gansleber, die; -, -n: österr. (und süddt.) für „Gänseleber": *Gansleber mit Zwiebeln und Kartoffeln 37,—* (Speisekarte Hotel Regina, Wien 20. 12. 1968); *eine Tasse Bouillon, ein Bissen frischer gebratener Gansleber, ein Bries* (H. Doderer, Die Strudlhofstiege 46). Dazu: **Gansleberpastete.**

Ganslessen, das; -s, - (ugs.): „Gänseschmaus": *Na, mir ham jedes Jahr vor Weihnachten a Ganslessen g'habt ... in der Wirtschaftskrise* (H. Qualtinger/C. Merz, Der Herr Karl 14).

Gansljunge, das; -n: „Gänseklein": *Das Ganseljunge gut waschen, in Stücke schneiden und zusammen mit dem Wurzelwerk und den Gewürzen in Salzwasser weich kochen* (Kronen-Zeitung-Kochbuch 207). →Entenjunge, Hasenjunge, Hühnerjunge, Rehjunge.

Gant, die; -, -en (veraltet, auch schweiz.): „Konkurs".

Ganymed: wird österr. immer auf der ersten Silbe betont, im Binnendt. auf der letzten.

Gänze, die; -: kommt österr. auch in der Fügung **zur Gänze:** „vollständig, ganz" vor: *Außerdem wird Ofenheizöl zur Gänze im Inland erzeugt* (Express 1. 10. 1968).

gar bedeutet österr. (und süddt.) ugs. auch: „zu Ende": *das Geld ist bald gar.*

Garage, die; -, -n ⟨franz.⟩: wird in Österr. [gaˈraːʒ] ausgesprochen, also ohne

Endungs-e: *a jede gossn / is a weisse ga-rasch / de auto schloffm / en gensemasch* (eine jede Gasse ist eine weiße Garage [phonetische Schreibung], die Autos schlafen im Gänsemarsch). (H. C. Artmann, schwoazzn dintn 59).

garagieren, garagierte, hat garagiert ⟨franz.⟩: „(ein Fahrzeug) einstellen' (auch schweiz.).

Garçonnière, die; -, -n [garsɔˈnjɛːɐ̯] ⟨franz.⟩: „Einzimmerwohnung": *Garconniere, 1200,—, möbliert, vermietet ...* (Express 4. 10. 1968, Anzeige).

Garderobe, die; -, -n: wird österr. ugs. ohne Endungs-e gesprochen.

Garnison, die; -, -en: bedeutet österr. auch: „Gebäude, in dem die Soldaten (eines Truppenstandorts) untergebracht sind": *eine Garnison bauen.*

Garnitur, die; -, -en: bedeutet österr. auch „zu einem Zug zusammengestellte Wagen [mit Lokomotive]" (im Binnendt. nur fachspr.): *Der Zugführer hielt die Garnitur sofort an* (Die Presse 12. 11. 1979). Dazu: **Nahverkehrsgarnitur, Schnellzugsgarnitur, Straßenbahngarnitur, Triebwagengarnitur** u. a.

Gas, das; -es: kann in Wien mundartlich auch Femininum sein: die; -: *Das Licht ging Herrn Meier erst auf, als er auf dem Fußboden des Vorraums einen Zettel fand, auf dem ihm die Wiener Gaswerke lakonisch mitteilten, man habe ihm, wie es im Volksmund heißt, „die Gas" abgedreht* (Wochenpresse 13. 11. 1968).

Gaserer, der; -s, -: ugs. in Wien auch für „Gasmann; Angestellter der Gaswerke": *Die meisten Menschen aber gaben jener Phalanx der ,Gaserer', wie sie genannt wurden, in scheuer Weise Raum* (H. Doderer, Die Dämonen 122).

Gasgebrechen →Gebrechen.

Gasrechaud →Rechaud.

Gasse, die; -, -n: steht in den österr. Städten für „Straße", wenn der Gegensatz zum Innern (einer Wohnung, eines Lokals usw.) ausgedrückt werden soll, „im Freien, draußen": *Nachher wäre der Pfarrer in der Kirche in Teufel und auf der Gasse ein Engel* (P. Rosegger, Waldschulmeister 219). Diese Bedeutung hat sich besonders erhalten in der Fügung **über die Gasse:**

„Zum Mitnehmen, über die Straße": *zwei Flaschen Bier über die Gasse.*

Gasselschlitten, der; -s, -: „leichter Pferdeschlitten" (auch bayr.).

Gassenlokal, das; -s, -e: „nach der Straße zu gelegenes Lokal": *Gablenzgasse, Gassenlokal, zirka 60 m² ...* (Die Presse 3. 2. 1969, Anzeige).

Gassenladen, der; -s, ...läden: „nach der Straße zu gelegener Laden".

gassenseitig: „auf der Seite der Straße (und nicht des Hofes) gelegen": *eine gassenseitige Wohnung.*

Gassenverkauf, der; -[e]s, ...käufe: „Verkauf über die Straße".

Gassenwohnung, die; -, -en: „nach der Straße zu gelegene Wohnung".

Gassenzimmer, das; -s, -: „nach der Straße zu gelegenes Zimmer": *Hauswartposten, 4. Bezirk, bei Südtirolerplatz, Gassenzimmer und Küche ...* (Kronen-Zeitung 5. 10. 1968, Anzeige).

Gate, Gatehose, Gatje, die; -, -n ⟨ungar.⟩ (ostösterr. ugs. salopp): „[lange Männer]unterhose": *Er trug aber die damals übliche sogenannte Gattehose, ein stoffreiches weites Kleidungsstück mit vielen Knöpfen und Nähten* (A. Brauer, Zigeunerziege 18).

Gatsch, der; -s (ugs.): „weiche, breiige Masse; aufgeweichte Erde, Schneematsch": *Sie schöpft einen undefinierbaren Gatsch, der verdächtig nach Gries aussieht* (E. Jelinek, die Ausgesperrten 228). Dazu: **gatschig.**

Gäu, das; -s, - (mdal.): „Gau; bestimmtes abgegrenztes Gebiet, für das jmd. in einer bestimmten Funktion zuständig ist" (auch südd., schweiz.): *in diesem Gäu kassiert er die Beiträge ein.* *jmdm. ins Gäu kommen: „sich in Angelegenheiten, die einem anderen vorbehalten sind, einmischen".

Gaudee, die; -, -n ⟨lat.⟩ (salopp, teils abwertend): „Vergnügung, Unterhaltung": *er ist dauernd auf der Gaudee; Mein Gott, das bißl Gaudee und das bißl Gschäft soll man den Leuteln bei die schlechte Zeiten vergunnen* (K. Kraus, Menschheit I 30).

Gaudi, die; -: ist österr. (und bayr.) immer Femininum, binnendt. meist Neutrum: ... *wie leicht er zum Volksfest, zur reinen Gaudi entarten kann* (Die Presse 12. 5. 1969).

Gavotte, die; -, -n: wird österr. [gaˈvɔt] ausgesprochen, also ohne Endungs-e.

gebackene Erbsen, die /Plural/: Nebenform zu →„Backerbsen".

Gebärklinik, die; -, -en: „Entbindungsheim; Entbindungsabteilung eines Krankenhauses": *daß in den Gebärkliniken Westschwedens zur Zeit Bettknappheit besteht* (Die Presse 20. 7. 1970).

Gebarung, die; -, -en: bedeutet österr. „Buchführung, Geschäftsführung", binnendt. „Gebaren": *eine ausgeglichene, die finanzielle Gebarung; Zuletzt gewährte L. noch einen Einblick in die Gebarung der Fachgewerkschaften* (Die Presse 11. 2. 1969).

Gebarungsbericht, der; -[e]s, -e: „Geschäftsbericht": *Oskar Vogl legte als Kassier den Gebarungsbericht vor* (Vorarlberger Nachrichten 23. 11. 1968). →**Gebarung.**

Gebarungsjahr, das; -[e]s, -e: „Geschäftsjahr": *Dies deshalb, weil die bisherige Ausgabenentwicklung im Jahre 1968 erwarten läßt, daß die für das laufende Gebarungsjahr angesetzten Kredite voraussichtlich nicht zur Gänze beansprucht werden* (Vorarlberger Nachrichten 15. 11. 1968). →**Gebarung.**

Gebarungskontrolle, die; -, -n: „Kontrolle der Buchführung": *In diesem Zusammenhang behauptete L. auch, wenn im ÖGB eine Gebarungskontrolle im Anzug gewesen sei, habe er sich das verpfändete Sparbuch aus der Zentralsparkasse kurzfristig „ausgeborgt"* (Die Presse 1./2. 2. 1969). →**Gebarung.**

Gebarungsüberschuß, der; -schusses, ...schüsse: „Überschuß bei der Abrechnung des Haushaltsplans": *Durch die erfreuliche Entwicklung der Steuern und steuerähnlichen Abgaben ... schloß die Gemeinderechnung trotz der erhöhten Abgaben noch mit einem Gebarungsüberschuß ab* (Vorarlberger Nachrichten 16. 11. 1968).

Gebetläuten, das; -s: „Läuten der Kirchenglocken morgens, mittags und abends; Angelus".

Gebinde, das; -s, -: bedeutet österr. auch „Faß": *In allen österreichischen Weinbaugebieten verdrängt die Flasche zunehmend das Gebinde* (Die Presse 15. 12. 1971).

geblumt: österr. für binnendt. „geblümt".

Gebrechen, das; -s, -: bedeutet österr. auch „Schaden an Installationen": *Stromstörung in Wien ... Die Ursache des Gebrechens ist noch unbekannt* (Die Presse 8. 1. 1971). Dazu: **Gasgebrechen, Gebrechendienst:** *wurde am selben Tag der Gebrechendienst des Gaswerkes zu der Kundin entsandt* (25. 2. 1970).

Geburtstagsjause, die; -, -n: „Geburtstagsfeier für Kinder": *Jörg war zu einer Geburtstagsjause eingeladen* (M. Lobe, Omama 87).

gedeftet (ugs.): „entmutigt, gedrückt, verzagt": *Er wird sich auch die Hörner abstoßen. Der Spekulant: Er is doch schon sehr gedeftet* (K. Kraus, Menschheit I 132).

Gedünstete, das; -n: „gedünstetes Fleisch, Gemüse".

Gefangenenhaus, das; -es, ...häuser: österr. auch für „Gefängnis": *V. D. wurde dem Gefangenenhaus des Landesgerichtes Salzburg eingeliefert* (Express 2. 10. 1968).

Gefangenhaus, das; -es, ...häuser: Amtsspr. „→Gefangenenhaus": *Wiener Gefangenhaus erhält neue Zellendecke* (Die Presse 13. 2. 1969); *Gefangenhaus für Jugendliche Wien Favoriten; Landesgerichtliches Gefangenhaus.* →**Polizeigefangenhaus.**

Gefertigte, der; -, -n und die; -n, -n: Amtsspr. (veraltend): „Unterzeichnete[r]" (in Briefschlüssen).

gefinkelt: „schlau, durchtrieben": *Als nämlich die Newag im vergangenen Monat dem Hotel den Strom abdrehte, fand der gefinkelte Geschäftsführer schnell einen Ausweg* (Die Presse 10. 4. 1969).

Gefolgschaftsraum, der; -s, ...räume: „Aufenthaltsraum der Belegschaft eines Betriebs".

Gefrett →**Gfrett.**

Gefrieß, **Gfrieß.**

Gefrorene, Gefrorne, das; -n: österr. (und süddt.) für „Speiseeis": *Madame, Ihre Herztöne sind das reine Gefrorne: so süß und kalt!"* (Die Presse 20. 1. 1969).

Gegenstand, der; -[e]s, ...stände: bedeutet österr. auch „Schulfach, Fach": *Sie* *nahm auch die praktischen, mündlichen und schriftlichen Reifeprüfungen in diesen Gegenständen ab* (Vorarlberger Nachrichten 26. 11. 1968). →**Hauptgegenstand, Lehrgegenstand, Lieblingsgegenstand, Nebengegenstand, Pflichtgegenstand, Unterrichtsgegenstand.**

geh, Plural: **gehts** (ugs.): ursprünglich Imperativ, jetzt **a)** Ausdruck der Ermunterung: *geh! Erzähl schon!.* **b)** Ausdruck der Ablehnung, der Skepsis gegenüber etwas: *gehts, das kann doch nicht wahr sein.*

Gehalt, der; -[e]s, Gehälter: „Besoldung", ist in Österr. auch Maskulinum (binnendt. nur Neutrum): *daß jeder Kellner ... in den großen Betrieben geht, in denen ... der Gehalt interessanter ist* (Die Presse 8./9. 10. 1977).

Gehaltsvorrückung, die; -, -en: „Gehaltserhöhung, die innerhalb eines festen Systems von Gehaltsstufen und nach bestimmten Zeiträumen automatisch erfolgt, bes. bei Beamten": *Hohes Anfangsgehalt (jährliche Gehaltsvorrückung)* (Kronen-Zeitung 5. 10. 1968, Anzeige).

gehaut (ugs.): „durchtrieben, listig, schlau": *ein gehauter Schwindler.*

gehören: bedeutet österr. (und süddt.) auch in den Fügungen **jmdm. gehört etwas:** „jmdm. gebührt etwas": *ihm gehört eine Ohrfeige; ihm gehörte es, daß er die Arbeit allein machen müßte;* **jmd./etwas gehört etwas:** „mit jmdm./etwas sollte etwas geschehen": *Das lebhafte und zutrauliche Tier hätte nur kastriert gehört, um peinlich sauber zu werden* (Kronen-Zeitung 7. 10. 1968).

gehorsam: wird österr. mit kurzem Vokal gesprochen, binnendt. mit langem. Ebenso: **Gehorsamkeit** usw.

Gehorsamster Diener, gschamster Diener: Grußformel, besonders als Abschiedsgruß; in Wien heute bei Kellnern noch üblich: *Also übermorgen erst? in die Stadt zu Fräulein Blumenblatt? Gehorsamster Diener. Geht zur Mitteltür* (J. Nestroy, Jux 414); *wer's bestelln - tänigsten Dank, korschamster Diener Exlenz* (K. Kraus, Menschheit I 31); *Ich bin ein gerechter, / durchschnittlich echter / Wiener. / Schamster Diener!* (G. Kreisler, Der schöne Heinrich 41).

Geldbörse, die; -, -n: ist das in Österr. übliche Wort für „Portemonnaie", im Binnendt. gilt es als veraltend oder gehoben: *für jede Geldbörse das Richtige* (Die Presse 24. 6. 1969, Anzeige). →**Börse.**

Geldgebarung, die; -, -en: „→Gebarung": *Übereifrig verteidigte er vor Gericht die Geldgebarung seines Chefs* (Die Presse 14. 2. 1969).

geldig (oft abwertend): „reich" (auch bayr.): *eine „geldige" und splendide Zechgeberin* (R. Billinger, Lehen aus Gottes Hand 237).

Geld wie Mist →Mist.

Gelenksentzündung, die; -, -en: österr. Form für binnendt. „Gelenkentzündung". Ebenso in allen weiteren medizinischen Zusammensetzungen: **Gelenkspfanne:** *spiralverzierten Knorpelknauf der Gelenkspfanne* (M. Mander, Kasuar 19); **Gelenksrheumatismus, Gelenksschmerz.**

Gelse, die; -, -n: „Stechmücke": *wie man sommers in den Donau-Auen von Schnaken umschwirrt ist, die hierzulande Gelsen heißen* (H. Doderer, Die Dämonen 1180).

Gelsenstich, der; -[e]s, -e: „Stich einer Stechmücke". →Gelse.

Gelsentippel, der; -s, -n (ugs.): „[kleine] Anschwellung der Haut durch einen Mückenstich": *De Donauauen sind ja wunderschön ... Nexten Tag hab i Gelsentippeln g'habt* (H. Qualtinger/C. Merz, Der Herr Karl 10). →**Gelse.**

gelt? (ugs.): „nicht wahr?" (auch süddt.), bes. unter Verwendung der Höflichkeitsform **geln** S'?: *geln S', da hab' ich recht!*

Gemeindebau, der; -[e]s, -ten (bes. in Wien): „gemeindeeigenes Wohnhaus".

Gemeindebezirk, der; -[e]s, -e: „Bezirk innerhalb Wiens": *in ihrer Wohnung in der Canisiusgasse 15 im neunten Wiener Gemeindebezirk* (Die Presse 7. 5. 1969).

Gemeindekotter, der; -s, -: „Gemeindearrest": *Jetzt sitzt der ... Erbarmungswürdige im Gemeindekotter* (B. Frischmuth, Sophie Silber 48). →**Kotter.**

Gemeindemandatar, der; -s, -e: „Abgeordneter zum Gemeinderat". →**Mandatar.**

Gemeindewohnung, die; -, -en: „von der Gemeinde geförderte oder gemeindeeigene Sozialwohnung".

Gendarm, der; -en, -en [ʒanˈdarm] ⟨franz.⟩: der binnendt. veraltete oder volkstümliche Ausdruck ist in Österr. die offizielle Bezeichnung für „Polizist auf dem Land": *Als Gendarmen und Feuerwehrleute die Wohnungstür aufbrachen, fanden sie K. S. erhängt auf* (Die Presse 30. 1. 1969).

Gendarmerie, die; - [ʒandarməˈriː] ⟨franz.⟩: „Gesamtheit der Gendarmen; Polizeitruppe auf dem Land": *Er fand die Wohnungstür versperrt und verständigte daraufhin die Gendarmerie* (Die Presse 30. 1. 1969).

Gendarmerieposten, der; -s, - ⟨franz.⟩: „Polizeistation auf dem Land": *Der Gendarmerieposten Reichenau hatte vom Wiener Sicherheitsbüro einen Hinweis erhalten* (Die Presse 5. 2. 1969).

Generalrepräsentanz, die; -, -en ⟨franz.⟩: „Generalvertretung": *Die Firma übernimmt die Generalrepräsentanz für Österreich.* →**Repräsentant.**

Genierer, der; -s [ʒeˈniːrɐ] ⟨franz.⟩ (ugs.): „Schüchternheit, Scheu": [die Spionage] *wird selten so offen ermuntert und so ganz ohne Genierer* (Die Presse 9./10. 2. 1980).

Genußspecht, der; -[e]s, -e: „Genießer": *Weißt, ich iß a Mehlspeis* (Kuchen), *magst a Stickl? Beinsteller (nimmt): Ah, eine Spehlmeis, da gratulier ich. Du Genußspecht* (K. Kraus, Menschheit I 254).

Geobiologie, die; -: wird österr. auf der ersten Silbe betont, binnendt. meist auf der letzten: Ebenso: **Geobotanik, Geochemie** usw.

Gepäcksaufbewahrung, die; -, -en: österr. Form für binnendt. „Gepäckaufbewahrung". Ebenso: **Gepäcksbeförderung, Gepäcksstück, Gepäcksträger:** *Neues Damenfahrrad, komplett, Lichtanlage, Gepäckträger etc., wird umständehalber preisgünstig verkauft* (Vorarlberger Nachrichten 23. 11. 1968, Anzeige).

Geraunze, Geraunz, das; ...zes: „Gejammer, Nörgelei" (auch süddt.): *Dienstmädchenelend, festtäglich geschleckt, / Familienzank, Geraunz von Knasterbärten* (J. Weinheber, Liebhartstal 31). →**raunzen.**

Gerebelte, der; -n: „Wein von einzeln abgenommenen Trauben". →**abrebeln, rebeln.**

Gerichtsmedizin, die; -: wird österr. auch für „gerichtsmedizinisches Institut" verwendet: *Erst in der Gerichtsmedizin stellte sich heraus, daß der Tote schwere ... Kopfverletzungen aufwies* (Die Presse 17. 10. 1979).

geriebenes Gerstel →**Gerstel.**

Geriß →**Griß.**

Germ, „Backhefe" (auch süddt., dort immer als Maskulinum): *Die Germ unter Zusatz von einer Prise Zucker auflösen, aufgehen lassen und sofort mit den übrigen Zutaten vermischen* (Kronen-Zeitung-Kochbuch 262).

Germknödel, der; -s, -: „Knödel, Kloß aus Hefeteig": *Willst du ... Germknödel mit Mohn?* (B. Frischmuth, Haschen 71).

Germkrapfen, der; -s, - /meist Plural/: „Mehlspeise aus Hefeteig in flachrunder Form mit einem ringförmigen Teigkörper und eingetiefter dünner Scheibenmitte". →**Krapfen.**

Germteig, der; -[e]s: „Hefeteig": *Für Germteig eignet sich glattes oder griffiges Mehl* (Thea-Kochbuch 121).

Geröstete [Erdäpfel], die /Plural/: „Bratkartoffeln" (auch bayr.): *„Was wollen die Herrschaften morgen lieber? Rindfleisch mit Kohl und Geröstete oder Geselchtes mit Kraut und Knödel?* (E. Canetti, Die Blendung 53).

Gerstel, Gerstl, das; -s: a) „Graupe; geriebener Teig". *geriebenes Gerstel: „geriebener Nudelteig als Suppeneinlage".* b) (ugs., scherzhaft) „Geld" (auch süddt.): *er hat kein Gerstel mehr.* →**Reibgerstel.**

Gerstelsuppe, die; -, -n: „klare Suppe mit geriebenem Gerstel als Einlage; Graupensuppe".

Gerüster, der; -s, -: „Gerüstbauer".

gesamthaft: das schweizerische Wort für „insgesamt" kommt auch im österr. Bundesland Vorarlberg vor: *... welche die Vorarlberger Landsleute charakterisieren und die ich gesamthaft als „horizontalen Föderalismus" bezeichnen möchte* (Vorarlberger Nachrichten 9. 11. 1968).

Gesangbuch, das; -[e]s, ...bücher: österr. Form für binnendt. „Gesangbuch". Ebenso: **Gesangsstunde, Gesangsunterricht, Gesangsverein.**

gescheit: *(ugs.) **wie nicht gescheit,**

(mdal.:) **wia net gscheit:** verstärkende Wendung bei Verben: *ich bin ja gerannt wie nicht g'scheit* (A. Schnitzler, Leutnant Gustl 130); *War net Wien, ging net gschwind / wieder amâl der Wind, / daß der Staub wia net gscheit / umanandreißt die Leut* (J. Weinheber, Es wäre nicht Wien 60).

geschert →gschert.

Gescherte →Gscherte.

geschmackig, gschmackig (ugs.): **a)** „gut gewürzt, pikant": *ein geschmackiger Braten.* **b)** „vornehm, gefällig, nett; kitschig": *gschmackig präsentiert das Linzer Dorotheum ... seine Schätze* (Oberösterr. Nachrichten 22. 4. 1980).

Geschoß, das; ...oßes, ...oße: das -o- wird österr. (und süddt.) lang gesprochen und daher auch in den gebeugten Formen mit -ß- geschrieben. Ebenso: **eingeschoßig** usw.

Geschworene, Amtsspr.: **Geschworne,** der; -n, -n: „Laienrichter bei schweren Verbrechen und polit. Straftaten": *Zwei potentielle Geschworne im Tate-Prozeß ausgeschieden* (Die Presse 18. 6. 1970). – Dazu: **Geschwor[e]nenamt, Geschwor[e]nengericht.**

Geselchte, Gselchte, das; -n: „geräuchertes Schweinefleisch, Rauchfleisch" (auch bayr.): *... hat der Fähnrich sein großes Taschenmesser in der Hand, schneidet ein Stück Geselchtes herunter ...* (K. Kraus, Menschheit II 25).

Geseres, das; - ‹jidd.›: österr. Form für binnendt. „Geseire[s] (Gerede, Gejammer)".

gespritzt: „mit Sodawasser verdünnt (von Wein)" (auch bayr.): *ein Achtel gespritzt.*

Gespritzte, der; -n, -n: „mit Sodawasser verdünnter Wein" (auch bayr.): *einen Gespritzten trinken.*

Gesteck, das; -[e]s, -e: bes. österr. für „Hutschmuck [aus Federn oder Gamsbart]" (auch bayr.).

Gesteinsschichte, die; -, -n: österr. Form für binnendt. „Gesteinsschicht". →Schicht.

Gestion, die; -, -en: Amtsspr.: „Amtsführung, Verwaltung". Dazu: **Gestionsbericht.**

gestockte Milch (ugs.): „Sauermilch, Dickmilch" (auch süddt., schweiz.): *Sundl nimmt der Milchträgerin die mit der gestockten Milch gefüllte Schüssel ab* (R. Billinger, Lehen aus Gottes Hand 189).

gestreckt: „mit größerer Wassermenge zubereitet (von Kaffee)": *ich möchte den Kaffee gestreckt.* Dazu: **Gestreckte,** der; -n, -n.

Gewand, das; -[e]s, Gewänder: bedeutet österr. (und süddt.) „Kleidung, Anzug", binnendt. nur „langes, weites Kleidungsstück für feierliche Anlässe": *Er ... steckt ein Lego-Teil ins andere. Ich suche sein Gewand zusammen* (B. Frischmuth, Kai 50).

Gewände, das; -s, -: bedeutet österr. veraltend „Felswand": *Er besteigt das niedere Gewände, über welches der Holzhauer mit seiner Kraxe noch wandeln muß* (P. Rosegger, Waldschulmeister 172).

Gewandlaus, die; -, ...läuse (ugs.): „lästiger, zudringlicher Mensch": *„Ich hätte den Zaczyk nicht gedeckt. Ja bin ich denn eine Gewandlaus?"* (Die Presse 24./25. 5. 1969).

gewesen: steht österr. öfter für „ehemalig": *gestorben ist N. N., gewesener Gastwirt in ...*

Gfrast, das; -es, -er (ugs., abwertend): **1.** /ohne Plural/ „Staub, Fäden o. ä., die auf einem Kleidungsstück hängen, auf dem Boden liegen usw." binnendt. „Fussel": *laß dich abbürsten, du bist voll Gfrast.* **2.** „Nichtsnutz, Flegel; etwas/jmd., der einem unangenehm, lästig ist": *Mir ham damals ja no Hemmungen g'habt ... aber heit ... de kennan nix ... die Gfraster!* (H. Qualtinger/C. Merz, Der Herr Karl 26).

Gfrett, Gefrett, das; -s: „Ärger, Mühe, Plage" (ugs., auch süddt.): *War (wär) net Wien, wann net durt, / wo ka Gfrett is, ans wurdt. / Denn das Gfrett ohne Grund / gibt uns Kern, halt uns gsund* (J. Weinheber, Es wäre nicht Wien 60).

Gfrieß, Gefrieß, das; -es, -er (ugs. abwertend): „Gesicht" (auch süddt.). →**Scheißgefrieß.**

Gibraltar: wird in Österr. auf der ersten Silbe betont, im Binnendt. auf der zweiten.

gifthältig: österr. Form für binnendt. „gifthaltig". →**...hältig.**

Gigerl, der und das; -s, -n (ugs.): „Modegeck" (auch süddt.): *ein eingebildeter Gigerl.* Dazu: **gigerlhaft.**

Gilet, das; -s, -s [ʒiˈleː] ⟨franz.⟩ (veraltet): „Weste" (auch schweiz.).

Giraffe, die; -, -n: wird österr. (und süddt.) [ʒiˈrafə] ausgesprochen, im Binnendt. [g...].

Girardi[hut], der; -[e]s, ...hüte [ʒiˈrardihuːt] ⟨nach dem Schauspieler Alexander Girardi⟩ (veraltet): „flacher Strohhut": *Tony Opferkuch, auffallend hübscher Bursche, elegant, Seidenhemd und Strohhut –* „*Girardihut" -, kommt* (R. Billinger, Der Gigant 302).

Giro, das; -s, -s [ˈʒiːro] ⟨ital.⟩: der Plural lautet in Österr. auch Giri.

Gisela: der weibliche Vorname wird in Österr. auf der zweiten Silbe betont, im Binnendt. auf der ersten.

Gitschen, die; -, - (westösterr., ugs.): „Mädchen".

Gläsertasserl, das; -s, -n (ugs.): „Untersatz für Gläser".

Glassturz, der; -es, ...stürze: bes. österr. für „Glasglocke": *was in großen Vitrinen und kleinen Glaskästchen, auf Regalen und unter Glasstürzen herumsteht* (B. Frischmuth, Amy 107). →**Sturz, Sturzglas.**

glattes Mehl: „fein gemahlenes Mehl": *glattes Mehl bindet gut; daher wird es für jede Art von Einbrenn, Einmach, Béchamel und für Strudelteig verwendet* (Thea-Kochbuch 19). →**griffiges Mehl.**

Gleiche, die; -, -n (selten): „Richtfest". →**Firstfeier, Dachgleiche.**

Gleichenfeier, die; -, -n: „Richtfest": *bei der Gleichenfeier des ersten Hochhauses* (Die Presse 12./13. 10. 1968). →**Dachgleiche, Firstfeier.**

Glückshafen, der; -s, ...häfen (ugs.): „kleine Lotterie bei einem Volksfest, Ball o. ä., bei der kleine Warenpreise oder Scherzartikel gewonnen werden können": *Glückshafen gab's da und Ringelspiele, eine große Rutschbahn und Schießbuden* (F. Herzmanovsky-Orlando, Gaulschreck 131).

Glumpert, Glump, Klumpert, das; -s (ugs., abwertend): „wertloses Zeug": *Von der alten Tante kriegen wir lauter Glumpert* (Salzburger Nachrichten 8. 8. 1972).

gmahte Wiesen, die; -n -, -n - (ugs.): „ein sicherer Erfolg; etwas, was ohne Mühe erreicht werden kann": *Es war mit bei der Annahme von „Cabaret" vollkommen klar, daß es keine „gmahte Wiesen" werden kann* (Die Presse 17. 12. 1970).

gnä Frau: noch in Wien gebräuchliche ugs. Kurzform zu „Gnädige Frau": *„I bitt schön, nur an Groschen, / gnä Frau, aufs Nachtquartier!"* (J. Weinheber, Straßenvolk 47). Ebenso: **gnä Herr.**

gneißen, hat gegneißt (ugs.): „nach längerer Zeit etwas bemerken; aus gewissen Anzeichen auf etwas schließen": *Ich bild mir ein, seit damals hat er was gekneist* (H. Doderer, Die Dämonen 936).

Goal, das; -s, -s [goːl] ⟨engl.⟩: Sport „Tor" (auch schweiz.): *Und vollends sein Schuß aufs Goal –* (F. Torberg, Die Mannschaft 93). →**Eigengoal.**

Goalgetter, der; -s, - [ˈgoːlgɛtɐr] ⟨engl.⟩: „Torschütze": *Goalgetter Willi Kreuz vergab jedoch die Chance eines Elfmeters* (Die Presse 21. 5. 1969). →**Goal.**

Goalmann, der; -[e]s, ...männer [ˈgoːl...]: Sport „Torhüter": *Die Bälle, die er hielt, hätte kein anderer Goalmann gehalten* (Sport-Funk 28. 12. 1968). →**Goal.**

Goalstange, die; -, -n [ˈgoːl...]: Sport „Torstange": *Die Bäume sind die Goalstangen* (F. Torberg, Die Mannschaft 25). →**Goal.**

Göd, der; -en, -en (mdal.): „Pate" (auch bayr.): *Ich bin wegen der gewissen Schuld gekommen, die 100 fl., die Euer Gnaden Herr Göd meiner verstorbenen Mutter so großmütig geliehen haben* (J. Nestroy, Der Zerrissene 518).

Godel, Godl, die; -, -n (mdal.): „Patin" (auch bayr.): *da is nachher eine Godl g'storben, und hat mir zehntausend Gulden vermacht* (J. Nestroy, Der Talisman 302).

Goden, die; -, - (mdal.): „Patin" (auch bayr.): *Sundl greift nach der Hand seiner Goden* (R. Billinger, Lehen aus Gottes Hand 81).

Goder, der; -s, - (ugs.): „Fettkinn". →**Goderl.**

Goderl, das; -s, -n (ugs.): Verkleinerungsform zu „Goder, Fettkinn", nur in der Wendung **jmdm. das Goderl kratzen:** „jmdm. schöntun, schmeicheln".

Goiserer, der; -s, - (veraltend) ⟨nach dem Ortsnamen Bad Goisern in Oberösterreich⟩: „schwerer, genagelter Bergschuh" (auch bayr.).

Golatsche →Kolatsche.

Gold: *eine Schale Gold: „Kaffee mit ziemlich viel Milch": *Er wird mit einem Schalerl Geld getröstet, das im nahen Café Museum eingenommen wird* (E. Jelinek, Die Ausgesperrten 248).

goldhältig: österr. Form für binnendt. „goldhaltig". → ...**hältig.**

Goscherl, das; -s, -n: a) (fam.) „Mund". b) „→Froschgoscherl": *Enzianblaues Buntgewebe mit rot-weißen Blümchen. Goscherln und Spitzen am Mieder* (Kronen-Zeitung 5. 10. 1968).

gotikeit, gottigkeit ⟨lat.⟩ (veraltet): „gewissermaßen, sozusagen; bei Gott, wirklich": *... wohin führte das sonst, wenn alle gleich schrien: ach Gottigkeit, ich will!* (B. Frischmuth, Klosterschule 49).

gottbehüte: „gottbewahre, auf keinen Fall": *Eine paßt auf die andere auf, ob die, gottbehüte, schon wieder Glück gehabt hat mit dem Abnehmen* (H. Doderer, Die Dämonen 73).

gottigkeit →gotikeit.

Gottsöberste, der; -n, -n (veraltend, iron.): „der Oberste; der noble Herr": *Du, der Mayerhofer war vorige Wochen in Teschen. Der Gottsöberste geht jetzt dort auf der Straßen, weißt wie? Mit'n Marschallstab spaziert er herum* (K. Kraus, Menschheit I 112). →**Öberste.**

...grädig: die Nachsilbe ...grädig steht österr. für binnendt. „...gradig", wenn sie in der ursprünglichen Bedeutung (als Maßeinheit) vorkommt: *zwölfgrädiges Bier; Er hätte gern noch einen Neunziggrädigen getrunken* (J. Roth, Radetzkymarsch 154); *...hatte ein europäischer Geschäftsmann ... ein „hochgrädiges" Erlebnis. Mitten während des Essens stürmte eine Gruppe bärtiger Komiteemitglieder ... in den Keller und zertrümmerte die ansehnliche Vinothek* (Die Presse 27. 3. 1979). Beim übertragenen Gebrauch steht (wie binnendt.) ...gradig: *er ist hochgradig nervös.*

Gradel, Gradl, der; -s, -: „Gewebe mit eingewebtem Muster, bes. für Arbeitskleidung, Säcke o. ä. verwendet" (auch süd-

dt.): *Anzüge aus blauem, gelbgestepptem Gradl* (Die Presse 2./3. 8. 1969).

Graffel[werk], das; -s (ugs.): „Kram, wertloses Zeug" (auch bayr.): *Gesetzt, es käm' ein Zauberprinz, und legt Ihnen den ganzen Tandelmarkt zu Füßen? Fanny: So ließ' ich das alte Graffelwerk liegen* (J. Nestroy, Zu ebener Erde und erster Stock 151).

Grammel, die; -, -n: 1. „Griebe, Speckgriebe" (auch bayr.): *Die Grammeln hakken und mit Salz und Pfeffer abschmecken* (Kronen-Zeitung-Kochbuch 225). 2. (ugs., bes. in Wien): „Hure": *Die ,Grammel' war besoffen, Anny erkannte das sofort, und es erheiterte sie* (H. Doderer, Die Dämonen 1212).

Granat, der: wird in Österr. schwach dekliniert: der; -en, -en.

Grand, der; -[e]s, -e: „Wassertrog aus Stein" (auch bayr.).

Granit, der; -s: wird österr. mit kurzem i gesprochen, binnendt. meist mit langem.

Grant, der; -s (ugs.): „schlechte Laune, Unmut, Verärgerung" (auch süddt.): *der Chef hat heute aber einen Grant; er hat einen Grant gekriegt wegen der Niederlage.*

granteln, hat gegrantelt (ugs.): „(anderen gegenüber) grantig, mürrisch sein".

grantig: „verärgert, übel gelaunt" (auch binnendt.): *Die Leut wollen ein joviales Gsicht sehn, sonst wern s' selber grantig* (K. Kraus, Menschheit I 30).

Grantscherben, der; -s, - (ugs.): „grantiger Mensch": *wenn ich diesen obersten Grantscherm der Nation auf dem Bildschirm sehe* (Profil 10. 4. 1979).

Graphit, der; -s, -e: wird österr. mit kurzem i gesprochen, binnendt. meist mit langem.

grapsen, grapste, hat gegrapst (ugs., scherzhaft): „stehlen": *Denn alle an mich glauben, / die wuchern und die rauben / und die im Krieg gegrapst* (K. Kraus, Menschheit II 293).

Grasel, der; -s, -[n] (veraltet, ugs., besonders in Wien): „Lump, Gauner".

Grätzel, das; -s, -n (ostösterr., ugs.) „Teil eines Wohnviertels, Häuserblock, Teil einer Straße mit Wohnhäusern": *in diesem Grätzel gibt es keinen einzigen Schuhmacher.*

grauslich: das Adjektiv stimmt in der Bedeutung nicht mit dem gemeindt. Wort „grausig" („düster, gruselig") überein, sondern bedeutet „häßlich, ekelhaft, unangenehm": *No da möcht ich doch bitten – das wär aber schon grauslich fad* (K. Kraus, Menschheit I 57); *Sie hieß demnach: von Konterhonz. Ich schreibe es nie, weil es grauslich klingt* (H. Doderer, Die Dämonen 415); *„Was sind das für Sachen gewesen, in Südamerika, mit so einem grauslichen Viech?"* (815).

Greißler, der; -s, - (besonders im Osten Österreichs): „Krämer, kleiner Lebensmittelhändler": *Gehn Euer Gnaden vielleicht um a Holz? ... Nein, wir nehmen's vom Greißler* (J. Nestroy, Faschingsnacht 182); *es hatte am Samstag nicht für den Greisler (so nennt man den kleinen Gemischtwarenhändler in Wien) gelangt* (H. Doderer, Die Dämonen 147). Dazu: **Greißlerin, Greißlerstochter.**

Greißlerei, die; -, -en (bes. im Osten Österreichs): „Krämerei, Lebensmittelgeschäft": *Schau', Herzerl so lieb ich dich hab', kann ich mich immer noch nicht an den Gedanken mit der Greißlerei ... gewehnnen* (F. Herzmanovsky-Orlando, Gaulschreck 167).

Greißlersterben, das; -s: „das Verschwinden der kleinen Lebensmittelgeschäfte".

Grenzfinanzer, der; -s, -: selten für „Finanzer, Zöllner": *Man sah manchmal verwundete Grenzfinanzer* (J. Roth, Radetzkymarsch 233). →**Finanzer.**

Gretlfrisur, die; -, -en: österr. für binnendt. „Gretchenfrisur".

Grießkoch, das; -s: „Grießbrei" (auch bayr.). →**Koch.**

Grießschmarren, der; -s: „gebackener Grießbrei": *Der Grießschmarren muß schön locker sein und darf nur vereinzelte Krusten aufweisen* (Kronen-Zeitung-Kochbuch 271). →**Schmarren.**

griffiges Mehl: „grobkörniges Mehl": *griffiges Mehl verwenden Sie für alles, was locker und flaumig sein soll, also für Mürb-, Biskuit-, Rühr- und Backteig und Nußmassen, für kleinere Bäckereien und für Knödel und Nockerln* (Thea-Kochbuch 19). →**glattes Mehl.**

Grinsel, das; -s, -: „Kimme am Gewehrlauf".

Griß, Geriß, das; -es (ugs.): „Andrang, Zulauf": *Da natürlich – hätten Sie sehn sollen, melden sich auf einmal alle, ja, sie wolln Schützengräben baun. Ein Geriß war auf amol um die Schützengräben* (K. Kraus, Menschheit I 81).

Großkopferte, der; -n, -n (ugs.): „einflußreiche Persönlichkeit" (bes. in der Form Großkopfete seltener auch binnendt.): *Der Staat ist für die Jugendlichen nur eine Spielwiese für Großkopferte* (Wochenpresse 25. 4. 1979); *das ist so eine fixe Idee von den Großkopferten* (F. Torberg, Die Mannschaft 456).

Grund, der; -[e]s, Gründe: bedeutet in Österr. auch „Grundstück; Bauplatz": *1000 m² Grund am Semmering, à 200.– vergibt Realbüro ...* (Kronen-Zeitung 6. 10. 1968, Anzeige).

Grundwehrdiener, der; -s, -: „Soldat im Grundwehrdienst". →**Diener.**

grüß dich!: (zwangloser) Gruß unter Freunden (auch bayr.).

grüß dich Gott!: (formeller) Gruß unter Verwandten und guten Bekannten, meist mit Handschlag (auch bayr.).

grüß Gott!: (formeller) Gruß unter Personen, die keine nähere Beziehung zueinander haben (auch bayr.).

Gschäft, das; -s, -er (ugs.): „Arbeit, Tätigkeit, Job" (auch bayr.): *Oho, auch zu unserm Gschäft ghört Schneid, und die muß man ihm lassen* (K. Kraus, Menschheit I 58); *I hab scho immer was derwischt. G'schäfter g'habt* (H. Qualtinger/C. Merz, Der Herr Karl 21).

Gschaftlhuber, der; -s, - (ugs.): „Wichtigtuer" (auch süddt.).

Gschaftlhuberei, die; -, -en (ugs.): „Wichtigtuerei" (auch süddt.): *Nun mag so eine „Gschaftlhuberei" wohl im Interesse des Suhrkamp-Verlages sein* (Die Presse 29./30. 3. 1969).

gschamig (ugs., auch bayr.) „schamhaft, schüchtern": *sei nicht so gschamig.*

gscheit →gescheit.

gschmackig →geschmackig.

gschert, geschert (salopp): „dumm, grob" (auch süddt.). In den Städten wird das Wort vor allem in bezug auf die

Landbewohner gebraucht, in Wien auch allgemein für „zu den Bundesländern gehörend, nichtwienerisch": *ein gscherter Provinzler.*

Gscherte, Gescherte, der; -n, -n (salopp): „Tölpel" (auch süddt.), in Wien besonders „Provinzler, jmd., der aus den Bundesländern stammt": *Sie sind am Land ... na? Dritter zeigt auf: Dorftrottel ...? Lehrer: Aber nein! G'scherter.* (H. Qualtinger/ C. Merz, Fahrschimpfschule 99). →**Bazi.**

Gschlader, der; -s [gʃlɔːdɐ] (abwertend, ugs.): „dünner Kaffee".

Gschnas, das; -, -: **1.** (bes. in Wien) „Maskenball". **2.** (mdal.) „wertloses Zeug".

Gschnasfest, das; -es, -e (besonders in Wien): „Maskenball": *Um das Weiße im Auge des Jungwählers zu sehen, sind Faschingsveranstaltungen – es sei denn, es handle sich um ein Gschnasfest – nicht der richtige Boden* (Die Presse 8./9. 2. 1969).

Gschrapp [gʃrɔp] und

Gschropp, der; -en, -en (ugs.): „kleiner Kerl": *Der „Gschropp" – einer der Größten* (Die Presse 16. 2. 1979).

geschupft (salopp, ugs.): „verrückt, überspannt, affektiert, auf Äußeres übertrieben Wert legend": *weißt er is bißl gschupft, aber ausgesprochen sympathisch* (K. Kraus, Menschheit I 58); *der Ärmsten haben s' einmal bei einer Hochzeit am Land einen Nagel in den Kopf geschlagen, und seit der Zeit ... ist sie ein bisserl g'schupft, wie man sagt* (F. Herzmanovsky-Orlando, Gaulschreck 161). * **der gschupfte Ferdl:** bes. wienerische [literarische] Figur; Typus eines [Wiener] Gecken, der zwar aus einem niedrigen Stand kommt, aber mehr gelten möchte, jede Mode übertrieben mitmacht und nur Äußerlichkeiten beachtet: *Heute zieht der gschupfte Ferdl frische Socken an* (Lied).

Gschwuf, der; -s, -e (besonders in Wien, mdal.): „Stutzer, Snob, Liebhaber".

Gselchte →Geselchte.

Gsiberger, der; -s, - (ugs., scherzh.): „Alemanne", Bezeichnung besonders der Tiroler für die Vorarlberger (wegen der Mundartform *gsi* für „gewesen").

Gspaß, der; -, - (ugs.): „Spaß" (auch bayr.): *Geh mach keine Gspaß den kennst*

nicht! *Das is doch der Werner!* (K. Kraus, Menschheit I 22); *Aber sonderbare Gspaß treibt er! Alchimist ist er und Geheimbündler* (F. Herzmanovsky-Orlando, Gaulschreck 147).

gspaßig (ugs.): „spaßig, komisch" (auch bayr.): *ich hab' grad so einen g'spaßigen Traum g'habt* (J. Nestroy, Der Zerrissene 524); *Hat er noch den ausgestopften Vogel, den gspaßigen?* (R. Billinger, Der Gigant 301).

Gspaßlaberln, die /Plural/ (ugs., salopp): „Brüste".

Gspritzte →Gespritzte.

Gspusi, das; -s, -s [gʃp...] ⟨ital.⟩: **1.** „Liebesverhältnis" (auch süddt.): *die beiden haben ein Gspusi miteinander.* **2.** „Liebste, Schatz".

Gstanzl, das; -s, -[n]: „lustiges Lied, meist vierzeiliges Spottlied bei Hochzeiten o. ä." (auch bayr.).

Gstätten, Gstett[e]n, die; -, - (ugs., besonders im Osten Österreichs): „kleine, abschüssige, meist steinige und wenig bewachsene Wiese": *Denn der Bauplatz ... war das, was man gemeinhin eher verächtlich eine „G'stettn" nennt* (Die Presse 17. 4. 1969).

Gstett[e]n →Gstätten.

Guardian, der; -s, -e ⟨lat.⟩: wird in Österr. auf der ersten Silbe betont, im Binnendt. auf der letzten.

Gucker, der; -s, - (ugs.): „Feldstecher".

Guckerschecken, Gugerschecken, die /Plural/ (ugs.): „Sommersprossen".

guckerscheckert, gugerscheckert (ugs.): „sommersprossig": *also die hat doch ein Mäd'l aufgezogen fürs Kloster oder so ... ein rothaariges Ding war es Ihnen, ein guckerscheckertes* (F. Herzmanovsky-Orlando, Gaulschreck 158).

Gugelhupf, der; -[e]s, -e: „Napfkuchen" (auch süddt., schweiz.): *Mächtige Gugelhupfe gab's und Berge von Krapfen, Buchteln und Kletzenbrot* (F. Hermanovsky-Orlando, Gaulschreck 39).

Gugerschecken, gugerscheckert →Gucker ...

Guido /männlicher Vorname/: wird in Österr. ['guido], älter (besonders in Wien) ['gui:do] ausgesprochen.

Guilloche, die; -, -n ⟨franz.⟩, „Linienzeichnung auf Wertpapieren": wird in Österr. [gui'jɔʃ] ausgesprochen.

Guillotine, die; -, -n ⟨franz.⟩: wird in Österr. [guijo'ti:n] ausgesprochen, im Binnendt. [gɪljo'ti:nə, gijo...].

Gulasch, Gulyas, (mdal.:) **Golasch,** das ⟨ungar.⟩: ist in Österr. immer Neutrum und lautet im Plural Gulasche: das; -[e]s, -e. Ebenso oft wie die eingedeutschte ist auch noch die ursprüngliche ungarische Schreibung üblich (auch in den Zusammensetzungen).

Gummi ⟨ägypt.⟩: is in Österr. immer Maskulinum: der; -s, -[s], im Binnendt. meist Neutrum: *der Gummi an den Zugstiefeletten war längst erschlafft* (H. Doderer, Wasserfälle 24).

Gupf, der; -[e]s, -e: heißt österr. im Plural Gupfe und bedeutet: **a)** „Gipfel; Kuppe: *Linker Hand dehnt sich ein Stoppelfeld, an dessen Ende sich ein halbkugelförmiger, von Nadelwald bestandener Gupf erhebt* (P. Rosei, Daheim 137). **b)** etwas, was bei einem Gefäß über den Rand hinausgeht" (auch südd., schweiz.): *auf der Tasse Kaffee einen Gupf mit Obers machen.*

Gurkenhachel, die; -, -n oder der; -s, -n (ugs.): „Gurkenhobel". →**Hachel.**

Gusti /weiblicher Vorname/: Kurzform zu „Auguste", binnendt. „Guste": *ihre hübscheren Kolleginnen Franzi Schmid, Gusti Pichler und Mitzi Glimpf* (A. Drach, Zwetschkenbaum 53). →**Franzi, Mitzi.**

gustieren, gustierte, hat gustiert ⟨ital.⟩ (ugs.): „kosten, prüfen, besonders bei Speisen".

gustiös (ugs.): „appetitlich". →**ungustiös.**

Gustokatz, die; -, -en (ugs., salopp): „hübsches Mädchen". →**Katz.** (Das einfache Wort Gusto ist gemeint.)

Gustomensch, das; -, -er und **Gustomenscherl,** das; -s, -n (ugs., salopp): „hübsches Mädchen": *Gratuliere dir – hast die gesehn? Ein Gustomenscherl was sich gewaschen hat* (K. Kraus, Menschheit I 43).

Gustostückerl, das; -s, -n: „ein besonders gutes Stück, bes. bei Speisen": *wir kommen eben von der Markthalle, was sich da tut, speziell mit die Gustostückerln, hätte ich Ihnen gewünscht mitanzusehn* (K. Kraus, Menschheit I 218); *schrieb ein Meister wienerischer Poesie als Interjektion in einer seiner gereimten Gustostückerln* (Die Presse 13. 5. 1969).

Gwirks[t], das; -s (ugs.): „mühsame, schwierige Angelegenheit; lästige Arbeit": *Du hâst die Konsequenzen z'trâgn. / Mi stiert dâs schon, dâs ewige Gwirkst* (J. Weinheber, Der Ober an den Stift 48).

Gymnasialprofessor, der; -s, -en: verdeutlichende Zusammensetzung, →„Professor": *Später stelle sich dann heraus, daß er einst Balogh geheißen hatte, und in Budapest Gymnasial-Professor für Geschichte und Deutsch gewesen war* (H. Doderer, Die Dämonen 1106).

H

Haarmasche, die; -, -n: „Schleife, Band für das Haar": *das kleine Mädchen hat eine rote Haarmasche.* →**Masche.**

Habe die Ehre (veraltend): **1.** Grußformel unter nicht vertrauten oder nicht engbefreundeten Personen: *Wer grüßt mich denn dort von drüben? ... Habe die Ehre, habe die Ehre! Keine Ahnung hab' ich, wer das ist* (A. Schnitzler, Leutnant Gustl 122); *Hab ihm auf der Straßen troffen. I gries (grüße) eahm freundlich: „Habedieh-*re, Herr Tennenbaum!" Der hat mi net ang'schaut. I grüaß ihn no amal: „-'diehre, Herr Tennenbaum ..."* (H. Qualtinger/C. Merz, Der Herr Karl 16); *(der Schauspieler Fritz Werner geht vorüber.) Djehre!* (K. Kraus, Menschheit I 22). **2.** leicht scherzhafter, verstärkender Ausruf des Erstaunens: *der Franz hat heute beim Kartenspielen verloren, habe die Ehre!*

haben, hatte, hat gehabt: bedeutet österr. auch: **1.** (mdal.) „festhalten": *hab' dich!;*

Handelsagent, der; -en, -en: „Handelsvertreter". →**Agent.**

Handelsak, die; - (ugs.): Kurzwort für „Handelsakademie".

Handelsakademie, die; -, -n: „höhere Handelsschule": *Als er, kaum vierzehnjährig damals, zum Besuch der Handelsakademie von seinen Eltern hierher in die Hauptstadt geschickt wurde* (F. Torberg, Die Mannschaft 163).

Handelsakademiker, der; -s, - (ugs.): „Absolvent einer Handelsakademie".

Handelsmatura, die; - (ugs.): „Reifeprüfung an einer Handelsakademie". →**Matura.**

händisch (ugs.): „mit der Hand; manuell": *einfach einen Knopf zu betätigen, ist jedenfalls erheblich angenehmer als die händische Abtauprozedur* (Die Presse 18./19. 1. 1969); *... und den Verkehr ... „händisch" regelte* (Die Presse 13. 9. 1969).

Handkuß: *zum Handkuß kommen:* „draufzahlen; [für andere] einstehen müssen": *Wahrscheinlich wird man aber auch noch mit anderen Konzessionen herausrükken, ehe schließlich doch noch die D-Mark zum Handkuß kommt, aber nicht bevor auch die USA und der Dollar wieder voll in der Debatte sind* (Vorarlberger Nachrichten 23. 11. 1968).

Hands, das; -, -; **hands** [hænts] ⟨engl.⟩: Sport „Handspiel beim Fußball": *nicht den Ball mit der Hand nehmen, sonst ist hands* (F. Torberg, Die Mannschaft 26); *dann begeht Hafner an der Strafraumgrenze ein Hands, doch auch der Freistoß bringt nichts ein* (Express 6. 10. 1968).

Hangar, der; -s, -s ⟨franz.⟩: wird österr. immer auf der ersten Silbe betont, im Binnendt. auch auf der letzten.

hängen, hing, ist gehangen: das Perfekt wird österr. mit *sein* gebildet: *über meinen Haaren sind Äpfel, Blätter und Bäume gehangen* (H. Riedler, Schrecken 137).

Hangerl, das; -s -n (ugs.): a) „Lätzchen": *dem Kind beim Essen ein Hangerl umbinden.* b) „Wischtuch des Kellners; Geschirrtuch": *Ein Kellner fuchtelt zum Scherz mit dem „Hangerl" vor ihrem Gesicht* (K. Kraus, Menschheit I 26). c) „Kleiderbügel".

Hannerl /weiblicher Vorname/: Koseform von „Johanna", binnendt. meist „Hanna, Hannele".

hantig (ugs., auch bayr.): a) „bitter, herb": *ein hantiger Kaffee, hantiges Bier.* b) „unfreundlich, barsch": *Erna Schickel als hantige Wirtschafterin* (Die Presse 8. 7. 1969).

Happyend, das; - [s], -s ⟨engl.⟩: österr. Nebenform zu „Happy-End": *an der oft zu stark geratenen Dosis Frivolität – die aber fast immer ins sittenreine Happyend geleitet wird* (W. Kraus, Der fünfte Stand 71).

hartgesotten: österr. oft für „hartgekocht": *ein hartgesottenes Ei.* →**sieden, weichgesotten.**

harttun, sich, tat sich hart, hat sich hartgetan: österr. neben „sich schwertun": *da wirst du dich harttun; Härter als erwartet tat sich Titelaspirant Austria Salzburg im Meisterschaftsspiel gegen die Abstiegskandidaten* (Die Presse 10. 5. 1971).

Hascher, der; -s, - (ugs.): „armer, bedauernswerter Mensch": *der arme Hascher ist schon wieder bei der Prüfung durchgefallen.*

Hascherl, das; -s, -n: a) „armes, bemitleidenswertes Kind" (auch süddt.): *das arme Hascherl muß schon zwei Wochen liegen.* b) „armer, bedauernswerter Mensch": *Damals war sie verlobt ... warum ist denn nichts draus geworden? ... Armes Hascherl, hat auch nie Glück gehabt* (A. Schnitzler, Leutnant Gustl 132).

Hasenjunge, das; -n: „Hasenklein": *Das Hasenjunge waschen, zerkleinern und zusammen mit dem geschnittenen Wurzelwerk und den Gewürzen weich kochen* (Kronen-Zeitung-Kochbuch 212); *Hasenjunge mit Semmelknödel* (Speisekarte Hotel Regina, Wien 20. 12. 1968). →**Entenjunge, Gansljunge, Hühnerjunge, Rehjunge.**

Hasenkotter, der; -s, - (ugs.): „einfacher Hasenstall": *Aus einem alten Kasten, der zu einem Hasenkotter umgebaut worden war, glotzte ein Hase* (G. Roth, Ozean 90). →**Kotter.**

hatschen, hatschte, ist gehatscht (ugs., auch bayr.): a) „lässig, schleppend gehen; schlendern": *Ich sah ihm nach. Sein Gang war langsam, wiegend, gemächlich. Er*

,hatschte', wie man zu Wien sagt (H. Doderer, Die Dämonen 1093). **b)** „hinken": *du hatscht ja, hast du dir den Fuß verstaucht?* **Hatscher,** der; -s, - (ugs.): **1.** /Plural/ „alte, ausgetretene Schuhe": *diese Hatscher kannst du nicht mehr anziehn.* **2.** „langer, mühsamer Marsch": *wir haben heute einen Hatscher von fünf Stunden gemacht.*

hatschert (ugs.): „hinkend, schwerfällig": *er hat einen hatscherten Gang.*

Haube, die; -, -n: bedeutet österr. (und süddt.) auch „Mütze (besonders für Kinder), die sich ganz an den Kopf anpaßt, meist aus Wolle": *draußen ist es kalt, ihr müßt eine Haube aufsetzen.* →**Kappe, Pudelhaube, Wollhaube.**

Haue, die; -, -n: bedeutet österr. (und süddt., schweiz.) „Gerät zur Bodenbearbeitung mit einem Stahlblatt mit Schneide und einem langen Stiel", entspricht dem binnendt. „Hacke": *Hier ist der Spaten, tragt ihn wie ein Schwert, / Und hier die Haue* (F. Grillparzer, Weh dem, der lügt 179); *die Erde eines Beetes mit der Haue lockern.* →**Hacke.**

Hauer, der; -s, -: österr. (und süddt.) für „Winzer": *Von den Hügeln schlicht / kam der Hauer Sang, / da die Stadt noch nicht / grau ins Grüne drang* (J. Weinheber, Alt-Ottakring 11). →**Hauerwein, Weinhauer.**

Häuer, der; -s, -: bedeutet österr. „Bergmann", binnendt. „Hauer".

Hauerwein, der; -es, -e /meist Plural/ „direkt vom Winzer gelieferter Wein", oft als Hinweis in Gasthäusern: *Wachauer Weinkost Original Hauerweine (Winzergenossenschaft Krems)* (Vorarlberger Nachrichten 14. 11. 1968).

Häun[e]l, das; -s, -n (mdal.): „kleine Haue". →**Haue.**

häun[e]ln, hat gehäunelt (mdal.): „mit einer Haue, einem Häunel den Boden lockern und das Unkraut heraushauen": *den Garten, die Kartoffeln häuneln.*

Haupt... (veraltend): verstärkendes Bestimmungswort, z. B. **Haupthecht** (sehr großer Hecht), **Haupthirsch** (Kapitalhirsch), **Hauptjux, Hauptkerl, Hauptspaß:** *Es wäre doch wirklich ein Hauptspaß, wenn sie also gegen Hellas gewännen* (F. Torberg, Die Mannschaft 322).

Häuptel, das; -s, -: „Kopf einer Gemüsepflanze": *ein Häuptel Salat, Zwiebel, Kraut; Zutaten: 2 bis 4 Häuptel Salat* (R. Karlinger, Kochbuch 225). →**Krauthäuptel, Salathäuptel, Zwiebelhäuptel.**

Häuptelsalat, der; -[e]s, -e: „Kopfsalat": *Häuptelsalat 7,- mit Zitrone 9,50* (Speisekarte Hotel Regina, Wien 20. 12. 1968).

Hauptgegenstand, der; -[e]s, ...stände: „Hauptfach (in der Schule)": *Latein, Mathematik sind Hauptgegenstände.* →**Gegenstand.**

Hausbeschau, die; -, -en: Amtsspr. „Verzollung direkt an der Lieferadresse (nicht am Zollamt)": *... ein Beamter, der aus Verschulden der Spedition auf die Hausbeschau warten muß ...* (Trend 5/1975).

Hausbesorger, der; -s, -: österr. auch für „Hausmeister, Hauswart": *Damals erklärte Zwetschkenbaum, der Hausbesorger Hans Sonderacker habe ihm gesagt, daß das Geschäft ein hübsches Stück Geld gekostet haben müsse* (A. Drach, Zwetschkenbaum 229). Dazu: **Hausbesorgerin.**

Hausbesorgerposten, der; -s, -: österr. auch für „Hausmeisterposten": *Suchen für Arbeiter, verheiratet, zwei große Kinder, Hausbesorgerposten* (Kronen-Zeitung 6. 10. 1968, Anzeige).

Hausbesorgerstelle, die; -, -n: österr. auch für „Hausmeisterstelle": *Hausbesorgerstelle, monatlich ca. S 1800.- ...* (Kronen-Zeitung 5. 10. 1968, Anzeige).

Hausdetschen, ...dätschen: *ein Packl Hausdetschen* (ugs., scherzh.): „Ohrfeigen": *Aus einem Packl Hausdätschen und ein paar Gerüttelten vom Watschenbaum* (B. Frischmuth, Kai 121). →**Tetschen.**

Hausdurchsuchung, die; -, -en: österr. Form für binnendt. „Haussuchung": *Der Paß M.s wurde bei einer Hausdurchsuchung in der Wohnung von K. A. sichergestellt* (Die Presse 22. 4. 1969).

Häusel, Häusl, das; -s, -n (ugs., auch bayr.): **1.** „Einfamilienhaus, Häuschen": *was i mit dem Rauchen allein an Geld ... Was ma sich ... da wann i des in die Bausparkassa geben hätt ... i hätt ja immer a Häusel wollen, net?* (H. Qualtinger/C. Merz, Der Herr Karl 8). **2.** „Toilette": *Dann hab' ich geträumt, der Bub ist am*

Klosett und kommt nicht wieder ... Hier ist er ja auch wirklich sicher! – damit hab ich mich entschuldigt dafür, daß ich ihn hab' allein auf's Häusl hinausgehen lassen (H. Doderer, Die Dämonen 957).

Häuselbauer, der; -s, -: „jmd., der [mit viel eigener Arbeitsleistung] ein Einfamilienhaus baut": *Eine eigene Schwitzkammer ist der Traum vieler ... Häuselbauer* (Die Presse 23. 2. 1979).

Hauser, der; -s, - (im Westen Österreichs und in Bayern): „Haushälter, Wirtschaftsführer".

Hauserin, Häuserin, die; -, -nen (im Westen Österreichs und in Bayern): „Haushälterin".

Hausfrau, die; -, -en: bedeutet österr. (und bayr.) auch „Vermieterin eines möblierten Zimmers": *Quapp hatte bei der Wohnungssuche stets bedeutende Schwierigkeiten zu besiegen. Hausfrauen, die ganztägiges Geigenspiel ohne allzu häufige Tobsuchtsanfälle ertragen, sind noch nicht bekannt geworden* (H. Doderer, Die Dämonen 180).

Hausherr, der; -n, -en: bedeutet österr. (und süddt.): „Hausbesitzer": *Hundert Gulden von Zins lass' i Ihnen nach zum Beweis", / A Hausherr, der so redt, wär' ganz etwas Neu's* (J. Nestroy, Der Unbedeutende 626).

Hausschlapfen, die /Plural/ (ugs., salopp): „Pantoffel": *er läßt die Hausschlapfen stehen aus Angst, er könnte drüberfallen* (B. Frischmuth, Amy 136). →**Schlapfen.**

Havarie, die; -, -n ⟨arab.⟩: das im Binnendt. nur auf Schäden an einem Seeschiff bezogene Wort bedeutet in Österr. auch „Schaden, Unfall bei einem Kraftfahrzeug".

havariert ⟨arab.⟩: „beschädigt", das im Binnendt. der Seemannssprache angehört, kann sich in Österr. auch auf Kraftfahrzeuge beziehen: *Mit der Zustimmung der österreichischen Behörden sorgten CS-Grenzorgane für den Abtransport des schwer havarierten Kranfahrzeuges* (Die Presse 28. 4. 1969). →**Havarie.**

Haxen, der; -, - (ugs., salopp): „Bein [des Menschen], Hachse" (auch süddt.): *Ich sprach zu einem Mägdelein / Du hast nur*

einen Haxen. (P. Hammerschlag, Krüppellied). *****sich die Haxen abhauen lassen:** „seinen Kopf hinhalten": *Dieses Brieferl werde ich gleich ins Feuerl geben, denn wenn sich der Franz ... die Haxen abhauen läßt, ich lass' sie mir nicht abhauen* (Die Presse 31. 1. 1969).

Haxl, Haxel, das; -s, -n: „unterer Teil des Beines beim Schwein": *Hinteres Haxl, Vorderes Haxl* (Thea-Kochbuch 88). ****(ugs.) jmdm. das Haxl legen/stellen:** „jmdm. das Bein stellen": *der ja den Führenden stets mit besonderer Vorliebe ein „Haxel gestellt" hat* (F. Torberg, Die Mannschaft 422); (ugs.) **jmdn. ums Haxl hauen:** „jmdn. hintergehen".

H. B.: →Helvetisches Bekenntnis.

Heanz, der; -en, -en [hẽa(n)ts] **1.** /meist Plural/ „[Süd]burgenländer", urspr. „deutscher Bauer im ungar. Burgenland; auch als Spottname. **2.** (bes. westösterr., mdal.) „zynischer, unerträglicher Mensch".

heanzen, hat geheanzt [hẽa(n)tsn̩] (mdal.): „verspotten". →**Heanz** (2).

Heferl →Häferl.

Heiden, der; -s (bes. ost- und südösterr.) „Buchweizen". Dazu: **Heidenmehl, Heidensterz.**

heikel: bedeutet österr. (und süddt.) auch: a) „wählerisch (beim Essen)": *sei nicht so heikel!; so ein heikler Kerl!* **b)** „empfindlich": *wenn es um sein Prestige geht, ist er sehr heikel.*

Heilbehelf, der; -s, -e: „Heilmittel": *Durch die modernen Heilbehelfe ist es möglich, daß die Patienten ihre Gliedmaßen bewegen lernen* (Die Presse 7. 7. 1969). →**Lehrbehelf.**

Heinzelbank, die; -, ...bänke: „Werkbank mit einer Klemmvorrichtung zur Bearbeitung von Holz".

Hekate (griech. Göttin): wird österr. auf der zweiten Silbe betont, binnendt. auf der ersten.

helfgott (veraltend): Ausruf, Wunsch, wenn jmd. niest, „Gesundheit" (auch süddt.).

hell: *(ugs.) **hell auf der Platte sein:** „schlau, pfiffig sein".

Helvetisches Bekenntnis: besonders österr. und süddt. Bezeichnung für „evangelisch-reformiertes, kalvinistisches Bekenntnis", Abkürzung: H. B.

Hemdärmel, der; -s, -: ist die in Österr. übliche form für binnendt. „Hemdsärmel": *Der Nacht-Concierge, in Hemdärmeln und Weste, schlurfte uns durch das verfinsterte Foyer zum Lift voran* (F. Torberg, Hier bin ich, mein Vater 188). Ebenso: **hemdärmelig.**

Hendl, (veraltend:) **Hendel,** das; -s, -n: a) „Backhuhn, Brathuhn, Hähnchen": *Die sauber gereinigten ausgenommenen Hendln in vier Stücke teilen, salzen, in Mehl, den zerschlagenen Eiern und den Semmelbröseln drehen* (Kronen-Zeitung-Kochbuch 203). b) (ugs.) „[junges] Huhn". →**Backhendl, Brathendl.**

Hendlessen, das; -s, -: „Hähnchenschmaus": *Beim Martinkovich gab es ein zünftiges Hendlessen mit heurigem Wein* (Express 2. 10. 1968).

heranstehen, stand heran, ist herangestanden: „fällig sein; bevorstehen": *ein solcher Fall steht jetzt wieder in einem westlichen Land heran* (Vorarlberger Nachrichten 9. 11. 1968).

herausschauen, schaute heraus, hat herausgeschaut: „herauskommen, lohnen, Nutzen bringen" (auch süddt.): *Uns Österreicher interessieren diese Probleme nur vom Rand her, wir können nur abwarten, wie die Großen zueinander- oder auseinanderfinden und was für unsere Brieftasche dabei herausschaut* (Kronen-Zeitung 5. 10. 1968).

heraußen: „hier außen" (auch süddt.): *Aber um Gottes willen, dann beeil dich wenigstens, die zwei werden gleich da sein, und ich kann nicht da heraußen mit ihnen herumstehen* (A. Lernet-Holenia, Ollapotrida 339).

herbsteln, herbstelte, hat geherbstelt: nur in der Fügung **es herbstelt:** „es wird Herbst; es herbstet".

herinnen: „hier innen" (auch süddt.): *lange vorher meldet sich das Frühjahr auch herinnen* (H. Doderer, Die Dämonen 657); *draussen war dezember herinnen war geheizt* (K. Bayer, der sechste sinn 67).

herleihen, lieh her, hat hergeliehen: „etwas verleihen; jmdm. etwas leihen": *Meine Freunde hatten kleine unbedeutende*

„Liaisons", *Frauen, die man ablegte, manchmal sogar herlieh wie Überzieher, Frauen, die man vergaß, wie Regenschirme* (J. Roth, Die Kapuzinergruft 15/16).

hernehmen, nahm her, hat hergenommen: in Österr. besonders für: a) „anstrengen; in Mitleidenschaft ziehen, mitnehmen": *Sie sehn aber schlecht aus!" sagte Kopfmacher im nächsten Augenblick mit frohlockender Stimme. „Hat Sie furchtbar hergenommen, dieses Unglück, wie?"* (J. Roth, Radetzkymarsch 90). b) verstärkend zu „nehmen, ergreifen": *Dann habe der Mann eine Kette hergenommen* (G. F. Jonke, Geometrischer Heimatroman 24).

heroben: „hier oben" (auch süddt.): *Wenn der Dechant heroben eine Messe gelesen hat, ... hab ich spielen müssen* (H. Doderer, Die Dämonen 719); *Ja, gilt das nicht mehr heroben, was wir dort gespürt haben, alle gemeinsam* (F. Th. Csokor, 3. November 1918, 245).

Herodot ⟨griech.⟩: wird in Österr. immer auf der ersten Silbe betont, im Binnendt. auf der letzten.

Herrenhemd, das; -s, -en: in Österr. allein gebräuchlich für binnendt. „Oberhemd": *Herrenhemden-Reparaturen, Krägen, Manschetten* (Die Presse 1./2. 2. 1969, Anzeige).

herschauen, schaute her, hat hergeschaut: „hierher schauen" (auch bayr.): *schau einmal her, ich muß dir was zeigen.* *da schau her:** „sieh einmal an!": *„Da schau her!" flötete die Stimme Leutnant Kindermanns: „Der Trotta hat sich in den Alten verschaut"* (J. Roth, Radetzkymarsch 54). →**schauen.**

herüben: „hier auf dieser Seite; diesseits" (auch süddt.): *Vielleicht will man drüben den Eisernen Vorhang doch nicht wieder senken? Dann soll man herüben das Bewußtsein haben, getan zu haben, was zu tun nur möglich war* (Die Presse 3. 12. 1968).

herumbrodeln, brodelte herum, hat herumgebrodelt (ugs.): „sehr langsam sein; bei einer Tätigkeit nicht vorwärts kommen": *Vorwärts! brodelt's nit so lang herum* (J. Nestroy, Der Talisman 246). →**brodeln.**

herumraunzen, raunzte herum, hat herumgeraunzt: „ständig →raunzen": *Und an*

*deiner Stelle würde ich jetzt nicht herum-
raunzen* (M. Lobe, Omama 87).

herumstieren, stierte herum, hat herum-
gestiert (ugs.): „herumstöbern". →**stieren.**

herumvagieren, vagierte herum, ist her-
umvagiert (ugs.): „herumstrolchen".

herunten, „hier unten" (auch süddt.):
*wenn ich einmal oben wär: herunten wollt
ich wieder sein* (P. Rosegger, Waldschulmeister 118); *Eine paßt auf die andere auf,
ob die, gottbehüte, schon wieder Glück gehabt hat mit dem Abnehmen und wieder ein
halbes Kilo herunten ist* (H. Doderer, Die
Dämonen 73).

Herzbinkerl, das; -s, -n (ugs.): „Lieb-
lingskind; Liebling" (auch bayr.): *„Eint-
sigk gelipter Man, mein herzbünkerl! Oh
waruhm läsest du mich sohlang schmag-
ten?"* (F. Hermanovsky-Orlando, Gaulschreck 143). →**Binkel.**

Hetschepetsch, die; -, - (ugs.): „Hage-
butte" (auch bayr.).

Hetscherl, das; -s, -n (ugs.): „Hagebut-
te".

Hetz, die; -, (selten:) -en (ugs.): „Spaß":
*das war eine Hetz!; und der Hausmaster
hat zuag'schaut und hat g'lacht ... er war
immer bei aner Hetz dabei* (H. Qualtinger/
C. Merz, Der Herr Karl 16); *... irgendwohin ans Meer ..., und würden sie schon ihre
Hetz haben* (B. Frischmuth, Haschen 83).
***aus Hetz:** „zum Spaß": Ein guter Christ /
sagt: Kinder bet's / und Henker ist / man
nur aus Hetz* (K. Kraus, Menschheit II
269).

hetzhalber (ugs.): „zum Spaß": *ich habe
es ja nur hetzhalber gesagt.*

heuer: „in diesem Jahr" (auch süddt.,
schweiz.): *Ob ich heuer im Sommer wieder
zum Onkel fahren soll auf vierzehn Tag'?*
(A. Schnitzler, Leutnant Gustl 119); *Der
Nationalfeiertag wird heuer eine ganz mo-
derne ... Sache werden* (Express 11. 10.
1968).

Heugeige, die; -, -n: **1.** (ugs.) „langer und
dünner Mensch, bes. von Mädchen". **2.**
→„Heuharfe" (auch bayr.).

Heuharfe, die; -, -n (besonders im Süden
Österreichs): „auf der Wiese aufgestelltes
hölzernes Gestell zum Trocknen von Heu
o. ä.".

Heureiter, der; -s, -: „auf der Wiese aufgestelltes Holzgestell zum Trocknen von
Heu" (auch süddt.). →**Reiter.**

heurig: „diesjährig": *Trotzdem sind die
Statistiker der Meinung, daß das schlechte
Wetter des heurigen Sommers die Zahl der
Unfälle verhältnismäßig niedrig gehalten
hat* (Express 11. 10. 1968); *heurige Erd-
äpfel.*

Heurige, der; -n, -n: **1. a)** „Wein der letzten Lese". **b)** „Lokal bestimmter Art, in
dem neuer Wein [mit besonderer behörd-
licher Bewilligung] aus den eigenen Wein-
bergen des Besitzers ausgeschenkt wird,
meist in Weinorten in der Umgebung
Wiens": *Der Korrespondent des offiziellen
tschechischen Pressedienstes CTK, O. S.,
habe ihn samt Freunden im Jahr 1957 zum
Heurigen eingeladen* (Die Presse 7./8. 12.
1968). **2.** /Plural/ „die ersten Frühkartof-
feln (während es noch solche von der letzten Ernte gibt)".

Heurigenabend, der; -s, -e: „in einem
bestimmten Lokal bei heurigem Wein
verbrachter Abend": *Jeden Samstag Heurigen-Abend bei Kerzenlicht und Schrammeln* (Vorarlberger Nachrichten 23. 11.
1968, Anzeige).

Heurigenbesuch, der; -[e]s, -e: „Besuch
in einem Lokal, in dem Heuriger ausgeschenkt wird": *Bei einem Heurigenbesuch
wurde sozusagen der Grundstein für die
Spionagekarriere des Redaktionssekretärs
J. A. gelegt* (Die Presse 7./8. 12. 1968).

Heurigensänger, der; -s, -: „jmd., der be-
rufsmäßig bei einem Heurigen [Wiener]
Lieder singt": *Die deutschen Österreicher
waren Walzertänzer und Heurigensänger,
die Ungarn stanken, die Tschechen waren
geborene Stiefelputzer ...* (J. Roth, Radetzkymarsch 101).

Heurigenstüberl, das; -s, -n: „Raum in
einer Gaststätte, der in der Art eines Wiener Heurigen gestaltet ist": *Hier sollen
nach Ideen Ing. Vogels ein neugestaltetes
Café ... und als besondere Attraktion ein
„Heurigen-Stüberl" bis zur Wintersaison ...
zur Verfügung stehen* (Vorarlberger Nachrichten 23. 11. 1968).

Heuschober, der; -s, -: „Heuhaufen, Fei-
men" (auch süddt.): *sämtlichen Anforderungen eines nächtlichen Heuschobers ge-*

recht zu werden (F. Torberg, Hier bin ich, mein Vater 49). →Schober.

Heuschreck, der; -[e]s, -e: österr. auch für „die Heuschrecke".

Heustadel, der; -s, -: **a)** „alleinstehende Hütte zur vorübergehenden Aufbewahrung von Heu" (auch süddt., schweiz.): *weil diese hier zwischen Heustadeln und Äckern, zwischen Katzen und Jungvieh ... Einblick in das bäuerliche Alltagsleben gewinnen können* (Die Presse 14./15. 6. 1969). **b)** „Heuboden". →Stadel.

Heustock, der; -[e]s, ...stöcke: „in der Scheune oder auf dem Heuboden gelagertes Heu" (auch schweiz.).

Heutriste, die; -, -n: „größeres Gestell, mit dessen Hilfe ein Heuhaufen angelegt werden kann". →Triste.

Hias, Hiasl: österr. (und süddt.) Kurzform für „Matthias".

Hieb, der; -s, -e: bedeutet in Wien ugs., salopp auch „Bezirk": *Teufel, man beißt halt die Zähne zusammen und schaut nicht hinaus, denn man spürt alle Straßen, – einen Augenblick nur, das war bei Hernals, der siebzehnte Hieb, wo ich her bin* (F. Th. Csokor, 3. November 1918, 256).

hiebei: österr. (und süddt.) Form für „hierbei": *Gleichzeitig macht man aber auch hiebei die Erfahrung, daß ständig auch neue Leute, derzeit vorwiegend junge Mädchen, in unser Land kommen* (Vorarlberger Nachrichten 23. 11. 1968).

hiedurch: österr. (und süddt.) Form für „hierdurch".

Hieferschwanzl, Hüferschwanzl, das; -s, -: „besonders zum Kochen geeignetes Rindfleisch von der Lende": *Der Markthelfer Amrion gab seinerseits einem Hieferschwanzl, das ist Rinderlendenstück, den Vorzug* (A. Drach, Zwetschkenbaum 112).

hiefür: österr. (und süddt.) Form für „hierfür": *Zum „Tag der Lyrik" will die Österr. Gesellschaft für Literatur den 5. März proklamieren und erhofft sich hiefür die Mitarbeit des Österr. Rundfunks* (Vorarlberger Nachrichten 26. 11. 1968).

hiegegen: österr. (und süddt.) Form für „hiergegen".

hieher: österr. (und süddt.) Form für „hierher": *nehmen Sie es nicht ungütig,*

daß wir Sie hieher bemühen (J. Nestroy, Jux 460).

hiemit: österr. (und süddt.) Form für „hiermit": *Es wird hiemit nochmals auf den Termin aufmerksam gemacht* (Vorarlberger Nachrichten 30. 11. 1968).

hieramts: Amtsspr. „bei dieser Behörde, in diesem Amt": *der Fall wurde hieramts nicht behandelt.*

Hieroglyphe: wird österr. auch [...ˈgliːfə], ausgesprochen, binnendt. nur [ˈglyːfə].

hie und da: österr. (und süddt.) nur so gebrauchte Form für binnendt. „hier und da": *Er dachte oft und ernstlich daran, sich umzubringen. Hätte er bei Frauen nicht hie und da noch Glück gehabt, so wäre es schon längst dazu gekommen* (E. Canetti, Die Blendung 201).

hievon: österr. (und süddt.) Form zu „hiervon": *Ausnahmen hievon kann die Gemeinde genehmigen* (Vorarlberger Nachrichten 28. 11. 1968).

hiezu: österr. (und süddt.) Form für „hierzu": *Die Initiative hiezu geht von der Georg Marton Verlag und Wiener Verlagsanstalt Böhme u. Co., Gmbh. aus* (Die Presse 23. 4. 1969).

Himbeerkracherl, das; -s, -n (veraltend): „Himbeerlimonade": *... wo man eisgekühlte Getränke genießen konnte, Limonaden und Himbeerkracherln* (H. Doderer, Die Dämonen 1188). →Kracherl.

Himmelherrgottsakra: „ein Fluch" (auch süddt.): *Als der Rittmeister Zschoch noch einmal die Liste der Eingeladenen durchsah, sagte er: „Donnerwetter, Himmelherrgottsakra!" Und er wiederholte diese originelle Bemerkung ein paar Mal* (J. Roth, Radetzkymarsch 212).

Himmel[fix]laudon ⟨nach dem Feldherrn Laudon⟩: Fluchwort.

hin: wird österr. lang gesprochen, binnendt. kurz.

hinfallende Krankheit (ugs.): „Epilepsie" (auch süddt.): *er hat die hinfallende Krankheit.*

hinhauen, haute hin, hat hingehaut: bedeutet österr. ugs. auch: „sich [bei einer Arbeit] sehr beeilen".

Hinkunft: in der Fügung **in Hinkunft** „in Zukunft": *jedenfalls würde ich in Hinkunft mit meinen Mitteilungen nicht mehr so* *plump und aufs Geratewohl herausplatzen* (F. Torberg, Hier bin ich, mein Vater 132).

hinkünftig (selten): „zukünftig": *die Post ist hinkünftig an folgende Adresse zu senden.*

hintennach, hintnach [auch: hint...]: „hinterher" (auch süddt.): *Wissen Sie, was ich glaube, Kajetan? Daß Ihnen das alles jetzt nur hintennach einfällt* (H. Doderer, Die Dämonen 67).

Hintere Ausgelöste, das; -n -n: „hinter dem Kamm des Rindes liegendes Fleisch, bes. zum Dünsten geeignet; Fehlrippe".

Hintertürl, das; -s, -n: österr. (und süddt.) ugs. für „Hintertür (hintere Tür; heimlicher Ausweg)": *Das „politische Motiv" ist aus dem Urteilsspruch ausgeklammert worden, in der Strafbemessung taucht es aber gleichsam durch das Hintertürl wieder auf* (Linzer Volksblatt 24. 12. 1968).

hintnach →**hintennach.**

Hippodrom ⟨griech.⟩, „Reitbahn": ist in Österr. nur Neutrum: das; -s, -e, im Binnendt. auch: der; -s, -e.

Hirn, das; -s, -e: wird österr. ugs. auch im Sinn von „Stirn" verwendet: *da kann man sich nur aufs Hirn greifen* (man kann nur staunen über einen solchen Unsinn).

Hirnederl, Hirnöderl, das; -s, -n (ugs., salopp): „einfältiger Mensch" (Schimpfwort): *Wenn ihr glaubts, ihr könnt etwas für andere unternehmen ..., so seids ihr Hirnederl* (E. Jelinek, Die Ausgesperrten 173).

hirnrissig (ugs.): „überspannt, verrückt, höchst unwahrscheinlich": *‚Geh', sagte er mit einer Handbewegung, welche gleichsam eine auf ihn eindringende Zumutung, etwas derart Hirnrissiges zu glauben, wie dies eben jetzt von mir Vorgebrachte* (H. Doderer, Die Dämonen 374). Seltener auch binnendt.

Hirschene I. das; -n (ugs.): „Hirschfleisch". **II.** die; -n, -n (ugs.): „Hose aus Hirschleder". →**Lämmerne, Kälberne, Schweinerne.**

Hirschlederne, die; -n, -n (ugs.): „Hose aus Hirschleder".

Hirsebrein →**Brein.**

Hobelscharte, die; -, -n: **1.** /meist Plural/ „Hobelspan": *Ich hatte nur nicht mit* den verflixten Hohlscharten gerechnet, die sich im Haar verkriechen (B. Frischmuth, Amy 89). **2.** /Plural/ eine Süßspeise, →„Hobelspäne" (auch bayr.).

Hobelspäne, die /Plural/: „eine Süßspeise, die zu ganz dünnen Streifen gebacken wird, welche noch heiß um einen Kochlöffelstiel gedreht werden, so daß sie das Aussehen von Hobelspänen erhalten".

hochgrädig →...grädig.

hochkarätig →...karätig.

Hochschaubahn, die; -, -en: „Achterbahn": *Außer einer Hochschaubahn ... gibt's alles, was Schausteller und Geschäftemacher massieren konnte* (Die Presse 16. 11. 1979).

Höchstausmaß, das; -es, -e: in der Amtsspr. für „Höchstmaß".

Hochzeiter, der; -s, -: **a)** „Bräutigam" (auch süddt., schweiz.): *Zwei Blicke galten ihr, mit dem dritten munterte er den Hochzeiter auf* (E. Canetti, Die Blendung 42). **b)** /Plural/ „Brautpaar": *Diamantene Hochzeiter zählen 171 Jahre* (Lilienfelder Zeitung 21. 11. 1968).

Hofrat, der; -[e]s, ...räte: **1.** ehrenhalber verliehener Titel. **2.** (abwertend, ugs.) „sehr langsamer Mensch": *Da hats immer gheißen: Hofrat! Bandler! Patzer! Weißt, gleich aufhängen war ihm das Liebste* (K. Kraus, Menschheit II 93). →**Wirklicher Hofrat.**

Holler, der; -s, -: **a)** österr. und süddt. meist für „Holunder": *Den Holler von den Stielen lösen* (Kronen-Zeitung-Kochbuch 363). Ebenso: **Hollerbeere, Hollerblüte, Hollerbusch, Hollerschnaps. b)** (ostösterr. ugs.) „Unsinn": *Holler reden.*

Hollerkoch, das; -[e]s: „Holundermus". →**Holler, Koch.**

Hollerröster, der; -s: „Holundersauce": *Man kann den „Hollerröster" warm oder kalt zu verschiedenen Mehlspeisen als Beilage oder Kompott geben* (R. Karlinger, Kochbuch 219). →**Holler, Röster.**

hölzeln, hölzelte, hat gehölzelt (bes. südostösterr. ugs.): „mit S-Fehler sprechen, lispeln".

Holzbloch, der; -[e]s, ...blöcher: „Baumstamm": *... die auf dampfenden Ochsenschlitten Holzblöcher aus den Auwäldern ...*

zum Schloß führten (M. Mander, Kasuar 49). →**Bloch.**

Holzer, der; -s, - (veraltet): „Holzfäller" (auch bayr.): *Heute machen sie nicht Holzer oder Kohlenbrenner, oder was sie eben sonst sind, heute zum erstenmal schmelzen sie zusammen in eins, in einen Körper und heißen: die Gemeinde* (P. Rosegger, Waldschulmeister 184). →**Holzhacker.**

Holzhacker, der; -s, -: „Holzfäller".

Holzriese, die; -, -n: „Holzrutsche im Gebirge". →**Riese.**

Holzschaff, das; -[e]s, -e: „Bottich aus Holz". →**Schaff.**

Holzstadel, der; -s, -n: „aus Holz gebaute Scheune, Hütte": *Er wurde eine Viertelstunde weit davon in einem Holzstadel (Scheune) von den Jagdhunden ... gestellt* (A. Drach, Zwetschkenbaum 58). →**Stadel.**

Holztriste, die; -, -n: „Holzstange, Zaunstange": *an Holztristen, an langen, triefenden Holztristen längs des Weges* (P. Rosei, Daheim 135). →**Triste.**

Hörer, der; -s, -: steht in Öster. häufiger und in weiterer Verwendung als im Binnendt. für „Student": *ordentlicher, außerordentlicher Hörer; bei einem derzeitigen Stand von etwa 5000 Hörern* (Die Presse 9. 5. 1969). Dazu: **Hörerversammlung.**

Hörnchen, das; -ns, - /meist Plural/: österr. nur für „Teigwaren in gebogener Form": *Lungenbraten mit Hörnchen.* Das binnendt. „Hörnchen" (gebogenes Gebäck) heißt in Österr. →„**Kipferl".** →**Schlieferl.**

Hörndlbauer, der; -n, -n: „Bauer, der vorwiegend Viehzucht betreibt". →**Körndlbauer.**

Hornisse, Hornis, die; -, ...sen: wird österr. seltener auch, die Nebenform Hornis nur auf der ersten Silbe betont, binnendt. auf der zweiten.

hörst (bes. in der Schülersprache, salopp): verstärkendes Formelwort: *hörst, heute hat es aber eine Kälte!; „Geh hörst! Mit so an Schuß geh in 'n Fürstenheimpark* (F. Torberg, Die Mannschaft 93).

Hosensack, der; -[e]s, ...säcke: „Hosentasche" (auch süddt.): *Ein Mann zieht seine Hand aus dem Hosensack* (P. Rosei, Daheim 132). →**Sack.**

Hotter, der; -s, - (besonders im Burgenland und der Oststeiermark): „Gemeindeflur, Gemeindegrenze".

Hube, die; -, -n (veraltet): österr. (und süddt., schweiz.) für binnendt. „Hufe": *Und wir ziehn fort auf seine ferne Hube* (F. Grillparzer, Weh dem, der lügt 163).

Huber, Hübner, der; s-, - (veraltet): österr. (und süddt., schweiz.) für binnendt. →**Huber.**

Hubertusmantel, der; -s, ...mäntel: „grüner Lodenmantel, gerade geschnitten und am Hals hoch geschlossen": *Der Landvermesser, dick, fünfzig, im Hubertusmantel* (Th. Bernhard, Der Italiener 5).

Hübner →**Huber.**

hudri-wudri /Adj., nicht attributiv/ (ugs.): „schlampig, zu hastig".

Hudri-Wudri, der; -s, -s (ugs.): „aufgeregter, unruhiger Mensch, der sich nie konzentrieren kann": *Vergesse ich denn so etwas – bin ich denn ein solcher Hudri-Wudri, ein oberflächlicher* (H. Hofmannsthal, Der Unbestechliche 156).

Hühnerhaut, die; -: „Gänsehaut" (auch schweiz.).

Hühnerjunge, das; -n: „Hühnerklein". →**Entenjunge, Gansljunge, Hasenjunge, Rehjunge.**

Hühnersteige, die; -, -n: „Hühnerstall [in Form eines Käfigs]" (auch süddt.): *Die Welt ist kein Hühnersteign!* (K. Schönherr, Erde 10). →**Steige.**

Hundekontumaz, die; -: „Verkehrssperre für Hunde zur Verhütung einer Seuche". →**Kontumaz.**

Hunderte und Aberhunderte →**Aberhunderte.**

hundertperzentig (veraltend): „hundertprozentig": *er legte ... kaum mehr besonderen Wert darauf, sein vielperzentiges Ahnen in ein hundertperzentiges Wissen zu ergänzen* (A. Drach, Zwetschkenbaum 199). →**Perzent, perzentig.**

hussen, hußte, hat gehußt (ugs.): „hetzen, aufwiegeln, verhetzen": „*Töchterl, wie kannst das leiden? / Nur glei* (gleich) *sag'n: I laß mich scheiden", so hußt die Alte allweil an, / Und's Töchterl liebt ihren Mann* (J. Nestroy, Kampl 848).

Hutsche, die; -, -n (auch bayr.): **1.** „Schaukel": *Ich hab ein sehr schönes*

Landhaus in Weichselberg, einen prächtigen Garten mit Hutschen, Kegelstatt ... (J. Nestroy, Mädl aus der Vorstadt 372). **2.** ugs. Schimpfwort für eine Frau: *Kannst net ruhig sein? Was willst denn, blöde Hutschen! Was versteht du denn vom Schach? Scheckertes Kalb!* (E. Canetti, Die Blendung 165). →**hutschen.**

hutschen [sich]; hutschte [sich], hat [sich] gehutscht: **1.** „schaukeln": *Das werden Sie erfahren, aber nur unter der Bedingung, daß Sie sich zuerst hutschen mit uns* (J.

Nestroy, Das Mädl aus der Vorstadt 394); *ich möchte auch einmal hutschen!* **2.** (ugs., salopp) „aufbrechen, verschwinden": *hutsch dich!*

Hutschpferd, das; -s, -e: „Schaukelpferd".

Hüttrach, das; -s (in den Alpen, mdal.): „Arsen": *Der Tiroler ist lustig, der Tiroler ist froh, er hat stets Arsen, im Volksmund „Hüttrach" genannt, in seiner blitzsauberen Küche vorrätig* (H. Qualtinger/C. Merz, Die Ahndlvertilgung 83).

I

I-Ausweis: Kurzform für →„Identitätsausweis".

Ich habe die Ehre: volle, aber seltene Form von →„habe die Ehre".

ident: österr. häufig neben „identisch": *Bei einem Ausgabekurs von 100 ist die Rendite mit der Nominalverzinsung ident* (Wochenpresse 25. 4. 1979); *Endpunkte sind ident* (M. Mander, Kasuar 69).

Identitätsausweis, der; -es, -e ⟨lat.⟩ (veraltet): Amtsspr. „während der Besatzungszeit (1945–1955) geltender Personalausweis".

Identitätskarte, die; -, -n (veraltet): „Personalausweis" (auch schweiz.).

Idiomatik, die; -: wird österr. mit kurzem a gesprochen, binnendt. mit langem. Ebenso: **idiomatisch.**

ignorieren: in den Fügungen **gar nicht/** (ugs.:) **net ignorieren, nicht einmal ignorieren:** „vollkommen ignorieren": *Aber ich bitt dich – gar net ignorieren* (K. Kraus, Menschheit I 67). Diese ursprünglich wahrscheinlich fälschliche Wendung (entstanden aus „gar nicht beachten" und „ignorieren") wurde besonders während der nationalsozialistischen Herrschaft und der nachfolgenden russischen Besatzung zum Schlagwort für eine speziell österreichische Art im Umgang mit Besatzungsmächten: vollkommen passives Verhalten gegenüber der fremden Macht, so daß für

diese keine Möglichkeit besteht, irgendwo im Land Fuß zu fassen.

Illegale, der; -n, -n ⟨lat.⟩: bedeutet in der österr. Geschichte zwischen den beiden Weltkriegen „Nationalsozialist": *So bin i Illegaler worn ... Illegal ... des war damals jeder in Österreich ... des war wie heit, wenn man bei aner Partei is ... Bei uns im Gemeindebau alle ... mir warn eh alle bis Vieradreißg ... dann warn mir illegal* (H. Qualtinger/C. Merz, Der Herr Karl 16).

im Betretungsfalle →Betretung.

im nachhinein: bes. österr. für **a)** „nachträglich": *damit Großbritannien die einseitige Unabhängigkeitserklärung seiner ehemaligen Kolonie im nachhinein als rechtmäßig anerkennt* (Kronen-Zeitung 15. 10. 1968). **b)** „hinterher, nachher": *die Bestimmungen wurden im nachhinein geändert.*

im Nichteinbringungsfall →Nichteinbringungsfall.

Imp, der; -s, - (mdal.): „Biene" (auch bayr.).

Impotenzler, der; -s, ⟨lat.⟩ (abwertend): „impotenter Mann": *In früheren Jahrhunderten hätten siebzigjährige Impotenzler wie Torquemada solche Leute freilich verbrannt* (A. Drach, Zwetschkenbaum 45).

Imprimatur ⟨lat.⟩, „Druckerlaubnis": kann in Österr. auch auf der letzten Silbe betont werden. In diesem Fall ist das Wort Femininum: die; -.

im vorhinein: bes. österr. für: **a)** „im voraus": *die Ware ist im vorhinein zu bezahlen; ...daß die Ostberliner Seite ... schon im vorhinein informiert war* (Die Presse 7./8. 3. 1970). **b)** „von vornherein": *Damit ist ja der Menschengüte seines Sohnes im vorhinein ein Zügel angelegt* (R. Musil, Der Mann ohne Eigenschaften 1229).

inaugurieren, inaugurierte, hat inauguriert ⟨lat.⟩: kann österr. veraltet auch „einweihen" bedeuten: *ein Gebäude inaugurieren.*

in der Früh: „am Morgen" (auch süddt., schweiz.). →**Früh.**

Indian, der; -s, -e ⟨Kurzwort aus „indianischer Hahn"⟩: bes. österr. für „Truthahn" (vor allem, wenn es sich um einen Truthahn als Speise handelt): *Indian außen und innen salzen und wenig pfeffern* (Thea-Kochbuch 70).

Indianerkrapfen, der; -s, -: „Mohrenkopf; mit Schokolade übergossenes Gebäck": *Fella begann zu verlieren – nämlich Indianerkrapfen bei Freudenschuß – weil sie hartnäckig immer auf Trix setzte* (H. Doderer, Die Dämonen 527). →**Krapfen.**

inferior ⟨lat.⟩: kommt in der österr. Alltagssprache sehr häufig vor und bedeutet hier „katastrophal schlecht": *Als in jeder Beziehung stärkere Elf machten sie mit der inferioren Donawitzer Abwehr periodenweise, was sie wollten* (Vorarlberger Nachrichten 25. 11. 1968).

in Hinkunft →**Hinkunft.**

Initiative, die; -, -n ⟨lat.⟩: wird in Österr. [initsia'ti:fə] ausgesprochen.

Inkassant, der; -en, -en ⟨lat.⟩: „jmd., der Geld kassiert, Kassierer": *Der kleine parasitäre Ehemann war zu jener Zeit vielfach als Inkassant von Beiträgen und Zusteller von Waren korrekt (im Inkorrekten) tätig gewesen* (H. Doderer, Die Dämonen 128); *Er ... gab sich als Inkassant einer Haushaltsgerätefirma oder eines „Kreditinstituts" aus* (Express 11. 10. 1968). Dazu: **Inkassantin,** die.

inklusive ⟨lat.⟩: wird in Österr. [ɪnklu'zi:fə] ausgesprochen.

inliegend: österr. für binnendt. „einliegend".

innen: a) steht österr. (und süddt.) dort, wo es im Binnendt. „drinnen" heißt, wenn

es *nicht* die Bedeutung „innerhalb von; im Innern" hat; bei **drinnen** wird also immer eine Blickrichtung nach innen vorausgesetzt, es kann also nie heißen „hier drinnen", sondern nur „hier innen". **b)** Veraltend kann in Österr. innen für „drinnen" stehen: *Sie trat in ein Pförtchen in der Ecke des Hofes, da wohl ein Backofen innen sein mochte* (F. Grillparzer, Der arme Spielmann 283). →**außen, drinnen, herinnen.**

innerorts: das schweiz. Wort für „innerhalb des Ortes" kommt auch im österr. Bundesland Vorarlberg vor: *Dennoch müssen sich die Verantwortlichen darüber im klaren sein, daß auch die Bahnschranken im Schwefel innerorts Dornbirn längst schon beseitigt gehörten* (Vorarlberger Nachrichten 23. 11. 1968).

innert: das schweiz. Wort für „binnen, innerhalb" kommt auch im österr. Bundesland Vorarlberg vor, z. B. auch in den amtlichen Texten.

Inquisitenspital, das; -s, ...spitäler ⟨lat.⟩: „Gefängniskrankenhaus": *Man einigte sich, ... keine Sträflingszellen in das neue Haus zu verlegen, wohl aber das Inquisitenspital und Häftlingswerkstätten* (Die Presse 3./4. 5. 1969). →**Spital.**

insgeheim: wird in Österr. nur auf der ersten Silbe betont, im Binnendt. auf der letzten. Ebenso: **insgemein, insgesamt.**

inskribieren, inskribierte, hat inskribiert ⟨lat.⟩: **a)** /itr./ „sich als Hörer an einer Hochschule für das laufende Semester anmelden": *Dafür wollen die Hörer als Gegenveranstaltung jenen Kollegen, der als letzter inskribiert hat, „inaugurieren"* (Die Presse 27. 11. 1968). **b)** /tr./ „die Teilnahme an einer bestimmten Vorlesung, Übung zu Beginn des Semesters anmelden", im Binnendt. „belegen": *eine Vorlesung inskribieren; Als er 1956 in Wien Germanistik und Zeitungswissenschaft inskribierte* (Profil 17/1979).

Inskription, die; -, -en ⟨lat.⟩: **a)** „Anmeldung an einer Hochschule für das laufende Semester". **b)** „Anmeldung zur Teilnahme an einer Vorlesung o. ä.". →**inskribieren.**

insofern: wird in Österr. auf der ersten Silbe betont, im Binnendt. auf der zweiten. Ebenso: **insoweit.**

Inspektor, der; -s, -en: ist die besonders in Wien übliche Anrede an einen Polizisten, auch wenn er diesen Amtstitel noch nicht führt: „*Herr Inspektor*", *sagte Niki* (H. Doderer, Die Dämonen 1310).

Instanzenzug, der; -[e]s, ...züge ⟨lat.⟩: Amtsspr. „Instanzenweg": *Jedes Bundesland ist eine eigenständige Einheit und der direkte Instanzenzug zum Obersten Gerichtshof daher anzustreben* (Vorarlberger Nachrichten 4. 11. 1968).

Instruktor, der; -s, -en ⟨lat.⟩: bedeutet österr. „Einführender, Unterweiser, z. B. für eine neue Maschine", binnendt. „Instrukteur".

insultieren, insultierte, hat insultiert ⟨lat.⟩: „schwer beleidigen, tätlich angreifen", in Österr. sehr häufig und keineswegs (wie binnendt.) veraltet: *der Spieler insultierte den Schiedsrichter; die Polizisten wurden von Demonstranten insultiert.*

Insultierung, die; -, -en ⟨lat.⟩: „grobe Beleidigung; tätlicher Angriff": *Der Strafsenat der österreichischen Fußball-Nationalliga verurteilte ... den Rapidler W. G. wegen Insultierung eines Gegners* (Vorarlberger Nachrichten 28. 11. 1968).

Interne, die; -n, -n: bedeutet österr. auch „Krankenhausabteilung für innere Medizin": *... knirschte kopfschüttelnd der Rettungsfahrer, einen Zettel für die Interne zwischen den Zähnen* (M. Mander, Kasuar 172).

interurban [auch: in...] ⟨lat.⟩ (veraltend): „nicht auf das Stadtgebiet beschränkt, Fern-": *... von interurbanen Telephongesprächen ganz zu schweigen* (F. Torberg, Jolesch 111).

invalid ⟨lat.⟩: österr. nur so gebrauchte Form, im Binnendt. auch „invalide".

Inwohner, der; -s, -: bedeutet österr. auch „Mieter, Bewohner": *Ein großes Land vermag seinen Inwohnern allenfalls ein Vaterland zu sein, aber ob es ein solches Land wirklich zur Heimat bringt?* (A. Brandstetter, Daheim 35).

Irkutsk (sibir. Stadt): wird österr. auf der ersten Silbe betont, binnendt. auf der zweiten.

I-Tüpfel, I-Tüpferl: *(ugs.) **genau sein bis aufs I-Tüpfel**: „sehr genau, pedantisch sein".

I-Tüpfel-Reiter, der; -s, - (ugs.): „Pedant".

J

j, J: wird in Österr. beim Buchstabieren [je:] ausgesprochen, im Binnendt. [jɔt]. →**q, Q.**

Jacke, die; -, -n: kann sich in Österr. nur auf Frauenbekleidung beziehen, bei Männern muß es je nach der Art des Kleidungsstückes Sakko, Janker o. ä. heißen.

Jagatee, der; -s: in der Gastronomie übliche, an die mdal. Aussprache angelehnte Schreibung, eig. „Jägertee": „Tee mit Schnaps".

Jagasaftl, das; -s: ein Kräuterschnaps.

Jahrgänger, der; -s, -: „jmd., der dem gleichen Geburtsjahrgang angehört"; das schweizerische Wort kommt auch im österr. Bundesland Vorarlberg vor: *Für die Jahrgänger sprach Postvorstand i. R.*

Franz Josef Speckle ein ehrendes Abschiedswort (Vorarlberger Nachrichten 25. 11. 1968).

Janker, der; -s, -: „dicke, wollene Weste; Trachtenjackett" (auch süddt.): *Bob Schlesinger (Janker, nackte Knie)* (K. Kraus, Menschheit II 104).

Jänner, der; -s: österr. für binnendt. „Januar". Januar klingt hier umständlich und gespreizt: *Insbesondere, seit Ende Jänner die ganze Richtung ihr wahres Gesicht gezeigt hat und in Schattendorf ein kleiner Bub erschossen worden ist* (H. Doderer, Die Dämonen 978); *... ins karibische meer fahren, weil es dort so heiss ist und man auch im jänner braun werden kann* (K. Bayer, der sechste sinn 91). →**Feber.**

Jaspis, der; -ses, -se: wird österr. auf der letzten Silbe betont, binnendt. auf der ersten.

Jaß, der; Jasses ⟨niederl.⟩: **1.** das schweiz. Kartenspiel ist auch in Vorarlberg bekannt. Dazu: **jassen, Jasser. 2.** (ugs., salopp, veraltend) „tüchtiger Kerl".

Jauk, der; -s ⟨slowen.⟩ (Kärnten): „Föhn".

Jaukerl, das; -s, -n (ugs., salopp): „Injektion".

Jause, die; -, -n ⟨slaw.⟩: „Zwischenmahlzeit, Imbiß, Vesper": *... und mit einer Jause, verbunden mit einer netten Veranstaltung, im Missionshaus endete* (Vorarlberger Nachrichten 6. 11. 1968); *In jener Zeit war der Rittmeister bei seiner Schwester Emma ... zur Jause geladen* (G. Fussenegger, Das Haus der dunklen Krüge 86). →**Marende.**

jausen →jausnen.

Jausenapfel, der; -s, ...äpfel: „Apfel als Zwischenmahlzeit": *... in Vaters Manteltasche, dort findet sie zwei Jausenäpfel* (M. Mander, Kasuar 283).

Jausenbrot, das; -[e]s, -e: „für eine Zwischenmahlzeit in die Schule, zur Arbeit mitgebrachtes [belegtes] Brot": *Er entnimmt derselben alten Tasche, in der sich auch die Thermosflasche befand, ein zusammengelegtes Jausenbrot und beginnt es zu essen* (H. Qualtinger/C. Merz, Der Herr Karl 14). →**Jause, jausnen.**

Jausenkaffee, der; -s: „als Zwischenmahlzeit oder zu geselligem Treffen am Nachmittag getrunkener Kaffee [mit Kuchen]": *Schon war der Duft des Jausenkaffees zu spüren, den Marie in der Küche bereitete* (H. Doderer, Die Dämonen 538). →**Jause.**

Jausenschale, die; -, -n: „besonders für eine Jause verwendete Kaffeetasse": *mit Vornamen ausstaffierte Jausenschaln* (J. Weinheber, Kalvarienberg 40). →**Jause, Schale.**

Jausenstation, die; -, -en: „Gaststätte, in der man einen Imbiß einnehmen kann": *Das Konzessionsansuchen für die Errichtung einer Jausenstation* (Rieder Volkszeitung 1. 5. 1969).

Jausentisch, der; -es, -e: „für eine Jause, Imbiß gedeckter Tisch": *Sie lachte ihren*

Kindern zu (Trix sah süß aus) und blieb am Jausentisch sitzen (H. Doderer, Die Dämonen 539).

Jausenzeit, die; -, -en: „Zeit für einen Imbiß; Pause": *um 9 Uhr ist Jausenzeit.*

jausnen, jausnest, jausnete, hat gejausnet; (selten:) **jausen,** jaust/jausest, jauste, hat gejaust ⟨slaw.⟩: **a)** „eine Zwischenmahlzeit, einen Imbiß einnehmen": *Du glaubst also wirklich, daß wir hier jausnen sollen?* (J. Nestroy, Jux 459). **b)** „(etwas) zur Jause essen oder trinken": *Na, Tschoklad tut's jausnen ... muß es eh gleich richten gehn* (F. Herzmanovsky-Orlando, Gaulschreck 167). →**Jause.**

jemand anderer, anderem usw. →anders.

Jessas, Jessas na: Ausruf höchsten Erschreckens: *Musik und Gesang: Jessas na, uns geht's guat, ja das liegt schon so im Bluat* (K. Kraus, Menschheit I 228).

jö: Ausruf des Erstaunens: *Jö, ein Blindgänger, Gott! Nein so hab ich mir das nicht vorgestellt* (K. Kraus, Menschheit I 113).

Joch, das; - [e]s, -: „Feldmaß von 57,554 a", auch in Teilen Deutschlands bekannt, aber veraltet; ist in der österr. Alltagssprache noch immer das übliche Maß für bes. landwirtschaftliche Flächen: *K. Z. kam aus Steinhaus bei Wels, heiratete 1953 die Kriegerswitwe C. S., die sich bis dahin allein auf den 12 Joch Wiesen und Äckern ihres kleinen Besitzes abrackerte* (Salzkammergut-Zeitung 19. 12. 1968).

Jockey, der; -s, -s ['dʒɔki]: ist die in Österr. allein verwendete Schreibung und Aussprache, binnendt. auch Jockei ['dʒɔ-kai, jɔkai].

Jodok: der männliche Vorname wird in Österr. immer auf der ersten Silbe betont, im Binnendt. auf der letzten.

Joghurt ⟨türk.⟩: ist in Österr. Neutrum: das; -s, gelegentlich (bes. Wien) auch Femininum: die; -.

Johann: der männliche Vorname wird in Österr. immer auf der ersten Silbe betont. Die binnendt. Betonung auf der zweiten Silbe gibt es nur in den Ortsnamen St. Johann.

Josef: der männliche Vorname wird in Österr. in neuerer Zeit immer mit -f geschrieben. Ebenso: **Josefa, Josefine.**

Josefa, Josephus: wird in Österr. mit

kurzem e gesprochen, im Binnendt. auch mit langem.

Josefi: „Fest des hl. Josef".

Josefitag, der; -[e]s, -e: österr. (und bayr.) Form für binnendt. „Josefstag": ... den „Josefitag", den Vorarlberger Landesfeiertag am 19. März (Die Presse 22. 4. 1969). →**Florianitag, Leopolditag, Stefanitag.**

Journaille, die; -: wird österr. [ʒʊrˈnaɪjə] ausgesprochen, binnendt. [...ˈnaljə].

Journalbeamte, der; -n, -n ⟨franz.⟩: „diensthabender Beamter im Bereitschaftsdienst": Als die Journalbeamten die Anzeige aufnahmen, stutzten sie (Kronen-Zeitung 5. 10. 1968).

Journaldienst, der; -es, -e ⟨franz.⟩: „Tagesdienst; Bereitschaftsdienst": Im Reaktorat wurde Samstag vormittag Journaldienst gehalten (Die Presse 8. 7. 1969).

Journalfräulein, das; -s, - ⟨franz.⟩: „Buchhalterin, besonders in Handelsbetrieben, Hotels o. ä.".

Journalführerin, die; -, -nen ⟨franz.⟩: „Buchhalterin, besonders in Handelsbetrieben, Hotels o. ä.".

jovial ⟨franz.⟩: wird in österr. [ʒoviˈaːl] ausgesprochen, im Binnendt. [j...].

jubilieren, jubilierte, hat jubiliert ⟨lat.⟩: „ein Jubiläum feiern", wird in Österr. auch auf Institutionen o. ä. und nicht (wie binnendt.) nur auf Personen bezogen: eine Firma, die Universität jubiliert; Auch der jubilierende Europarat war oft nicht mehr als eine Bühne für Deklarationen (Die Presse 6. 5. 1969).

Juchhe, das; -s, -s (ugs.): a) „höchste Galerie in Theater". b) „entfernter Platz in einem Haus, am Arbeitsplatz [der von der Aufsichtsperson nicht eingesehen werden kann]".

Judo ⟨japan.⟩: wird in Österr. [ˈdzuːdo] ausgeprochen, im Binnendt. [j...]. Ebenso: **Judoka.**

Juice, der; -, - [dzuːs] ⟨engl.⟩: das binnendt. seltene Wort ist in Österr. der übliche Ausdruck für „Fruchtsaft"; speziell für importierte Säfte wie Ananas-, Grapefruitjuice: Königin und Prinzessin hingegen ... nippten an einem Glas Juice (Die Presse 9. 5. 1969).

Jumper, der; -s, ⟨engl.⟩: wird in Österr.

[ˈdʒɛmpɐ], jünger auch [ˈdʒampɐ] ausgesprochen.

Jungbürger, der; -s, - (veraltend): „jmd., der erstmals wählen darf".

Jungbürgerfeier, die; -, -n: „Feier für junge Menschen, die das Wahlalter erreicht haben, oft am Nationalfeiertag": In diesem Zusammenhang muß man auf die Reden unserer Regierungsmitglieder bei Jungbürgerfeiern hinweisen (Vorarlberger Nachrichten 23. 11. 1968). →**Jungbürger.**

Jungfernbraten, der; -s, -: „Lungenbraten beim Schwein": 60 dkg (600 g) Jungfernbraten, Salz, Pfeffer, Fett, Wurzelwerk, Wasser, Essig, $^1/_8$ Liter Rahm, 1 Löffel Mehl, Muskatnuß, Zitronensaft (R. Karlinger, Kochbuch 94). →**Lungenbraten.**

Jungmaiß, der; -: „Jungwald" (auch bayr.): Wenn ein Bauer zum Beispiel im Jungwald oder „Jungmeis", wie wir hier sagen, jeden zweiten Baum heraushackt, damit die übrigen bleibenden sich besser entwickeln können, so ist er noch kein Revolutionär (H. Doderer, Die Dämonen 482). →**Maiß.**

Jungmann, der; -[e]s, ...männer: „Soldat im Grundwehrdienst": Ohne Waffen und ohne Munition sitzen die Jungmänner in den Kasernen für den berühmten „Ernstfall" (Kronen-Zeitung 6. 10. 1968).

Juri, der; -s, - (ugs., veraltet, abwertend): „hausierender Slowake [oder Kroate]".

juridisch ⟨lat.⟩: in Österr. häufigere Form für „juristisch": Zum erstenmal seit Bestehen der Freien Universität zu Berlin wurde der Lehrbetrieb einer Fakultät, nämlich der juridischen, für eine Woche eingestellt (Die Presse 16. 1. 1969).

Jus, das; - /meist ohne Artikel/: österr. Form für binnendt. „Jura": er studierte Jus.

Jusstudent, der; -en, -en ⟨lat.⟩: österr. Form für binnendt. „Jurastudent". →**Jus.**

Jusstudium, das; -s, ...ien: österr. für binnendt. „Jurastudium": Über die Reform des Jusstudiums wird voraussichtlich am 14. Oktober ... entschieden (Die Presse 3. 10. 1968).

justament ⟨franz.⟩ /Adv./: „gerade; nun erst recht" (im Binnendt. veraltet).

Justamentgrund, der; -[e]s, ...gründe:

„→Justamentstandpunkt": *Aus Justamentgründen macht man die Steudelgasse zur verkehrsarmen Zone* (auto touring 5/ 1978).

Justamentstandpunkt, der; -[e]s, -e: „Standpunkt, der aus Trotz, Prestige oder Prinzip nicht aufgegeben wird, obwohl keine sachlichen Gründe mehr dafür sprechen": *Es sieht deutlich nach Prestigefrage und Justamentsstandpunkt aus, nicht nach echtem Willen, die objektiv und technisch-finanziell optimalste Lösung zu su-*

chen (Vorarlberger Nachrichten 18. 11. 1968).

Justizwachebeamte, der; -n, -n: Amtsspr. „Justizbeamter bei Gericht, in einem Gefängnis o. ä.": *Da reagiert der Justizwachebeamte H. St., 26. Er wirft sich dem Beschuldigten entgegen ...* (Express 3. 10. 1968). →**Wachebeamte.**

Juxte, die; -, -n ⟨lat.⟩; „Teil eines Wertpapiers, der zur Kontrolle zurückbehalten wird": österr. Form zu binnendt. „Juxta".

K

Kabarett, das; -s, -s ⟨franz.⟩: wird in Österr. [kabaˈrɛ:] ausgesprochen, im Binnendt. meist [...rɛt]. In Österr. steht also einer eingedeutschten Schreibung eine franz. Aussprache gegenüber.

Kabinett, das; -s, -s ⟨franz.⟩: wird in Österr. immer für „kleines Zimmer mit nur einem Fenster" gesagt: *Hab gerade meiner Nichte 's Bett da frisch überzogen, ich schlaf mit meinem Sohn da nebenan, im Kabinett – wollen S' es sehen* (R. Billinger, Der Gigant 300); *Hauswartposten, Kabinett, Küche, 20. Bezirk Nähe Wallensteinplatz ...* (Kronen-Zeitung 5. 10. 1968).

Kabriolett, das; -s, -s ⟨franz.⟩: wird in Österr. [kabrioˈle:] ausgesprochen, im Binnendt. [...lɛt]. Vgl. →**Kabarett.**

Kaffee, der; -s ⟨franz.⟩: wird österr. immer auf der letzten Silbe betont. Binnendt. Erstbetonung wirkt in Österr. lächerlich und stempelt den Sprecher sofort als „preußisch".

Kaffeehäferl, Kaffeeheferl, das; -s, -n (ugs.): „größere Kaffeetasse". →**Häferl.**

Kaffeehaus, das; -es, ...häuser: österr. für binnendt. „Kaffeestube, Café"; es bezeichnet (neben Café) vor allem den für Wien charakteristischen Typ des Cafés mit seiner „nomadenhaften Häuslichkeit" [K. Kraus]: *Diskussion ist eine Pest, die aus Deutschland kommt. Österreicher und Österreicherinnen, geht in die Kaffeehäuser*

(Aufruf von Wolfgang Bauer); *Heute finden solche Gespräche sogar an den Tischen der Kaffeehäuser statt* (W. Kraus, Der fünfte Stand 17).

Kaffeehausbesucher, der; -s, -: „[ständiger] Gast eines Kaffeehauses": *Er hatte Doktor Skowronnek schon lange gekannt, wie er andere Kaffeehausbesucher kannte, nicht mehr und nicht weniger* (J. Roth, Radetzkymarsch 173). →**Kaffee, Kaffeehaus.**

Kaffeeköchin, die; -, -nen: „Frau, die in einem Café usw. den Kaffee kocht (Berufsbezeichnung)".

Kaffee reiben →reiben.

Kaffeeschale, die; -, -n: „größere Kaffeetasse": *Von der Kaffeeschale weg wurden die drei verhaftet* (Express 8. 10. 1968). →**Schale.**

Kaffeesieder, der; -s, -: Amtsspr. (sonst oft abwertend): „Kaffeehausbesitzer": *Die Vergabe von Konzessionen erfolge im übrigen ohnehin nur an drei Berufsgruppen: Zuckerbäcker, Gastwirte und Kaffeesieder* (Die Presse 14./15. 6. 1969); *... wo man ... Inhaber eines großen und eleganten Lokales in ebenso despektierlicher Weise als ‚Kaffeesieder' bezeichnen würde* (H. Doderer, Die Dämonen 125).

Kaftan, der; -s, ⟨pers.⟩: der Plural heißt in Österr. Kaftane oder Kaftans, binnendt. nur -e.

Kai, der; -s, -s ⟨niederld.⟩: wird in Österr. [ke:] ausgesprochen, im Binnendt. [kai̯].

Kaiserfleisch, das; -es: „geräuchertes Bauchfleisch, Schweinebauch".

Kaiserschmarren, der; -s: „eine Mehlspeise in der Art eines zerstoßenen Eierkuchens, oft mit Rosinen" (auch süddt.). →**Schmarren.**

Kaisersemmel, die; -, -n: „durch fünf bogenförmige Einschnitte auf der Oberseite gekennzeichnete Semmel": *Golden schimmerte der Honig, die frischen Kaisersemmeln dufteten nach Feuer und Hefe wie alle Tage* (J. Roth, Radetzkymarsch 103).

Kakadu, der; -s, -s ⟨niederl.⟩: wird in Österr. auf der letzten Silbe betont, im Binnendt. auf der ersten.

Kalafati, der; - ⟨ital.⟩: „im Wiener Prater aufgestellte Riesenfigur".

kälbern I. kälbern, kälberte, hat gekälbert: österr. auch für „kalben": *die Kuh kälbert.* **II.** kälbern /Adj./: „aus Kalbfleisch" (auch süddt.).

Kälberne, das; -n: „Kalbfleisch" (auch süddt.): *Schinken, Zungen, Kälbernes, kalte Pasteten* (J. Nestroy, Das Mädl aus der Vorstadt 372). →**Hirschene, Lämmerne, Schweinerne.**

Kalbsbeuschel, das; -s, -: „Innereien (Herz, Lunge) des Kalbs". →**Beuschel.**

Kalbin, die; -, -nen: österr. (und süddt.) für binnendt. „Kalbe; Kuh, die noch nicht gekalbt hat": *... im Hinblick auf die ... Zahl der trächtigen Kalbinnen* (Wiener Zeitung 20. 3. 1980 [Text einer Verordnung]).

Kalbskarree, das; -s, -s ⟨franz.⟩: „Rippenstück vom Kalb". →**Karree.**

Kalbsschlegel, der; -s, -: „Kalbskeule": *Kalbsschlegel mit Reis 28,–* (Speisekarte Hotel Regina, Wien 20. 12. 1968). →**Schlegel.**

Kalbsstelze, die; -, -n: „Kalbshachse": *Kalbsstelze, gebraten* (Kronen-Zeitung-Kochbuch 168). →**Stelze.**

Kalter, der; -s, -: „Behälter [für Fische]" (auch süddt.). →**Fischkalter.**

Kaluppe, die; -, -n ⟨tschech.⟩ (ugs.; auch bayr.): „baufälliges, altes Haus; Hütte": *Das heißt, wo halt dein früherer Hausknecht g'wohnt hat; is a schöne Chaluppen* (J. Nestroy, Frühere Verhältnisse 881).

kampieren, campieren, kampierte, hat kampiert ⟨franz.⟩: bedeutet österr. (und schweiz.) „Camping machen", im Binnendt. (k...) „schlecht, notdürftig wohnen": *Campieren und Feuermachen ist verboten* (Die Presse 21. 4. 1980).

Kampl, der; -s, -n (ugs.): „Kerl, Geselle, Kumpan" (auch bayr.): *Ja, das is ein gefinkelter Kampl* (K. Kraus, Menschheit II 242).

Kanadier, der; -s, -: bedeutet österr. veraltend auch: „eine Art von Polstersessel": *Vor den Glaswänden der hohen und fast bis zum Boden reichenden Fenster lag Grete in einem Kanadier und sah hinaus, nach Norden, gegen die Straße und die Grenze zu* (H. Doderer, Die Dämonen 1051).

Kanaille, die; -, -n: wird österr. [ka'naijə] ausgesprochen, binnendt. [ka'naljə].

Kanalstrotter, der; -s, - (ugs.): „Vagabund [der sich im Kanalsystem herumtreibt]": *Eine zünftige Platte sind wir gewesen, – Kanalstrotter, Steinklopfer, Aufhakker, Roßwascher, – goldige Burschen* (F. Th. Csokor, 3. November 1918, 255). →**Strotter.**

Kanapee, das; -s, -s ⟨franz.⟩: wird österr. auch (bes. in Wien) auf der letzten Silbe betont.

Kanari, der; -s, - (ugs.): Kurzwort für „Kanarienvogel" (auch süddt.): *Vier Kanari war er mir schuldig ... hochrassige Tiere, privatpersönliche Zucht* (E. Canetti, Die Blendung 375).

Kanditen, die /Plural/ ⟨ital.⟩: „überzuckerte, kandierte Früchte", auch allgemein „Süßigkeiten". Dazu: **Kanditenfabrik, Kanditengeschäft.**

Kantineur, der; -s, -e: „Kantinenwirt".

Kanu, das; -s, -s ⟨karib.⟩: wird österr. immer auf der letzten Silbe betont, im Binnendt. auf der ersten.

Kanzelwort, das; -[e]s, ...worte (geh.): „Predigt": *Das feierliche Seelenamt für den Verstorbenen zelebrierte Pfarrherr Franz Kohler, der tröstende Worte in seinem Kanzelwort an die Angehörigen richtete* (Vorarlberger Nachrichten 25. 11. 1968).

Kanzlei, die; -, -en ⟨lat.⟩: das binnendt. veraltende Wort ist österr. (und süddt., schweiz.) noch allgemein üblich neben „Büro", bes. „Büro eines Rechtsanwalts": *Der Hausherr ist ja, wie Sie vielleicht wis-*

sen, Inhaber einer der bedeutendsten Kanzleien in Wien (H. Doderer, Die Dämonen 441); ... *eben diesen Betrag quittierte im November 1957 laut Beleg die Kanzlei Dr. Broda* (Die Presse 6. 2. 1969). →**Amtskanzlei, Notariatskanzlei, Rechtsanwaltskanzlei.**

Kanzleikraft, die; -, ...kräfte: „Bürokraft": *Kanzleikraft, Steno und Maschinenschreiben, für Rechtsanwaltskanzlei, Alter bis 55 Jahre gesucht* (Kronen-Zeitung 5. 10. 1968, Anzeige). →**Kanzlei.**

Kapauner, der; -s, - ⟨franz.⟩: mdal. für „Kapaun".

Kapo, der; -s, -s: ist österr. (bes. Wien) ugs. auch eine Kurzform zu „→Kapuziner".

kapischo ⟨ital.⟩ (ugs.) „verstanden?".

Kapital, das; -s ⟨lat.⟩: der Plural lautet in Österr. immer Kapitalien, im Binnendt. auch -e: *Das immer stärkere Anwachsen der Industrien und Kapitalien* (W. Kraus, Der fünfte Stand 44).

Kappe, die; -, -n: bezeichnet österr. (und süddt.) eine „meist flache, steife Mütze mit einem Schild"; eine „enganliegende Kopfbedeckung ohne Schild" (die im Binnendt. „Kappe" genannt wird) heißt in Österr. „Haube": *Er hatte seine Kappe mit dem schwarzglänzenden Schild nachlässig in den Nacken geschoben* (F. Torberg, Hier bin ich, mein Vater 27). →**Haube, Pelzkappe, Pullmankappe, Sportkappe, Schirmkappe.**

Kappl, das; -s, -n (ugs.): „Kappe". Die Verkleinerungsform bedeutet hier nicht, daß es sich um eine kleine Kappe handelt: *Ah, fort mit dem Kappl; mir scheint, das drückt mir aufs Gehirn* (A. Schnitzler, Leutnant Gustl 131). →**Amtskappl, Kappe.**

Kaprize, die; -, -n [kaˈpriːtsə] ⟨franz.⟩: österr. Form für binnendt. „Kaprice": *Alles was recht ist, ich hab' gewiß auch die Kinder gern und tu' ihnen alles mögliche, aber wie die 's treiben mit dem Kind, und was s' ihm für Kaprizen ang'wöhnen* (J. Nestroy, Faschingsnacht 174).

Kaprizenschädel, der; -s, - (ugs.): „Dickkopf". →**Kaprize.**

Kaprizpolster, der; -s, - (Wien, sonst veraltet): „kleines, ziemlich festes Kissen, das

zusätzlich („als Kaprize") auf die Bettkissen gelegt wird". →**Kaprize.**

Kapuziner, der; -s, - ⟨franz.⟩: bezeichnet in Österr. auch eine Zubereitungsart von Kaffee, „Kaffee mit einem Tropfen Milch". Die Stufen der Helligkeit beim Kaffee zwischen hell und dunkel sind: weiß – licht – gold – braun – Kapuziner – Mocca. →**Kaffee.**

Karabiner, der; -s, - ⟨franz.⟩: bedeutet österr. auch „Karabinerhaken".

Karambol, das; -s, -s: a) österr. für binnendt. „die Karambole (Spielball beim Billard)". b) ugs. „Karambolage".

...karatig: österr. neben „...karätig".

Karbonade, die; -, -n ⟨franz.⟩: K ü c h e a) „Nacken und (kurze) Koteletts vom Schwein": *Zum Braten eignen sich am besten: Karree (Koteletts, Karbonaden)* (R. Karlinger, Kochbuch 92). b) (bes. Wien) „faschierter Braten, Buletten, Deutsches Beefsteak".

Karbonpapier, das; -s, (Sorten:) -e: „Kohlepapier".

Karfiol, der; -s ⟨ital.⟩: österr. (und süddt.) für „Blumenkohl": *Den Karfiol putzen und kurz in Salzwasser legen (damit vorhandene Schnecken herauskriechen)* (Kronen-Zeitung-Kochbuch 99). Dazu: **Karfiolsalat, Karfiolsuppe.**

Karfreitagsratsche, **Karfreitagsratschen,** die; -, -en: a) „Holzgerät, mit dem am Karfreitag besonders zu Beginn der Gottesdienste gelärmt wird, da die Glocken nicht geläutet werden": *Wenn er bei einer Klasseninspektion Zwischenfragen stellte, so schnarrte seine Stimme wie eine Karfreitags-Ratschen* (H. Doderer, Die Dämonen 590). b) Schimpfwort für „tratschsüchtige Frau". →**Ratsche.**

Karniese, die; -, -n [karˈniːʃə]: „Verkleidung um die Vorhangstange; Gardinenleiste": *Karnieses. Ausmessung und Montage* (Kurier, 16. 11. 1968, Anzeige). Die der Aussprache entsprechende Schreibung **Karnische** kommt in der Praxis kaum vor.

Karotte, die; -, -n: „Mohrrübe, gelbe Rübe". →**Möhre.**

Karpf, der; -es, -en (ugs.): „Dummkopf". Für den Fisch gilt dagegen die gemeindt. Form: der Karpfen.

Karree, das; -s, -s ⟨franz.⟩: Küche bedeutet österr. auch „Rippenstück vom Schwein, Kalb oder Schaf, von dem durch Schneiden in einzelne Schnitten die Koteletts gewonnen werden". ***kurzes Karree:** „vorderer, schmalerer Teil des Rippenstückes", **langes Karree:** „hinterer, breiterer Teil des Rippenstückes": *Besonders geeignet zum Braten: Hintere Stelze, Schale, Schnitzelfleisch, Schlußbraten, Schweinslungenbraten, kurzes Karree, langes Karree, Niere, Bauchfleisch* (Thea-Kochbuch 88). →**Karbonade, Schweinskarree, Schweinsstelze, Selchkarree.**

Karren, der; -s, -: österr. nur so, binnendt. auch „die Karre": *den Bach mit einem Karren zu überqueren* (G. F. Jonke, Geometrischer Heimatroman 108).

Kartoffel: wird österr. ugs. (analog zu *der* Erdapfel) meist männlich gebraucht: der; -s, -. (Hochsprachl. gilt aber nur *die.*) →**Erdapfel.**

Karton, der; -s, -s / (selten:) -e ⟨franz.⟩: wird österr. (und süddt.) [kar'to:n] ausgesprochen.

Kaser I. der; -s, -: a) „Käser, Facharbeiter für Käsezubereitung". b) „Senne, der auf einer Alm für Milch und Käse zuständig ist". **II.** die; -, - (west-, südösterr.): „Almhütte im Gebirge".

Kasperl, der; -[s], -n: österr. (und bayr.) für a) „Kasper; alberner Kerl": *Ihr Fratzen, ihr Kasperl, ihr Glotzaugen, ihr Jammergestalten* (P. Handke, Publikumsbeschimpfung 13). b) „Figur beim Kasperltheater": *Der Kaftan aber war so ... zugefranst, daß er der Kleidung eines Kasperl (Policinello) entsprach* (A. Drach, Zwetschkenbaum 34). Aussprache meist ['kaʃpɐl].

Kassa, die; -, Kassen ⟨ital.⟩: österr. (und süddt.) Form für „Kasse": *Ab 2. Jänner 1969 gelten für unsere Anzeigenschalter, Kassa und Vertriebsabrechnung neue Öffnungszeiten* (Tiroler Tageszeitung 28. 12. 1968); *An der Kassa habe er die Haushaltswaren bezahlt* (Die Presse 18. 2. 1969). →**Abendkassa, Krankenkassa.**

Kassabeleg, der; -[e]s, -e: „Kassenbeleg": *auf dem alten Kassabeleg die Unterschrift Opfolders* (M. Mander, Kasuar 18).

Kassabericht, der; -es, -e: österr. Form für „Kassenbericht": *Nach der Erstattung des Kassaberichtes durch den umsichtigen Kassier* (Vorarlberger Nachrichten 25. 1. 1968). →**Kassa.**

Kassabestätigung, die; -, -en: „Kassabestätigung": *Zwigott ... unterfertigt Kassabestätigungen* (M. Mander, Kasuar 388).

Kassablock, der; -[e]s, ...blöcke: österr. Form für „Kassenblock": *Dieser Mann ist nicht inkassoberechtigt, verwendet lediglich einen gewöhnlichen Kassablock und liefert die Spendenbeträge an den genannten Verein nicht ab* (Vorarlberger Nachrichten 25. 11. 1968). →**Kassa.**

Kassabuch, das; -[e]s, ...bücher: österr. Form für „Kassenbuch": *kälteisolierende Buchungsapparate, Kassabücher, Lagerkarteien* (Vorarlberger Nachrichten 14. 11. 1968, Anzeige). →**Kassa.**

Kassagebarung, die; -, -en: „Buchführung über die Kasse": *Pressewart Helmut Spiegel (der als Kassa-Berichterstatter von einem erstaunlich hohen „Umsatz" bei ordnungsgemäßer Kassagebarung berichtete)* (Vorarlberger Nachrichten 26. 11. 1968). →**Gebarung, Kassa.**

Kassapreis, der; -es, -e: „an der Kasse, Börse o. ä. bezahlter Preis": *Auch die Zinkfestigkeit hielt an und der Kassapreis überstieg wieder um eine Kleinigkeit den festen Produzentenpreis von 114 Pfund* (Die Presse 3. 2. 1969). →**Kassa.**

Kassastand, der; -es, ...stände: österr. Form für „Kassenstand": *Kassier Alois Müller konnte von einem steigenden Kassastand berichten* (Vorarlberger Nachrichten 25. 11. 1968). →**Kassa.**

Kassier, der; -s, -e ⟨ital.⟩: österr. (und süddt.) Form für binnendt. „Kassierer": *und er, als pensionierter Kassier der Obershofjagdklasse, hat auch nicht viel* (F. Herzmanovsky-Orlando, Gaulschreck 45); *... die Kassiere hingegen bangen um die Einnahmen* (Kronen-Zeitung 5. 10. 1968). →**Sitzkassier, Vereinskassier.**

Kassierin, die; -, -nen ⟨ital.⟩: österr. (und süddt.) Form für binnendt. „Kassiererin": *Wie erlebte die Kassierin der Oberbank-Filiale in der Neuen Heimat in Linz den Raubüberfall am Freitag?* (Oberösterrei-

Kasten

chische Nachrichten 16. 12. 1968). →**Kassier.**

Kasten, der; -s, Kästen: bedeutet österr. (und süddt., schweiz.) auch „Schrank": *Sämtliche Schränke erregten ihre Unzufriedenheit. „Da geht ja nichts herein. Ich bitt' Sie, wie sind denn diese Kästen heutzutage!"* (E. Canetti, Die Blendung 66); *Schlafzimmer, licht, sehr gut erhalten, 2 Kästen, 2 Betten, 2 Betteinsätze* ... (Kronen-Zeitung 6. 10. 1968). Das binnendt. „Schrank" gilt aber häufig als vornehmer. →**Kleiderkasten, Rollkasten, Speisekasten, Wäschekasten.**

Katalog, der; -[e]s, -e: bedeutet österr. in der Schule auch: „zu einem Buch gebundene Formulare mit den Personaldaten und Noten eines Schülers": *die Noten in den Katalog eintragen.* Dazu: **Katalognummer:** „Nummer des Schülers im Katalog seiner Klasse".

Katandel, das, -s, - (bes. Kärnten, veraltend): „Federbüchse".

Kataster, der; -s, - ⟨ital.⟩: ist in Österr. Maskulinum, im Binnendt. auch Neutrum.

Katastralgemeinde, die; -, -n: „Unterteilung, Ortschaft innerhalb einer Gemeinde": *Der Bürgermeister des niederösterreichischen Kurorts Semmering (die steirische Katastralgemeinde gleichen Namens gehört zum Gebiet von Spital am Semmering), Cais, sagte es rundheraus* (Die Presse 10. 3. 1969).

Katastraljoch, das; -s, -: in der Amtsspr. für →„Joch".

Katz, die; -, -en (ugs., salopp): „hübsches Mädchen", entspricht binnendt. „Biene": *Nur wegen dieser schiachen Katz / Vergriff er sich am Kirchenschatz* (F. Mittler, Schüttelreime 29). →**Gustokatz.**

Katzelmacher, der; -s, - (ugs., abwertend, auch bayr.): „Italiener": ... *der Falschheit der Italiener (Katzelmacher)* ... (B. Frischmuth, Klosterschule 19); *No was willst von die Katzelmacher anderes verlangen* (K. Kraus, Menschheit I 176).

Kavalett, das; -s, -s/-en ⟨ital.⟩ (veraltet): Soldatensprache „einfaches Bettgestell".

Kavalierspitz, der; -es, -e: „Fleisch vom Rind unter dem Kamm, besonders zum Kochen geeignet", auch „Kruspelspitz": *Beinfleisch ist das saftigste unter den legendären Wiener Gustostückerln wie Tafelspitz, Kavalierspitz, weißes Scherzel oder dickes Kügerl* (Die Presse 13. 12. 1968). →**Kruspelspitz.**

Keeper, der; -s, - [ˈkiːpɐ] ⟨engl.⟩: Sport österr. auch für „Tormann, Torhüter": *Nach einem Eckball von Söndergaard köpfelte er über Tormann Stachowitz hinweg, der Keeper versuchte nachzusetzen, berührte ihn den Ball und nahm dadurch dem auf der Linie postierten Scheffel die Chance, abzuwehren* (Die Presse 9. 12. 1968).

Kees, das; -es, -e (in den Alpen Süd- und Westösterreichs): „Gletscher" (auch bayr.).

Keeswasser, das; -s, -: „Gletscherbach" (auch bayr.). →**Kees.**

kegelscheiben, scheibt Kegel, hat Kegel geschoben: österr. (und bayr.) für „kegelschieben": *Die Knödel sein hart! Der mittlere Knecht: Kegelscheiben könnt man!* (K. Schönherr, Erde 6). →**Bestkegelscheiben, scheiben.**

Kegelstatt, die; -, ...stätten: „Kegelbahn": *Ich hab ein sehr schönes Landhaus in Weichselberg, einen prächtigen Garten mit Hutschen, Kegelstatt, Salettln, Boskettln und allem möglichem* (J. Nestroy, Das Mädl aus der Vorstadt 372).

Keilpolster, der; -s, ...polster/...pölster: österr. für binnendt. „Keilkissen". →**Polster.**

Keks ⟨engl.⟩: ist in Österr. immer Neutrum (im Binnendt. auch Maskulinum), der Genitiv ist endungslos: das; -, -[e].

Kelch, der; -[e]s, -e (ugs., besonders im Osten Österreichs): „Kohl".

Kellerstiege, die; -, -n: österr. (und süddt.) für binnendt. „Kellertreppe". →**Stiege.**

kennen, hat gekannt: bedeutet österr. (und bayr.) ugs. auch „bemerken, erkennen": *er hat sie in ihrer Maske nicht gekannt.*

keppeln keppelte, hat gekeppelt (ugs.): „dauernd schimpfen; keifen": *De Alte keppelt scho wieder ... Chefin ... Des waar (wär) vor vierzig Jahren aa ka Chefin g'wesn* (H. Qualtinger/C. Merz, Der Herr Karl 7).

106

Keppelweib, das; -[e]s, -er (abwertend): „dauernd keifende Frau".

Kepplerin, die; -, -nen (abwertend): „dauernd keifende Frau".

Kerker, der; -s, -: bedeutet österr. auch heute noch „Zuchthaus, Zuchthausstrafe" (im Binnendt. veraltet): *Der Hauptangeklagte G. M. erhielt neun Jahre und vier Monate schweren Kerkers, M. P. sechs Jahre schweren Kerkers* (Die Presse 27. 1. 1969).

Kerkerstrafe, die; -, -n: „schwere Gefängnisstrafe": *Kerkerstrafen für Attentäter von Ebensee* (Die Presse 27. 1. 1969). →Kerker.

Kettenprater, der; -s, -: „Kettenkarussell". →Prater.

Keusche, die; -, -n ⟨slow.⟩: a) „kleines Bauernhaus": *Vier Tage mußte der 61 Jahre alte Invalidenrentner F. M. in seiner Keusche in Kras bei Seeboden ... verbringen* (Die Presse 24. 12. 1968). b) (abwertend) „baufälliges Haus". →Keuschler.

Keuschler, der; -s, - ⟨slow.⟩: „Kleinhäusler": *ärmliche Keuschler über Furchen gebeugt* (M. Mander, Kasuar 361). Dazu: **Keuschlerbub:**

Kiberer, der; -s, - (ugs., abwertend): „Kriminalpolizist": *der Beifahrer ... glaubte, es bei dem Kieberer mit einen Ganoven zu tun zu haben* (Profil 10. 12. 1979).

kiefeln, kiefelte, hat gekiefelt (ugs.): „nagen; (an etwas) kauen" (auch bayr.): *Kiefel* (kaue) *Dein Schwarzbrot nur selber, Hannes, ich trink den Branntwein und beiß das Gläselein dazu* (P. Rosegger, Waldschulmeister 76).

Kiefer, das; -s, -: die Bezeichnung für den Knochen ist in Österr., bes. in der gesprochenen Sprache, auch Neutrum.

Kikeritzpatschen: erfundener Ortsname als Beispiel für einen sehr entlegenen und hinterwäldlerischen Ort: *Groß war das ‚Café Kaunitz' wohl, jedoch als elegant zu bezeichnen, hätte nur jemand aus Kikeritzpatschen oder Mistelbach einfallen können* (H. Doderer, Die Dämonen 125).

Kilo, das; -s, -[s]: ist österr. ugs. auch Maskulinum: der; -s, -[s]: *was kostet der Kilo Erdäpfel?*

Kimono, der; -s, -s ⟨japan.⟩: wird in Österr. auf der ersten Silbe betont.

Kinderbeihilfe, die; -, -n: früher und in der Alltagssprache noch üblich für binnendt. „Kindergeld, Kinderzuschlag", schweiz. „Kinderzulage", amtlich wurde das Wort ersetzt durch die allgemeinere Bezeichnung „Familienbeihilfe".

Kinderjause, die; -, -n: „Kinderfest, Party". →Jause.

Kindermädel, das; -s, -[n] (ugs., besonders Wien): „Kindermädchen". →Mädel.

Kinderverzahrer, der; -s, - (ugs.): „jmd., der sich [sexuell] an Kindern vergeht oder sie verschleppt, Mitschnacker": *kindafazara* (Titel eines Gedichtes, H. C. Artmann, schwoazzn diantn 19).

Kineser, der; -s, - (salopp, ugs.): a) (scherzhaft) „Chinese". b) Schimpfwort für „komischen, eigenartigen Menschen": *Japaner san a no in Wean* (Wien)! *Aufhängen sollt ma die Bagasch bei ihnare Zöpf! Einer: Loßts es gehn! Dös san ja Kineser! Zweiter: Bist selber a Kineser!* (K. Kraus, Menschheit 45).

Kiniglhas, Küniglhas, der; -n, -n (mdal., auch bayr.): „Kaninchen": *Ich war als Bub sehr gern auf der Welt, und hab' mich fleißig mit Hund, Tauben, Katzen und Kinigelhasen g'spielt* (J. Nestroy, Der Unbedeutende 585); *Bleibt die Wahl, ob man den Forstrat, der so laut atmet wie ein Küniglhas, oder den affektierten Bezirkskommissär ...* (H. Hofmannsthal, Der Unbestechliche 119).

Kipfel, Kipferl, das; -s, -[n]: a) „kleines gebogenes Weißbrotgebäck" (auch bayr.), binnendt. „Hörnchen": *Es dauerte ziemlich lange, und ich schämte mich inzwischen, den Kipfel in den Kaffee zu tauchen* (J. Roth, Die Kapuzinergruft 9); *Kipferl aus Germbutterteig* (R. Karlinger, Kochbuch 375). b) (wohlwollend, fam.) „dummes Kind". →Klosterkipferl, Mohnkipferl, mürbe Kipferl, Nußkipferl, Pignolikipferl, Plunderkipferl, Vanillekipferl.

Kipfelkoch, das; -[e]s, -: Küche „Brei aus Kipfeln, Milch, Äpfeln, Rosinen, Mandeln u. ä., (ähnlich dem Scheiterhaufen)": *Omletts mit Champignons dazu, / hernach ein bisserl Kipfelkoch / und allenfalls ein Torterl noch* (J. Weinheber, Der Phäake 49). →Kipfel, Koch.

Kipfler, die /Plural/: „eine Sorte von

leicht gebogenen Kartoffeln, bes. für Salat geeignet". →**Kipfel.**

Kirchtag, der; -[e]s, -e: „Kirchweih[fest]" (auch süddt.), häufiger →**Kirtag.**

Kirschenknödel, Kirschknödel, der; -s, -: „Knödel aus Weißbrotteig mit in die Teigmasse eingelegten Kirschen": *Sie hatte noch in aller Eile ein sonntägliches Essen ermöglicht: Nudelsuppe, Rinderspitz und Kirschknödel* (J. Roth, Radetzkymarsch 226). →**Knödel.**

Kirtag, der; -[e]s, -e: „Kirchweihfest; dörfliches Fest mit Markt, Vergnügungspark u. ä." (auch bayr.). *auf zwei Kirtagen tanzen:* „zwei Dinge zugleich tun." →**Kirchtag.**

Kiste, die; -, -n: steht österr. auch für „Behälter, Maßeinheit für Getränke", wo es im Binnendt. „Kasten" heißt: *Um eine Kiste Bier hatte ... der Bohrarbeiter ... gewettet, daß er den Wiener Winterhafen durchschwimmen könnte* (Die Presse 24. 6. 1971).

Kittel, der; -s, - (veraltend): „Damenrock" (auch bayr.): *der bodenlange erdbraune Kittel streift die Gartenbeete* (B. Hüttenegger, Freundlichkeit 34).

Kittelfalte, die; -, -n: „Falte des Kittels"; meist in der Wendung **jmdm. an der Kittelfalte hängen, [dauernd] an jmds. Kittelfalte sein:** „jmdm. dauernd unselbständig nachlaufen".

KI: Abkürzung für →„**Klappe**": *Bitte vereinbaren Sie ein Kontaktgespräch ... 529507, KI. 66* (Die Presse 3. 6. 1969, Anzeige).

klagen, klagte, hat geklagt: bedeutet österr. auch „jmdn. bei Gericht verklagen; Klage erheben": *Ersetzen Sie mir die Spesen oder ich klag'! Sofort!* (E. Canetti, Die Blendung 223); *Olah wird in dem Prozeß auf die Rückzahlung jener Million Schilling geklagt, die er im Jahre 1962 der FPÖ als Spende übergeben hat* (Die Presse 12./13. 4. 1969).

Klampfe, die; -, -n: bedeutet österr. auch „Bauklammer": *... die Kasse mit einer Maurerklampfe aufgebrochen und das Geld herausgenommen. Klampfe und Kasse blieben liegen* (Die Presse 1. 7. 1969). Die Bedeutung „Gitarre" ist gemeindt.

Klamsch, der; -, -e (bes. ostösterr., ugs., salopp): „geistiger Defekt": *Der Rat hat*

doch einen Klamsch, glaubst nicht? (E. Jelinek, Die Ausgesperrten 250).

Klappe, die; -, -n: bedeutet österr. auch „Telefonnebenstelle", binnendt. „Apparat": *Die Presse Anzeigenabteilung 365250, Klappen 256, 261 oder 261, bitte durchwählen* (Die Presse 23. 1. 1969). →**KI.**

Klapperl, das; -s, -n /meist Plural/ (ugs.): „Sandale".

Klar, das; -[e]s, -[e]: verkürzte Form von „Eiklar", binnendt. „Eiweiß": *Man rollt diesen schwach $^1/_2$ cm dick aus, sticht Krapferl aus, die man mit Klar bestreicht und mit gehackten Mandeln bestreut* (R. Karlinger, Kochbuch 391). →**Eiklar.**

Klarinettbläser, der; -s, -: österr. Form für binnendt. „Klarinettenbläser": *Es gab fünf Hornisten und drei Klarinettbläser* (J. Roth, Die Kapuzinergruft 14).

klaß (ugs.): „toll, herrlich": *Das ist klaß!; Das ist ein Schulkollege von mir. Ganz klasser Bursch* (F. Torberg, Die Mannschaft 72).

Klassenvorstand, der; -[e]s, ...stände: österr. für binnendt. „Klassenlehrer": *Dann begeben sich die Studenten in ihre Klassenzimmer und erhalten von den Klassenvorständen die Jahreszeugnisse* (Freinberger Stimmen, Dezember 1968). →**Ordinarius.**

klauben, klaubte, hat geklaubt: bedeutet österr. (und süddt., schweiz.) allgemein „sammeln, pflücken": *Kartoffeln klauben, Äpfel klauben, Beeren klauben; ... ist ins Oberberg hinein, Edelweiß klauben* (F. Weiser, Licht 120). →**aufklauben.**

Klaubholz, das; -es: „im Wald frei am Boden liegendes kleines Holz, das gesammelt und als Brennholz verwendet wird". →**klauben.**

Klavierstockerl, das; -s, -: „Klavierhocker". →**Stockerl.**

Kleereiter, der; -s, -: „auf dem Feld aufgestelltes Holzgestell zum Trocknen von Klee" (auch süddt.). →**Reiter.**

Kleiderhaken, der; -s, -: wird österr. auch im Sinn von „Kleiderbügel" verwendet: *den Anzug auf den Kleiderhaken hängen.*

Kleiderkasten, der; -s, ...kästen: „Kleiderschrank". →**Kasten.**

Kleidermacher, der; -s, -: „Schneider":

Zu Jahresbeginn 1968 zählte die Innung der Kleidermacher in Vorarlberg 310 Mitglieder (Vorarlberger Nachrichten 23. 11. 1968). Das Wort klingt vornehmer als Schneider und ist die offizielle Bezeichnung in der Bundeskammer der gewerblichen Wirtschaft.

Kleidermachergewerbe, das; -s: „Schneidergewerbe".

Kleiderrechen, der; -s, - (veraltend): „Kleiderhaken, Kleiderständer" (auch bayr.): *Neben der Eingangstür ein Kleiderrechen* (A. Schnitzler, Professor Bernhardi 455).

Kleinhäusler, der; -s, -: „Kleinbauer": *Für seine Flucht benützte er hauptsächlich Feldwege und ging den ihm spärlich begegnenden Kleinstädtern und Kleinhäuslern (das ist Zwergbauern) aus dem Weg* (A. Drach, Zwetschkenbaum 57).

kleinwuzig: „kleinwinzig": *Auf einmal kommt sie mit einem Kind zurück. In das kleinwuzige Kabinett* (E. Canetti, Die Blendung 257).

Kletze, die; -, -n: „getrocknete Birne" (auch bayr.): *Die gekochten, kleingeschnittenen Kletzen und die blättrig geschnittenen Nüsse werden in einem Weitling mit allen übrigen Zutaten vermengt* (R. Karlinger, Kochbuch 361).

kletzeln, hat gekletzelt (ugs.): „an etwas [ständig] kratzen, zupfen": *kletzel nicht an der Tapete!*

Kletzenbrot, das; -es: „sehr dunkles Brot aus gedörrten Birnen, Mehl, verschiedenen Gewürzen u. ä.": *Mächtige Gugelhupfe gab's, und Berge von Krapfen, Buchteln und Kletzenbrot, so daß das Schmatzen und Schnalzen kein Ende nahm* (F. Herzmanovsky-Orlando, Gaulschreck 39). →**Kletze.**

klieben, klob, hat gekloben [kliabm] (ugs.): „spalten" (auch süddt.): *Holz klieben.*

Klobasse, (auch:) **Klobassi,** die; -, ...sen ⟨slaw.⟩: „eine grobe, gewürzte Wurst, die oft heiß an einem Stand gegessen wird".

Klomuschel, Klosettmuschel, die; -, -n: „Klo[sett]becken": *Gleich wird der kümmerliche Rest in der Klomuschel entfernt* (E. Jelinek, die Ausgesperrten 206). →**Muschel.**

Klosterkipferl, das; -s, -n: „feines Gebäck in Hörnchenform, mit Schokolade überzogen". →**Kipferl.**

Kloth, der; -[e]s, -e ⟨engl.⟩: „ein Baumwollgewebe". Das österr. häufige Wort ist binnendt. höchstens in der Schreibung „Cloth" bekannt.

Klothhose, die; -, -n ⟨engl.⟩: „Turnhose aus schwarzem Kloth", gelegentlich auch allgemein für „Turnhose". →**Kloth.**

Klub, der; -s, -s: wird österr. auch für „Parlamentsfraktion" verwendet: *der SPÖ-Klub traf sich zu einer Tagung.*

Klubobmann, der; -[e]s, ...männer: „Fraktionsvorsitzender": *die Klubobmänner einigten sich auf die Tagesordnung.*

Klumpert →**Glumpert.**

Kluppe, die; -, -n (ugs.): „Wäscheklammer" (auch bayr.): *wohl gibt es Plastikbügel mit angehängten Kluppen für Strümpfe und Kleinwäsche* (Die Presse 21./22. 6. 1969).

Knabe, der; -n, -n: wurde von „Bub" zurückgedrängt und wird jetzt nur noch (wie süddt., schweiz.) in mehr offiziellen Texten allgemein zur Geschlechtsangabe verwendet, besonders bei Schulbezeichnungen und bei der Bekleidung.

Knasterbart, der; -[e]s, ...bärte: österr. (und auch in Teilen des Binnendt.) für „mürrischer Alter": *Dienstmädchenelend, festtäglich geschleckt, / Familiengezank, Geraunz von Knasterbärten* (J. Weinheber, Liebhartstal 31); *was macht denn dieser alte Knasterbart?* (H. Doderer, Die Dämonen 212).

kneißen →**gneißen.**

knien, kniete, ist gekniet: das Perfekt wird österr. (und süddt.) mit *sein* gebildet: *... sprangen alle auf, die gekniet oder gesessen waren* (A. Giese, Brüder 212).

Knödel, der; -s, -: österr. (und süddt.) für binnendt.: **a)** „Kloß": *Ich wüßt' schon lange, was ich wollt! / Ein Knödel müßt' es sein, / aus Semmeln gut und fein!* (K. Kraus, Menschheit I 273); **Knödel im Hals:* „Hemmung beim Sprechen infolge von Schrecken, Schluchzen, Verlegenheit": *„Herr Inspektor", sagte Niki, mit einem Knödel im Hals kämpfend, und schon mit aussetzender Stimme* (H. Doderer, Die Dämonen 1310); **b)** (ugs.) „Knoten als

Haartracht": *in einem Original-Trachten-dirndl und mit einem Knödel auf dem Kopf* (C. Nöstlinger, Rosa Riedl 147). →**Erdäpfelknödel, Marillenknödel, Powidlknödel, Speckknödel, Zwetschkenknödel.**

Knödelakademie, die; -, -n (ugs., scherzhaft): „Lehranstalt für wirtschaftl. Frauenberufe": *Vier Burschen drücken ... die Schulbank an den österreichischen Knödelakademien* (Die Presse 16. 8. 1979).

Knopf, der; -[e]s, Knöpfe: bedeutet österr. auch „Knoten": *einen Knopf im Faden machen.*

Knöpfle, die /Plural/ (Vorarlberg): „Spätzle".

knotzen, ist geknotzt (ugs.): „untätig herumsitzen, lümmeln".

Kobel, der; -s, -: „Verschlag, Koben" (auch süddt.): *Gar so viele Tauben werden heuer, waren gar nie so viele Junge in den Kobeln* (R. Billinger, Lehen aus Gottes Hand 98). →**Taubenkobel.**

Koch, das; -[e]s (ugs.): bedeutet österr. (und bayr.) auch „Brei, Mus". →**Äpfelkoch, Erdäpfelkoch, Grießkoch, Hollerkoch, Kipfelkoch, Marillenkoch, Mehlkoch.**

Kofel, der; -s, - (Tirol, Bayern): „[mit Wald bewachsene] Bergkuppe; Berg". →**Kogel.**

Kogel, der; -s, -: „Bergkuppe" (auch süddt.): *...während sie den Kogel emporstieg* (B. Frischmuth, Sophie Silber 150). →**Kofel.**

Kohl, der; -[e]s, -e: österr. (und süddt.) für binnendt. „Wirsing, Wirsingkohl": *Der Kohl wird gereinigt, in reichlich kaltem Wasser gewaschen und feinnudelig geschnitten* (R. Karlinger, Kochbuch 201). →**Kraut.**

kohlehältig: österr. Form für binnendt. kohlehaltig. →**...hältig.**

Kohlminestrasuppe, die; -, -n: „eine Art Gemüsesuppe mit Wirsingkohl". →**Minestrasuppe.**

Kohlrübe, die; -, -n: wird österr. hyperkorrekt gelegentlich auch für „Kohlrabi" verwendet: *Kohlrüben = Kohlrabi* (Kronen-Zeitung-Kochbuch 102).

Kohlsprosse, die; -, -n: „Röschen des Rosenkohls", im Plural auch allgemein für „Rosenkohl": *Die Kohlsprossen sauber*

putzen *(die äußersten Blätter entfernen), waschen und in leicht gesalzenem Wasser weich kochen* (Kronen-Zeitung-Kochbuch 102). →**Sprosse, Sprossenkohl.**

Kohlstatt, die; -, ...stätten (veraltet): „Platz [am Waldrand], an dem aus Holz Kohle gebrannt wurde", häufig auch noch als Flurname: *In der Kohlstatt der hinteren Lautergräben haben uns vier Männer aus dem Winkeltale erwartet* (P. Rosegger, Waldschulmeister 183).

Kokon, der; -s, -s ⟨franz.⟩, „Hülle der Insektenpuppen": wird in Österr. [koˈkoːn] ausgesprochen.

Kokosbusserl, das; -s, -[n]: „Gebäck aus Kokosflocken in Form von kleinen Häufchen". →**Busserl.**

Kokosette, das; -s [kokoˈzɛt] ⟨span./franz.⟩: „geraspelte Kokosnuß": *Sehr steifen Schnee, Kokosette und Zucker auf ganz dünner Flamme zu einer dickflüssigen Masse verrühren* (Thea-Kochbuch 147).

Kolatsche, Golatsche, die; -, -n ⟨tschech.⟩: „kleiner, gefüllter Hefekuchen, urspr. rund, jetzt meist viereckig, bei dem alle vier Ecken einer größeren Kuchenfläche nach innen gebogen werden", bayr. „Tascherl": *Und am End' werden S' noch als steinaltes Mandl da Kolatschen oder Planeten verkaufen* (F. Herzmanovsky-Orlando, Gaulschreck 118). Das Wort wird meist in Komposita verwendet. →**Blätterteigkolatsche, Powidlkolatsche, Topfenkolatsche.**

Kollaps, der; -, -e: wird österr. immer auf der ersten Silbe betont, binnendt. auch auf der zweiten.

kollaudieren, kollaudierte, hat kollaudiert ⟨lat.⟩: Amtsspr. „(ein Gebäude) amtlich prüfen und die Übergabe an seine Bestimmung genehmigen" (auch schweiz.).

Kollaudierung, die; -, -en ⟨lat.⟩: Amtsspr. „amtliche Prüfung und Schlußgenehmigung eines Gebäudes" (auch schweiz.).

Kollege, der; -n, -n ⟨lat.⟩: ist in Österr. auch üblich als Anrede unter (einander nicht näher bekannten) Studenten: *„Herr Kollege, waren Sie gestern in der Vorlesung?".*

Kollektur, die; -, -en ⟨lat.⟩: Kurzwort für

„Lottokollektur; Geschäftsstelle für das Lotto". →**Lottokollektur.**

Kolli, das; -, - ⟨ital.⟩: „Frachtstück, großes Paket": *Dieser Raum ist speziell für möglicherweise „hochbrisante" Kolli eingerichtet* (Die Presse 20. 2. 1969). Im Binnendt. ist Kolli nur der Plural von „Kollo". Dazu: **Postkolli.**

Kolloquium, das; -s, ...ien ⟨lat.⟩: bedeutet österr. auch „kleinere mündliche oder schriftliche Prüfung an einer Hochschule, bes. über eine einzelne Vorlesung".

Kolonia... →Colonia...

Kolportage, die; -, -n ⟨franz.⟩: wird in Österr. [kɔlpɔrˈtaːʒ] ausgesprochen, also ohne Endungs-e.

Kombination, die; -, -en; „Hemdhose, Unterkleid", auch allgemein „Damenunterwäsche": wird in Österr. in französisierender Weise meist [kɔmbiˈnɛːʒ] ausgesprochen statt [kɔmbɪˈneɪʃən]: *i hab ma 's Hemd auszogn, sie war in der Kombinesch* [phonetische Schreibung] (H. Qualtinger/ C. Merz, Der Herr Karl 22). Daraus entstanden ans Französische angelehnte Schreibungen: *Du mußt die Kombinage langsam herunterlassen* (E. Jelinek, Die Ausgesperrten 98); *eine perloncombinege* (O. Wiener, Verbesserung von Mitteleuropa CXXV). →**Cottage.**

Kommanditgesellschaft, die; -, -en: wird österr. mit kurzem i gesprochen, binnendt. mit langem.

Kommando, das; -s ⟨ital.⟩: der Plural heißt in Österr. in der Bedeutung „Befehlsgewalt; Einheit für best. Aufgaben" auch ...den, im Binnendt. nur -s: *Außerdem wird er von den in Vorarlberg stationierten Kommanden und Truppen feierlich verabschiedet werden* (Vorarlberger Nachrichten 25. 11. 1968).

Kommassierung, die; -, -en: bes. österr. für binnendt. „Kommassation" (Zusammenlegung von Grundstücken).

Kommerzialrat, der; -[e]s, ...räte: österr. Form für binnendt. „Kommerzienrat": *Die geradezu skurrilen Sitten der alten Monarchie erforderten manchmal, daß Kommerzialräte österreichischer Provenienz ungarische Barone wurden* (J. Roth, Die Kapuzinergruft 49); *Die mannigfachen Verdienste ... fanden 1965 in der Ver-leihung des Titels „Kommerzialrat" ihre Anerkennung* (Vorarlberger Nachrichten 25. 11. 1968).

Kommissär, der; -s, -e ⟨lat.⟩: österr. (und süddt., schweiz.) bevorzugte Form neben binnendt. „Kommissar": *Neben dem Leutnant, Notizbuch und Bleistift in der Hand, stand der Kommissär Horak* (J. Roth, Radetzkymarsch 155).

Kommissariat, das; -[e]s, -e ⟨lat.⟩: bedeutet österr. „Polizeidienststelle, Polizeibüro": *R. wurde in das Kommissariat Innere Stadt auf dem Deutschmeisterplatz überstellt* (Die Presse 26. 2. 1969).

kommissionieren, kommissionierte, hat kommissioniert ⟨lat.⟩: Amtsspr. „(ein neues Gebäude) durch eine staatliche Kommission prüfen und für die Übergabe an seine Bestimmung freigeben": *Ihren Unmut über die unverständliche Verzögerung des schon im Frühjahr kommissionierten Neubaues eines Gymnasiums in Dornbirn-Schoren gab die Elternvereinigung ... Ausdruck* (Vorarlberger Nachrichten 21. 11. 1968).

kommod (ugs., im übrigen Sprachgebiet veraltet oder mdal.): „bequem, angenehm": *„Stehen S' kommod!" sagte Carl Joseph, etwas traurig und ungeduldig. „Steh ich kommod, melde gehorsamst!" erwiderte Onufrij* (J. Roth, Radetzkymarsch 49); *Nun haben sich in Österreich die Herren Minister und Herren Abgeordneten ein für sie recht kommodes Gesetz geschaffen* (Kronen-Zeitung 6. 10. 1968).

komplett ⟨franz.⟩: bedeutet österr. auch „voll, besetzt": *die Straßenbahn, der Autobus, Lehrgang ist komplett; Mit den ... drei großen Konzertagenturen ... ist der österreichische Markt komplett* (Wochenpresse 25. 4. 1979).

Konduitenliste, die; -, -n ⟨franz.⟩ (veraltet): „Führungszeugnis": *Der Oberst Kovacs liebte ihn dennoch. Und er hatte sicher eine ausgezeichnete Konduitenliste* (J. Roth, Radetzkymarsch 50).

Konfident, der; -en, -en ⟨franz.⟩: „[Polizei]spitzel": *Gab es Spione, Denunzianten, Konfidenten, die ihm dabei im Schlafe zutrugen?* (O. Grünmandl, Ministerium 54).

konkurrenzieren, konkurrenzierte, hat konkurrenziert ⟨lat.⟩: „jmdm. Konkur-

renz machen; mit jmdm. konkurrieren"
(auch südd., schweiz.): *Weder der Ball
der Technik (30. Jänner) noch der Ball der
Chemie (31. Jänner) konkurrenzieren* (Die
Presse 4./5. 1. 1969).

Konkurrenzierung, die; -, -en ⟨lat.⟩:
„das Konkurrieren, Konkurrenz": *Daß
nämlich der Skiweltcup nicht als Konkurrenzierung der FIS-Weltmeisterschaften
gedacht war* (Die Presse 2. 4. 1969).

Konstantin ⟨lat.⟩: der männliche Vorname wird in Österr. immer auf der ersten
Silbe betont, im Binnendt. auch auf der
letzten.

Konsum, der; -s ⟨ital.⟩: wird in Österr.
immer auf der letzten Silbe betont, im
Binnendt. meist (wenn es sich um den
Konsumverein handelt) auf der ersten.

Konsumation, die; -, -en ⟨franz.⟩ „in einer Gaststätte Gegessenes oder Getrunke-
nes; Verzehr; Zeche" (auch schweiz.): ...
*als perzentueller Zuschlag auf alle Konsu-
mationen des Gastes* (Die Presse 9. 7.
1979).

Konsumationsabgabe, die; -, -n: „entsprechend der Zeche zu entrichtende Ab-
gabe"; Ebenso: **Konsumationssteuer.**

Konsumationszwang, der; -es: „Verpflichtung, bei einer Veranstaltung in einer Gaststätte o. ä. für Essen oder Getränke Geld auszugeben, z. B. in einem Kabarett, bei dem im Zuschauerraum Tische
stehen".

Konterattacke, die; -, -n ⟨franz.⟩: Sport
„Gegenangriff, besonders beim Fußball":
*Darin sieht Pesser die Chance, durch
schnelle Konterattacken die Sturmspitzen
ins Feuer zu schicken, die dann den Aufstieg in die zweite Runde ... herausschießen
sollen* (Express 2. 10. 1968).

Kontrollor, der; -s, -e ⟨ital.⟩: österr. Form
für binnendt. „Kontrolleur": *Ihn ertappte
ein Kontrollor bei der Schwarzfahrt* (Salzburger Nachrichten 23. 3. 1978).

Kontumaz, die; - ⟨lat.⟩: Amtsspr. bedeutet österr. „Quarantäne, Seuchensper-
re". →**Hundekontumaz.**

Kontumazanstalt, die; -, -en: „Quarantä-
nestation". →**Kontumaz.**

kontumazfrei (veraltet): „von Kontrollen, Verkehrsbeschränkungen unbehel-
ligt": *Laß mich aus – jede Woche beim KM*

*für ein' Juden um ein' kontumazfreien
Grenzübertritt penzen* (K. Kraus, Menschheit I 130). →**Kontumaz.**

kontumazieren, kontumazierte, hat kontumaziert ⟨lat.⟩: Amtsspr. „in Quarantäne halten": [die Hunde] *werden nur im
Hause des Besitzers kontumaziert* (ORF,
Regional, 7. 6. 1979, 21.30 h). →**Kontumaz.**

Konvikt, das; -[e]s, -e ⟨lat.⟩: bedeutet
österr. „Schülerheim; Internat einer geistlichen Schule": *Ich kann es nicht wissen,
weil ich damals ja noch ein Bub war und
natürlich daheim oder eigentlich im Konvikt gelassen wurde, des Gymnasiums wegen* (H. Doderer, Die Dämonen 1066).

Konzeptsbeamte, der; -n, -n ⟨lat.⟩:
Amtsspr. „Beamter, der im Büro sitzt,
im Gegensatz zum Uniformierten im Au-
ßeneinsatz": *Es waren übrigens auch Akademiker, die einem das Leben schwer
machten, lauter Konzeptsbeamte, Dumm-
köpfe!* (J. Roth, Radetzkymarsch 62).

Konzipient, der; -en, -en ⟨lat.⟩: Amtsspr. bedeutet österr. „Jurist [zur Ausbil-
dung] in einem Rechtsanwaltsbüro": *Im
Bankfach, so, so, aber Sie würden gerne
baldmöglichst als Konzipient bei einem be-
deutenden Rechtsanwalt eintreten ...?* (H.
Doderer, Die Dämonen 441).

Kooperator, der; -s, -en ⟨lat.⟩: bes.
österr. (und bayr.) für „kath. Hilfsgeistli-
cher, Vikar".

köpfeln, köpfelte, hat geköpfelt: a) „einen Kopfsprung ins Wasser machen". b)
„beim Fußball den Ball mit dem Kopf
stoßen; köpfen": *Jäger reagierte nicht, und
Sinn köpfelte aus einem Meter Entfernung
ins Netz* (Vorarlberger Nachrichten 25. 11.
1968).

Köpfler, der; -s, -: a) „Kopfball (Fußball)": *mit einem herrlichen Köpfler erzielte
er das 1 : 0.* b) „Kopfsprung": *ein Köpfler
vom 10-m-Turm.*

Kopfpolster, der; -s, ...polster/...pölster:
„Federkissen, Kopfkissen": *Zum Beispiel
darauf, daß es ein ganz besonderer Luxus
wäre, könnte man auf Reisen seinen eigenen Kopfpolster mitnehmen* (Die Presse
18. 2. 1969). →**Polster.**

Kopie, die; -, -n: wird österr. auch
['ko:piə], im Plural ['ko:piən] ausgespro-

chen, das Wort kann in Österr. also dreisilbig sein, im Binnendt. nur zweisilbig.

Koppel, die; -, -n, „Leibriemen": ist in Österr. Femininum, im Binnendt. Neutrum: das; -s, -.

koramisieren, koramisierte, hat koramisiert ⟨lat.⟩: „zur Rede stellen, rügen", binnendt. „koramieren": *Wart' ungeratenes Geschöpf, dich soll meine Schwägerin koramisieren* (J. Nestroy, Jux 438).

Kordon, der; -s, -s ⟨franz.⟩: wird in Österr. [kɔrˈdoːn] ausgesprochen und kann im Plural auch Kordone lauten.

Koreferat, das; -[e]s, -e ⟨lat.⟩: österr. Form für binnendt. „Korreferat". Ebenso: **Koreferent, koreferieren.**

Koriandoli, das; -[s], - ⟨ital⟩: „Konfetti".

Koriandoliblättchen, das; -s, - ⟨ital.⟩: „einzelnes Blättchen von Konfetti": *Manche hatten nicht einmal die bunten Papierschlangenfetzen und die runden Koriandoliblättchen von ihren Schultern, Hälsen und Köpfen entfernt* (J. Roth, Radetzkymarsch 218). →**Koriandoli.**

Koriandoliregen, der; -s, - ⟨ital⟩: „Konfettiregen": *als sich in der toskanischen Küstenstadt Viareggio der Karnevalszug mit seinen riesigen Papiermachéfiguren in einem riesigen Koriandoliregen und unter lärmender Beatmusik durch die Straßen bewegte* (Die Presse 4. 2. 1969). →**Koriandoli.**

Koriandolistern, der; -s, -e ⟨ital.⟩: „sternförmiges Konfettiblättchen": *Bunte Papierschlangen und Koriandolisterne lagen auf ihren Schultern und Haaren* (J. Roth, Radetzkymarsch 222). →**Koriandoli.**

Kormoran, der; -s, -e ⟨franz.⟩: der Name des Vogels wird in Österr. auf der ersten Silbe betont, im Binnendt. auf der letzten.

Körndlbauer, der; -n, -n: „Bauer, der vorwiegend Getreidebau betreibt". →**Hörndlbauer.**

Korrespondenzkarte, die; -, -n ⟨lat.⟩ (veraltend): „Postkarte". Die amtliche Bezeichnung wurde zwar eingedeutscht, ugs. ist aber das alte Fremdwort durchaus noch in Gebrauch.

korschamster Diener →gehorsamster Diener.

Kotillon, der; -s, -s ⟨franz.⟩, „ein Tanz": wird österr. [kɔtiˈjõː] ausgesprochen.

Kotter, der; -s, -: **1.** „Arrest": *Von Rechts wegen hätte* [er] *allerdings gar nicht in den Kotter gesperrt werden dürfen* (Profil 17/ 1979). **2.** „Verschlag, Koben [für Tiere]": [die Schweine] *schrien auch im Kotter, als der Bursche sie wegführte* (G. Roth, Ozean 127). →**Gemeindekotter, Polizeikotter.**

Kotzen der; -s, -: „grobe Wolldecke" (auch süddt.): *Es war so eine Pritsche mit einer grauen Decke, mit einem Kotzen* (Th. Bernhard, Der Italiener 102).

kotzengrob (ugs.): „sehr grob" (auch süddt.).

Kracherl, das; -s, -n (ugs., veraltend): „Limonade, Sprudel" (auch bayr.): *und dabei puffte ihm geradezu die Freiheit aus den Nasenlöchern, wie die Kohlensäure bei jemandem, der im Durst ein Kracherl zu gierig hinuntergetrunken hat* (H. Doderer, Die Dämonen 202). →**Himbeerkracherl.**

Kraftlackel, der; -s, - (ugs., abwertend): „protziger, aber dummer Kraftmensch, Muskelprotz": *Die Piste von Ciampino ist ihnen zu leicht, eine Gleitbahn für Kraftlackel, denen es nichts ausmacht, zweieinhalb Minuten lang „sitzen zu bleiben"* (Die Presse 13. 2. 1969). →**Lackel.**

Kragen, der; -s, -: der Plural lauter österr. auch Krägen.

Krampen, der; -s, -: **1.** „Spitzhacke; Spitzhaue" (auch bayr.): *Die zwei Mann, mit Krampen und Brecheisen ausgerüstet, trugen eine kurze Leiter* (H. Doderer, Die Dämonen 746). **2.** (ugs.) „krumm Gewachsenes; unförmiges Stück Holz o. ä.; altes, müdes Pferd": *so ein Krampen!*

Kramperltee, der; -s: „Kräutertee aus Isländischem Moos (als Medikament)".

Krampfhusten, der; -s: bedeutet österr.: „krampfartiger Husten, Hustenkrampf" (Das Wort bedeutet nicht dasselbe wie „Keuchhusten").

Krampus, der; -/ -ses, -se: „Begleiter des Sankt Nikolaus am 5. oder 6. Dezember; Knecht Ruprecht". →**Zwetschkenkrampus.**

Kramuri, die; - (ugs.): „Kram, Gerümpel".

Kranewit, Kranawett, der; -s (mdal.): „Wacholder" (auch bayr.).

Kranewitter, der; -s: „Wacholderschnaps". →**Kranewit.**

Krankenkassa, die; -, ...sen: österr. Form für „Krankenkasse": *I hab Krankenkassa, i bin völlig gesichert ... i hab alles z'haus: Schlafmittel, schmerzstillende Tabletten* (H. Qualtinger/C. Merz, Der Herr Karl 27). →**Kassa.**

Krankenstand: *im Krankenstand sein:* „wegen Krankheit nicht arbeitsfähig sein"; **in den Krankenstand gehen:** „wegen Krankheit nicht zur Arbeit kommen".

Kranzeljungfer, Kranzljungfer, die; -, -n: „Brautjungfer" (auch bayr.): *und da is ihr immer der Rosmarinkranz vom Kopf gerutscht, den was sie als Kranzljungfer hat tragen müssen* (F. Herzmanovsky-Orlando, Gaulschreck 161).

Krapfen, der; -s, -: „eine Mehlspeise aus Hefeteig, die im Fett gebacken wird" (auch süddt., schweiz.); im mehr bäuerlichen Bereich von flachrunder Form mit einem ringförmigen Teigkörper und eingetiefter dünner Scheibenmitte; im städtischen Bereich versteht man darunter nur ein rundes Gebäck, den →„Faschingskrapfen". →**Bauernkrapfen, Faschingskrapfen, Germkrapfen, Indianerkrapfen.**

Kraut, das; -[e]s (und Plural/: steht österr. (und süddt.) für binnendt. „Kohl": „*Was wollen die Herrschaften morgen lieber? Rindfleisch mit Kohl und Geröstete oder Geselchtes mit Kraut und Knödel?"* (E. Canetti, Die Blendung 53). →**Kohl, Krauthäuptel, Kräutler, Weißkraut.**

Krauthäuptel, das; -s, -n: „Krautkopf" (auch süddt.): *Dritter Knecht tritt mit einer hochaufgetürmten Butten voll Krauthäupteln zur Seite links ein* (J. Nestroy, Der Zerrissene 530). →**Häuptel, Kraut.**

Kräutler, der; -s, - (ugs., veraltend, bes. Wien): „Gemüsehändler". →**Kraut.**

Kraxe, Kraxen, die; -, -n (ugs.): **1.** „Holzgestell [mit Korb] zum Tragen auf dem Rücken; Krätze" (auch bayr.): *Er besteigt das niedrige Gewände, über welches der Holzhauer mit seiner Kraxe noch wandeln muß* (P. Rosegger, Waldschulmeister 172). **2.** Schimpfwort für „häßliche Frau": *Was sieht er schon an dieser Kraxen, die seine Braut ist* (R. Billinger, Der Gigant 305). **3.** „unleserlicher Schriftzug".

kraxeln, kraxelte, ist gekraxelt (ugs.): „klettern" (auch süddt.): *auf einen Baum, Berg kraxeln; Haben Ihnen vielleicht die Steinhaufen ängstlich gemacht, über die wir haben kraxeln müssen?* (J. Nestroy, Freiheit in Krähwinkel 706). →**Bergkraxler.**

Kreditor, der; -s, -oren ⟨lat.⟩: „Gläubiger": wird in österr. auf der zweiten Silbe betont, im Binnendt. auf der ersten.

Kren, der; -[e]s ⟨tschech.⟩: **1.** österr. (und süddt.) für binnendt. „Meerrettich": *Ich dachte, sie würde einen Likör bestellen. Aber sie wünschte sich freilich Würstel mit Kren* (J. Roth, Die Kapuzinergruft 97). **2.** (ugs., salopp) „jmd. der sich ausnutzen läßt": *ich bin kein Kren!* **Mandl mit Kren** →**Mandl.**

Krenfleisch, das; -es: „gekochtes Schweinefleisch vom Kopf oder Bauch": *Wart', mein Lieber! Ich bin grad' gut aufgelegt ... Dich hau ich zu Krenfleisch!* (A. Schnitzler, Leutnant Gustl 145). Das Wort ist ein Oberbegriff für **Bauchfleisch,** →**Göderl** und →**Schweinsstelze.**

Krepierl, der; -s, -n (mdal.): „sehr schwacher, kränklicher, unscheinbarer Mensch oder auch Tier im gleichen Zustand": *So Krepirln, was eine Handgranaten nicht von an Dreckhäufl unterscheiden können* (K. Kraus, Menschheit I 110).

Kreton, der; -s, -e ⟨franz.⟩: österr. Form für binnendt. „die, den Kretonne, Cretonne".

Krickel, das; -s, - und **Krickerl,** das; -s, -n: „Horn der Gemse, Geweih des Rehs" (im Binnendt. nur in der Jägerspr. für: Horn der Gemse): *dann verspricht er Hödlmoser noch das Krickerl* (R. Gruber, Hödlmoser 40).

Krida, die; - ⟨ital.⟩: „Konkursvergehen": *... wurde am Mittwoch in Klagenfurt nur wegen fahrlässiger Krida zu sechs Monaten strengen Arrests verurteilt* (Die Presse 22. 5. 1969).

Kridatar, der; -s, -e ⟨lat.⟩: „Konkursschuldner, Gemeinschuldner": *wer nicht als nobler Kridatar auf seine neugekaufte Villa in d' Schweiz kann fahren, der geht dem Schuster mit a paar Juchtene durch* (J. Nestroy, Der Unbedeutende 589).

Kriecherl, das; -s, -n: „in verschiedenen Formen vorhandene Züchtung von Prunus institia; Haferpflaume". Dazu: **Kriecherlbaum:** ... *wie sehr sich der handwerklich passionierte Hausherr aufs Schnitzen versteht, einen Gekreuzigten für den Herrgottswinkel aus einem Stück Holz (vom Kriecherlbaum) fertigen kann* (Die Presse 24. 12. 1968).

Kriminal, das; -s, -e (veraltend): „Zuchthaus": *Wenn man immerfort das Richtige täte ... und so in einem fort den ganzen Tag das Richtige, so säße man noch vorm Nachtmahl im Kriminal* (A. Schnitzler, Professor Bernhardi 579/80).

Krimineser, der; -s, - (ugs., salopp): „Kriminalroman, -film".

Kristalluster, der; -s, -: österr. Form für „Kristallüster". →**Luster.**

Kritik, die; -, -en: wird österr. mit kurzem i gesprochen, binnendt. mit langem.

Krot, die; -, -en (ugs.): „Kröte" (auch bayr.): *plattgedrückt wie eine überfahrene Krot* (C. Nöstlinger, Rosa Riedl 48).

Krowot, der; -en, -en (mdal., oft abwertend): „Kroate": *Es hieß, er sei ein Kroate, ,ein Krowot'.* (H. Doderer, Die Dämonen 544).

Krücke, die; -, -n: wird österr. mit *auf* verbunden: *auf Krücken gehen,* binnendt. mit *an.*

Krügel, das; -s, - (ostösterr.): „Halbliterglas, Bierglas": *zwei Krügel Bier.* →**Bierkrügel.** Dazu: **Krügelglas:** *Sie füllte ein Krügelglas mit Cola* (C. Nöstlinger, Rosa Riedl 92).

Kruspelspitz, der; -es, -e: „Fleisch vom Rind unter dem Kamm; Kavalierspitz": *Besonders geeignet zum Kochen: ... Spitz mit magerem Beinfleisch und Kruspelspitz, Hals, Kamm* (Thea-Kochbuch 87). →**Kavalierspitz.**

Kruzitürken: Fluchwort, „Donnerwetter!, Herrgott!" (auch süddt.): *Wie? schon wieder unterbrochen, Kruzitürken, is das ein Pallawatsch* (K. Kraus, Menschheit I 28).

Kubatur, die; -, -en: bedeutet österr. auch „Rauminhalt; umbauter Raum" (binnendt.: „Berechnung des Rauminhalts").

Kubus, der; - ⟨griech.⟩: der Plural lautet in Österr. immer Kuben, im Binnendt. auch Kubus.

Kuchelgrazie, die; -, -n (scherzhaft, ab-

wertend): „Köchin": *Man kennt dich durch und durch ... Kellnerabkömmling, Wäscherinsprosse, nervöse Kuchelgrazie, ambulante Komödiantin* (J. Nestroy, Frühere Verhältnisse 886).

Kuchelmensch, das; -es, -er (ugs.): „Küchenmädchen" (auch bayr.): *Ich hab's von der Erpelstecher Wab'n, die Kerzerl bei St. Rochus und Stachus verkauft – wissen S', die was ehender drittes Kuchelmensch war beim Grafen Kegelvich* (F. Herzmanovsky-Orlando, Gaulschreck 72).

Küchenkasten, der; -s, ...kästen: „Küchenschrank, Büfett, Anrichte": *Verkaufe, Gasherd, Küchenkasten, Tisch, Eckbank, Fernsehantenne und Garderobe* (Vorarlberger Nachrichten 23. 11. 1968, Anzeige). →**Kasten.**

Küchenstockerl, das; -s, -n: „Sitzgelegenheit für die Küche in Form eines Stuhls ohne Lehne, ähnlich einem Hokker": *Frau Mayrinker holte ein Lavoir, setzte dieses auf ein Küchenstockerl, das mit Seife, Bürste und Lappen ausgerüstet wurde* (H. Doderer, Die Dämonen 1285). →**Stockerl.**

Kücken, das; -s, -: österr. Schreibung für „Küken; junges Huhn".

Kudelkraut, Kuttelkraut, das; -[e]s, ...kräuter (ugs.): „Thymian": *Es bleibt der Begriff, es wechselt der Laut; / Bei uns sagn 's zum Thymian – Kudelkraut* (J. Weinheber, Synonyma 37); *Die Kuttelflecke sehr gut reinigen ... und zusammen mit dem Suppengrün, Pfefferkörnern, Lorbeerblatt und Kuttelkraut weich kochen* (Kronen-Zeitung-Kochbuch 200).

kugelscheiben, scheibt Kugel, hat kugelgeschoben: „Murmeln spielen". →**scheiben.**

Kukuruz, der; -, ⟨türk.⟩: „Mais": *Gastlichkeit und neues Image – auch auf den Magen zugeschnitten: Kukuruz statt Erdäpfelsalat* (Die Presse 23. 2. 1979).

Kukuruzkolben, der; -s, -: „Maiskolben": *sobald die ersten Züge der Stare in den Nächten hörbar wurden und die Zeit der Kukuruzkolben vorbei war* (J. Roth, Radetzkymarsch 100). →**Kukuruz.**

Kukuruzsterz, der; -es: „in Fett geröstete Masse aus Maismehl". →**Kukuruz, Sterz.**

Kumpf, der; -[e]s, -e: „Behälter für den

Wetzstein" (in weiterer Bedeutung auch südd.).

Kunde, die; -, -n: österr. auch für „Kundschaft": *die Kunde bedienen.*

Kundenstock, der; -es: „Kundenkreis": *Wir suchen Sie, den tüchtigen, ambitionierten Reisevertreter im Alter von 25 bis 35 Jahren zur Übernahme und Erweiterung eines bereits vorhandenen, ansehnlichen Kundenstockes in den westlichen Bundesländern Österreichs* (Vorarlberger Nachrichten 23. 11. 1968).

kündigen, kündigte, hat gekündigt: wird in Österr. in der Bedeutung „entlassen" immer mit dem Akkusativ verbunden (*jmdn, kündigen; binnendt. jmdm. kündigen.* Die österr. Form kommt auch im Binnendt. vor, gilt aber noch als ugs.): *Ich hatte schon ein uneheliches Kind. Wenn ich noch eines bekommen hätte, wäre ich gekündigt worden* (Kronen-Zeitung 5. 10. 1968); *... er war schon ein dutzendmal aus seiner Wohnung gekündigt worden* (G. Fussenegger, Zeit des Raben – Zeit der Taube 371).

kundmachen, machte kund, hat kundgemacht: Amtsspr. „bekanntgeben" (im Binnendt. selten oder gehoben): *Das Gesetz über den Verkehr mit land- und forstwirtschaftlichen Grundstücken ... wird neu kundgemacht* (Vorarlberger Nachrichten 20. 11. 1968). →Kundmachung.

Kundmachung, die; -, -en: Amtsspr. „Bekanntmachung" (auch südd., schweiz.): *Auf Antrag des Bundesministers für Verkehr und verstaatlichte Unternehmungen wurden drei Entwürfe von Kundmachungen zur Kenntnis genommen* (Vorarlberger Nachrichten 20. 11. 1968).

Küniglhas →Kiniglhas.

Kupee, das; -s, -s ⟨franz.⟩: „Abteil im Eisenbahnwaggon" (binnendt. veraltet): *Er stieg mit Frau Taußig, beneidet und umjubelt, in ein Kupee erster Klasse, für das er allerdings einen „Zuschlag" gezahlt hatte* (J. Roth, Radetzkymarsch 140).

Kupeekoffer, der; -s, - (veraltend): „Handkoffer". →Kupee.

Kupon, der; -s, -s ⟨franz.⟩: wird in Österreich. [ku'po:n] ausgesprochen, binnendt. [ku'põ].

Kurator, der; -s, -en ⟨lat.⟩: bedeutet österr. auch a) „Treuhänder". b) „Rechtsbeistand für Entmündigte und Sachen": „*... das Krokodil" – es war der Onkel der Brüder Chojnicki, Sapieha – „hat die Güter mit Beschlag belegt. Er ist der Kurator Xandls. Ich habe gar kein Einspruchsrecht."* (J. Roth, Die Kapuzinergruft 103).

kurrent ⟨lat.⟩: bedeutet österr. „in deutscher, gotischer Schrift" (im Gegensatz zur Lateinschrift): *kurrent schreiben.* Dazu: **Kurrentbuchstabe:** *malte spitze, schräge Kurrentbuchstaben auf den Block* (C. Nöstlinger, Rosa Riedl 87); **Kurrentschrift:** *wie einer spitzen Schrift, einer Kurrentschrift Zeilen* (H. Doderer, Die Dämonen 1290); *... las in altertümlicher Kurrentschrift die Worte ...* (O. Grünmandl, Ministerium 41).

Kurs, der; -es, -e ⟨franz.⟩, „Lehrgang": österr. nur so gebrauchte Form, im binnendt. meist „Kursus".

kusch: der Zuruf wird österr. derb auch an Personen gerichtet, „Halt das Maul, sei still!": *Kusch, Scheißgefrieß!" fiel ihr der Hausbesorger in die rasende Klage. „Hol' den Doktor! Ich leg' ihn derweil ins Bett!"* (E. Canetti, Die Blendung 93); *„Halt das Maul und kusch, du Lump", sagte Meisgeier dann* (H. Doderer, Die Dämonen 914).

küß die Hand auch: **küß die Hände** (Wien, sonst veraltet): an Frauen (seltener auch an hochgestellte Herren) gerichtete Grußformel beim Kommen oder Gehen: *und das Trampel, die Mizzi, sagte der Irma überhaupt kein Wort, sondern zu ihm nur immer ‚küß' die Hand, Herr Baron' – vor dem Menschen hat sie Respekt* (H. Doderer, Die Dämonen 273); *da wir oben auf der Burg täglich aneinander vorbeipassierten, ich mit meinem ‚Küß' die Hände Euer Gnaden'* (L. Perutz, Nachts 194).

Kuttel, die; -, -n /meist Plural/: „eßbare Eingeweideteile, bes. vom Rind; Kaldaunen".

Kuttelfleck, die /Plural/: „→Kuttel".

Kuttelkraut →Kudelkraut.

Kuvert, das; -s, -s ⟨franz.⟩: wird in Österr. immer [ku'vɛːr] ausgesprochen und ist das übliche Wort, während der binnendt. „Briefumschlag" sehr selten vorkommt.

L

Laberl, das; -s, -n (bes. ostösterr., ugs.): **a)** mdal. Form zu →„Laibchen". **b)** „Schwächling; Mensch ohne körperliche oder charakterliche Kraft". **c)** (salopp) „[Fuß]ball": *Aber einmal, ein einziges Mal eben, war es einem Außenstürmer irgendwie gelungen, das „Laberl" im Bogen bis zur Mitte zu befördern, und dort stand Erich Knapp und köpfelte am fassungslosen Tormann vorüber ein* (F. Torberg, Die Mannschaft 105). →**Loaberl.**

Labor, das; -s, -e und -s ⟨lat.⟩: wird österr. auch auf der ersten Silbe betont.

Labsal: kann in Österreich Femininum oder Neutrum sein: das; -[e]s, -e oder (häufiger:) die; -, -e, im Binnendt. nur Neutrum.

Lacke, die; -, -n: österr. Form für binnendt. „Lache, Pfütze" (auch bayr.): *die Gegend ist getüpfelt von Seen und Lacken* (H. Doderer, Wasserfälle 29).

Lackel, der; -s, -n (ugs.): **a)** „grober, ungeschlachter, **b)** „unbeholfener, tölpelhafter Mensch" (auch südd.). →**Kraftlakkel.**

Lackerl, das; -, -n (ugs.): **a)** „kleine Lakke, Lache, Pfütze". **b)** „zu kleine Menge (einer Flüssigkeit)": *Du mußt nit etwan glauben, daß ich den ganzen Tag auskomm' mit dem Lackerl Wein* (J. Nestroy, Der Zerrissene 548). →**Lacke.**

Ladnerin, die; -, -nen (veraltend): „Verkäuferin" (auch südd.): *„so, so, Besuchsmischung", meinte Knecht, brüllte mit Donnerstimme in den Warenraum: „Marie!", dann blies er einige Takte aus der „Entführung aus dem Serail", worauf eine ältliche, etwas kropfige Ladnerin, erschien und das Gewünschte dröhnend auf die Messingwaage warf* (F. Herzmanovsky-Orlando, Gaulschreck 36); *Ladnerinnen, auch Anlernkräfte, werden von Fleischereien in verschiedenen Bezirken eingestellt* (Express 7. 10. 1968, Anzeige).

Lager, das; -s: der Plural lautet in Österr. immer (auch in der Kaufmannssprache) Lager.

Lahn, die; -, -en (mdal.): „Lawine" (auch bayr.): *Da drüben neben dem Winkelhüter-*

haus, schurgerade vom Steg herauf ... ist ein erhöhter Felsgrund, sicher vor Gesenken, Lahnen und Wildwasser (P. Rosegger, Waldschulmeister 137).

lahnen, hat gelahnt (mdal.): „tauen": *es lahnt* (es herrscht Tauwetter, Lawinen gehen ab).

Lahnwind, der; -[e]s, -e (mdal.): „Tauwind, Südwind".

Laibchen, das; -s, -: „Gebäck oder Fleischspeise in kleiner, runder Form": *In der Pfanne in heißem Fett flache Laibchen ... braten* (Voitl-Guggenberger, Ernährung 55 [Gerstenschrotlaibchen]); *Man formt Laibchen, dreht sie in Brösel ein ...* (R. Karlinger, Kochbuch 163 [Leberlaibchen]). →**Doppellaibchen, Laberl, Loaberl, Schusterlaibchen, Wachauer Laibchen;** zur länglichen Form →**Weckerl.**

Lämmerne, das; -n: „Lammfleisch": *Lämmernes, gebacken. 60 dkg Lämmernes, Salz, Mehl, 1 Ei, Brösel* (Kronen-Zeitung-Kochbuch 183). →**Hirschene, Kälberne, Schweinerne.**

Lampas[sen], die /Plural/ ⟨franz.⟩, „Streifen an [Uniform]hosen": wird in Österr. auf der ersten Silbe betont, im Binnendt. auf der zweiten.

Lamperl, das; -s, -n (ugs.): **a)** „kleines Lamm; Unschuldslamm": *Der einfache Staatsmann an der Front ... statt dem Virginier das goldene Vließ, das aber wie gesagt vom reinen Lamperl bezogen ist* (K. Kraus, Menschheit I 325). **b)** (abwertend) „vollkommen harmloser, unschuldiger Mensch": *Die Sozi – das sind die größten Feinde von unsereinem, die's gibt und überhaupt von jedem, der kein Haderwachl oder Lamperl ist* (H. Doderer, Die Dämonen 954).

Lampion, der; -s, -s ⟨franz.⟩: wird österr. [lamˈpi̯oːn] ausgesprochen.

Landesgericht, das; -[e]s, -e: „Gerichtshof erster Instanz, meist in der Landeshauptstadt", binnendt. „Landgericht".

Landeshauptmann, der; -es, ...männer / ...leute: „Chef der Regierung eines Bundeslandes": entsprechend in Deutschland „Ministerpräsident": *Im Hinblick auf die-*

se Situation erklärte der Landeshauptmann, daß mit Ablauf des Budgetjahres 1969 für die Finanzpolitik des Landes eine neue Ära ... anbrechen würde (Vorarlberger Nachrichten 23. 11. 1968). →**Landesrat.**

Landeshymne, die; -, -n: „offizielle Hymne eines einzelnen Bundeslandes": *Dankesworte des Kaufmannsgehilfen Irmgard Rudigier, die Bundeshymne und Landeshymne beschlossen die offizielle Feier* (Vorarlberger Nachrichten 23. 11. 1968).

Landesrat, der; -[e]s, ...räte: „Ressortchef einer Landesregierung", entsprechend in Deutschland: „Minister": *Der von Landesrat Ulrich Ilg umsichtig erstellte Landesvoranschlag 1969 setzt weiter eine sechsprozentige Steigerung der Ertragsanteile an gemeinschaftlichen Bundesabgaben voraus* (Vorarlberger Nachrichten 23. 11. 1968). →**Landeshauptmann.**

Landesschulrat, der; -[e]s, ...räte: „oberste Schulbehörde eines Bundeslandes": *Im Bereiche des Landesschulrates für Vorarlberg gelangt im Schulbezirk Feldkirch die Stelle eines Bezirksschulinspektors zur Besetzung* (Vorarlberger Nachrichten 25. 11. 1968).

Ländle, das; -s (ugs.): „Vorarlberg": *Alle drei Redner sprachen „pro domo", denn alle drei stammen aus dem Ländle* (Vorarlberger Nachrichten 27. 11. 1968); *Der Sicherheitsdirektion des „Ländles" waren schon die Titel ausreichend erschienen ...* (Die Presse 3./4. 5. 1969).

Länge: *(ugs.) **auf die Länge:** „auf die Dauer": *Bekanntlich gilt im menschlichen Leben auf die Länge der unangenehme Satz ‚es kommt alles heraus'* (H. Doderer, Die Dämonen 392).

Lapp, der; -en, -en (mdal.): „einfältiger Mensch; Laffe (auch bayr.).

Lasso, das; -s, -s ⟨span.⟩: ist in Österr. immer Neutrum, im Binnendt. auch Maskulinum.

Lätitzerl, Letitzel, das; -s, -n ⟨lat.⟩ (mdal., Wien): „kleine Unterhaltung".

Latsch, der; -, -en [lɔːtʃ] (ugs., abwertend): „gutmütiger, einfältiger Mensch". →**Patsch.**

Latz, der; -es, Lätze: der Plural lautet in Österr. auch Latze.

läuten, läutete, hat geläutet: entspricht (wie im gesamten süddt. Raum) norddt. „klingeln, schellen": *Der Schuster hörte eine helle Stimme, glaubte, ein Weib stehe draußen und wartete, ob sie um Einlaß läute* (E. Canetti, Die Blendung 323).

Lavoir, (mdal.:) **Lawur,** das; -s, -s [laˈvoːɐ̯, (selten:) laˈvoaːɐ̯, (mdal.:) lawuːɐ̯] ⟨franz.⟩: „Waschschüssel" (im Binnendt. veraltet): *Dann stieß ich sie zurück, rannte ins Badezimmer, ließ das Lavoir mit kaltem Wasser vollaufen und tauchte den Kopf ein* (F. Torberg, Hier bin ich, mein Vater 170); *weil ich hab kan Bedarf für soviel Wasser ... So a bissel in an Waschbecken oder an Lawur is grad gnua* (H. Qualtinger/C. Merz, Der Herr Karl 10).

Lawur →**Lavoir.**

Leader, der; -s, - [ˈliːdɐ] ⟨engl.⟩: Sport „in der Meisterschaft führender Klub".

Leaderposition, die; -, -en [ˈliːdɐ...] ⟨engl.⟩: Sport „erster Platz in der Tabelle der Meisterschaft": *die Mannschaft konnte die Leaderposition nicht halten.*

Leberkäse, der; -s: entspricht in Österr. (mit Ausnahme von Tirol) ungefähr dem in Deutschland üblichen „Fleischkäse", wird also ohne Leber hergestellt.

Leberknödelsuppe, die; -, -n: „Rindsuppe mit Leberknödeln" (auch süddt.).

Lebzelten, der; -s, - (mdal.): „Lebkuchen": *Sieht man schon an den riesigen Reitern aus Lebzelten, die was die den Nichten bringt* (F. Herzmanovsky-Orlando, Gaulschreck 17). →**Zelten.**

Lebzelter, der; -s, -: „Lebkuchenbäcker": *In sehenswerter weihnachtlicher Aufmachung werden ein Glasbläser, der gediegenen Christbaumschmuck erzeugt, ... Lebzelter und Zuckerbäcker ... ihr Kunsthandwerk zeigen* (auto touring 12/1978).

Leckage, die; -, -n: wird österr. [lɛˈkaːʒ] ausgesprochen, also ohne Endungs-e.

Lederer, der; -s, - (mdal.): „Gerber" (auch süddt.).

leeren, leerte, hat geleert: bedeutet österr. auch „gießen": *und leert ein paar erinnerungen in den mistkübel* (K. Bayer, der sechste sinn 79); auch in Zusammensetzungen wie hineinleeren, umleeren, darüberleeren: *Die restliche Milch darüberleeren und das Ganze bei mittlerer Hitze schön* *gelb backen* (Kronen-Zeitung-Kochbuch 289).

Leguan der; -s, -e ⟨karib.⟩: wird in Österr. auf der ersten Silbe betont, im Binnendt. meist auf der letzten.

Lehár: der Name des Komponisten wird in Österr. (wie auch im Ungarischen) auf der ersten Silbe betont, im Binnendt. auf der letzten.

Lehne, die; -, -n: bedeutet österr. (und süddt., schweiz.) auch „Abhang": *plötzlich brauste mir im Hohlweg ein wilder Gießbach mit Erde, Steinen, Eis- und Holzstücken entgegen. Ich rettete mich an die Lehne hinan und kam mit großer Mühe vorwärts* (P. Rosegger, Waldschulmeister 5); *... von villenbesetzten Lehnen, die sich in die Waldtäler schieben* (H. Doderer, Die Dämonen 32). →**Schneelehne.**

lehnen, lehnte, ist gelehnt: das Perfekt wird österr. (und süddt.) bei intransitivem Gebrauch mit *sein* gebildet: *zwei abgeschliffene Mühlsteine sind daran gelehnt* (P. Rosei, Daheim 136).

Lehrbehelf, der; -[e]s, -e: „Lehrmittel": *Die 90 000 Schüler dieser Klassen wurden mit verschiedenen Lehrbehelfen ausgestattet* (Express 15. 10. 1968). →**Behelf.**

Lehrbub, der; -en, -en: „Lehrling" (auch süddt., schweiz.): *bei Abnehmern und Lieferanten hat es vom Generaldirektor bis zum Lehrbuben nicht einen Menschen gegeben, den ich nicht gekannt und besucht hätte* (Die Presse 3. 12. 1968). →**Bub.**

Lehrgegenstand, der; -[e]s, ...stände: „Lehrfach": *so wechseln in der umständlichen Schule des Lebens die Lehrgegenstände, während im Gymnasium nur fünf Minuten Pause dazwischen sind* (H. Doderer, Die Dämonen 657). →**Gegenstand.**

Lehrkanzel, die; -, -n: „Lehrstuhl": *Wo immer eine Lehrkanzel für östliche Philosophie frei wurde, trug man sie zu allererst ihm an* (E. Canetti, Die Blendung 15).

Lehrkanzelinhaber, der; -s, -: „Lehrstuhlinhaber": *da naturgemäß die Institutsvorstände und Lehrkanzelinhaber die beste Kenntnis über im Ausland tätige österreichische Kollegen haben* (Vorarlberger Nachrichten 25. 11. 1968). →**Lehrkanzel.**

Leibchen, das; -s, -: „Unterhemd für Herren; Trikot; T-Shirt; Oberteil der Dreß": *Und heute, wenn 11 deutsche Fußballspieler in ihren grünen Leibchen um die Ehre und um wertvolle WM-Punkte kämpfen, muß er am Bankerl sitzen und zuschauen* (Kronen-Zeitung 13. 10. 1968).

Leiberl, das; -s, -n: a) „→Leibchen": *Wann willst du endlich deine Leiberln und Socken einräumen?* (M. Lobe, Omama 78). b) (ugs.) „Platz in der Mannschaft": *er hat sein Leiberl sicher;* (salopp:) *bei ihm hast du kein Leiberl* (keine Chance). →**Teamleiberl.**

Leich, die; -, -en: bedeutet österr. (und süddt.) ugs. auch „Begräbnis": *Sonst war es Ihr letzter Morgen vor der Leich'* (E. Canetti, Die Blendung 342); *Im Zimmer schieß ich mich tot, und dann is basta! Montag ist die Leich'* (A. Schnitzler, Leutnant Gustl 132).

leicht (mdal., auch bayr.): „vielleicht, etwa, gar": *Der Herr draußen war ganz einverstanden mit ihr. Oder wollen leicht noch eine weitere? Wird schon genug sein mit die zwei* (A. Lernet-Holenia, Ollapotrida 341).

leinwand /Adverb/ (mdal., besonders Wien): „in Ordnung; richtig; sehr gut"; meist in den Fügungen **das ist leinwand:** „toll!", **alles wieder leinwand:** „alles wieder in Ordnung": *Am nextn Tag bin i abiganga ins Wirtshaus ... a klans Golasch, a klans Bier ... alles wieder Lei'wand* (H. Qualtinger/C. Merz, Der Herr Karl 27).

Leite, die; -, -n: „Berghang, Abhang" (auch süddt.): *Ich hab' mich oft gewundert, daß ich so tief unten leben muß und auch da geboren bin und nicht an den hellen und trockenen Leiten oben, wie am Leopoldsberg zum Beispiel* (H. Doderer, Die Dämonen 1203).

Leitschiene, die; -, -n: österr. im Straßenbau meist für „Leitplanke".

Leitseil, das; -[e]s, -e: „am Riemenzeug eines Zugtieres befestigtes Seil, mit dem dem Tier Richtung, Tempo usw. angezeigt werden kann" (auch bayr.): *Ist am Kutschierer gelegen, hat das Leitseil nicht schön in der Hand gehabt* (R. Billinger, Der Gigant 293).

Leopoldi: „Fest des hl. Leopold, des österr. Landespatrons, 15. November":

zur Verherrlichung des Namenstages seines Landesherrn oder am Tage Leopoldi, des Provinzpatrons (F. Herzmanovsky-Orlando, Gaulschreck 182); *Beste Stimmung zu Leopoldi* (Lilienfelder Zeitung 21. 11. 1968).

Leopolditag, der; -[e]s, -e: „Tag des hl. Leopold, 15. November". →**Florianitag, Josefitag, Stefanitag.**

Lepschi ⟨tschech.⟩ (ugs., bes. Wien), in der Wendung **auf Lepschi gehen:** „sich herumtreiben, Vergnügungen nachgehen".

Lercherl, das; -s, -n (ugs., scherzhaft): „Ostjude": *daß es sich um ein Lercherl, ... einen mit Schläfenlocken geschmückten Ostjuden handle* (A. Drach, Zwetschkenbaum 92).

Letitzel →Lätitzerl.

letschert (ugs.): „schlapp, matt, kraftlos" (auch bayr.): *Während man die Nesseln aus dem Kranze klauben möcht', werden die paar Roserln matt und letschert* (H. Doderer, Die Dämonen 1218).

Letzt: *(mdal.) **auf die Letzt:** „zuletzt, am Ende, schließlich": *Denn vom Auszahln an mich wird die Bank / Auf die Letzt vor Strapazen noch krank* (F. Raimund, Der Barometermacher auf der Zauberinsel 18).

Libertinage, die; -, -n ⟨franz.⟩, „Liederlichkeit": wird in Österr. [libɛrti'naːʒ] ausgesprochen, also ohne Endungs-e.

Lieblingsgegenstand, der; -[e]s, ...stände: „Lieblingsfach (in der Schule)": *Deutsch war sein Lieblingsgegenstand.* →**Gegenstand.**

liegen, lag, ist gelegen: die Bildung des Pefekts mit *sein* ist österr. (und süddt., schweiz.) die hochsprachliche Form: *Das Regiment man in Mähren gelegen* (J. Roth, Radetzkymarsch 46); *Er fährt mit der Hand über den Teppich. Da ist die Leiche gelegen* (E. Canetti, Die Blendung 412); *Tiefe Stille und Dämmerung lag gelegen über dem Waldkessel der Wolfsgruppe* (P. Rosegger, Waldschulmeister 207); *Derartige Streikgelder ... seien auch ... bei der Arbeiterbank gelegen* (Die Presse 11. 2. 1969). Das gilt auch für Zusammensetzungen wie **aufliegen, daliegen** usw.

Lieselotte: der weibl. Vorname wird in

Österr. immer auf der vorletzten Silbe betont, im Binnendt. meist auf der ersten.

Linde /weibl. Vorname/: im Binnendt. meist „Linda".

Linienspiegel, der; -s, -: „Linienblatt".

liniieren, liniierte, hat liniert: österr. nur so vorkommende Form für binnendt. auch übliches „liniieren". Ebenso: **Liniierung.**

Linoleum, das; -s ⟨engl.⟩: wird in Österr. meist auf der vorletzten Silbe betont, im Binnendt. auf der zweiten.

Lippel, der; -s, -n ⟨nach dem Vornamen Philipp⟩ (mdal.): Schimpfwort, „dummer Kerl".

liquid: österr. nur so, binnendt. auch „liquide": *Globusz war flott liquid* (H. Doderer, Wasserfälle 345).

Loaberl, das; -s, -n [lɔavɐl] westösterr. mdal. Form zu „→Laibchen".

Lodenjanker, der; -s, -: „Lodenjoppe": *sie begannen ihre Lodenjanker auszuziehen* (B. Frischmuth, Sophie Silber 182). →**Janker.**

-log: in der gesprochenen Sprache, aber nicht schriftlich übliche Nebenform zu -loge in Geologe, Theologe usw.

Loge, die; -, -n: wird österr. [loːʒ] ausgesprochen, ohne Endungs-e.

Lokalaugenschein, der; -s, -e: „Gerichtstermin am Tatort; Lokaltermin": *Die Erhebungsabteilung der niederösterreichischen Gendarmerie stellte gestern bei einem Lokalaugenschein auffallende Parallelen zwischen den beiden Kunstdiebstählen fest* (Kronen-Zeitung 15. 10. 1968); *Das ist kein Lokalaugenschein, bei dem eine Tat wiederholt wird, die einmal wirklich geschehen ist* (P. Handke, Publikumsbeschimpfung 25).

Lottokollektur, die; -, -en ⟨lat.⟩: „amtliche Lottogeschäftsstelle". →**Kollektur.**

luckert: *kein/nicht ein/net a luckerter **Heller** (mdal.): „ganz und gar nichts": *das ist keinen luckerten Heller wert; Dös san meine Höxtpreis, da wird net a luckerter Heller abghandelt* (K. Kraus, Menschheit I 261).

Luftmasche, die; -, -n: bedeutet österr. ugs. auch: „mißglückter Stoß mit dem Ball, wobei der Ball mit dem Fuß nicht einmal getroffen wird".

lukrieren, lukrierte, hat lukriert ⟨lat.⟩:

Wirtsch. „Gewinn erzielen": ... *lukrierte der Finanzminister dabei insgesamt über 400 Mill. S an Münzgewinn* (Die Presse 16. 9. 1980).

Luller, der; -s, -: „Schnuller" (auch süddt., schweiz.).

Lungenbraten, der; -s, -: eine Rindfleischsorte, „Rinderfilet, Filet, Filetbraten, Lendenbraten": *Lungenbraten = Englisches Filet* (Kronen-Zeitung-Kochbuch 142); *Das schönste Fleischstück des Rindes ist der Lungen- oder Lendenbraten* (R. Karlinger, Kochbuch 77). →**Jungfernbraten.**

Lüngerl, das; -s, -n (bes. westösterr.) „→Beuschel".

Lurch, der; -[e]s (ugs.): „größere Flocken, die sich bei Ansammlung von Staub bilden": *der Papierkorb platzt vor Mist, / der Lurch ist schon so dick, daß man ihn riecht* (J. Weinheber, Die Hausfrau und das Mädchen 42).

Luster, der; -s, -: österr. Form für binnendt. „Lüster, Kronleuchter": *unter dem Vorwand der Entrümpelung eine Anzahl von Lustern, Teppichen und Kühlschränken verkauft* (Die Presse 10. 4. 1969). →**Kristalluster.**

M

Mad[e]l, das; -s, -n (mdal., Wien): „Mädel": *Herr Hauptmann, melde gehorsamst, i muaß zu an Madl* (K. Kraus, Menschheit I 105).

Mädel, das; -s: der Plural lautet österr. ugs. „Mädeln"; die Form kommt teilweise auch im Binnendt. vor, dagegen ist „Mädels" in Österr. ganz ungebräuchlich: *Mein Gott, dieses Studium strengt doch diese Mädeln zu sehr an!* (H. Doderer, Die Dämonen 356). →**Madel.**

Mäderl, das; -s, -n (ugs.): „kleines Mädchen (etwa bis 10 Jahre)": *Drei Mäderln aus Napoli. Die Cousinen der Loren* (Kronen-Zeitung 6. 10. 1968).

Madl →Madel.

Magazineur, der; -s, -e [...'nø:ɐ̯] ⟨franz.⟩: „Lagerverwalter": *Jüngerer Magazineur mit Ersatzteillager und Werkzeugausgabe vertraut, selbständig und gewissenhaft für Autorep.-Werkstätte, 5-Tage-Woche, gesucht* (Kronen-Zeitung 5. 10. 1968, Anzeige).

Magazineurgehilfe, der; -n, -n: „Gehilfe des Lagerverwalters": *Wir suchen sofort 1 Magazineurgehilfen für Materialausgabe und Bauhofarbeiten* (Vorarlberger Nachrichten 23. 11. 1968, Anzeige).

Magazineurswitwe, die; -, -n: „Witwe eines Lagerverwalters": *Am nächsten Tag* *war es soweit. Die Freunde fehlten nicht. Sie packten ein. Die Magazineurs-Witwe sah zu* (H. Doderer, Die Dämonen 1116).

Magister, der; -s, ⟨lat.⟩ a) dem deutschen „Diplom" entsprechender akademischer Grad: Mag. theol. (Magister theologiae) usw. b) Titel und Anrede für einen Apotheker, dazu: **Magistra,** die; -, ...rae.

Magyar, der; -en, -en ⟨ungar.⟩: „Ungar". Die binnendt. Schreibung „Madjar" ist in Österr. selten. Ebenso: **magyarisch:** *So kam es durch magyarisches Temperament ... zum spontanen und blutigen Aufstand* (W. Kraus, Der fünfte Stand 34).

Mahd, das; -es, Mähder: österr. (und schweiz.) auch für „Bergwiese".

Maiensäß, das; -es, -e (Vorarlberg und schweiz.): „Voralpe, Frühlingsbergweide".

Maiß, der; -es, -e: „Holzschlag, Jungwald" (auch bayr.) →**Jungmaiß.**

Maisstriezel, der; -s, -n (südostösterr.; ugs.): „Maiskolben": *Wie Federn lagen die Reste von Maisstritzeln auf der Straße* (G. Roth, Ozean 39). →**Striezel.**

Makrokosmos, der; - ⟨griech.⟩: wird österr. auf der ersten Silbe betont, im Binnendt. meist auf der vorletzten.

Makromolekül, das; -s, -e ⟨griech., franz.⟩: wird österr. auf der ersten Silbe betont, im Binnendt. meist auf der letzten.

Mali /weibl. Vorname/: österr. Form zu „Male", Kurzform von „Amalie": *Meine Mutter ... schlug auch die Begleitung unserer Köchin Mali aus* (F. Torberg, Hier bin ich, mein Vater 20).

Malter, der; -s: bedeutet österr. ugs. auch „Mörtel".

Mandatar, der; -s, -e ⟨lat.⟩: bedeutet österr. „Abgeordneter": *Wie ernst in Vorarlberg die ... Verpflichtung der gewählten Mandatare ihren Wählern gegenüber genommen wird, hat die unverhüllte Rücktrittsdrohung von Landeshauptmann Kessler ... gezeigt* (Die Presse 25./26. 1. 1969). →**Gemeindemandatar.**

Manderl, das; -s, -n (ugs.): „Männchen": *Wenn sich die Strümpfe wechselt ..., deckt sie den Kanari zu, weil er a Manderl ist* (F. Herzmanovsky-Orlando, Gaulschreck 161/162). *****Manderl machen:** „Schwierigkeiten bereiten, widerspenstig sein": *mach jetzt keine Manderln, sondern geh an deine Arbeit!*

Mandl, das; -s, -n (ugs.): **a)** „Männlein; kleiner [alter] Mann" (auch bayr.): *Und am End' werden S'noch als steinaltes Mandl da Kolatschen ... verkaufen* (F. Herzmanovsky-Orlando, Gaulschreck 117/118). *****(mdal.) Mandl mit Kren:** „jmd., der imponieren will, als starker Mann auftritt": *über dreißigtausend Taler sind da drin! Ich hab s' in der Lotterie gewonnen, ich bin jetzt ein Mandl mit Kren* (J. Nestroy, Lumpazivagabundus 36); (mdal.) **wie 's Mandl beim Sterz:** „ratlos; wie der Ochs vorm Scheunentor": *Müßt' ich erklär'n wem den Grund von mein' Schmerz, / So stündet ich da, wie 's Mandl beim Sterz* (J. Nestroy, Der Zerrissene 508). **b)** „etwas in der Form eines Männleins, z. B. Vogelscheuche; auf dem Feld zum Trocknen aufgestellte Getreidegarben usw.".

Maniküre, die; -, -n ⟨franz.⟩: wird in Österr. [mani'ky:r] ausgesprochen, also ohne Endungs-e.

Manipulant, der; -en, -en ⟨lat.⟩ (veraltend): bedeutet österr. in der Amtsspr. „Hilfskraft, Amtshelfer": *Der Fahrer und die zwei Manipulanten* [im Feldlazarett] *sind gut geschult* (G. Fussenegger, Zeit des Raben – Zeit der Taube 470).

Manipulationsgebühr, die; -, -en ⟨lat.⟩: Amtsspr. „Bearbeitungsgebühr, z. B. bei einer Bank für die Bearbeitung eines Kontos o. ä.".

Manna, das; -s ⟨hebr.⟩: ist in Österr. nur Neutrum, im Binnendt. auch Femininum.

Mantelsack, der; -s, ...säcke: „Manteltasche": *die andere* [Hand] *hatte er in den Mantelsack gesteckt* (G. Roth, Ozean 228).

Manus, das; -, - ⟨lat.⟩: Kurzwort für „Manuskript": *Glenzler kam vorbei, einen Augenblick blieb er stehen und sagte: „Geben Sie mir das Manus, Doktor, das wird heute noch lange dauern drinnen ..."* (H. Doderer, Die Dämonen 341).

Marandjosef (ugs.): „Ausruf des Erschreckens, der Bestürzung; Maria und Josef!": *Aber laß dir doch sagen, er war nicht beliebt – Seine Frau: Marandjosef, warum denn?* (K. Kraus, Menschheit I 23).

Marende, die; -, -n (bes. in Tirol): „Zwischenmahlzeit am Nachmittag". →**Jause.**

marenden, hat marendet (Tirol): „die →Marende einnehmen": *... in rund 1800 Höhe hinzuhocken und kategorisch auf seinem „Marendn" zu beharren* (auto touring 9/1979).

Margarine, die; -: wird österr. ugs. ohne Endungs-e ausgesprochen.

Mariage, die; -, -n ⟨franz.⟩: wird österr. [mari'a:ʒ] ausgesprochen, also ohne Endungs-e.

Marienfäden, die /Plural/ (veraltend): „Altweibersommer": *Die Marienfäden flogen sacht und zärtlich über ihn dahin* (J. Roth, Die Kapuzinergruft 39).

Marille, die; -, -n ⟨ital.⟩: österr. für binnendt. „Aprikose": *Der Kartoffelteig wird auf gut bemehltem Brett schwach 1 cm dick ausgewalkt und in passende Vierecke geschnitten, die mit 1 Marille belegt werden* (R. Karlinger, Kochbuch 252). Dazu: **Marillengeist, Marillenkoch** (Aprikosenmus), **Marillenkompott, Marillenlikör, Marillenmarmelade, Marillenschnaps, Marillensoße.**

Marillenknödel, der; -s, -: „Knödel aus

Kartoffelteig mit einer Marille/Aprikose in der Mitte": *Vierhundert Millionen Marillenknödel könnten aus der Marillenrekordernte ... gemacht werden* (Die Presse 26./27. 7. 1969).

Marillenspalte, die; -, -n: „Aprikosenscheibe". →**Spalte.**

Märke, die; -, -n: „Namenszeichen, besonders auf der Wäsche".

märken, märkte, hat gemärkt: „mit einem Namenszeichen versehen": *die Wäsche märken; Er macht auch eine gute Schlittenbahn durch den Wald und führt sein Schleifholz bis an den breiten Weg. Dort schichtet er es auf und märkt die Stöße mit blauer Kreide auf seinen Namen* (K. H. Waggerl, Brot 208).

markieren, markierte, hat markiert: bedeutet österr. auch: „(eine Fahrkarte) entwerten".

Markör, der; -s, -e ⟨franz.⟩ (veraltet): „Kellner": *Sie Markör, wer sind denn die beiden älteren Herren, die kommen mir so bekannt vor* (K. Kraus, Menschheit I 26).

Marktfahrer, der; -s, -: „Wanderhändler".

Marktfierant, der; -en, -en ⟨ital.⟩: „Markthändler": *Angeheiterte Marktfieranten lungern vor einem Einkehrhaus - ut aliquid marktfieri videatur. Sehr gute Laune beherrscht diesen Markt.* (E. E. Kisch, Der rasende Reporter 361). →**Fierant.**

marod ⟨franz.⟩ (ugs.): „[leicht] krank" (auch bayr.): *Wie bringt er das fertig, marod, wie wir sind?* (F. Th. Csokor, 3. November 1918, 247). Das Wort hat also eine ganz andere Bedeutung als das binnendt. „marode (erschöpft)".

Marodliste: *auf der **Marodenliste stehen:** „krank, nicht einsatzfähig sein": ... *ein Vermerk im „Sportkurier", daß der VAK, bei dem bekanntlich drei Leute auf der Marodenliste stehen, für den morgigen Kampf gegen ASK Dr. Baumester reaktiviert hat* (F. Torberg, Die Mannschaft 479).

Maroni, die; -, - ⟨ital.⟩: österr. (und süddt.) Form für binnendt. „Marone": *„In diesem Jahr sind die Kastanien schlecht geraten ... Ich verkaufe jetzt mehr gebratene Äpfel als Maroni".* (J. Roth, Die Kapuzinergruft 123).

Maronibrater, der; -s, -: „[wandernder] Händler, der im Winter auf der Straße heiße, frischgebratene Maronen verkauft": *mein Vetter, der Maronibrater, mit seinen Kastanien, mit seinem Maulesel, schwarz von Haaren und Schnurrbart* (J. Roth, Die Kapuzinergruft 121).

Marterl, das; -s, -n: „Tafel mit Bild und Inschrift zur Erinnerung an Verunglückte; Holz- oder Steinpfeiler mit einer Nische für Kruzifix oder Heiligenbild" (auch bayr.). →**Bildstock.**

Martinigans, die; -, ...gänse: österr. Form für binnendt. „Martinsgans".

Marzipan, der; -[e]s, -e ⟨arab.⟩: wird österr. immer auf der ersten Silbe betont, im Binnendt. meist auf der letzten, und ist Maskulinum, im Binnendt. Neutrum: das; -s, -e.

Maschansker, Maschanzger, der; -s, - ⟨tschech.⟩: „Borsdorfer Apfel": *Mein blinder Schwager hat lassen fallen seine Hand auf ein Maschanzger* (J. Nestroy, Judith und Holofernes 730).

Masche, die; -, -n: steht österr. meist für binnendt. „Schleife, Schlinge": *eine Masche (mit dem Schuhband) binden; das kleine Mädchen trägt eine Masche im Haar.* →**Haarmasche.**

Maschekseite, Maschikseite, die; -, -n ⟨ungar.⟩ (ostösterr.): „Rückseite, entgegengesetzte Seite": *er kommt von der Maschekseite;* (übertragen:) *Sie is halt auf die Maschikseiten (Schattenseite des Lebens) zu stehen gekommen* (K. Kraus, Menschheit II 250).

Mascherl, das; -s, -n (ugs.): **a)** „querstehende steife Schleife, die zwischen den Kragenspitzen eines Oberhemdes getragen wird; Fliege": *Bei den Herren tolerieren wir allerdings den schwarzen Anzug, wenn der Ballgast ein schwarzes Mascherl trägt* (Die Presse 4./5. 1. 1969); **b)** „Abzeichen einer Partei o. ä.": *Stimmzettel tragen ... noch kein Mascherl* (Die Presse 7./ 8. 3. 1970).

Maschinarbeiter, der; -s, -: österr. Form für binnendt. „Maschinenarbeiter": *Möbeltischler, Maschinarbeiter und Oberflächenbearbeiter werden aufgenommen* (Kronen-Zeitung 5. 10. 1968, Anzeige).

maschinnähen, näht Maschine, hat maschingenäht: österr. Form für binnendt. „maschinennähen". Ebenso: **Maschinnäherin, maschinrechnen.**

maschinschreiben, schreibt Maschine, hat maschingeschrieben: österr. Form für binnendt. „maschine[n]schreiben": *Jüngere Angestellte, vertraut mit einfacher Büroarbeit, Maschinschreiben ...* (Kronen-Zeitung 5. 10. 1968, Anzeige). Ebenso: **Maschinschreibkenntnis:** *mit guten Maschinschreib- und Stenokenntnissen ...* (Vorarlberger Nachrichten 23. 11. 1968, Anzeige); **Maschinschreibkraft:** *Dorotheum Wien sucht männliche und weibliche Maschinschreibkräfte* (Kurier 16. 11. 1968, Anzeige).

Maschinschreibseite, die; -, -n: österr. Form für binnendt. „Maschine[n]schriftseite, Schreibmaschinenseite": *Er hatte in seiner Vernehmung vor der Wirtschaftspolizei auf zehn Maschinschreibseiten eine Fülle von Details ... gewußt* (Die Presse 25. 2. 1969).

maschinschriftlich: österr. Form für binnendt. „maschinenschriftlich".

maschinstricken, strickte Maschine, hat maschingestrickt: österr. Form für binnendt. „maschinenstricken". Ebenso: **Maschinstrickerin:** *Maschinstrickerin wird zu günstigen Bedingungen sofort aufgenommen* (Express 4. 10. 1968, Anzeige).

Masel, das; -s und **Masen,** die; - ⟨jidd.⟩ (ugs., salopp): „Glück", binnendt. „der Massel".

Massage, die; -, -n ⟨franz.⟩: wird österr. [ma'saːʒ] ausgesprochen, also ohne Endungs-e.

Masseurin, die; -, -nen [ma'søːrɪn] ⟨franz.⟩: ist in Österr. die fast ausschließliche Form gegenüber dem im Binnendt. bevorzugten „Masseuse".

Match, das; -es, -e [mɛtʃ] ⟨engl.⟩: ist in Österr. immer Neutrum, im Binnendt. auch Maskulinum, der Plural lautet oft Matches (binnendt. Matchs): *Vor wichtigen Matches hat er keine Angst* (Die Presse 8. 5. 1969).

Mathematik, die; - ⟨griech.⟩: wird österr. immer auf der vorletzten Silbe betont, das betonte a ist kurz. Ebenso: **mathematisch.**

Matratzengradl, der; -s: „Gewebe, das

für Matratzen verwendet wird" (auch süddt.). →**Gradl.**

Matrikel, Matrik, die; -, -n ⟨lat.⟩: bedeutet österr. auch „Personenstandsverzeichnis". →**Standesmatrikel, Taufmatrikel, Trauungsmatrikel.**

Matschker, der; -s, ⟨tschech.⟩ (ugs.): „Tabakrückstand in der Pfeife; kalt gewordene Zigarre".

matschkern, hat gematschkert (ugs.) **a)** „brummig reden; schimpfen, maulen": *Na, hat er was g'matschkert von Benzin und so* (H. Qualtinger/C. Merz, Der Herr Karl 25); **b)** „(Tabak) kauen".

Matura, die; - ⟨lat.⟩: „Reifeprüfung" (auch schweiz.): *Der Kommandant schämte sich, er hatte beinah Matura – da ließ er sich von ein paar schriftdeutschen Sätzen imponieren* (E. Canetti, Die Blendung 274). →**Handelsmatura, Maturant, maturieren.**

Maturajahrgang, der; -[e]s, ...gänge: „Jahrgang von Abiturienten": *Am 8. und 9. November trafen sich die Schüler der beiden Maturajahrgänge der Bundeshandelsakademie Bregenz* (Vorarlberger Nachrichten 26. 11. 1968). →**Matura.**

Maturant, der; -en, -en ⟨lat.⟩: „jmd. der die Reifeprüfung abgelegt hat oder sich darauf vorbereitet": *Volkswirtschaftliches Seminar für Maturanten* (Vorarlberger Nachrichten 26. 11. 1968). – **Maturantin,** die; -, -nen: *Mangels anderer Gelegenheit sucht Staatsangestellte (Maturantin) Anschluß an Akademiker* (Die Presse 24. 1. 1969, Anzeige).

Maturareise, die; -, -n: „gemeinsame Klassenreise nach der Matura/dem Abitur": *... von dem in Prag lebenden Bruder meiner Mutter, dem ich zuletzt auf meiner Matura-Reise ... einen Besuch abgestattet hatte* (F. Torberg, Hier bin ich, mein Vater 76).

Maturaschule, die; -, -n: „Privatschule, in der man sich auf eine staatliche Reifeprüfung vorbereitet, ohne eine höhere Schule zu besuchen": *Ihr Studium, das unter schwierigsten Bedingungen zustande kam – „die Maturaschule besuchte ich zwischen erstem und letztem Akt ,Meistersinger'"* (Die Presse 24. 12. 1968).

Maturatreffen, das; -s, -: „Abituriententreffen": *Diese echt skeptische Weisheit ... mag dem einen oder anderen Teilnehmer an diesem Maturatreffen die Richtung weisen* (Vorarlberger Nachrichten 29. 11. 1968).

maturieren, maturierte, hat maturiert ⟨lat.⟩: „die Reifeprüfung ablegen": *Nach der Pflichtschulzeit trat er 1904 in das Lehrerseminar in Feldkirch ein, wo er 1908 mit Auszeichnung maturierte* (Vorarlberger Nachrichten 23. 11. 1968).

Maurerfäustl, der; -s, -: „kurzer Hammer mit dickem Eisenteil zum Klopfen von Stein u. a.": *Der Tiroler hatte das Imster Schulkind mit einem Maurerfäustl erschlagen* (Th. Bernhard, Stimmenimitator 18).

Maurerklavier, das; -s, -e (ugs., scherzh.): „Ziehharmonika".

Mausfalle, die; -, -n: österr. Nebenform zu „Mausefalle".

maustot: österr., bes. in der gesprochenen Sprache, auch für „mausetot".

Maut, die; -, -en: „Gebühr für die Benützung von Straßen, Brücken o. ä.": *daß die Tarife für die Maut auf der Brennerautobahn die finanziellen Verhältnisse der zahlreichen Berufspendler berücksichtigen mögen* (Tiroler Tageszeitung 28. 12. 1968). Dazu: **mautfrei, mautpflichtig.** →Anrainermaut.

Mautgebühr, die; -, -en: „Benützungsgebühr bei Straßen, Brücken o. ä.": *Ab 1. Jänner treten auf der Brennerautobahn aus Anlaß der Verkehrsübergabe eines weiteren Teilstücks neue Mautgebühren in Kraft* (Die Presse 24. 12. 1968). →Maut.

Mautstelle, die; -, -n: „Stelle, an der eine Benützungsgebühr für Straßen o. ä. eingehoben wird": *an der Mautstelle in Fusch bis zum Fuschertörl* (Die Presse 3. 6. 1969). →Maut.

Mautstraße, die; -, -n: „Straße, für deren Benützung bezahlt werden muß": *gewisse neue Autobahnstücke zu Mautstraßen zu erklären* (Die Presse 12./13. 10. 1968). →Maut.

Mayonnaise, die; -, -n: wird österr. [majɔ'nɛːz] ausgesprochen, also ohne Endungs-e.

Medaille, die; -, -n ⟨franz.⟩: wird in Österr. [me'dailjə] ausgesprochen; ebenso **medaillieren** [medai'liːrən], **Medaillon**

[medail'jõː], im Binnendt. [me'daljə] usw.

Mediceer, die: wird österr. [medi'tʃeːɐ] ausgesprochen, binnendt. [...'ts̲...]. Ebenso: **mediceisch.**

Mehlkoch, das; -[e]s (veraltet): „Milchbrei mit Mehl für Kleinkinder". →Koch.

Mehlspeise, (ugs.:) **Mehlspeis,** die; -, -n: bedeutet österr.: **a)** „Süßspeise, auch wenn sie ohne Mehl zubereitet wird, z. B. Germknödel, Topfenpalatschinken". **b)** „Kuchen": *magst du noch ein Stück von der Mehlspeise?*

Mehlspeiskoch, der; -[e]s, ...köche: „Koch, der nur für Torten, Süßspeisen zuständig ist". – **Mehlspeisköchin,** die; -, -nen: *Heim im 13. Bezirk bietet perfekter Mehlspeisköchin gute Dauerstellung* (Express 7. 10. 1968).

Mehlspeisteller, der; -s, -: „Dessertteller, Kuchenteller".

mehr →nur mehr.

mehrfärbig: „mehrfarbig". →färbig.

mehr – weniger: österr. auch für „mehr oder weniger": *die plötzlich von ihm eröffnete Fülle äußerer Möglichkeiten und dem ... damit verbundenen mehr – weniger schlechten Gewissen ...* (H. Doderer, Die Dämonen 291).

meine Verehrung! →Verehrung.

Meisel, das; -s: mageres Meisel, fettes Meisel: „Fleischteile des Rindes von der Schulter": *Besonders geeignet zum Dünsten: ... Schulter mit Schulterscherzel, mageres Meisel, Hals* (Thea-Kochbuch 90).

Melanchton: der Name des lutherischen Theologen wird in Österr. auf der ersten Silbe betont, im Binnendt. auf der zweiten.

Melange, die; -, -n ⟨franz.⟩: wird österr. [me'lãːʒ] ausgesprochen und bezeichnet eine Zubereitungsart von Kaffee, „halb Milch, halb Kaffee": *eine Melange, oder nein, wissen Sie was, bringen Sie mir zur Abwechslung eine Nuß Gold und die Presse* (K. Kraus, Menschheit I 72). **Melange mit Haut:* „Milchkaffee mit Milchhaut": *„Was befehlen Herr Leutnant?" „Eine Melange mit Haut"* (A. Schnitzler, Leutnant Gustl 143).

Melanzani, die /Plural/ ⟨ital.⟩: österr. Form für binnendt. „Melanzane; Auberginen": *Vanini: Melanzani – Sardinen –*

Polenta (F. Th. Csokor, 3. November 1918, 242).

Melchisedek: der biblische Name wird österr. auf der zweiten Silbe betont, binnendt. meist auf der vorletzten.

Meldezettel, der; -s, -: „polizeiliche Anmeldungsbestätigung": *Fischerle bemühte sich zu verfolgen, was Kien auf den Medezettel schrieb* (E. Canetti, Die Blendung 169); *den Meldezettel ausfüllen, vorweisen.*

Menage, die; -, -n [me'na:ʒ] ⟨franz.⟩: bedeutet österr. beim Militär „Truppenverpflegung".

Menagekosten, die /Plural/: Militär „Verpflegungskosten": *Die Menagekosten vom Lohn abzogn* (K. Kraus, Menschheit I 242).

Menageschale, die; -, -n: Militär „Eßgeschirr".

menagieren, menagierte, hat menagiert ⟨franz.⟩: Militär „Essen fassen".

Merkur: wird österr. meist auf der ersten Silbe betont, binnendt. auf der zweiten.

Meteorit, der; -en- en: wird österr. mit kurzem i gesprochen, binnendt. meist mit langem.

Meterzentner →Zentner.

Metropolit, der; -en, -en: wird österr. mit kurzem i gesprochen, binnendt. mit langem.

Metzen der; -s, -: „altes Getreidemaß" (auch bayr.).

Metzger, der; -s, -: das im süddt. und westdt. Raum normalsprachliche Wort für „Fleischer" ist im westlichen Oberösterreich, in Salzburg und in Tirol umgangssprachlich, in Vorarlberg normalsprachlich, in Ostösterr. ist es unbekannt. Ebenso: **Metzgerei.** →**Fleischhacker, Fleischhauer.**

Mezzanin, das und der; -s, -e ⟨ital.⟩: „Halbstock, Zwischengeschoß" (im Binnendt. nur für die Baukunst der Renaissance und des Barocks verwendet): *3¹/₂ Zimmer, alle Nebenräume, Mezzanin, 120 m². MVZ 100000/1200,-* (Die Presse 16. 1. 1969, Anzeige).

Mezzaninwohnung, die; -, -en: „Wohnung im Zwischengeschoß".

Mietzins, der; -es, -e: „Miete" (auch süddt., schweiz.): *Die Leproserie war Gemeindebesitz, konnte man nicht einen Mietzins*

verlangen? (G. Fussenegger, Zeit des Raben – Zeit der Taube 32).

Mikrobiologie, die; -: wird österr. auf der ersten Silbe betont, binnendt. meist auf der letzten. Ebenso: **Mikrochemie, Mikrofauna, Mikrokosmos, Mikroorganismus** usw.

Milieu, das; -s, -s [mi'ljø:] ⟨franz.⟩: bedeutet österr. veraltend auch „kleine Tischdecke".

Minestrasuppe, die; -, -n ⟨ital.⟩: „Kohlsuppe". →**Kohlminestrasuppe.**

mir san mir (ugs.): „wir sind wir": Ausdruck einer in Österr. häufigen Gesinnung der ignoranten Abkapselung, die, getragen vom eigenen Selbstbewußtsein, sich über alles Fremde erhaben dünkt: *mir san mir und Österreich wird aufstehn wie ein Phallanx ausm Weltbrand sag ich!* (K. Kraus, Menschheit I 43); *Da ist der Unwille, ja die glatte Weigerung, sich an Fremdes anzupassen, die „Mir-san-mir"-Mentalität, die wie ein Visier heruntergelassen wird* (Die Presse 3./4. 5. 1969).

Missionär, der; -s, -e ⟨lat.⟩: österr. veraltend neben „Missionar".

Mist, der; -[e]s: bedeutet österr. ugs. auch „Kehricht": *der Papierkorb platzt vor Mist* (J. Weinheber, Die Hausfrau und das Mädchen 42). *Geld wie Mist: „Geld wie Heu": Ah, sie soll zum Onkel geh'n, der hat Geld wie Mist, auf die paar hundert Gulden kommt's ihm nicht an* (A. Schnitzler, Leutnant Gustl 119).

Miststätten, die; -, - (veraltend): „Müllablagerungsplatz".

Mistkübel, der; -s, -: „Abfallkübel": *füllt die hosentaschen mit schlafpulver und leert ein paar erinnerungen in den mistkübel* (K. Bayer, der sechste sinn 79). →**Mist.**

Mistschaufel, die; -, -n: „Kehrschaufel, Dreckschaufel": *Frau Mayrinker hielt sogar beim Öffnen der Ofentüre die blecherne Mistschaufel unter* (H. Doderer, Die Dämonen 1284). →**Mist.**

mitnehmen, nahm mit, hat mitgenommen: steht österr. auch für „jmdm. etwas mitbringen": *... ihm zuzurufen, er möge mir etwas mitnehmen* (B. Frischmuth, Kai 18/19).

mittagmahlen, mittagmahlte, hat mittagmahlt (veraltend): „zu Mittag essen"

Montage

Mittellosigkeitszeugnis, das; -ses, -se: österr. für binnendt. „Armutszeugnis" (aber nicht in den übertragenen Wendungen).

Mittelschule, die; -, -n: bezeichnete bis 1962 die jetzige „allgemeinbildende höhere Schule, Gymnasium", in Deutschland „Oberschule". Das Wort ist aber auch jetzt noch sehr häufig. Den Typ der deutschen oder schweizerischen „Mittelschule" gibt es in Österr. nicht, ihm entspricht ungefähr die Hauptschule. Eine Neuprägung von 1979: „neue Mittelschule" bezeichnet die integrierte Gesamtschule (gemeinsame Schule der 10–14jährigen).

Mittelschüler, der; -s, -: „Gymnasiast, Oberschüler".

Mitvergangenheit, die; -: in Österr. übliche deutsche Bezeichnung für „Imperfekt, 1. Vergangenheit": *Es gibt sechs Zeitformen: Gegenwart, Mitvergangenheit ...* (J. Stur, Deutsches Sprachbuch I 94); *Warum sagte er: hatte?* dachte der Leutnant; *und erinnerte sich aus der Deutschstunde, daß man so was „Mitvergangenheit" nannte* (J. Roth, Radetzkymarsch 76).

Mitzi, Mizi, Mizzi: Kurz- und Koseform zu „Maria" (auch süddt.): *ihre hübschen Kolleginnen Franzi Schmid, Gusti Pichler und Mitzi Glimpf* (A. Drach, Zwetschkenbaum 53); *Komtesse Mizzi, Mizi Schlager* (Figuren aus Stücken von A. Schnitzler). Heute ist fast nur noch die Form Mitzi üblich. *Wiener Mitzi: Bezeichnung für den häufig vorkommenden „Typ einer molligen, liebenswürdigen, oberflächlichen und lebenslustigen Wienerin". →**Franzi, Gusti.**

Mocca, der; -s, -s ⟨arab.⟩: in Österr. meist gebräuchliche Form neben „Mokka": *sich's während wenigstens zweier Stunden bie einem türkischen Mocca bequem zu machen* (H. Doderer, Die Dämonen 405).

Mogul, der; -s, -n ⟨pers.⟩: wird österr. auf der zweiten Silbe betont, im Binnendt. meist auf der ersten.

Mohnbeugel, das; -s, -: „Hörnchen mit Mohnfüllung": *wir haben Mohnbeugeln gehabt, die Annerl hat s' gebacken, delikat!* (F. Herzmanovsky-Orlando, Gaulschreck 160). →**Beugel.**

Mohnfülle, die; -, -n: Küche „Mohnfüllung" (auch süddt., ostmitteldt.): *Je einen Löffel der Mohnfülle auf die Teigquadrate setzen, diese über Kreuz zusammenrollen und die Kipferln formen* (Kronen-Zeitung-Kochbuch 334). →**Fülle.**

Mohnkipferl, das; -s, -n: „Hörnchen mit Mohnfüllung". →**Kipferl.**

Mohnstrudel, der; -s, -: „mit Mohn gefüllte Roulade aus Hefeteig". →**Strudel.**

Möhre, Möhrl[rübe], die; -, -n: das bes. im Mitteldeutschen übliche Wort ist in Österr. (außer Tirol und Vorarlberg) ugs. und mdal. üblich, wurde aber in der Hochsprache von „Karotte" verdrängt.

Molekel, die; -, -n ⟨lat.⟩: ist österr. auch Neutrum: das; -s, -n.

Moloch, der; -s, -e: wird österr. auf der letzten Silbe betont, binnendt. meist auf der ersten.

mollert (ugs.): „mollig, dick" (auch bayr.): *Beischlaf und Kretze auch hier, Spiel im Spiel auch hier, Lena Nyman, diese mollerte Krot, auch hier* (Die Presse 7. 12. 1968).

Molo, der; -s, Moli ⟨ital.⟩: österr. für binnendt. „die Mole, Hafendamm".

Momenterl, das; -s, -n (ugs.): „Moment; Augenblick!": *Als sie wieder kam, sagte sie: „– Momenterl! –" fing den vorbeiwandelnden Oberkellner ab, bezahlte und empfahl sich* (H. Doderer, Die Dämonen 92).

Monatszins, der; -es, -e: „Monatsmiete" (auch süddt., schweiz.). →**Zins.**

Mondesfinsternis, die; -, -se: österr. Form für „Mondfinsternis".

monocolor ⟨griech./lat.⟩: Politik „von einer Partei gebildet (von der Regierung); die Regierungspartei betreffend"; Das Wort kam 1966 nach Bildung einer Einparteienregierung (im Gegensatz zur früheren Koalition) auf: *williges Werkzeug jener monocoloren Kreise, die gegenwärtig unser Kulturleben bestimmen* (Die Presse 8. 5. 1969).

Monocolore, die; - ⟨griech./lat.⟩: Politik „Einparteienregierung": *Wesentlich mehr bei der ÖVP als auf der Linken, vermerken stöhnend die Repräsentanten der „Monocolore"* (Die Presse 8. 2. 1969). →**monocolor.**

Montage, die; -, -n ⟨franz.⟩: wird in

Österr. [mɔn'taːʒ] ausgesprochen, also ohne Endungs-e.

Montur, die; -, -en ⟨franz.⟩: „Uniform, Dienstkleidung; [bestimmten Erfordernissen angepaßte] Arbeitskleidung" (veraltet oder scherzhaft abwertend auch binnendt.); *gutmütige Arbeiter in Hemdsärmeln, Plastiktaschen voll schmutziger Monturen* (M. Mander, Kasuar 351). →**Erdäpfel in der Montur.**

Moos, das; -es, -e / (selten auch:) Möser: bedeutet österr. (und süddt., schweiz.) auch: „Moor, Sumpf".

Moosflankerl →Flankerl.

Moriz: österr. Nebenform zu „Moritz": *Sr. Hochwohlgeboren Herrn Moriz Benedikt, Herausgeber der Neuen Freien Presse, Wien I., Fichtegasse 11* (K. Kraus, Menschheit I 73).

Most, der; -es: „alkoholischer Obstsaft" (auch süddt., schweiz.).

Muezzin, der; -s, -s ⟨arab.⟩: wird österr. auf der ersten Silbe betont, im Binnendt. auf der zweiten: *die ruft kein Muezzin / zum Suez hin* (G. Kreisler, Zwei alte Tanten tanzen Tango 19).

muffeln, muffelte, hat gemuffelt: „nach Schimmel riechen; müffeln".

Mugel, Mugl, der; -s, -[n] (ugs.): „Hügel": *Rechts in der Ferne sieht ein Mugel, ein Bergrücken kleinerer Art voll Blätterwald, so aus wie ein Berg aus Weintrauben* (Die Presse 21. 10. 1968); *jene Gegend, wo der Kamm und Mugl zwischen Agnes- und Jägerwiese am höchsten sich erhebt* (H. Doderer, Die Dämonen 1339). →**ausgemugelt.**

Muli, das; -s, -[s] ⟨ital.⟩: österr. (und süddt.) für „Mulus, Maultier".

Mullatschag, Mullatschak, der; -s, -s ⟨ungar.⟩ (noch ostösterr.): „ausgelassenes Fest [bei dem am Schluß Geschirr und Einrichtungsgegenstände zertrümmert werden]": *Beethoven hätte wegen Schwerhörigkeit einen C-Befund gekriegt und infolgedessen bloß bei Mullatschaks in Offiziersmessen Klavier spielen müssen* (K. Kraus, Menschheit I 192); *Na, diesen Mullatschag wart' ich nicht ab* (F. Th. Csokor, 3. November 1918, 237).

mullattieren, mullattierte, hat mullattiert: „an einem Mullatschag teilnehmen; ausgiebig feiern": *Früher wie ich unten war – da is auch viel mullattiert worn* (K. Kraus, Menschheit I 108). →**Mullatschag.**

mürbes Kipferl: „Hörnchen aus Mürbteig". →**Kipferl.**

Muschel, die; -, -n: steht österr. auch für binnendt. „Becken" bei sanitären Anlagen, verkürzt für →„Klo[sett]muschel, →WC-Muschel, →Waschmuschel": *Die Touristen aber wissen das nicht und werfen Papier in die Muschel, und darum sind die Toiletten immer verstopft* (B. Frischmuth, Kai 85).

Muskat, der; -[e]s, -e ⟨franz.⟩: wird in Österr. auf der ersten Silbe betont, im Binnendt. auf der zweiten. Ebenso: **Muskatblüte, Muskatnuß.**

Mutant, der; -en, -en ⟨lat.⟩: „jmd., der gerade Stimmwechsel hat". Dazu: **Mutantenheim,** das; -[e]s, -e: *Im einstigen Mutantenheim* [der Wiener Sängerknaben], *dem Josefschlößl, ist nun die ... neue Einrichtung „Musischer Kindergarten" untergebracht* (Die Presse 4. 11. 1968). (Die Wörter Mutation, mutieren usw. sind gemeindt.)

N

na, naa (ugs.): „nein" (auch bayr.): *Is Ihna des ein Begriff? Ah naa – Se san ja jung ... Sie wissen ja nicht, was Heiterkeit war* (H. Qualtinger/C. Merz, Der Herr Karl 10). Entspricht binnendt. „ne, nee".

nach: kommt österr. auch in Verbindung mit *Witwe* statt eines Genitivs vor: *Witwe nach dem Beamten H.* (Witwe des Beamten H.); *ein Prozeß, den Herta Schubert, Witwe nach dem verstorbenen Autor der* *beliebten Fernsehsendung „Familie Leitner" angestrengt hatte* (Die Presse 2. 4. 1969).

nachher: wird österr. immer auf der ersten Silbe betont, im Binnendt. meist auf der letzten.

nachhinein →im nachhinein.

nachschauen, schaute nach, hat nachgeschaut: bes. österr. (und süddt.) für binnendt. „nachsehen": *Nachschauen, ob nicht irgendwo eine Haarnadel herumliegt oder sonst so ein verdammter weiblicher Gegenstand* (A. Lernet-Holenia, Ollapotrida 341). →**schauen.**

nachstierln →stierln.

nacht: österr. für „nachts", wenn es in Verbindung mit einer Zeitangabe steht: *... stieg um etwa ein Uhr nacht durch das Küchenfenster in das Innere des Hauses* (Oberösterr. Nachrichten 17. 8. 1970).

Nacht: *(ugs.) **auf die Nacht:** „am Abend": ... daß er ... eine Freundin alleingelassen hat auf die Nacht* (Th. Bernhard, Schrecken 175).

Nachtessen, das; -s, -: das schweiz. und südwestdt. Wort kommt in Österr. nur in Vorarlberg vor: *... die anschließend im Gössersaal beim Nachtessen und flotter Musik bis in die späten Nachtstunden anhielt* (Vorarlberger Nachrichten 23. 11. 1968).

nächtigen, nächtigte, hat genächtigt: „übernachten" (selten auch binnendt.): *Zum Glück erkannte er diesen freigiebigen Bibliotheksbesitzer, der schon einmal hier genächtigt hatte* (E. Canetti, Die Blendung 169).

Nächtigung, die; -, -en: „Übernachtung": *Mehr Nächtigungen in der abgelaufenen Saison* (Die Presse 28. 1. 1969).

Nächtigungsgeld, das; -[e]s, -er: „Vergütung von Übernachtungskosten, z. B. auf einer Dienstreise": *Darüber hinaus bieten wir sehr gute Diäten (Nächtigungsgelder extra)* (Kronen-Zeitung 5. 10. 1968, Anzeige). →**Nächtigung.**

Nachtkästchen, das; -s, -: „Nachtschränkchen, Nachttisch" (auch bayr.): *Schlafzimmer, licht, sehr gut erhalten, 2 Kasten, 2 Betten, 2 Betteinsätze, 2 Nachtkästchen, 1 Psyche mit Spiegel* (Kronen-Zeitung 6. 10. 1968, Anzeige). →**Kasten.**

Nachtkastl, das; -s, -n (ugs.): „Nachtschränkchen, -tisch": *Wo meine Sockenhalter immer stecken ... Marianne: Dann stecken sie in der Kommod. Zauberkönig: Nein. Marianne: Dann im Nachtkastl* (Ö. Horvath, Geschichten aus dem Wiener Wald 384). →**Nachtkästchen.**

Nachtkastlladel, das; -s, -n (ugs.): „Lade des Nachtschränkchens": *im Nachtkastelladel liegt er, geladen ist er auch, heißt's nur: losdrucken* (A. Schnitzler, Leutnant Gustl 139). →**Nachtkastl.**

Nachtmahl, das; -[e]s, -e/...mähler: „Abendessen": *Ich hatte gerade meine übliche Kombinations-Mahlzeit beendet, Frühstück und Nachtmahl in einem* (F. Torberg, Hier bin ich, mein Vater 114).

nachtmahlen, nachtmahlte, hat genachtmahlt: „zu Abend essen": *Ich hab heut nämlich schon zweimal genachtmahlt, weil ich Besuch habe* (Ö. Horvath, Geschichten aus dem Wienerwald 423); (auch: etwas nachtmahlen:) *Gehn Sie doch zum Buffet, Herr Sektionsrat, man hat schon den Speisesaal geöffnet, und ich habe Languste genachtmahlt* (H. Doderer, Die Dämonen 1131).

nackert (ugs.): „nackt": *das ist ja ein gediegener Skandal! Am Verlobungstag - nackert herumliegen! Küßdiehand!* (Ö. Horvath, Geschichten aus dem Wiener Wald 400).

Naderer, der; -s, - (ugs. veraltet): „Denunziant, Spitzel". →**vernadern.**

Nahverkehrsgarnitur →Garnitur.

Narrenkästchen, Narrenkastl, das; -s, - /...ln (ugs.): in Wendungen wie *ins Narrenkastl schauen:* „gedankenverloren starr blicken": *Ich möchte ... sagt Kai, den Blick im Narrenkästchen* (B. Frischmuth, Kai 63).

Nationale, das; -s, - ⟨lat.⟩: Amtsspr. **a)** „Personalangaben, Personenbeschreibung": *Nachdem die Antwort zufriedenstellend ausgefallen war, fuhr Sarah in der außerordentlichen Aufnahme des Nationales (das ist der Personaldaten) ihres Gegenübers fort* (A. Drach, Zwetschkenbaum 26). **b)** „Formular, Fragebogen, in den die Personalangaben eingetragen werden".

Nationalrat, der; -[e]s, ...räte: **1.** /ohne Plural/ „gesetzgebende Volksvertretung":

Auch das Gesamtverkehrskonzept der Bundesregierung und das Tauernautobahngesetz wurden vom Nationalrat verabschiedet (Die Presse 7. 3. 1969). **2.** „Mitglied der Volksvertretung", Abkürzung: NR.

Neapolitaner, die /Plural/: „gefüllte Waffeln".

Neapolitanerschnitten, die /Plural/: „gefüllte Waffeln". →**Schnitten.**

Nebengegenstand, der; -[e]s, ...stände: „Nebenfach (in der Schule)". →**Gegenstand.**

nebstbei: österr. auch für „nebenbei".

neger /Adjektiv; nicht attributiv/ (ugs.): „ohne Geld, abgebrannt": *In einem Brief an seinen Bruder Karl soll Beethoven einmal erwähnt haben, er sei schon wieder neger* (Die Presse 20. 2. 1969).

Nepal: der Name des Himalayastaates wird in Österr. auf der ersten Silbe betont, im Binnendt. meist auf der letzten.

Nervenbinkerl, das; -s, -n (ugs., salopp): „nervöser Mensch".

Nerverl, das; -s, -n (ugs., salopp): „nervöser Mensch".

Neugewürz, das; -es: österr. auch für „Piment": *Lebkuchen ... je zwei Messerspitzen Zimt, Nelken und Neugewürz, 1 Kaffeelöffel Natron* (R. Karlinger, Kochbuch 419).

Neurologie, die; -, -n: bedeutet österr. auch „Klinik, Lehrstuhl für Neurologie": *Vorstand der neugeschaffenen Neurologie* (Die Presse 7. 7. 1971).

neutral: war in Österr. (wie →Neutrum) dreisilbig, wurde also ne-utral gesprochen. Gegenwärtig überwiegt bereits die binnendt. Betonung als zweisilbiges Wort.

Neutrum, das; -s, ...tra: Sprachwiss. ist in Österr. dreisilbig, wurde also Ne-utrum gesprochen, der Plural lautet immer auf -a, der im Binnendt. auch übliche Plural auf -en ist ungebräuchlich. →**neutral.**

Niagarafall, der; -[e]s, ...fälle: wird österr. auch auf der zweiten Silbe betont, im Binnendt. auf der dritten.

Nichteinbringungsfall, der; -[e]s, ...fälle: Amtsspr. meist in der Fügung **im Nichteinbringungsfall:** „im Fall, daß jmd. nicht zahlungsfähig ist": *Der Richter ... schloß die Verhandlung nach dem rasch erfolgten*

Urteilsspruch: 500 Schilling Geldstrafe, im Nichteinbringungsfall drei Tage Arrest (Express 3. 10. 1968).

niederfallen, fiel nieder, ist niedergefallen: bedeutet österr.: „hinfallen, stürzen": *Da wäre ich doch beinah niedergefallen und hätte mir ein bis zwei Beine gebrochen* (M. Lobe, Omama 26).

niederlegen, sich; legte sich nieder, hat sich niedergelegt: „zu Bett gehen; sich hinlegen" (selten auch binnendt.): *er legt sich um 10 Uhr nieder; nach dem Essen legte er sich ein wenig nieder.*

niedersetzen, sich; setzte sich nieder, hat sich niedergesetzt: „sich setzen" (selten auch binnendt.): *sie spürt ... die kranken Füße ...; sie muß sich niedersetzen* (R. Billinger, Lehen aus Gottes Hand 169).

niederstoßen, stieß nieder, hat niedergestoßen: bedeutet österr. auch „zu Boden stoßen": *Am Sonntag um 18⁰⁰ Uhr wurden der 30jährige Milan C. und der 41jährige Mehmet S. ... von einem ... Pkw angefahren und niedergestoßen* (Vorarlberger Nachrichten 27. 11. 1968).

niemand anderer, anderem usw. →**anders.**

Nierndl, das; -s, -n /meist im Plural/: „Niere als Speise": *Geröstete Nierndel mit Reis 16,50* (Speisekarte Hotel Regina, Wien 20. 12. 1968); *Mir eine Halbe und eine Portion Niernd'ln* (J. Nestroy, Lumpazivagabundus 17); (auch von Menschen, derb:) *mir will der Ferdl die Nierndln von an Russn mitbringen* (K. Kraus, Menschheit I 44).

Nikolo, [auch: ...lo] der; -s ⟨ital.⟩: österr. (und bayr.) für „St. Nikolaus". Ebenso: **Nikoloabend, Nikolobescherung, Nikologeschenk:** *Soeben haben die Kinder ihre Nikologeschenke entdeckt* (G. Fussenegger, Maria Theresia 202), **Nikolotag.**

nimmer: österr. (und süddt.) ugs. für „nicht mehr": *Es paßt ihnen halt nimmer, von mir regiert zu werden* (J. Roth, Radetzkymarsch 166).

Nipf, der *(ugs.) **jmdm. den Nipf nehmen:** „jmdm. den/die Schneid abkaufen": *Das frühe Verlusttor nahm uns das Selbstvertrauen, die Ruhe, die Übersicht, den Nipf* (Kronen-Zeitung 4. 10. 1968).

Nock, der; -s, -e: „Felskopf, Hügel" (auch

bayr.), fast nur noch als Bergname gebräuchlich: *Rauhe Nock, Nockgebiet.*

Nocke, Nocken, die; -, -n: „dummes, eingebildetes Frauenzimmer" (auch bayr.): „*Na, hat die Nocken später einen Adligen bekommen?*" (H. Doderer, Die Dämonen 607).

Nockerl, das; -s, -n: a) „kleine, längliche Teigstücke als Suppeneinlage oder Beilage; Spätzle" (auch bayr.): *Man sticht mit einem Löffel vom Teig Nockerl ab und legt sie in das kochende Salzwasser* (R. Karlinger, Kochbuch 234); *Nockerln sollen länglich und an den Enden etwas zugespitzt sein* (Thea-Kochbuch 20). b) „naives Mädchen". →**Nocke.**

Nockerlsuppe, die; -, -n: „Suppe mit Nockerln/Spätzle/Klößchen als Einlage".

Nominale, das; -s, Nominalia: Wirtsch. österr. für binnendt. „Nominalwert, Nennwert": *1978 kamen etwa 25 ... Briefmarken zu einem Nominale von 21 Franken heraus* (Die Presse 5. 4. 1980); ... *8% Kommunalbriefe ... auf Nominale S 189000000,- ausgedehnt ...* (Wiener Zeitung 3. 4. 1980).

Notariatskanzlei, die; -, -en: „Büro, Amtssitz eines Notars". →**Kanzlei.**

notig (ugs.): „arm, in Not" (auch süddt.): *A so a notiger Beitel vardächtiger* (K. Kraus, Menschheit I 45); „*Kommt die Frau im alten Kleid, heißt's, der ist nodig, hat sie ein neues, sagen die Leut: na ja, jetzt muß er natürlich aufhauen!*" (Die Presse, 8./9. 2. 1969).

notionieren, notionierte, hat notioniert ⟨lat.⟩: Amtsspr. „einer Behörde zur Kenntnis bringen".

novellieren, novellierte, hat novelliert ⟨ital.⟩: „ein Gesetz ändern oder ergänzen"; im Binnendt. ist das Wort seltener und auf den fachsprachlichen Bereich beschränkt: *Land und Gemeinden wollen in der Kostenteilung im Wege eines novellierten Spitalsbeitragsgesetzes übereinkommen* (Vorarlberger Nachrichten 23. 11. 1968).

Nuance, die; -, -n ⟨franz.⟩: wird in Österr. [ny'ā:s] ausgesprochen, also ohne Endungs-e.

Nudelwalker, der; -s, -: österr. (und bayr.) für „Teigrolle, Nudelholz": ... *und ritten [die Mädchen], vor Vergnügen krei-*

schend, auf dem Nudelwalker Steckenpferd (F. Herzmanovsky-Orlando, Gaulschreck 22); *Mit dem Nudelwalker breitklopfen, bemehlen und rechteckig ausrollen* (Thea-Kochbuch 120).

Nullerl, das; -s, -n (ugs.): „Mensch, der nichts zu sagen hat, nicht beachtet wird".

nu na nicht, no na [net] (ugs.): „selbstverständlich; was denn sonst?": *Schrecken breitet sich über die Stadt. Die Fenster haben gezittert – Der Kaiserliche Rat: Nu na nicht. Aber was ham wir zu erwarten?* (K. Kraus, Menschheit II 58).

Nunziatur, die; -, -en ⟨lat.⟩: veraltete österr. Form für „Nuntiatur". Ebenso: **Nunzius.**

nur mehr: österr. (selten auch im Binnendt.) auch für „nur noch": *Militärisches und beamtenmäßiges Zeremoniell, wie es im Westen nur mehr aus der Zeit vor dem ersten Weltkrieg bekannt ist* (W. Kraus, Der fünfte Stand 17); *Der eine existierte tatsächlich nurmehr noch ausschließlich seiner Philosophie* (Th. Bernhard, Der Stimmenimitator 102).

Nuß, die; -: bedeutet im Wiener Kaffeehaus auch „kleine Mokkatasse".

Nußbeugel, das; -s, -: „Hörnchen mit Nußfüllung": *Was der Messerschmied war, hat dann bloß Nußbeugel backen dürfen, in der Hofkuchl, ist dann bald aus Gram gestorben* (F. Herzmanovsky-Orlando, Gaulschreck 40). →**Beugel.**

Nußfülle, die; -, -n: Küche österr. (und süddt., ostmitteldt.) für: „Nußfüllung": *2 mm dick ausrollen, in ca. 10 cm große Quadrate schneiden, einen Löffel der Nußfülle ... daraufgeben, übers Eck zusammenrollen und Kipferl formen* (Kronen-Zeitung-Kochbuch 337). →**Fülle.**

Nußkipfel, Nußkipferl, das; -s, -: „Hörnchen mit Nußfüllung": *Nußkipferl schokoget. 250-g-Btl. 9.50* (Vorarlberger Nachrichten 15. 11. 1968, Anzeige). →**Kipfel, Nußbeugel.**

Nußstrudel, der; -s, -: „Strudel mit Nußfüllung": *Der Nußstrudel wird wie der Apfelstrudel fertig gemacht und eine halbe Stunde gebacken* (R. Karlinger, Kochbuch 256). →**Strudel.**

nutz: *zu nichts nutz sein:* österr. (und süddt.) für „zu nichts nütze sein".

O

oba →aba.

ober: österr. für „über, oberhalb von": *das Schild hängt ober der Tür; Der reiche Herr ober uns gibt große Tafel* (J. Nestroy, Zu ebener Erde und erster Stock 81).

Oberlichte, die; -, -n: österr. für binnendt. „das Oberlicht": ... *durch die Oberlichte des Milchglasfensters Krähenschwärme beobachtet* (M. Mander, Kasuar 322).

Obers, das; -: bes. ostösterr. (und bayr.) für „süße Sahne": *Die Butter wird flaumig abgetrieben und mit Zucker, Dotter und Obers schaumig gerührt* (R. Karlinger, Kochbuch 315). Das binnendt. Wort „Sahne" wird zwar in Fremdenverkehrsgebieten oft Deutschen gegenüber verwendet, ist sonst aber in Österr. ungebräuchlich.

Obers gespritzt, das; -: „eine Tasse Milch (oder: Schlagobers) mit wenig Kaffee".

Oberskren, der; -s: Küche „kalte Sauce aus Sahne und Kren/Meerrettich": *Oberskren mischt man aus einem $^1/_2$ Liter Obers mit 3 Eßlöffel gesalzenen Krens* (Die Presse 13. 12. 1968). →Kren, Obers.

Obersschaum, der; -[e]s: Küche „Schaum der Schlagsahne": *Es sind Leute, die zu den harmlosesten Witzen neigen, ein stilles Schwärmen für Schokolade mit Obersschaum haben und zwischendurch Erlebnisse erzählen, die zu den erstaunlichsten der Weltgeschichte gehören* (K. Kraus, Menschheit I 237).

Oberstudienrat, der; -[e]s, ...räte: österr. (wie in der DDR) ein Ehrentitel für einen verdienten →Professor, in der BRD eine Beförderungsstufe. (Das Simplex Studienrat ist in Österr. ungebräuchlich.)

Oberste, der; -n, -n (ugs., iron.): „der Oberste, Vorgesetzte", meist in Zusammensetzungen: ... *den Wunschtraum der Polizeiöbersten, als kleine Maigrets in die Legende einzugehen* (Profil 10. 12. 1979). →Gottsöberste.

obgenannt: noch in der österr. Amtsspr., sonst veraltet für „obengenannt".

obi →abi.

Objekt, das; -[e]s, -e ⟨lat.⟩: bedeutet österr. in der Amtsspr. „Gebäude": *Die „neuen Gefängnisse" in Turin sind seit drei Tagen in der Hand revoltierender Häftlinge. 2000 Polizisten und Carabinieri haben das Objekt hermetisch abgeriegelt und die umliegenden Straßen für den Verkehr gesperrt* (Die Presse 15. 4. 1969). →Wohnobjekt.

Oblate: die Betonung richtet sich in Österr. nach der Bedeutung: **I.** mit Betonung auf der ersten Silbe: die; -, -n ⟨lat.⟩: „ungeweihte Hostie; dünnes Gebäck". **II.** mit Betonung auf der zweiten Silbe: der; -n, -n ⟨lat.⟩: „Angehöriger einer kath. religiösen Genossenschaft". Im Binnendt. wird das Wort immer auf der zweiten Silbe betont.

obliegen: wird österr. immer auf der zweiten Silbe betont (im Binnendt. meist auf der ersten); die 3. Person Singular lautet österr. (wie teils auch im süddt. Raum): es obliegt mir; binnendt. „es liegt mir ob" ist in Österr. ganz ungebräuchlich.

obligat ⟨lat.⟩: steht in Österr. auch für „verpflichtend, verbindlich", wo es im Binnendt. „obligatorisch" heißt: *Die kommunistischen obligaten Kinder-Organisationen verpflichten ihre kleinen Mitglieder, eine Medaille mit dem Bild des „Lenin-Kindes" ... zu tragen* (W. Kraus, Der fünfte Stand 26).

Obligo: *außer Obligo, außer obligo: österr. Form für binnendt. „ohne Obligo; unter Ausschluß der Haftung": *Die Gräven war mehrere Male einvernommen worden, kam jedoch durch die Angaben der Hausmeisterin alsbald außer Obligo* (H. Doderer, Die Dämonen 616); *Universitätsassistent Dr. Welser meint, die Regelung, daß derjenige, der vom befugten Händler Eigentum erwirbt, außer obligo ist, stelle eine spezifisch österreichische Rechtsanschauung dar* (Die Presse 18. 11. 1968).

Oboe, die; -, -n ⟨ital.⟩: wird in Österr. immer auf der ersten Silbe betont, im Binnendt. auf der zweiten.

Obsorge, die; -: österr. (sonst veraltet) für „Sorge, Betreuung": *Nie würde ich es mir*

132

verzeihen, wenn mir jemand eine Vernachlässigung meiner pflichtgemäßen Obsorge für euch zur Last legte (E. Canetti, Die Blendung 80); *... dem sein älterer Bruder Lothar besondere Obsorge angedeihen ließ* (F. Torberg, Die Mannschaft 188).

Obstler, der; -s, - (veraltet): „Obsthändler", im Binnendt. meist „Obstler". -

Obstlerin, die; -, -nen: *Ja, der Herr war von der Öbstlerin mir anempfohl'n* (J. Nestroy, Kampl 850). (Obstler, „Obstschnaps", ist gemeindt.)

Obststeige, die; -, -n: „aus schmalen Latten hergestellte Obstkiste". →**Steige.**

Ochs, der; -en, -en: österr. (und süddt.) meist gebrauchte Form für „Ochse". Im Binnendt. ist Ochs nur mdal. und ugs.: *„Der ist gar kein Ochs", sagt Kurt Hellmann. Aber er sagt es nicht besonders entschieden* (F. Torberg, Die Mannschaft 499).

Ochsenschlepp, der; -[e]s, -e: „Ochsenschwanz": *Sein* [Knecht Ruprechts] *Ketten, sein Hörndl, sein Ochsenschlepp* (J. Weinheber, Sankt Nikolaus 33); *Der Ochsenschlepp wird in Stücke zerhackt, gesalzen und gepfeffert* (R. Karlinger, Kochbuch 70). Außerhalb der Küche ist das Wort veraltet.

Ochsenschleppsuppe, die; -, -n: österr. auch für „Ochsenschwanzsuppe". →**Ochsenschlepp.**

odios ⟨lat.⟩: österr. für binnendt. „odiös; widerwärtig, unausstehlich": *Ich nenne ihn einen odiosen Kerl* (H. Hofmannsthal, Der Schwierige 36).

offen: wird österr. (und süddt.) auch im Sinne von „nicht abgepackt" verwendet: *Milch, Mehl, Zucker offen verkaufen.*

offenbar: wird in Österr. immer auf der ersten Silbe betont, im Binnendt. auf der dritten. Ebenso: **offenbaren, Offenbarung, Offenbarungseid, Offenbarungsglaube.**

Offert, das; -[e]s, -e ⟨franz.⟩: österr. Form für binnendt. „die Offerte": *Wollen Sie mir vielleicht ein Offert darüber machen, wie Sie sich das eigentlich vorstellen?* (R. Musil, Der Mann ohne Eigenschaften (573); Eines der Offerte kam von Borussia Dortmund (Die Presse 30. 10. 1969).

Offizier, der; -s, -e ⟨franz.⟩: wird österr. [ɔfi'si:r] ausgesprochen; die binnendt.

Aussprache [ɔfi'tsi:r] setzt sich aber immer mehr durch.

öfters: österr. für „öfter", im Binnendt. ist die Form mit -s umgangssprachlich: *Wegen der Höhe dieser Leibrente war es seinerzeit öfters zu Auseinandersetzungen ... gekommen* (Die Presse 23. 4. 1969). →**weiters.**

ohneweiters: österr. Form für „ohne weiteres": *Wie kommt es, daß ein hoher Offizier ohneweiters zugibt, daß die Ausbildungszeit ohneweiters verkürzt werden kann?* (Salzburger Nachrichten 11. 4. 1970).

Ohrenschliefer, der; -s, - [...ʃliafɐ] (ugs.): „Ohrwurm": *Kai hält Oktay den Arm hin, auf dem nun zwei Ohrenschliefer entlangklettern* (B. Frischmuth, Kai 122). →**schliefen.**

Ohrwaschl, das; -s, -n (ugs., auch bayr.): „Ohrläppchen": *Ich leg mich nach dem Essen gleich ins Bett. Jetzt erwisch ich aber den Schlaf heut bei seinen langen, zotteten Ohrwascheln* (R. Billinger, Der Gigant 322; Haben Sie Kleister in den Ohrwascheln? (C. Nöstlinger, Rosa Riedl 95).

Ökonomie, die; -, -n ⟨lat.⟩: ist in der Bedeutung „landwirtschaftlicher Betrieb" in Österr. noch viel häufiger als im Binnendt., dagegen wird „Ökonom" nur noch scherzhaft gebraucht: *Er ist Besitzer einer großen Ökonomie.*

Ökonomierat, der; -[e]s, ...räte: „Ehrentitel für verdiente Bauern; Träger dieses Titels".

Oktav, die; -, -en [ɔk'ta:f] ⟨lat.⟩: Musik österr. nur so gebrauchte Form für binnendt. „Oktave, Intervall von acht Tönen".

Oktava, die; -, ...ven ⟨lat.⟩: Schule (veraltend) „achte Klasse des Gymnasiums"; in Deutschland: „Unterprima". – **Oktavaner,** der; -s, -.

Olive, die; -, -n ⟨griech.⟩: wird in Österr. [o'li:fə] ausgesprochen, im Binnendt. [...və].

Omelette, die; -, -n ⟨franz.⟩: österr. nur so, im Binnendt. auch „das Omelett"; die Form mit Neutrum ist zwar in den Mundarten nicht unbekannt, hochsprachlich ist aber nur „die Omelette": *... der wie eine fette Omelette unendliche Mengen von*

Zucker in sich aufgenommen hat (R. Musil, Der Mann ohne Eigenschaften 1349).

Ö-Norm, ÖNORM: Kurzwort für „Österreichische Norm": ... *können sie laut Ö-Norm auf die Preise überwälzt werden* (Die Presse 19. 3. 1970).

Orange, die; -, -n ⟨franz.⟩: ist österr. (und süddt.) der einzige Ausdruck für „Apfelsine". Während „Orange" auch in Norddeutschland nicht unbekannt ist, kennt man die „Apfelsine" in Österr. nicht. Aussprache: [oˈrãːʒə], also dreisilbig.

Orange, das; -, -, „orange Farbe": wird österr. [oˈrãːʒ] ausgesprochen, also ohne Endungs-e und zweisilbig.

Orangeade, die; -, -n: wird österr. [orãˈʒaːt] gesprochen, ohne Endungs-e.

Orangenspalte, die; -, -n: „Orangen-, Apfelsinenscheibe". →**Spalte.**

Orangutan, der; -s, -s ⟨malai.⟩: österr. Nebenform zu „Orang-Utan".

Orchester, das; -s, - ⟨griech.⟩: wird bes. österr. (selten auch im Binnendt.) meist [ɔrˈçɛstər] ausgesprochen, im Binnendt. [ɔrˈkˈ...].

Ordinarius, der; -, ...ien ⟨lat.⟩: bedeutet veraltend, bes. an humanistischen Gymnasien, auch „Klassenlehrer": *Professor Buttula unterrichtete Latein und Griechisch, stand der Klasse als Ordinarius vor und hatte uns durch das ganze Untergymnasium zu führen* (F. Torberg, Hier bin ich, mein Vater 34). →**Klassenvorstand.**

Ordination, die; -, -en ⟨lat.⟩: bedeutet österr. auch „ärztliche Behandlungsräume, einschließlich Warteraum u. a.": *die Ordination befindet sich im 2. Stock; der Arzt hat sich eine neue Ordination eingerichtet.*

Ordinationshilfe, die; -, -n: „Sprechstundenhilfe". →**Ordination.**

Ordinationszimmer, das; -s, -: „ärztlicher Behandlungsraum". →**Ordination.**

ordinieren, ordinierte, hat ordiniert ⟨lat.⟩: „ärztliche Sprechstunde abhalten": *der Arzt ordiniert nur vormittags.* →**Ordination.**

Organdin, Organtin, der; -s ⟨franz.⟩: bes. österr. für „Organdy; feines Baumwollgewebe".

Organmandat, das; -[e]s, -e ⟨lat.⟩: Amtsspr. „[von einem Polizisten] direkt verfügte und kassierte [Polizei]strafe ohne Anzeige und Verfahren": *er erhielt wegen falschen Parkens ein Organmandat; Tiroler Bergwacht will in Zukunft Organmandate verhängen* (Die Presse 30. 6. 1971).

Organmandatsweg, der; -[e]s -e: Amtsspr. „Methode der direkten Bestrafung eines Verkehrssünders durch die Polizei": *Wegen Zuwiderhandlung gegen die Verkehrsvorschriften haben die Gemeindesicherheitswachen im ... Oktober 565 Personen im Organmandatsweg bestraft* (Vorarlberger Nachrichten 16. 11. 1968).

Ostern, die: ist österr. (und schweiz., teils auch im Binnendt.) immer Plural; binnendt. „das Ostern" ist ganz ungebräuchlich: *heuer hatten wir schon sehr warme Ostern.* →**Pfingsten, Weihnachten.**

out [aut] ⟨engl.⟩: Sport „aus, außerhalb des Spielfeldes": *out!; das war out.*

Out, das; -[s], -[s] [aut] ⟨engl.⟩: Sport österr. (sonst veraltet) für „das Aus; Situation bei Ballspielen, wenn der Ball das Spielfeld verläßt; Raum außerhalb des Spielfeldes": *„Natürlich", nickt der Goalmann und blieb Harry zugekehrt, obgleich der Ball, aus weitem Out herbeigeholt, von einem der kleinen Jungen soeben ins Feld gekickt wird* (F. Torberg, Die Mannschaft 131).

Outball, der; -[e]s, ...bälle: Sport „außerhalb des Spielfeldes gelandeter Ball": *und wenn er da einmal einen Outball erwischt hatte, so beförderte er ihn natürlich nicht mit der Hand ins Spielfeld zurück, sondern flach mit der Innenseite des Fußes* (F. Torberg, Die Mannschaft 133).

Outeinwurf, der; -[e]s, ...würfe: Sport „nach bestimmten Regeln durchgeführter Wurf des Balles ins Spielfeld".

Outlinie, die; -, -n: Sport „Spielfeldrand".

Outwachler, der; -s, - (ugs.): Sport „Linienrichter".

Overall, der; -s, -s ⟨engl.⟩: wird in Österr. [ˈoʊvəral] ausgesprochen, im Binnendt. [...ɔːl].

...ow: die Nachsilbe wird in Österr. auch bei deutschen Namen (z. B. Lützow) nach slawischer Art [...ɔf] ausgesprochen.

ozonhältig: österr. Form für binnendt. „ozonhaltig". →**...hältig.**

P

Packelei, die; -, -en (abwertend): „heimliche Übereinkunft, fauler Kompromiß": *Kompromisse sind in der Demokratie unvermeidlich; sie sind keine Packelei von Schwächlingen, sondern eine Lehre der Geschichte* (Vorarlberger Nachrichten 13. 11. 1968). →**packeln.**

packeln, packelte, hat gepackelt: „[heimlich] etwas verabreden, paktieren, Kompromisse schließen": ... *spielen sie mitten im Wahlkampf große Koalition unter vier Augen. Wie sehr würde erst unter Ausschluß der Öffentlichkeit gepackelt* ... (Profil 17/1979); *sie schwören Habsburg Treue und packeln mit den Bourbonen* (G. Fussenegger, Maria Theresia 24). →**Packelei.**

Packeln, die /Plural/ (salopp): „Fußballschuhe": *ja als er sie durch den Hinweis stützte, daß auch alle anderen Helios-Mitglieder richtige „Packeln" besäßen* (F. Torberg, Die Mannschaft 67).

Packerl, das; -s, -n (ugs.): „Päckchen, kleine Packung": *Junger Mann, machen S' mir das Packerl auf* (C. Nöstlinger, Rosa Riedl 98).

Packl, das; -s, -n (ugs.): „Paket, Packung": *das Packl ist mit der Post gekommen.*

Pafese, Pofese, die; -, -n ⟨ital.⟩ /meist im Plural/: Küche „zwei zusammengelegte und mit Marmelade oder [Kalbs]hirn gefüllte Weißbrotschnitten, die in Fett gebacken werden" (auch bayr.): *Pofesen rangieren je nach ihrer Fülle unter Hirn-, Leber- oder Wildpofesen* (Die Presse 13. 12. 1968). Die Schreibung mit -a- ist zwar die etymologisch richtige, die mit -o- aber die gegenwärtig allgemein gebräuchliche (auch in Kochbüchern usw.).

Pagode, die; -, -n oder: der; -n, -n ⟨port.⟩: bedeutet österr. auch (im Binnendt. veraltet): „ostasiatisches Götterbild; kleine sitzende Porzellanfigur mit beweglichem Kopf".

Palatschinke, die; -, -n /meist Plural/ ⟨rumän.-ungar.⟩: „dünner Eierkuchen, der zusammengerollt und mit Marmelade o. ä. gefüllt wird": *Die gebackenen Pala-*

tschinken werden mit Marmelade bestrichen, rund zusammengerollt und sofort gut überzuckert serviert* (R. Karlinger, Kochbuch 271). →**Topfenpalatschinke.**

Paletot, der; -s, -s ⟨franz.⟩: wird in Österr. [pal'to:] ausgesprochen, die Aussprache ['paləto] wird als umgangssprachlich empfunden.

Pallawatsch, Ballawatsch, der; -, -e ⟨ital.⟩ (ugs.): /ohne Plural/ „Durcheinander": ... *entfuhr dem Vorsitzenden der Stoßseufzer: „Ein furchtbarer Pallawatsch!"* (Die Presse 4. 2. 1969).

Pamperletsch →Bamperletsch.

Panadelsuppe, die; -, -n: „[Rind]suppe mit einer Einlage aus Weißbrotschnitten" (auch süddt.).

Panamene, der; -n, -n: österr. für binnendt. „Panamaer". Ebenso: **panamenisch** (binnendt. „panamaisch").

Panier, die; - ⟨franz.⟩: Küche „Masse aus Ei und geriebener Semmel als Hülle von Fleisch u. ä. beim Panieren": *Die Schnitzel klopfen, am Rand mehrmals einschneiden und sehr gut abtrocknen. Danach nacheinander in Mehl, gesalzenem Ei und Semmelbröseln wenden, die Panier gut andrücken und die Schnitzel sofort in reichlich heißem Fett goldbraun backen* (Kronen-Zeitung-Kochbuch 172).

Pankraz: der männliche Vorname wird in Österr. immer auf der ersten Silbe betont, im Binnendt. auch auf der letzten.

pannonisch ⟨lat.⟩: im Burgenland auch für „altburgenländisch": *pannonische Küche, Folklore; in dem Lokal gibt es pannonische Spezialitäten.*

Pantscherl, das; -s, -n (ugs., salopp): „Flirt, Verhältnis": *Er hat mit der Nachbarin ein Pantscherl angefangen.*

papa!: „Abschiedsgruß Kindern gegenüber".

Papagei, der; -s/-en, -e[n]: wird österr. auch auf der ersten Silbe betont, im Binnendt. auf der letzten.

papierln, hat papierlt (ugs.): „zum Narren halten": *Ein Madel hat ihren Liebhaber papierlt, dieser Fall hat sich schon vor der Erfindung des Papieres millionenmal*

ereignet (J. Nestroy, Faschingsnacht 229).
→**einpapierln.**
Papiermaché, das; -s, -s: wird österr.
[paˈpiːʀmaʃeː] ausgesprochen, binnendt.
[papjе...].
Papiersack, der; -[e]s, ...säcke: „Tüte":
*Der Käufer läßt sich das Brot in einen Pa-
piersack stecken* (R. Billinger, Lehen aus
Gottes Hand 76). Häufig in der Form **Papiersackerl,** das; -s, -n: *Als sie wiederkam,
hatte sie ein Papiersackerl in der Hand* (M.
Lobe, Omama 84). →**Sack.**
Pappen, die; -, - (ugs., derb): „Mund":
*Halt die Pappen!; nach einigem Hin und
Her hatte dann also Herr Soukup ... so
überaus nachdrücklich darauf verwiesen,
wie ein Goal geschossen zu werden hätte.
Mit'n Fuaß, net mit der Pappen* (F. Torberg, Die Mannschaft 108).
paprizieren, paprizierte, hat papriziert
⟨ungar.⟩: **1.** Küche „mit Paprika wür-
zen". **2.** „verschärfen, energisch vorbringen": *paprizierte Vorwürfe.*
Papsch, der; -, -en (bes. ostösterr., ugs.,
fam.): „Vater": *Es hat keinen Sinn, die
Mutti zu verteidigen, weil der Papsch sie
dann gleich viel heftiger attackiert* (E. Jelinek, Die Ausgesperrten 145).
Paradeiser, der; -s, -er: österr. (außer Tirol und Vorarlberg) auch für „Tomate":
*Die Paradeiser zerteilen und mit den Papri-
kas zu der Zwiebel geben* (Kronen-Zeitung-Kochbuch 29); *Nach der Feier, als
die Ehrengäste das Haus verließen, warfen
die Störer faule Paradeiser* (Express 18. 10.
1968).
Paradeiskürbis, der; -ses, -se: „Kürbis in
einer tomatenähnlichen Fruchtform".
Paradeismark, das; -[e]s: „Tomaten-
mark": *Pikante Paradeissauce. 10–15 dkg
Mayonnaise, 1 Eßlöffel Paradeismark ...*
(Thea-Kochbuch 82).
Paradeispaprika, der; -s, -s: „Paprika mit
tomatenähnlicher Fruchtform": *von dem
Duft ... des jungen Lauchs und des Paradeispaprika* (B. Frischmuth, Kai 5).
Paradeissalat, der; -[e]s: „Tomatensa-
lat".
Paradeissauce, Paradeissoße, die; -,
-n: „Tomatensoße".
Paradeissuppe, die; -, -n: „Tomatensup-
pe".

Parasit, der; -en, -en: wird österr. mit
kurzem i gesprochen, binnendt. mit langem.
Pardon, der; -s ⟨franz.⟩, „Nachsicht":
wird in Österr. [parˈdoːn] ausgesprochen;
als Entschuldigungsformel wie im Binnendt. [parˈdõ:].
Parere, das; -[s], -[s] ⟨ital.⟩ „amtsärztli-
ches Gutachten, das die Einlieferung in
eine psychiatrische Klinik erlaubt" (binnendt.: kaufmänn. Gutachten).
Parfum, das; -s, -s [parˈfœ:] ⟨franz.⟩: in
Österr. noch viel häufiger als im Binnendt. für „Parfüm". Das Wort wird immer, auch bei eingedeutschter Schreibung, französisch ausgesprochen.
Parkette, die; -, -n ⟨franz.⟩: „Einzelbrett
des Parkettbodens".
Paroli, die /Plural/ ⟨franz.⟩ (veraltet):
„farbiger Kragenspiegel".
Parte, die; -, -n ⟨ital.⟩: „Todesanzeige,
die angeschlagen oder verschickt wird": ...
*die Parte und ein Photo vom Begräbnis in
der Hand* (Die Presse 18. 1. 1979). →**Partezettel, Trauerparte.**
Partei, die; -, -en ⟨lat.⟩: bedeutet besonders österr. auch „jmd., der bei einer Behörde vorspricht": *die Parteien müssen im
Vorraum warten.*
Parteienraum, der; -[e]s, ...räume:
„Raum bei Behörden, in dem die Kunden
abgefertigt werden": *Kaum hatte der Pho-
tograph den Parteienraum im Kommissariat mit einer Gefängniszelle vertauscht, wan-
derten auch seine Komplicen hinter die Gitter* (Kronen-Zeitung 5. 10. 1968).
Parteienverkehr, der; -s: „Amtsstun-
den": *Parteienverkehr von 8–12 Uhr; mon-
tags kein Parteienverkehr.*
Partezettel, der; -s, -: „Todesanzeige",
häufiger als „Parte": *Neben der Tür rechts
ein großer Partezettel, dicker schwarzer
Rand mit großem Kreuz* (Th. Bernhard,
Italiener 24). →**Parte, Trauerparte.**
Partie, die; -, -n ⟨franz.⟩: bedeutet österr.
auch „für eine bestimmte Aufgabe zusammengestellte Gruppe von Arbeitern": *eine
Partie für das Aufstellen des Gerüsts zusammenstellen; er ist einer von unserer Partie.*
Partieführer, der; -s, -: „Vorarbeiter".
→**Partie.**

Parvenu, der; -s, -s [parve'ny:] ⟨franz.⟩, „Emporkömmling": österr. Schreibung für binnendt. „Parvenü", die Aussprache ist gleich wie im Binnendt.

paschen, hat gepascht (mdal.): „klatschen" (auch bayr.).

Passage, die; -, -n ⟨franz.⟩: wird in Österr. [pa'sa:ʒ] ausgesprochen, also ohne Endungs-e.

passen, hat gepaßt: bedeutet österr. mdal. auch „auf jmdn. warten; jmdm. auflauern": *2 Stund läßt er mich passen* (J. Nestroy, Das Mädl aus der Vorstadt 330).

Passepoil, der; -s, -s [paspo'al] ⟨franz.⟩: bes. österr. für binnendt. „die Paspel; Besatz bei Kleidungsstücken": *Es hatte sich vielmehr im Laufe der ... Jahre ... aus einem gewöhnlichen Laden, in dem man Passepoils, Sterne, Einjährigenstreifen, Rosetten und Schuhbänder kaufen konnte, zu einem Gasthaus entwickelt* (J. Roth, Die Kapuzinergruft 53).

passepoilieren, passepoilierte, hat passepoiliert ⟨franz.⟩: bes. österr. für „paspelieren".

Passiv, das; -s ⟨lat.⟩: der Plural lautet in Österr. für die Bedeutung „Leideform" Passiva. Das Pluralwort für „Schulden" heißt Passiven, binnendt. dafür auch übliches Passiva ist ungebräuchlich.

Passiven →Passiv.

Patin, die; -, -nen, „Taufzeugin": Die binnendt. auch übliche Form „die Pate" ist in Österr. unbekannt; „Pate" kann österr. nur Maskulinum sein.

Patronanz, die; - ⟨lat.⟩: österr. meist für binnendt. „Patronat; Ehrenschutz": *Unter der Patronanz der Europa-Bewegung (EFB) traf sich die steiermärkische Landjugend mit dem Bund Europ. Jugend (BEJ) auf Schloß Forchtenstein* (Vorarlberger Nachrichten 4. 11. 1968).

Patrouille, die; -, -n ⟨franz.⟩: wird in Österr. immer [pa'tru:jə] ausgesprochen, im Binnendt. meist [pa'truljə].

Patsch, der; -, -en [pɔ:tʃ] (ugs.): „gutmütiger Tolpatsch".

Patschen, der; -s, -n [pɔ:tʃn] (ugs.): **1.** „Hausschuh": *Doch diesmal darf von Patschen oder Filzpatschen keine Rede sein* (H. Doderer, Wasserfälle 111). *(abwer-

tend) **die Patschen anziehen:** „sich mit dem [beruflich] Erreichten zufriedengeben"; (derb) **die Patschen aufstellen/strecken/beuteln:** „sterben". **2.** „Reifendefekt": *er hat einen Patschen und muß das Rad schieben; sich einen Patschen fahren.* Zu 1.: **Filzpatschen, Fleckerlpatschen, Turnpatschen.**

patschert [...ɔ:...] (ugs.): „unbeholfen": *So patschert wie Sie sind, täten Sie noch immer im Dreck herumstehen* (C. Nöstlinger, Rosa Riedl 99).

Patscherl, das; -s, -n [...ɔ:...] (ugs.): „ungeschicktes Kind", auch: „geistig Behinderter": *du bist ein Patscherl!*

Patscherl, das; -s, -n [...a:...] (ugs.): „Hausschuh für kleine Kinder": *Zieh die Patscherl an!*

Patzen, der; -s, -: **a)** „Klecks". **b)** „Klumpen". (auch bayr.). Zu a): **Tintenpatzen.** Zu b): **Dreckpatzen, Bleipatzen:** *Es lag irgendetwas wie Bleipatzen in ihr* (H. Doderer, Dämonen 600).

Patzer, der; -s, -: bedeutet österr. (und bayr.) auch: „jmd., der Kleckse macht".

Patzerei, die; -, -en (ugs.): bedeutet österr. (und bayr.) auch „Kleckserei": *Sollte ich etwa kameradschaftlich meinen Kindern Pinsel und Farbe in die Hand drücken, zu ihren Patzereien übermütig lachen und das Ganze als Sport betrachten?* (Kronen-Zeitung 13. 10. 1968).

patzig: „klebrig, schmutzig" (auch süddt.): *patzige Hände.*

Pavillon, der; -s, -s: wird österr. ['pavijõ:] ausgesprochen, binnendt. ['paviljoŋ].

Pawlatsche, die; -, -n ⟨tschech.⟩: **a)** „offener Gang an einer Hofseite eines [Wiener] Hauses": *... denn von der Küche führten zwei Türen ins Freie, ein verglaste Pförtchen auf einen eisernen Balkon und eines auf die Pawlatsche* (G. Fussenegger, Haus 64). **b)** (ugs.) „baufälliges Haus": *diese Pawlatsche wird bald zusammenbrechen.* **c)** „Bretterbühne": *im Freien auf einer Pawlatsche Theater spielen.*

Pawlatschentheater, das; -s, -: „[Vorstadt]theater, das auf einer einfachen Bretterbühne spielt".

Pech, das; -s, -e: bedeutet österr. (und süddt.) auch „Harz": *aus Kiefern Pech gewinnen.*

pecken, hat gepeckt (ugs.): „picken; mit dem Schnabel hacken": *die Henne peckt das Kind;* häufiger in Zusammensetzungen: *... von dem Bräutigamshahn für einen verlassenen Liebhaber der Henne... gehalten und totgepeckt wurde* (A. Drach, Zwetschkenbaum 107). übertragen: *sie pecken immer auf ihn* (kritisieren ihn ständig, sind lieblos); *doch gelegentlich können auch Geier danebenpecken* (Profil 17/ 1979). *Eier pecken (Osterbrauch).

pedant ⟨griech.⟩: österr. auch für „pedantisch".

Pedell: wird österr. meist schwach dekliniert: der; -en, -en, im Binnendt. nur stark: der; -s, -e.

Pediküre, die; -, -n ⟨franz.⟩: wird österr. [pedi'ky:r] ausgesprochen, also ohne Endungs-e.

pelzen, pelzte, hat gepelzt: „pfropfen, veredeln" (auch bayr.): *einen Obstbaum pelzen.*

Pelzkappe, die; -, -n: „flache Pelzmütze" (auch süddt.). →**Kappe.**

pempern, pemperte, hat gepempert (ugs., vulgär): „koitieren".

Penalty, der; -[s], -s [pɛ'nalti] ⟨engl.⟩, „Strafstoß, Elfmeter": ist in Österr., besonders beim Fußball, noch viel gebräuchlicher als im Binnendt., wo das Wort fast nur noch beim Eishockey verwendet wird.

Penicillin, das; -s, ⟨lat.⟩: österr. Schreibung für binnendt. „Penizillin". In der Fachsprache herrscht auch im Binnendt. die -c-Schreibung vor.

Pennal, das; -s, -e ⟨lat.⟩: „Federbüchse" (im Binnendt. sehr veraltet). →**Federpennal.**

Pension, die; -, -en ⟨franz.⟩: wird österr. (und süddt., schweiz.) [pɛnzi'o:n] ausgesprochen, binnendt. [pã'zjo:n, paŋ'zjo:n]. Das Wort wird amtlich auch im Sinne von „Rente" verwendet. Ebenso: **Pensionat** [pɛnzio'na:t], **pensionieren** [pɛnzio'ni:ren].

Pensionist, der; -en, -en [pɛnzio'nɪst] ⟨franz.⟩: österr. (und schweiz.) für „Ruheständler, Pensionär": *Die Pensionisten, wie eh und je, / in Schönbrunn, auf dem Ring, in der Hauptallee, / mit dem weißen Bart und dem weißen Haar, / die leben ein Leben, das gestern war* (J. Weinheber, Die

Pensionisten 13); *Pensionist sucht für einige Stunden wöchentlich Nebenbeschäftigung* (Vorarlberger Nachrichten 26. 11. 1968, Anzeige). Dazu: **Pensionistenehepaar, Pensionistenausweis, Pensionistenrunde.**

Pensionistin, die; -, -nen [pɛnzio'nɪstɪn]: „Ruheständlerin": *Von bisher unbekannten Tätern wurde am Montag ... die 84 Jahre alte Pensionistin J. H. ... überfallen und beraubt* (Die Presse 2. 1. 1969). →**Pension.**

Pensionopolis [pɛn...] (scherzhaft): Bezeichnung für eine Stadt, in der bes. Ruheständler leben, ursprünglich Graz, dann auch allgemeiner: *weit davon entfernt übrigens, den XIX. Stadtbezirk Döbling für eine Art Pensionopolis zu nehmen* (H. Doderer, Die Dämonen 47). →**Pension.**

Pensionsdynamik, die; -: „gesetzlich verankerte Anpassung der Pensionen an die Lohn-Preis-Entwicklung".

penzen →benzen.

Pepi: 1. bes. österr. (und süddt.) Koseform zu „Josef" oder „Josefine": *Ich versteh dich nicht, Pepi. Ich muß. Aber du? Bei deiner Stellung?* (F. Torberg, Hier bin ich, mein Vater 17). 2. (ugs.) „Haarteil; Zweitfrisur".

Perfektion, die; - ⟨franz.⟩: bedeutet österr. auch „Tanzstunde für Fortgeschrittene".

perfid ⟨franz.⟩: österr. nur so, im Binnendt. auch „perfide".

Perlustration, die; -, -en ⟨lat.⟩: „Anhalten und Durchsuchen [eines Verdächtigen durch die Polizei] zur Feststellung der Identität o. ä." (im Binnendt. veraltet).

perlustrieren, perlustrierte, hat perlustriert ⟨lat.⟩: „jmdn. anhalten und genau durchsuchen": *Der Zettel ... enthielt ... zwei Stampiglien, eine unleserliche Unterschrift, und den Text: „Perlustriert am 10. November 1938. Krankheitshalber entlassen."* (F. Torberg, Hier bin ich, mein Vater 101).

Perlustrierung, die; -, -en: →„Perlustration" (im Binnendt. veraltet): *weil durch ihr fallweises Vorhandensein eine sehr gewitzte Kriminalpolizei sich etwa bei Razzien, Kontrollen, Perlustrierungen zu einer mehr zurückhaltenden Art des Auftretens* *und Vorgehens veranlaßt sah* (H. Doderer, Die Dämonen 600).

Permanenzkarte, die; -, -n ⟨lat.⟩ (veraltet): A m t s s p r. „Dauerkarte bei der Bahn o. ä.".

Perron, der; -s, -s ⟨franz.⟩: wird in Österr. [pɛ'ro:n] ausgesprochen und wird, zwar auch veraltend, noch viel häufiger verwendet als im Binnendt. (in der Schweiz ist das Wort noch allgemein üblich): *so steigen nur Sportler aus einem Zug und so stehen nur Sportler auf einem Perron* (F. Torberg, Die Mannschaft 268).

Persiflage, die; -, -n ⟨franz.⟩: wird in Österr. [pɛrzi'fla:ʒ] ausgesprochen, also ohne Endungs-e.

Personsbeschreibung, die; -, -en: österr. Form für binnendt. „Personenbeschreibung": *... daß niemand zwei Männer gesehen hatte, auf die die Personsbeschreibung der Frau paßte* (Die Presse 19. 6. 1969).

Perzent, das; -[e]s, -e ⟨lat.⟩: österr. veraltend auch für „Prozent": *Sie, heut hab ich gehört, um fufzig Perzent gehn sie mit Leder in die Höh* (K. Kraus, Menschheit I 174); *Sechs Perzent Zucker* (A. Schnitzler, Professor Bernhardi 463).

...perzentig: österr. veraltend auch für „...prozentig". →**hundertperzentig.**

perzentuell: österr. auch für „prozentuell": *... Bund, Länder und Gemeinden den perzentuellen Anteil ihrer Abgabeneinnahmen, den sie im Jahre 1968 dafür aufgewendet haben* (Die Presse 2. 4. 1969). →**Perzent.**

Petersil, der; -s ⟨griech.⟩: österr. ugs. für „die Petersilie".

petschiert ⟨tschech.⟩ (ostösterr., ugs.): „ruiniert": *Nicht wanken und weichen / die Mannschaft ziert. / Fahren S' über Leichen, / sonst sind wir petschiert!* (K. Kraus, Menschheit II 275). Das Verb, (jmdn.) petschieren: „jmdn. in eine unangenehme Lage bringen", ist kaum noch bekannt. Dazu: **Petschierte,** der; -n, -n: *Paß gut auf, sonst sind wir die Petschierten!*

Pfaid →Pfeid.

Pfaidler →Pfeidler.

Pfandl, das; -s, -n (ugs.) **1.** Kurzform zu „Pfandleihanstalt": *Torschlußpanik in „Pfandl". Linzer versetzen wie noch nie ... Was ist die Ursache dieser großen Flaute in*

den Brieftaschen, die die Linzer ins Pfandl treibt? (Oberösterreichische Nachrichten 24./25./26. 12. 1968). **2.** Verkleinerungsform zu „Pfanne" (ugs.).

Pfau, der: der Genitiv lautet in Österr.: -[e]s oder -en, der Plural: -e oder -en, im Binnendt. nur: der; -[e]s, -en.

pfauchen, pfauchte, hat gepfaucht: österr. (und süddt., sonst veraltet) für „fauchen".

Pfefferoni, der; -, - oder (selten:) **Pfefferone,** der; -, ...oni/...onen ⟨ital.⟩: „kleine, längliche, sehr scharfe Paprikasorte": *Cevapcici ... ¹/₂ kg Rindfleisch, ¹/₄ kg Schweinefleisch, 1 feingehackter Pfefferoni, Salz, Pfeffer* (Thea-Kochbuch 161); *Die fertigen Cevapcici mit feingehackter Zwiebel, Pfefferoni, Oliven und Gewürzgurken garnieren* (Kronen-Zeitung-Kochbuch 187).

Pfeid, Pfaid, die; -, -en (noch mdal., sonst veraltet): „Hemd" (auch bayr.): *der Gevattersmann mit der roten Pfaid, der thät' Dir schön sachte das Stricklein an den Hals legen, in wenig anziehn – gleich wärest in der freien Luft* (P. Rosegger, Waldschulmeister 120).

Pfeidler, Pfaidler, der; -s, - (veraltet): „Hemdenmacher, Wäschehändler". Dazu: **Pfeidlerei:** „Kurzwarenhandlung".

Pfeifendeckel, der; -s, - (veraltet, ugs.): bedeutet österr. auch „Offiziersbursch": *Ein Oberst, dann sechs Offiziere, jeder mit etlichen Knaxen vom Krieg, ein Halbinvalider, bin ich, ein Pfeifendeckel zum Einheizen und Kochen* (F. Th. Csokor, 3. November 1918, 236).

pfelzen, pfelzte, hat gepfelzt: bes. in OÖ., Sbg. für „→pelzen, pfropfen".

pfiat Gott, (vertrauter:) **pfiat di [Gott]** (mdal., auch bayr.): Abschiedsgruß. →**behüt dich Gott.**

Pfingsten, die: ist bes. österr. (und schweiz.) immer Plural: *zu Pfingsten, diese Pfingsten.* →**Ostern, Weihnachten.**

Pfirsichspalte, die; -, -n: „Pfirsichscheibe": →**Spalte.**

Pfitschigogerln →Fitschigogerln.

Pflanz, der; - (ugs.): „Schwindel, Spiegelfechterei; Neckerei": *Herr Leutnant, Sie sind jetzt allein, brauchen niemanden einen Pflanz vorzumachen* (A. Schnitzler, Leutnant Gustl 131).

pflanzen, pflanzte, hat gepflanzt: bedeutet österr. ugs. auch „zum Narren halten": *Also das is eine Gemeinheit – du – pflanz wen andern* (K. Kraus, Menschheit I 107). *****pflanz deine Großmutter:** „halte jmd. anderen zum Narren, aber nicht mich!": *„Ja, das wären dann eben Klubabende, ein Klub muß doch Abende haben, oder nicht?" „Pflanz deine Großmutter!"* (F. Torberg, Die Mannschaft 56).

Pflanzerei, die; -, -en (ugs.): „Fopperei, Neckerei".

Pflichtgegenstand, der; -[e]s, ...stände: „Pflichtfach (in der Schule)": *Der Lehrplan des neuen Schultyps enthält ... Musik als Pflichtgegenstand bei der Matura* (Die Presse 18. 6. 1969). →**Gegenstand.**

Pflichtteil, der; -[e]s, -e: ist in Österr. immer Maskulinum, im Binnendt. auch Neutrum.

Pfusch, der; -[e]s: bedeutet österr. auch: „unerlaubte Lohnarbeit, Schwarzarbeit": *wir haben das Auto im Pfusch repariert.* Dazu: **Wochenendpfusch.**

pfuschen, pfuschte, hat gepfuscht: bedeutet österr. auch „unerlaubte Lohnarbeit verrichten, schwarzarbeiten": *er ist Maurer und pfuscht jedes Wochenende.*

Pfuscher, der; -s, -: „jmd., der pfuscht": *er baut das Haus nur mit Pfuschern.* →**pfuschen.**

pfutsch: österr. Form für binnendt. „futsch": *Aufs Jahr kommt der neue Komet, der die Welt z'grund richt, nacher ist der Herr pfutsch mitsamt sein Treffer* (J. Nestroy, Lumpazivagabundus 18).

Philharmoniker, der; -s, - ⟨griech.⟩: wird in Österr. meist auf der ersten Silbe betont, im Binnendt. nur auf der dritten.

Phlegma, das; -[s] ⟨griech.⟩: wird österr. mit langem e gesprochen, binnendt. mit kurzem.

Phlox, der; -es, -e ⟨griech.⟩: ist in Österr. immer Maskulinum, im Binnendt. auch Femininum.

Piccolo, der; -s, -s ⟨ital.⟩: österr. Schreibung für „Pikkolo; Kellnerlehrling"; die -kk-Schreibung ist in Österr. sehr selten: *Dieser, als „Zahlkellner", ist der eigentliche „Oberkellner", trotzdem werden aber auch die anderen mit „Herr Ober" angesprochen – eine Armee, die nur aus Offi-*zieren besteht und aus Kadetten, „Piccolo" genannt (H. Weigel, O du mein Österreich 90).

Pick, der; -[e]s (ugs.): „Klebstoff": *mit einem Pick etwas ankleben.*

picken, pickte, hat/ist gepickt: bedeutet österr. ugs.: **a)** „klebrig sein": *... daß sie klebrig geworden waren und leicht aneinander hafteten. Gerade das mochte Trix nicht leiden. Sie konnte nie irgendeine Arbeit fortsetzen, wenn ihre Finger im allergeringsten pickten* (H. Doderer, Die Dämonen 505). *****(an einem Ort) picken bleiben:** „sich nicht aufraffen können wegzugehen": *er ist im Wirtshaus picken geblieben.* **b)** „kleben": *in Stempelmarken auf das Formular zu picken* (Trend 5/1975); *... daß er sich die Coop-Rabattmarken irgendwohin picken könnte* (Salzburger Nachrichten 23. 12. 1978); *der Zettel ist noch gestern an der Wand gepickt.* *****Sackln picken:** „im Gefängnis Tüten kleben": *Die Zeiten, in denen die Sträflinge ausschließlich Sackln pickten, sind endgültig vorbei* (Die Presse 21. 1. 1969). →**anpicken, aufpicken.**

Pickerl, das; -s, -n **a)** „Aufkleber, Klebeetikett": *In einer Massenauflage streuten sie „Taus-&-Götz-Nein-danke"-Pickerl aus* (Profil 17/1979). **b)** „Klebeetikett, das die amtlich vorgeschriebene Fahrzeugüberprüfung anzeigt": *die Fahrzeugtests und die „Pickerl"-Überprüfungen* (Profil 2/1979); *ich lasse mir das Pickerl machen.* **c)** „Klebeetikett, durch das behördliche Verkehrsvorschriften kontrolliert werden, z. B. ein autofreier Tag, Geschwindigkeitsbeschränkung für Autos mit Spikes": *das Pickerl soll wieder eingeführt werden.* Dazu **Autobahnpickerl:** *Belgien führte das Autobahnpickerl ein,* **Spikepickerl.**

Pickzeug, das; -[e]s, -e: „Werkzeug zum Reparieren eines Reifendefekts".

Piefke, der; -, -[s] (abwertend): bes. österr. für „Deutscher, Reichsdeutscher, Preuße"; gemeint war ursprünglich der deutsche Soldat, heute mehr der kleinbürgerliche Tourist, der bei den „niedlichen Österreichern" mit seinem Geld prahlt und durch sein lautes, aufdringliches Wesen unangenehm auffällt: *in meine Wohnung! Meine Zigaretten ham s' graucht! mit meiner Rasiersaaf ham sa si d' Händ* *g'waschen ... die Piefke* (H. Qualtinger/C. Merz, Der Herr Karl 18).

Piepserl, das; -s, -n (ugs.): „Empfänger des öffentlichen Personenrufdienstes", binnendt. „Piepser": *10000 Teilnehmer, die über das „Piepserl" in allen österreichischen Wirtschaftszentren angepeilt werden* (Die Presse 7. 6. 1979).

Pignolie, die; -, -n ⟨ital.⟩: österr. Form für „Pignole; Pinienkern".

Pignolikipferl, Pignolenkipferl, das; -s, -: „mit Pignolen bestreute Hörnchen". →Kipferl.

Pik, das; -s, -s, „Spielkartenfarbe": ist in Österr., bes. in Wien, Femininum: die; -, -.

Pikee, der; -s, -s ⟨franz.⟩, „Baumwollgewebe": ist in Österr. auch Neutrum: das; -s, -s.

Pilz, der; -es, -e: bedeutet österr. (und süddt.) in der Alltagssprache bes. „Steinpilz", sonst verwendet man häufiger „Schwammerl".

Pilzling, der; -s, -e: österr. auch für „Pilz", bes. „Steinpilz".

Pimpf, der; -[e]s, -e: bedeutet österr. ugs. **a)** „kleiner Bub, Knirps": *seht euch den Pimpf an, er will schon Zigaretten rauchen.* **b)** „jmd., der nicht ernstgenommen wird": *Das hat mir rasend imponiert, wie er den Vorschlag von die englischen Pimpfe einfach zwischen die Rennprogramm' steckt* (K. Kraus, Menschheit I 59).

Pingpong, das; -s, -s ⟨engl.⟩, „Tischtennis": wird österr. immer auf der zweiten Silbe betont und kommt noch viel häufiger vor als im Binnendt.

Pinkel →Binkel.

Pipe, die; -, -n: „Faßhahn", seltener „Wasserhahn": *die Pipe aufdrehen.*

Pippin: der Name der fränkischen Fürsten wird in Österr. immer auf der ersten Silbe betont, im Binnendt. meist auf der letzten.

pischen, hat gepischt (ugs.): „urinieren".

Pistenhaserl, das; -s, -n (ugs.): „hübsche Skiläuferin [der es mehr auf den Après-Ski ankommt]".

Pitschen, die; -, - (ugs.): „Kanne". Dazu: **Milchpitschen.**

Plache, die; -, -n: österr. (und bayr.) für „Plane, Wagendecke": *Während man draußen die Pferde anspannte, fuhr eine*

Droschke vor, mit aufgerollter triefender Plache (J. Roth, Radetzkymarsch 217). →**Regenplache, Wagenplache.**

Plachenwagen, der; -s, -: „Wagen mit einer Plane als Dach": *Plachenwagen randvoll mit Gütern seien unterwegs* (A. Giese, Brüder 244).

Plafond, der; -s, -s [pla'fo:n, selten: pla'fõ:] ⟨franz.⟩: ist der in Österr. allgemein übliche Ausdruck für „Zimmerdecke", das binnendt. Wort ist selten: *Die Plafonds in der Akademie der bildenden Künste (sie ging eben an dem Gebäude vorbei) waren von Feuerbach und berühmt* (H. Doderer, Die Dämonen 415); *Irgendwohin! Wo wir einen Plafond über uns haben! Wo wir nicht unter freiem Himmel sitzen* (Ö. Horvath, Geschichten aus dem Wiener Wald 425); *Und dann ist ein Marmeladeglas richtig hochgehopst – bis fast zum Plafond* (C. Nöstlinger, Rosa Riedl 7).

Plantage, die; -, -n ⟨franz.⟩: wird in Österr. meist [plan'ta:ʒ] ausgesprochen, also ohne Endungs-e.

Pläsier, das; -s, -s ⟨franz.⟩: der Plural lautet in Österr. immer -s.

Plastilin, das; -s: österr. nur so, im Binnendt. auch „die Plastilina": *die zähne aus plastilin malmen aufeinander* (O. Wiener, Die Verbesserung von Mitteleuropa CXXXII).

Plastron, der/das; -s, -s, „breiter Schlips": wird in Österr. [plas'tro:n] ausgesprochen.

Plateau, das; -s, -s: bedeutet österr. auch: **a)** „Plattform": *von dem Plateau aus hat man eine gute Aussicht.* **b)** „flache Obstkiste".

Platin, das; -s ⟨span.⟩: wird in Österr. immer auf der zweiten Silbe betont, im Binnendt. auf der ersten.

Platte, die; -, -n (ugs.): „Verbrecherring, Gang": *... von dem Anführer einer ihm feindlichen ,Platte' ... niedergestochen worden* (H. Doderer, Wasserfälle 124). Dazu: **Plattenbruder.**

Plätte, die; -, -n: bedeutet österr. (und bayr.) „flaches [Last]schiff": *Die drei großen, weitbauchigen, tief an der Wasserlinie liegenden Boote waren plättenähnliche Boote waren vertäut* (A. Giese, Brüder 174); *holten die Einheimischen ihre schlanken, langschnäbeli-*

gen Holzplätten aus den Bootshütten (B. Frischmuth, Sophie Silber 116).

Plausch, der; -es, -e: „Plauderei" (auch süddt., schweiz.): *sie ist auf einen Plausch zur Nachbarin gegangen.*

plauschen, plauschte, hat geplauscht: österr. (und süddt., schweiz.) für a) „plaudern": *Über was haben wir denn gerade geplauscht? Erste Tante: Über die Seelenwanderung* (Ö. Horvath, Geschichten aus dem Wiener Wald 391). b) „übertreiben, lügen": *geh plausch nicht!; jetzt hast du aber geplauscht!* c) „ausplaudern, verraten": *„Was soll ich denn wissen –?" „Na, der Köck könnte ja geplauscht haben"* (F. Torberg, Hier bin ich, mein Vater 176). →**ausplauschen, verplauschen.**

Plauscherl, das; -s, -n (familiär): „Plauderei": *die beiden alten Damen haben sich im Kaffeehaus zu einem Plauscherl getroffen.*

Plebs, die; - ⟨lat.⟩: ist in Österr. immer Femininum, sowohl in der Bedeutung „Pöbel", als auch „Volk im alten Rom": *ich kann die Plebs nimmer sehn* (G. Bronner, Cocktail-Bolero).

pledern, ist gepledert (ugs.): „sich sehr schnell und laut fortbewegen, sausen": *das Dekorative und den Mechanismus, daß [Sie] auch ordentlich damit pledern können, das macht Ihnen mein Freund* (F. Herzmanovsky-Orlando, Gaulschreck 59).

pleno titulo ⟨lat.⟩: österr. (sonst veraltet) für „mit vollem Titel" (vor Namen oder Anreden), Abkürzung: **p. t., P. T.:** *Die p. t. Mitarbeiter ersuchen wir, den ausnahmsweise auf Montag vormittag vorverlegten Redaktionsschluß zu beachten* (Salzkammergut-Zeitung 19. 12. 1968); *von der Prinzlich Fürstenheimschen Gartenverwaltung an ein P. T. Publikum gerichteten dringl. Ersuchen, die Rasenflächen nicht zu betreten* (F. Torberg, Die Mannschaft 54).

Plunderkipfe[r]l, das; -s, -[n]: „Hörnchen aus Plunderteig". →**Kipferl.**

Plutzer, der; -s, - a) (ugs.) „Kürbis". b) „große [Steingut]flasche": *Zuletzt naht gar der feine Branntweiner mit seinem großvollbauchigen Plutzer, der gleich einen weingeistigen Geruch verbreitet in der ganzen Hütte* (P. Rosegger, Waldschulmeister 128). c)

(mdal.) „grober Fehler". d) (ugs., abwertend) „großer Kopf".

Pneumatik, die; -, -en ⟨griech.⟩ „Luftreifen": ist in Österr. Femininum, im Binnendt. Maskulinum: der; -s, -s.

Podest, das; -es, -e ⟨griech.⟩: ist in Österr. immer Neutrum, im Binnendt. auch Maskulinum.

Pofel, der; -s: österr. (und süddt. für: a) „Wertloses, Bafel": *woanders haben sie schon ganz andere Maschinen, und wir müssen uns mit dem alten Pofel fretten* (G. Fussenegger, Haus 135); b) „Schar, ungeordneter Haufen": *ein Pofel Schafe, Kinder.*

pofeln, hat gepofelt (ugs., salopp): „stark rauchen": *da pofelt's!; er pofelt eine Zigarette nach der anderen.*

Pofese →**Pafese.**

Pogatsche, die; -, -n ⟨ungar.⟩: Küche „flacher Eierkuchen [mit Grieben]".

Poldi: Koseform zum weiblichen Vornamen „Leopoldine" (auch süddt.).

Poldl: Koseform zum männlichen Vornamen „Leopold" (auch süddt.): *Der Poldl mecht scheen schaun, wann er abaschaun mecht, wia's zuageht in sein Wirtshaus* (A. Qualtinger/C. Merz, Der Herr Karl 13).

politieren, politierte, hat politiert ⟨franz.⟩: bes. im Osten Österreichs für „(Möbel) polieren".

Politik, die; -: wird österr. mit kurzem i gesprochen, binnendt. mit langem; ebenso: **Politiker, politisch.**

Polizeigefangenhaus, das; -es, ...häuser: „Polizeigefängnis". →**Gefangenhaus.**

Polizeikommissariat, das; -[e]s, -e: „Polizeibüro": *Um 8.30 Uhr ... ließ der Botschafter das Polizeikommissariat von dem Gespräch verständigen* (Die Presse 7./8. 6. 1969); meist verkürzt zu →**Kommissariat.**

Polizeikotter, der; -s, -: „Arrest, Polizeigefängnis": *Ein Kerl – dieses Weib. Hat alles kennengelernt – Hunger, Kälte, Obdachlosigkeit, Polizeikotter – aber ich schenke ihrer Angabe, sie sei noch niemals auf den Strich gegangen, ohne weiteres Glauben* (H. Doderer, Die Dämonen 325). →**Kotter.**

Polizze, die; -, -n [po'litsə] ⟨ital.⟩: österr. Form für binnendt. „Police": *... daß am 28. Juni die Formalitäten erledigt waren* *und die Polizze vorlag* (Die Presse 10. 6. 1969).

Polonaise, Polonäse, die; -, -n ⟨franz.⟩: wird in Österr. [poloˈnɛːz] ausgesprochen, also ohne Endungs-e.

Polster, der; -s, Polster/Pölster: ist in Österr. immer Maskulinum und steht für binnendt. „Kissen" (auch süddt.; dagegen binnendt.: das Polster: „Möbelpolsterung o. ä."): *dann ist grad in dem Augenblick, wo ich mit dem Hinterkopf auf die Pölster komm, die vorige Nacht wieder da* (H. Doderer, Die Dämonen 1202); *Ruhe! Herrichten die Pölster auf dem Diwan!* (A. Lernet-Holenia, Ollapotrida 341). →**Bettpolster, Keilpolster, Kopfpolster.**

Polsterzieche, die; -, -n (ugs.): „Kissenüberzug" (auch süddt.). →**Zieche.**

pölzen, pölzte, hat gepölzt: „[durch Verschalung, Stützen] abstützen": *einen Stollen pölzen.*

Pölzung, die; -, -en: „Verschalung, Abstützung durch Pfosten o. ä.": *durch eine Pölzung verhindern, daß ein Stollen einstürzt; ein Unglück wurde durch eine morsche Pölzung verursacht.*

pomali /Adjektiv, nicht attributiv/ (ostösterr., ugs.): „langsam": *Wir sind schön pomali dahingezogen, meistenteils im Schritt, weil ja unsere Seitenpatrouillen im Wald so schnell nicht haben weiterkommen können* (H. Doderer, Die Dämonen 584).

Pönale, das; -[s], - ⟨lat.⟩: bes. österr. für binnendt. „Pön; Strafe". Der Plural wird in Österr. endungslos gebildet, im Binnendt. ...lien.

Ponton, der; -s, -s ⟨franz.⟩, „Brückenschiff": wird in Österr. [ponˈtoːn] ausgesprochen.

Popelin, der; -s, -e ⟨franz.⟩: wird in Österr. [popˈliːn] ausgesprochen, im Binnendt. [popəˈliːn]. Ebenso: **Popeline,** die.

Porphyr, der; -es, -e ⟨griech.⟩: wird in Österr. immer auf der zweiten Silbe betont.

Portier, der; -s, -e / (selten) -s ⟨franz.⟩: wird in Österr. immer [porˈtiːr] ausgesprochen.

Posamentierer, der; -s, - ⟨lat.⟩: österr. nur so gebräuchliche Form für „Posamenter; Bortenmacher": *die Konzession, Alkohol auszuschenken, hatte der Inhaber des*

Ladens, der Posamentierer ... bekommen (J. Roth, Die Kapuzinergruft 53).

Post: *(ugs.) Post schicken:* „jmdm. eine Nachricht zukommen lassen": *und sie habe „Post geschickt", daß sie mit dem Heiratsantrag einverstanden sei* (G. Roth, Ozean 97).

Postarbeit, die; -, -en: „Terminarbeit, dringende Arbeit".

Postillion, der; -s, -e ⟨franz.⟩: wird in Österr. immer auf der ersten Silbe betont, im Binnendt. meist auf der letzten.

Postler, der; -s, -(ugs.): „Postbediensteter" (auch süddt.).

Postskriptum, das; -s, ...te/...ta ⟨lat.⟩: österr. nur so für binnendt. „Postskript; Nachschrift".

Potpourri, das; -s, -s: wird in Österr. immer auf der letzten Silbe betont, im Binnendt. auf der ersten.

Powidl, der; -s ⟨tschech.⟩ (bes. im Osten Österreichs): „Pflaumenmus": *Den Powidl mit Zimt, Zucker und Rum zu einer geschmeidigen Masse verrühren* (Kronen-Zeitung-Kochbuch 283). *(salopp) etwas ist* **[jmdm.] Powidl:** „etwas ist jmdm. egal": *es is doo ee scho / ganz bowil / op s d jezt auf fedan büslsd / oda zuadegta* [es ist doch eh schon ganz Powidl, ob du jetzt auf Federn schläfst oder zugedeckt] (H. C. Artmann, schwoazzn dintn 54).

Powidlknödel, der; -s, -: „Knödel mit Powidlfüllung". →**Knödel, Powidl.**

Powidlkolatsche, die; -, -n ⟨tschech.⟩: „mit Powidl gefüllter Hefekuchen". →**Kolatsche, Powidl.**

Powidltascherl, Powidltatschkerl, das; -s, -n: „flache, halbkreisförmige Mehlspeise aus Kartoffelteig, die mit Powidl gefüllt ist und in Salzwasser gekocht wird": *Gulyas will im Lokal gegessen werden, doch Marillenknödel, Apfelstrudel, Powidltascherln in privatem Zirkel* (H. Weigel, O du mein Österreich 93). →**Tascherl, Tatschkerl.**

pracken, prackte, hat geprackt (ugs.): **a)** „schlagen, klopfen": *den Teppich pracken.* **b)** „einpauken": *auf der z'nepften* (zerzupften) *Jesuitenwiesen / prackn s' Gwehrgriff, so äls war* (wäre) *nix gschegn* (geschehen) (J. Weinheber, Impression im März 39).

Pracker, der; -s, - (ugs.): **1.** „Teppichklopfer": *die Frau warf ... einen zerfaserten Pracker in den Kinderwagen* (G. Fussenegger, Haus 523). **2.** (bes. Wien, veraltet) „Wanderhändler". →**Fliegenpracker.**

Pragmatik, die; -, -en ⟨griech.⟩: Amtsspr. „...→Dienstpragmatik".

pragmatisieren, pragmatisierte, hat pragmatisiert ⟨griech.⟩: Amtsspr. „fest, unkündbar anstellen": *Basis der Erhebung bilden die sozialversicherungspflichtigen Löhne und Gehälter der unselbständig Erwerbstätigen (ohne pragmatisierte Bundesbedienstete) im Juli 1968* (Vorarlberger Nachrichten 28. 11. 1968).

Pragmatisierung, die; -, -en: „Übernahme ins Beamtenverhältnis": *Pragmatisierungen, Planstellen ... gehörten zu den heimlichen Faktoren, die den Spielplan in Wahrheit bestimmten* (Die Presse 16. 6. 1969).

Prähistorie, die; - ⟨lat.⟩: wird in Österr. immer auf der ersten Silbe betont, im Binnendt. meist auf der dritten. Ebenso: **prähistorisch.**

praktizieren, praktizierte, hat praktiziert: bedeutet bes. österr. auch „ein Praktikum im Rahmen einer Ausbildung machen": *der Student praktiziert in den Ferien in einer Baufirma, einem Krankenhaus.*

Praliné, (seltener:) **Praliné,** das; -s -s ⟨franz.⟩: österr. (und schweiz.) Form für binnendt. „die Praline": *kleine Tabletts ... mit Pralinéschachteln* (M. Lobe, Omama 42).

Prämienvorschreibung →Vorschreibung.

präpotent ⟨lat.⟩ (abwertend): bedeutet österr. „aufdringlich, überheblich": *so ein präpotenter Kerl!* (Im Binnendt. bedeutet das Wort „übermächtig" und ist ganz veraltet.)

Präpotenz, die; - ⟨lat.⟩: bedeutet österr. „Überheblichkeit": *Mir ist schon das Wort odios: bedeutende Menschen – es liegt so eine Präpotenz darin!* (H. Hofmannsthal, Der Schwierige 48); *Travnicek mit seiner Besserwisserei, seiner Präpotenz und Ahnungslosigkeit* (Wiener Zeitung 17. 1. 1980).

Präsenzdiener, der; -s, - ⟨lat.⟩: „Soldat im Grundwehrdienst des österr. Bundesheeres": *Der Beschluß betrifft alle Präsenz-*

diener des Bundesheeres, die Mitte September die Kasernen verlassen sollten, deren Dienstzeit aber unter dem Eindruck der CSSR-Krise um vier Wochen verlängert worden war (Express 2. 10. 1968). →**Diener.**

Präsenzdienst, der; -es: „Grundwehrdienst beim österr. Bundesheer": *... der während seines Präsenzdienstes beim Bundesheer als Funker ... ausgebildet wurde* (Die Presse 29. 5. 1969).

Prater, der; -s, -: **a)** „Vergnügungspark in Wien". **b)** (ugs., veraltend) „Karussell". →**Kettenprater, Ringelspiel.**

präzis ⟨franz.⟩: ist die in Österr. übliche Form für „präzise" (im Binnendt. sind beide Formen gebräuchlich): *und dann ein Zuspiel so scharf präzis auf Erichs Hand* (F. Torberg, Die Mannschaft 480); *... wenn es gelingt, präzis zu wählen und den Rest abzuweisen* (W. Kraus, Der fünfte Stand 93).

Premiere, die; -, -n ⟨franz.⟩: wird in Österr. [premi'ɛːr] ausgesprochen, also ohne Endungs-e: *Samstag im Volkstheater bei der Premier* [phonetische Schreibung] *sind Sie mit Reiherfedern gesehen wordn* (K. Kraus, Menschheit I 219).

pressieren, pressierte, hat pressiert ⟨franz.⟩ (ugs.): bes. österr. (und süddt.) für „eilig, dringend sein": *Gleich, gleich, 's pressiert ja nicht* (J. Nestroy, Das Mädl aus der Vorstadt 406).

Prim, die; -, -en ⟨lat.⟩: Musik österr. nur so gebrauchte Form für binnendt. „Prime, erste Tonstufe".

Prima, die; -, ...men ⟨lat.⟩: Schule (veraltend) „erste Klasse des Gymnasiums": *Andernfalls wäre Lukas ... schon in der Prima durchgefallen* (F. Torberg, Die Mannschaft 91). **Primaner,** der; -s, -.

Primaqualität, die; -, -en: österr. Form für binnendt. „prima Qualität": *Man rühmte die herrlichen Eigenschaften, Primaqualitäten der verarbeiteten Stoffe, das erstklassige Zubehör, den tadellosen Schnitt* (A. Drach, Zwetschkenbaum 230).

Primar, der; -s, -e ⟨lat.⟩: Kurzform zu →„Primararzt".

Primararzt, der; -es, ...ärzte ⟨lat.⟩: „leitender Arzt eines Krankenhauses,

Chefarzt; Oberarzt": *Und seit 1945 ist sie als erfahrene und unermüdliche einsatzfrohe Röntgenschwester unter Primararzt Dr. S. im Landeskrankenhaus „Valduna" bis heute aktiv tätig gewesen* (Vorarlberger Nachrichten 25. 11. 1968). →**Sekundararzt.**

Primaria, die; -, -/...ae ⟨lat.⟩: „Chefärztin".

Primarius, der; -, ...rien/...rii ⟨lat.⟩: bedeutet in Österr. „Chefarzt, Oberarzt" (im Binnendt. „Oberpfarrer"): *Auf Grund der Ernennung von Doz. DDr. Ernst G. H. zum Primarius in Salzburg suchen wir einen Facharzt für Kinderheilkunde* (Die Presse 15. 2. 1969).

Primus, der; -, -se ⟨lat.⟩, „Klassenerster": der Plural lautet österr. nur Primusse, im Binnendt. auch Primi.

pritscheln, pritschelte, hat gepritschelt: „planschen".

Private I. der; -n, -n ⟨lat.⟩: bedeutet österr. „Privatmann, Privatier". II. die; -n, -n: bedeutet österr. „[unverheiratete] Hausfrau; Privatiere": *Frau N. N., Private in Wien VI.*

Privatist, der; -en, -en ⟨lat.⟩: „Schüler, der sich auf eine Abschlußprüfung vorbereitet, ohne die Schule zu besuchen". **Privatistin,** die; -, -nen: *seine ältere Schwester Maria, die sich jetzt als Privatistin zur Abgangsprüfung an einem Mädchenlyzeum vorbereitete* (F. Torberg, Die Mannschaft 17). Dazu: **Privatistenprüfung.**

Probelehrer, der; -s, -: „geprüfter Lehrer an einer höheren Schule, der an einem Gymnasium ein Praxisjahr absolviert"; ähnlich dem „Referendar" in Deutschland: *Das war ... schon zu Zeiten so, als der Direktor noch Probelehrer war* (C. Wallner, Daheim 149).

Proberöhrchen, das; -s, -: „Glasröhrchen für chemische Versuche; Probierglas". →**Eprouvette.**

Professionist, der; -en, -en ⟨franz.⟩: „Fachmann; gelernter Handwerker" (mdal. teils auch im Binnendt.): *Ein Professionist, der bereit war, nach der Dienstzeit noch für mich schwere Arbeit zu verrichten* (Die Presse 20. 12. 1968); *die mit Sorgfalt gemacht sein wollten, welche vielleicht bei derlei nebensächlichen Kleinigkei-*

ten *von einem Professionisten nicht immer aufgewendet wurde* (H. Doderer, Die Dämonen 144).

Professor, der; -s, -en ⟨lat.⟩: ist österr. (und süddt.) die allgemeine Bezeichnung für einen „Lehrer an einer höheren Schule", im Binnendt. „Studienrat" (dort wird das Wort als Titel für verdiente Studienräte immer mehr üblich): *Das Gymnasium erwies sich als eine einigermaßen enttäuschende Institution. Weder bot mir der Lehrstoff besondere Anregung, noch machten die Professoren besonderen Eindruck auf mich* (F. Torberg, Hier bin ich, mein Vater 33).

Profil →Schulbuchprofil.

Profit, der; -s: wird österr. mit kurzem i gesprochen, binnendt. mit langem.

Prolongation, die; -, -en ⟨lat.⟩: „Verlängerung": *was zunächst danach aussah, als wäre es nur die Prolongation eines kleinkarierten parteipolitischen Streites* (Die Presse 31. 3. 1969). →**prolongieren.**

prolongieren, prolongierte, hat prolongiert ⟨lat.⟩: bedeutet in Österr. allgemein „verlängern"; bes. bei der Angabe eines Zustandes oder der Dauer einer Laufzeit (im Binnendt. nur im Finanzwesen gebraucht): *Neuer Besucherrekord! Erneut prolongiert David Leans Doktor Schiwago 123. Woche* (Die Presse 19. 2. 1969); *Gayer und Herzog prolongierten stets die Überlegenheit* (Die Presse 19. 5. 1969).

Prolongierung, die; -, -en ⟨lat.⟩: „Verlängerung": *Schon bei der seinerzeitigen Vertragsverlängerung hätte er jedoch eine neuerliche Prolongierung dezidiert abgelehnt und gebeten, sich rechtzeitig um einen neuen Coach umzusehen* (Die Presse 25. 2. 1969).

Promotion, die; -, -en ⟨lat.⟩: bedeutet in Österr. „akademische Feier, bei der die Doktorwürde verliehen wird": *meine Promotion zum Doktor der Philosophie findet am ... im Großen Festsaal der Universität Wien statt.* * **Promotion sub auspiciis [praesidentis]:** „Ehrenpromotion unter Anwesenheit des Bundespräsidenten".

Promotor, der; -s, -en ⟨lat.⟩: „Professor, der bei einer Promotion dem Rektor assistiert und die Promotionsformel spricht": *Erst nach der Promotion erklärten sich*

145

Rektor, Dekan und Promotor bereit, für Erinnerungsphotos zu posieren (Die Presse 6. 11. 1969).

Proportionalwahl, die; -, -en: „Verhältniswahl" (auch schweiz.). Dazu: **Proportionalwahlrecht, Proportionalwahlsystem.**

Proporz, der; -es ⟨lat.⟩: bes. österr. (und schweiz.) für „Verhältniswahlsystem, Verteilung der Sitze und anderer Posten nach dem Verhältnis der abgegebenen Stimmen": *die Direktorenposten in der verstaatlichten Industrie wurden nach dem Proporz aufgeteilt.*

Proporzwahl, die; -, -en: „Verhältniswahl".

prosit: wird österr. meist auf der letzten Silbe betont und meist als Neujahrswunsch verwendet, dagegen **prost** nur als Trinkwunsch (im Binnendt. werden beide Wörter gleich gebraucht).

Prospekt, der; -[e]s, -e: ist österr. in der Bedeutung „Werbeschrift" auch Neutrum: das; -[e]s, -e.

Provinzverschleiß, der; -es, -e: „Provinzvertrieb". →**Verschleiß.**

Provisor, der; -s, -en ⟨lat.⟩: Kirche bedeutet österr. „Geistlicher, der eine Pfarre o. ä. vertretungsweise betreut".

prozentuell ⟨franz.⟩: österr. Form für binnendt. „prozentual": *Interessant ist, daß trotz einem absoluten Rückgang der Pressewerbung deren prozentueller Anteil ... gestiegen ist* (Vorarlberger Nachrichten 23. 11. 1968).

Psyche, die; -, -n ⟨griech., franz.⟩: bedeutet in Österr. auch „Frisiertoilette [mit Spiegel]": *Schlafzimmer, licht, sehr gut erhalten, 2 Kasten, 2 Betten, 2 Betteinsätze, 2 Nachtkästchen, 1 Psyche mit Spiegel* (Kronen-Zeitung 6. 11. 1968, Anzeige).

Psychiatrie, die; -, -n ⟨griech.⟩: bedeutet österr. auch „psychiatrische Klinik, Lehrstuhl für Psychiatrie": *... bisher Chef der Grazer Psychiatrie* (Die Presse 7. 7. 1971).

psychiatrieren, psychiatrierte, hat psychiatriert ⟨griech.⟩: „jmdn. psychiatrisch in bezug auf den Geisteszustand untersuchen": *F. D., der vorgestern ... im Schwurgerichtssaal einen Zeugen erstechen wollte, wird ein zweitesmal psychiatriert werden* (Kronen-Zeitung 4. 10. 1968).

Psychiatrierung, die; -, -en: „Untersuchung in bezug auf den Geisteszustand": *In dieser Verhandlung gebärdete sich H. so eigenartig, daß der Richter die Verhandlung zur Psychiatrierung des Angeklagten vertagte* (Express 1. 10. 1968).

p. t., P. T. →pleno titulo.

Pudelhaube, die; -, -n: „Pudelmütze". →**Haube.**

Puff, das; -s, -e: ist österr. in der Bedeutung „Bordell" immer Neutrum, binnendt. meist Maskulinum.

Pülcher, der; -s, - (ugs.): „Strolch, Gauner": *Im Gedränge einer Gruppe, in die auch eine Prostituierte geraten ist, versucht ein „Pülcher" der dicht hinter ihr geht, ihr die Handtasche zu entreißen* (K. Kraus, Menschheit I 41).

Pullmankappe, die; -, -n ⟨engl.⟩: „Baskenmütze": *Ein Zwergenmensch mit einer Pullmankappe stand vor einer verrosteten Maschine* (G. Roth, Ozean 106).

Pulverl, das; -s, -n (ugs.): „Medikament [in Pulverform], Pülverchen": *Fast ein Drittel der Frauen schluckt regelmäßig Pulverl* (Oberösterr. Nachrichten 22. 4. 1980).

Pumperer, der; -s, - (ugs.): „dumpfer Ton, der durch einen Aufprall, Schlag o. ä. entstanden ist": *Herein sagt kein Mensch. Mußt schon einen Pumperer loslassen* (R. Billinger, Der Gigant 317).

pumperlgesund (ugs.): „kerngesund": *Schaun S' mi an! Sechzig Jahr! Und nie krank g'wesen. Immer pumperlg'sund* (H. Qualtinger/C. Merz, Der Herr Karl 19).

pumpern, pumperte, hat gepumpert (ugs.): „stark klopfen" (auch süddt.): *... zwei Schifahrer, die auf unser Haus zukamen und an das Haustor pumperten* (H. Gmeiner, Weihnachtsgeschichte).

punkt /Adverb/ bei Uhrzeitangaben/: „genau" (auch schweiz.); im Binnendt. „Punkt": *macht Pause punkt zehn, und die Feder im Ohr, / ißt er sein Brot indes* (J. Weinheber, Ballade vom kleinen Mann 20). →**schlag.**

Punze, die; -, -n: österr. u. schweiz. auch „eingestanztes Zeichen zur Angabe des Edelmetallgehaltes".

Pupperl, das; -s, -n: **a)** „kleine Puppe, Püppchen". **b)** (ugs., salopp) „Mädchen". →**Katz.**

putzen, putzte, hat geputzt: bedeutet österr. auch: **1.** /rfl./ (ugs.) „verschwinden, abziehen und dadurch jmdn. (mit etwas) in Ruhe lassen": *„Geh, putz dich mit der Schule!" knurrt Brandt von seitwärts* (F. Torberg, Die Mannschaft 255). **2.** /tr./ „chemisch reinigen"; meist in der Fügung **etwas putzen lassen:** *ein Kleid [in der Putzerei] putzen lassen.*
Putzerei, die; -, -en: bedeutet österr. auch

„Reinigungsanstalt": *Einer der ersten Wege nach der Heimkehr wird fast immer in eine Putzerei oder Schnellreinigung führen* (Die Presse 2./3. 8. 1969).
Pyjama, der; -s, -s ⟨Hindi-engl.⟩: ist österr. (und schweiz.), bes. in Wien, auch Neutrum: das; -s, -s.
Pythagoräer, der; -s, - ⟨griech.⟩: österr. Form für binnendt. „Pythagoreer". Ebenso: **pythagoräisch.**

Q

q: Zentner (100 kg). →**Zentner.**
q, Q: wird in Österr. beim Buchstabieren [kve:] ausgesprochen, nur als mathematische Unbekannte (wie binnendt.) [ku:]. →**j, J.**
Quader, der; -s, -n ⟨lat.⟩: ist in Österr. immer Maskulinum, im Binnendt. auch Femininum, der Plural wird immer mit -n gebildet.
Quadrille, die; -, -n ⟨franz.⟩: wird in Österr. [ka'drɪl], Plural [ka'drɪlən] ausgesprochen.
Quargel, der; -s, -: „kleiner, runder, stark riechender Käse; Harzer Käse; Ölmützer Stinkkäse".
Quart, die; -, -en ⟨lat.⟩: Musik österr. nur so gebrauchte Form für binnendt. „Quarte; Intervall von vier Tönen".
Quarta, die; -, ...ten ⟨lat.⟩: Schule (veraltend) „vierte Klasse des Gymnasiums": *Schon in der Quarta bekamen wir einen neuen Ordinarius* (F. Torberg, Hier bin ich, mein Vater 43). **Quartaner,** der; -s, -.
quarzhältig: österr. Form für binnendt. „quarzhaltig". →**...hältig.**

Queue, das; -s, -s [kø:] ⟨franz.⟩, „Billardstock": ist in Österr. auch Maskulinum: der; s-, -s.
quieszieren, quieszierte, hat quiesziert ⟨lat.⟩: Amtsspr. „in den vorzeitigen Ruhestand versetzen".
Quint, die; -, -en ⟨lat.⟩: Musik österr. nur so gebrauchte Form für binnendt. „Quinte, Intervall von fünf Tönen".
Quinta, die; -, ...ten ⟨lat.⟩: Schule (veraltend) „fünfte Klasse des Gymnasiums".
Quintaner, der; -s, -: *Deshalb würde er ... zumindest für seine Klasse und jetzt, als Quintaner, auch schon für die Auswahlmannschaft des Josefs-Realgymnasiums weiterspielen* (F. Torberg, Die Mannschaft 152).
Quitte, die; -, -n: wird in Österr. auch ['kɪtə] ausgesprochen.
Quittenkäse, der; -s: „sehr feste Quittenmarmelade": *dem maturanten fällt die miene aus dem gesicht wie unbewältigter quittenkäs –! der unhold zerbricht sich den kopf des gelehrten* (O. Wiener, Die Verbesserung von Mitteleuropa IL).

R

Rabenvieh, Ravenviech, das; -s, -er: Schimpfwort, „Rabenaas": *Und die sind zähe Rabenviecher, diese Intrigantinnen!*

Nicht einmal unsere Verehelichung hat ihnen ganz ihr Mißtrauen eingeschläfert (H. Hofmannsthal, Der Unbestechliche 156).

Radar, das; -s, -s ⟨engl.⟩: wird österr. auf der ersten Silbe betont, im Binnendt. meist auf der letzten, und ist immer Neutrum, im Binnendt. auch Maskulinum.

Radetzky, der; -s, -: in der Schülersprache häufig für „Radiergummi".

Radi, der; -s, - (ugs.): „Rettich" (auch bayr.). ****einen Radi kriegen:** „gerügt werden".

Radiallinie, die; -, -n ⟨lat.⟩: „von der Stadtmitte zum Stadtrand führende Straße, Straßenbahnlinien o. ä. (Gegensatz: Tangente)".

Radialstraße, die; -, -n: „von der Stadtmitte zum Stadtrand führende [Durchzugs]straße": *In den meisten Radialstraßen Wiens besteht für die Abendspitze ein Halteverbot* (Die Presse 2./3. 12. 1978).

Radierwuzerl, das; -s, -n (ugs.): „beim Radieren anfallende Fussel". →**Wuzerl.**

Radieschenspalte, die; -, -n: „Radieschenscheibe": *Der Topfen war ... mit feingehacktem Schnittlauch dicht bestreut; eine grüne Wiese, in der weiß-rote Radieschenspalten blühten* (M. Lobe, Omama 56). →**Spalte.**

Rafael: der männliche Vorname wird in Österr. mit -f- geschrieben, die binnendt. -ph-Schreibung gilt als veraltet. →**Josef.**

Rage, die; -: wird österr. [´ra:ʒ] ausgesprochen, ohne Endungs-e.

Rahmgmachterl, das; -s, -n (ugs.): Küche „Gemenge aus Rahm und Mehl": *Wenn die Beeren weich sind, gießt man das Rahmgmachterl dazu und läßt noch gut aufkochen* (R. Karlinger, Kochbuch 219).

Raimund: der männliche Vorname wird österr. immer mit -ai- geschrieben, im Binnendt. auch mit -ei-.

Rainer: der männliche Vorname wird österr. immer mit -ai- geschrieben, im Binnendt. auch mit -ei-: *Erzherzog Rainer; Rainer Maria Rilke.*

Rait, die; -, -en (veraltet): „Arbeitslohn": *Der Förster ist just mit Arbeitsleuten beschäftigt, die ihre Rait, das heißt, ihren vierwöchentlichen Arbeitslohn einheben* (P. Rosegger, Waldschulmeister 53).

Ramasuri, Remasuri, die; - ⟨ital.⟩ (ugs.): **1.** „gründliches, radikales Aufräumen": *nach dieser Ramasuri ist endlich wieder Ordnung.* **2.** „großes Durcheinander; auf-

regende, turbulente Situation; Wirbel": *„Wartet nur, Kinder, wartet nur noch eine Weile! Dann ist die Remasuri zu Ende, dann geht die Seraphim, dann haben wir es wieder gut"* (G. Fussenegger, Das Haus der dunklen Krüge 444). **3.** „ausgelassenes Vergnügen; Trubel" (auch bayr.): *Schauen Sie – gegen an guten Witz hab i ja nix ... a Hetz und a Remasuri* (H. Qualtinger/C. Merz, Der Herr Karl 29).

ramatama: salopper, verstärkender Ausruf als Ausdruck, daß etwas rücksichtslos und gründlich erledigt wird, eigentlich „räumen tun wir!": *Wirst sehn, der Krieg wird eine Renaissance österreichischen Denkens und Handelns heraufführen, wirst sehn. Ramatama!* (K. Kraus, Menschheit I 51).

rangieren, rangierte, hat rangiert ⟨franz.⟩: wird in Österr. [ran´ʒi:rən], seltener: [rā´ʒi:rən] ausgesprochen. Ebenso: **Rangierbahnhof, Rangiergeleise** usw.

rapid ⟨lat.⟩: österr. nur so gebrauchte Form, im Binnendt. auch „rapide": *Der Glaube wechselt nicht so rapid wie die „Lehre"* (Linzer Kirchenblatt 15. 12. 1968).

rappeln, rappelte, hat gerappelt: „verrückt sein, spinnen" (im Binnendt. kommt das Wort in dieser Bedeutung nur in unpersönlichen Wendungen vor): *dieser Holder rappelte auch manchmal – und zudem verkehrte er mit lauter solchen Narren* (H. Doderer, Die Dämonen 331).

raschest: österr. auch für „so bald/schnell wie möglich": *Will Vorarlbergs Wirtschaft ... nicht eines Tages in arge Nöte geraten, ist es unerläßlich, im Straßenbau Versäumtes raschest nachzuholen* (Vorarlberger Nachrichten 23. 11. 1968).

raß (ugs.): österr. (und süddt., schweiz.) für **a)** „scharf, beißend" (bei Speisen). **b)** „scharf, feurig, bösartig" (bei Pferden): *Ein Rassepferd is jed's für ihn, denn jedes Roß, / Wenn er's zahl'n soll, is ihm zu raß* (J. Nestroy, Das Mädl aus der Vorstadt 400). **c)** „resolut, barsch, kratzbürstig" (von Frauen): *eine rasse Kellnerin.*

Rastel, das; -s, - ⟨ital.⟩: „Schutzgitter, Drahtgeflecht": *das heiße Bügeleisen auf das Rastel stellen.*

Rastelbinder, der; -s, - (veraltet): „Siebmacher, Kesselflicker": „*Der Rastelbinder!" sagt einer. „Richtig, also mit dem Rastelbinder hat's angefangen! ..."* (J. Roth, Radetzkymarsch 69). →**Rastel.**

Ratenagent, der; -en, -en ⟨ital.⟩: „Handelsvertreter, der Ratenkäufe abschließt": *Zugleich traten die jüdischen Zimmerinsassen ... sowie auch der Ratenagent Nachtigall sowohl für den schlafenden Rabbi als auch für sich selber ein* (A. Drach, Zwetschkenbaum 108). →**Agent.**

Ratsche, die; -, -n: „Klapper, Rassel" (auch südd.): *Kaum sind die Ratschen ... verklungen* (Die Presse 12. 4. 1979). →**Karfreitagsratsche.**

Ratschenbuam, die; -, -: „zu Ostern mit Ratschen umherziehende Buben (Brauchtum)": *Ab Donnerstag abend sind die Ratschenbuam wieder unterwegs* (Die Presse 12. 4. 1979). →**Buam.**

ratschen, ratschst, ratschte, hat geratscht: „die Ratsche drehen, klappern, rasseln".

Ratz, der; -en, -en: österr. (und südd.) ugs. auch für „die Ratte": *Ich möchte es gern vergessen, was dort unten ist, und daß dort das Zeug herumkriecht, ... und wenn es nur Ratzen wären, dann wär's schon gut* (H. Doderer, Die Dämonen 957).

Rauchfang, der; -[e]s, ...fänge: österr. (außer Westösterr.) für „Kamin, Schornstein": *ein finsteres, winkeliges Gebäude, mit bemoostem Dach, auf dem übermäßig klobige Rauchfänge thronten* (F. Herzmanovsky-Orlando, Gaulschreck 120); *in den Rauchfang schreiben: „in den Schornstein schreiben": Daß sie ihre strukturpolitischen Hoffnungen wird in den Rauchfang schreiben müssen* (Die Presse 16. 5. 1970).

Rauchfangkehrer, der; -s, -: österr. für „Schornsteinfeger". Der binnendt. Ausdruck wird zwar offiziell zur Berufsbezeichnung verwendet, ist sonst aber ganz ungebräuchlich: *Aber der Zufall fügte es ..., daß eben auf dem First des Nachbarhauses ein Rauchfangkehrer seinem Geschäfte oblag* (G. Fussenegger, Das Haus der dunklen Krüge 282).

Rauchfangkehrermeister, der; -s, -: „Schornsteinfegermeister": *vor geplanten Änderungen der Feuerstätten den Rat des Rauchfangkehrermeisters einzuholen* (Vorarlberger Nachrichten 27. 11. 1968).

Raunze, Raunzen, die; -, -n (ugs.): „Frau, die sehr wehleidig ist und immer weinerlich klagt": *So jeden Abend mit ein und derselben ausgeh'n ... Dann hab' ich eine Angst g'habt, daß ich überhaupt nimmer loskomm' – eine solche Raunzen* (A. Schnitzler, Leutnant Gustl 137).

raunzen, raunzte, hat geraunzt: bedeutet österr. (und bayr.) „weinerlich jammern; dauernd unzufrieden nörgeln": *Raunzen muß jeder, – auch ich. Aber unsere heimliche Eintracht inwendig, – die wollen wir festlich begießen* (F. Th. Csokor, 3. November 1918, 247). →**Geraunze.**

Raunzer, der; -s, - (ugs.): „dauernd unzufriedener Mensch" (auch bayr.).

Rayon, der / (ugs.) das; -s, -s ⟨franz.⟩: wird in Österr. meist [ra'jo:n] ausgesprochen und bedeutet auch „Dienstbereich, für den jmd. zuständig ist" (im Binnendt. veraltet): *der Polizist macht einen Rundgang durch seinen Rayon; müsse er erst vom Postgeheimnis entbunden werden, wenn er Einzelheiten über seinen damaligen Rayon presigeben sollte* (Die Presse 19. 3. 1970).

rayonieren, rayonierte, hat rayoniert [rajo'ni:ren] ⟨franz.⟩: „in [Dienst]bezirke einteilen; nach Bezirken zuteilen" (im Binnendt. veraltet): *diese Liste ist derjenigen Stelle, von der die Zuweisung rayonierter Lebensmittel erfolgt, am Ende jeder Woche vorzulegen* (K. Kraus, Menschheit II 43).

Rayonsgrenze, die; -, -n: „Grenze eines Dienstbereichs, -bezirks".

Rayonsinspektor, der; -s, -en: „für einen bestimmten Dienstbezirk verantwortlicher Polizist".

Realakt, der; -[e]s, -e ⟨lat.⟩: Amtsspr. bedeutet österr. „gerichtliche Handlung, die ein Grundstück betrifft".

Realbüro, das; -s, -s ⟨lat.⟩: „Immobilienvermittlungsbüro": *Baugrundstück in Nenzing und Frastanz, baureif, an Bundesstraße, wird verkauft. Realbüro Ganahl, Feldkirch* (Vorarlberger Nachrichten 23. 11. 1968, Anzeige).

Realitäten, die /Plural/ ⟨lat.⟩: ist der in Österr. übliche Ausdruck für „Immobilien" (im Binnendt. ist das Wort selten): *Realitäten. Großes Geschäftslokal (112* *qm); evtl. kombiniert als Wohnung und Büro, ... zu vermieten oder zu verkaufen* (Vorarlberger Nachrichten 26. 11. 1968, Anzeige).

Realitätenhändler, der; -s, -: „Grundstück-, Häuserhändler".

Realitätenvermittler, der; -s, -: „Immobilienmakler".

Realkanzlei, die; -, -en: „Immobilienvermittlungsbüro": *Großvilla Bad Ischl 13 Zimmer, alle Nebenräume, Zentralheizung ... zu verkaufen. Realkanzlei Sodoma, Mariahilferstraße* (Die Presse 22./23. 3. 1969, Anzeige).

rebeln, rebelte, hat gerebelt: „abbeeren" (auch süddt.): *sie aßen miteinander Fische, sie flickten Netze, sie rebelten das Maiskorn von den Kolben* (G. Fussenegger, Zeit des Raben – Zeit der Taube 31). →**abrebeln, Gerebelte.**

Rebhendl, das; -s, -n: österr. auch für „Rebhuhn".

Rebhuhn, das; -[e]s, ...hühner: wird österr. mit langem e gesprochen, binnendt. auch mit kurzem.

Rebschnur, die; -, ...schnüre: „starke Schnur".

Rechaud, der; -s, -s [reˈʃoː] ⟨franz.⟩: „Gaskocher, Gasherd" (auch süddt.): *Wie jeden Tag durch die zwanzig Jahr, / die er dient in seinem Büro, / steht er auf, streicht mit den Fingern durchs Haar, / wärmt sich Kaffee auf dem Rechaud* (J. Weinheber, Ballade vom kleinen Mann 19).

Rechtsanwaltskanzlei, die; -, -en: „Anwaltsbüro" (auch süddt.): *Dies hätte auch durchaus dem Beschluß entsprochen, der seit Harrys Geburt bestand und der ihm die Weiterführung der väterlichen Rechtsanwaltskanzlei vorbestimmt hatte* (F. Torberg, Die Mannschaft 22). →**Kanzlei.**

Redoute, die; -, -n [reˈduːt] ⟨franz.⟩: „[vornehmer] Ball, bei dem bis Mitternacht Damenwahl ist und die Damen eine Maske über den Augen tragen": *„Benützen Sie die Maskenfreiheit des Faschings! Nähern Sie sich der gefeierten Künstlerin auf der Redoute!"* (F. Herzmanovsky-Orlando, Gaulschreck 59).

Referee, der; -s, -s [refəˈreː] ⟨engl.⟩: „Schiedsrichter" (auch schweiz.): *Beim Stand von 1 : 0 für Rapid ... übersah der Re-*

feree eine Minute vor dem Schlußpfiff ein Handspiel (Die Presse 16. 5. 1969).

refundieren, refundierte, hat refundiert ⟨lat.⟩: „rückvergüten, ersetzen, zurückzahlen" (in Binnendt. veraltet): *die Fahrtspesen refundieren.*

Regenplache, die; -, -n: „Regenplane" (auch bayr.): *Wir sprachen nicht viel in dem stillen gütigen Dämmer unter der aufgeschlagenen Regenplache* (J. Roth, Die Kapuzinergruft 106). →**Plache.**

Regenschori, der; -, - ⟨lat.⟩: österr. für „Regens chori, Chorleiter".

Regie, die: *Regie fahren:* „als Betriebsangehöriger der Eisenbahn gratis oder ermäßigt fahren".

Regiefahrkarte, die; -, -n: „verbilligte Fahrkarte der Eisenbahner".

Regiekarte, die; -, -n: verkürzte Form zu →„Regiefahrkarte".

Regien, die /Plural/ ⟨franz.⟩: Amtsspr. „Verwaltungskosten, Spesen".

Rehjunge, das; -n: „Rehklein": *Rehjunges: Vorderläufe, Bauchfleisch, Kopf, Hals, Herz, Leber, Lunge, Nieren* (R. Karlinger, Kochbuch 123). →**Entenjunge, Gansljunge, Hasenjunge, Hühnerjunge.**

Rehschlegel, der; -s, -: Küche „Rehkeule": *Den ausgelösten Rehschlegel spicken, mit Salz und Pfeffer einreiben und zu einer Rolle zusammenbinden* (Kronen-Zeitung-Kochbuch 215). →**Schlegel.**

Reibbrett, das; -s, -er: österr. für binnendt. „Reibebrett; Maurerwerkzeug zum Glattreiben des Putzes".

reiben, rieb, hat gerieben: bedeutet österr. auch: **1.** „scheuern; mit einer Bürste reinigen": *wischen den Platz feucht auf, reiben ihn auch mit Bürsten* (G. F. Jonke, Geometrischer Heimatroman 113). **2.** (vom Kaffee) „mahlen": *geriebener Kaffee.* *(ugs., salopp) jmdm. eine reiben:* „eine Ohrfeige geben": *„se Bagauner!" – „Reib eahm (ihm) ane (eine)!"* (J. Weinheber, Beim Heurigen 57). Zu 1.: →**ausreiben,** zu 2.: **reißen.**

Reibfetzen, der; -s, -: seltener für →„Ausreibfetzen, Reibtuch".

Reibgerstel, das; -s: „Suppeneinlage aus fein geriebenem Nudelteig": *Der dicke Rand [des Teiges] wird abgeschnitten und zu Nudelteig verarbeitet oder gekocht als*

Reibgerstl zu Nockerl verwendet (R. Karlinger, Kochbuch 232). →**Gerstel.**

Reibtuch, das; -[e]s, ...tücher: „Putztuch, Scheuertuch": *Nachdem sie mit Hilfe von vier hervorgenommenen, fast neuen trockenen Reibtüchern die Nässe in der Küche beseitigt hatte – immer wieder die Tücher über dem Eimer auswringend* (H. Doderer, Die Dämonen 1284). →**Ausreibtuch.**

Reichshälfte, die; -, -n (oft scherzhaft): „Einfluß- und Machtbereich der beiden Parteien ÖVP oder SPÖ": *die rechte, linke Reichshälfte* (meist von ÖVP-Seite für die SPÖ gebraucht).

rein: steht österr. (und südqt.) dort, wo es im Binnendt. meist „sauber" heißt: *Sie nahm ein reines Papierblatt und schrieb* (R. Musil, Der Mann ohne Eigenschaften 799). Das binnendt. Wort setzt sich aber auch im Süden durch.

Rein, die; -, -en (ugs.): „größerer Kochtopf, der mehr breit als hoch ist" (auch südqt.): *Trippelt zum Schrank und nimmt aus demselben eine Rein* (L. Anzengruber, Der Meineidbauer 33). →**Tropfrein.**

Reindl, das; -s, -n (ugs.): „kleiner Kochtopf" (auch südqt.): *Der armen Frau ... verdorre der Reis im Reindl* (C. Nöstlinger, Rosa Riedl 32).

Reindling, der; -s, -e (Kärnten): „in einer Kasserolle gebackener Kuchen aus Hefeteig mit Rosinen, Zimt u. ä.": *Kärntner Reindling ... Reindling hineinlegen, aufgehen lassen und bei mittlerer Hitze backen* (Thea-Kochbuch 140). →**Rein.**

reinschreiben, schreib rein, hat reingeschrieben: „ins reine schreiben, eine Reinschrift ausführen".

reißen: *(salopp)* **jmdm. eine reißen:** „jmdm. eine Ohrfeige geben"; (ugs.) **einen Stern reißen:** „[beim Skilaufen] stürzen": *dann der berüchtigte Tritt vor die Hüttentür ... und jemand, der einen Stern reißt* (E. Jelinek, Die Ausgesperrten 188).→**reiben.**

Reiter I. der; -s, -: bedeutet österr. auch „auf dem Feld aufgestelltes Gestell zum Trocknen von Heu o. ä." (auch südqt.). **II.** die; -, -n: „[grobes Getreide]sieb" (auch südqt., mitteldt.). →**Heureiter, Kleereiter.**

reitern, reiterte, hat gereitert: „sieben": *Sand, Getreide reitern.* →**durchreitern.**

Reklame, die; -, -n ⟨lat.⟩: wird in der österr. Umgangssprache ohne Endungs-e ausgesprochen: *glauben Sie, daß Ihnen ein bißl Reklam* [phonetische Schreibung] *schaden wird, jetzt wo Sie wieder auftreten wern* (K. Kraus, Menschheit I 95).

rekommandieren, rekommandierte, hat rekommandiert ⟨franz.⟩: **a)** „empfehlen" (im Binnendt. veraltet): *Einen schönen Gruß von mir und ich komm' ihn besuchen. Ich tät mich ihm bestens rekommandieren* (E. Canetti, Die Blendung 248). **b)** Post „einschreiben [lassen]": *es ist wegen der uns verfolgenden Post, die doch nicht alle Briefe (selbst wenn sie, da heute Sonntag ist, nicht rekommandiert werden können) wird verlieren können* (F. Kafka, Briefe an Felice 123).

rekommandiert ⟨lat.⟩: Post österr. auch für „eingeschrieben": *ein rekommandierter Brief; einen Brief rekommandiert aufgeben.*

Rekompenz, die; -, -en ⟨lat.⟩: Amtsspr. österr. für „Rekompens, Entschädigung".

Remasuri →Ramasuri.

Remise, die; -, -n: „Wagenhalle für [Straßen]bahnen; Depot" (im Binnendt. veraltet im Sinne von „Schuppen"): *... irrte er ... durch das Gelände der Tramway-Remise Engerthstraße* (M. Mander, Kasuar 308).

Remorqueur, der; -s, -e [rəmɔr'køːr] ⟨franz.⟩: „kleiner Schleppdampfer" (im Binnendt. veraltet).

Remuneration, die; -, -en ⟨lat.⟩: „Gratifikation, Vergütung" (im Binnendt. veraltet): *Den betroffenen Lehrbeauftragten wurde die hierfür vorgesehene Remuneration gekündigt* (Die Presse 10. 10. 1968). →**Weihnachtsremuneration.**

Replik, die; -, -en: das i wird österr. kurz gesprochen, binnendt. lang.

Reportage, die; -, -n ⟨franz.⟩: wird in Österr. [repɔr'taːʒ] ausgesprochen, also ohne Endungs-e.

Repräsentant, die; -, -en ⟨franz.⟩: „geschäftliche Vertretung" (im Binnendt. veraltet). →**Generalrepräsentant, Verkaufsrepräsentanz.**

Republik, die; -, -en: das i wird österr. kurz gesprochen, binnendt. lang.

Requisit, das; -s, -en: das i wird österr. kurz gesprochen, binnendt. lang.

Requiem, das; -s ⟨lat.⟩: der Plural lautet in Österr. Requien; die binnendt. Form auf -s ist in Österr. ungebräuchlich.

resch (ugs.): **a)** „knusprig" (auch bayr.): *Die ersten Bäckerjungen trafen ein, schneeweiß und nach reschen Kaisersemmeln duftend, nach Mohnstriezeln und nach Salzstangeln* (J. Roth, Die Kapuzinergruft 9). **b)** „lebhaft, munter; sich kein Blatt vor den Mund nehmend; ein wenig derb" (wird nur von Frauen gesagt; auch bayr.): *die resche Wirtin sprach englisch mit unverkennbar wienerischem Einschlag* (H. Habe, Im Namen des Teufels 182).

Reseda, die; -, ...den ⟨lat.⟩: österr. nur so gebrauchte Form, im Binnendt. auch „Resede". Der Plural lautet österr. nur Reseden: *Die Reseden duften schon* (R. Billinger, Lehen aus Gottes Hand 79).

reservat ⟨lat.⟩: Amtsspr. „unter das Amtsgeheimnis fallend".

Resi: österr. (und bayr.) Koseform des weiblichen Vornamens „Theresia".

Restauration, die; -, -en ⟨franz.⟩: noch österr. (sonst veraltet) für „Gaststätte". →**Bahnhofsrestauration.**

Resumé, das; -s, -s ⟨franz.⟩: österr. auch für „Resümee".

retour [re'tuːɐ̯] ⟨franz.⟩: „zurück"; das in Österr. sehr häufige Wort ist im Binnendt. veraltet oder mdal.: *Zuschriften, eventuell mit Bild, ehrenwörtlich retour, an Annoncenbüro Kastner* (Kurier, 16. 11. 1968, Anzeige); *Der Brief ist wieder retour gegangen, Fräulein Dub* (R. Billinger, Der Gigant 307).

Retoure, die; -, -n [re'tuːrə] ⟨franz.⟩ (veraltend): Amtsspr. „Rücksendung".

Retourfahrkarte, die; -, -n: „Rückfahrkarte".

Retourgang, der; [-e]s, ...gänge: „Rückwärtsgang": *Die Lenkung braucht nicht zuviel Kraft, und der Retourgang ist wirklich spielend zu finden* (auto touring 2/1979).

Retourkampf, der; -[e]s, ...kämpfe: Sport „Rückspiel".

Retourkarte, die; -, -n: „Rückfahrkarte".

Retourmarke, die; -, -n: „Rückporto": *Auch lege sie eine Retourmarke bei, damit ihrem Gatten keine Kosten entstünden* (A. Drach, Zwetschkenbaum 125).

Retourmatch, das; -es, -e: „Rückspiel": *Die Hamburger ... gerieten im Retourmatsch in Gefahr, ihr Guthaben einzubüßen, verloren aber ... nur mit 1 : 3 (0 : 2)* (Vorarlberger Nachrichten 28. 11. 1968).

Retourporto, das; -s, ...ti: „Rückporto".

Retoursendung, die; -, -en: „Rücksendung".

Retourspiel, das; -[e]s, -e: Sport „Rückspiel": *Am Mittwochabend maßen auf der Kunsteisbahn Feldkirch der EHC Herbrugg und der EHC Lustenau beim fälligen Retourspiel ihre Kräfte* (Vorarlberger Nachrichten 23. 11. 1968).

Rettung, die; -, -en: österr. auch für „Rettungsdienst, Krankenwagen": *„Erst dann haben wir gesehen, daß ein bewußtloser junger Mann vor uns liegt." E. A. alarmierte sofort die Rettung* (Express 7. 10. 1968); *... wurde in bewußtlosem Zustand von der Rettung in das U-Krankenhaus Bregenz gebracht* (Vorarlberger Nachrichten 4. 11. 1968). →**Sanität.**

Rettungswagen, der; -s, -: „Krankenwagen (eines Krankenhauses, des Roten Kreuzes)": *... von einem tschechoslowakischen Rettungswagen in das Krankenhaus Gmünd eingeliefert* (Die Presse 23. 4. 1969). →**Rettung.**

Rettungszille, die; -, -n: „Rettungsboot": *... machte daraufhin eine am Ufer verankerte Rettungszille los und barg das bereits hundert Meter weit abgetriebene Kind* (Die Presse 12. 5. 1969). →**Zille.**

reuten, reutete, hat gereutet (veraltet): „roden" (auch süddt., schweiz.).

Revanche, die; -, -n ⟨franz.⟩: wird in Österr. immer [re've̯ːʒ] ausgesprochen, also ohne Endungs-e.

Revers, der; -, - [re'vɛːr]: ist österr. auch in der Bedeutung „Aufschlag an Kleidungsstücken" Maskulinum (binnendt. Neutrum).

reversieren, reversierte, hat reversiert ⟨lat.⟩: „das Fahrzeug wenden": *Beim Reversieren aus der Nebenfahrbahn vor dem Heldentor* (M. Mander, Kasuar 283).

Revirement, das; -s, -s ⟨franz.⟩: wird österr. [revir'mã] ausgesprochen, binnendt. [...virə...].

Rexapparat, der; -[e]s, -e ⓦⓩ: „ein Einkochapparat".

Rexglas, das; -es, ...gläser ⓦ: „Einkochglas": *Skelette von Tieren, präparierte Schlangen, Embryonen in Rexgläsern* (B. Frischmuth, Amy 107). →**einrexen.**

Rexgummi, der; -s, -: „zum Rexglas gehörender Dichtungsgummi".

Rheostat, der; -en, -en ⟨griech.⟩: wird in Österr. schwach, im Binnendt. auch stark dekliniert.

ribbeln, ribbelte, hat geribbelt (ugs.): „in schnell aufeinanderfolgenden Bewegungen reiben, um etwas zu reinigen": *so lang ribbeln, bis der Fleck weg ist.* Dazu: **Ribbelei:** *die fremde Großmutter mit ihrer Ribbelei und Wischerei* (B. Frischmuth, Kai 120).

Ribisel, die; -, -n ⟨ital.⟩: österr. (außer Vbg.) für „Johannisbeere". (Urspr. nur für die rote, heute auch für die schwarze Sorte): *... die langwierige Arbeit am Obste selbst, das Abrebeln der Ribisl* (H. Doderer, Die Dämonen 1281).

Ribiselhecke, die; -, -n: „Johannisbeerhecke": *im Schatten einer Ribislhecke gab es einen Komposthaufen* (B. Frischmuth, Sophie Silber 294).

Ribiselkultur, die; -, -en: „Johannisbeerkultur": *er besaß ... Maisäcker, eine Ribiselkultur, ein paar Kühe* (G. Roth, Ozean 9).

Ribiselmarmelade, die; -, -n: „Johannisbeermarmelade": *Man knetet einen glatten Teig, gibt zwei Drittel in eine gefettete Form, bestreicht mit Ribiselmarmelade und legt vom restlichen Teig ein Gitter darüber* (R. Karlinger, Kochbuch 439).

Ribiselsaft, der; -[e]s, ...säfte: „Johannisbeersaft": *Der Zucker wird im lauwarmen Wasser aufgelöst und dann mit dem Ribiselsaft vermischt* (R. Karlinger, Kochbuch 483).

Ribiselstaude, die; -, -n: „Johannisbeerstrauch": *als sie ... den lehmigen Weg zwischen den Ribiselstauden hinunterging* (G. Roth, Ozean 122).

Ribiselstrauch, der; -[e]s, ...sträucher: „Johannisbeerstrauch".

Ribiselwein, der; -[e]s, -e: „Johannisbeerwein": *... deren Rottöne mit der Farbe des Ribiselweines harmonierten* (B. Frischmuth, Sophie Silber 50).

richten, richtete, hat gerichtet: **a)** bedeutet bes. österr. auch „reparieren": *die Uhr richten lassen.* **b)** „einrichten, durch Beziehungen usw. erreichen" (auch süddt., schweiz.): *das läßt sich richten; er hat sich's gerichtet.*

Ried, die; -, -en und **Riede,** die; -, -n: bezeichnet österr. auch eine Flurform, bes. einen „Hügelabhang in einem Weinberg": *Pinta, wenn er auf entfernten Rieden zu arbeiten hatte, saß wohl ein oder das andere Mal hintauf beim Schwiegervater* (H. Doderer, Die Dämonen 545).

Riedhüfel, das; -s, -[n]: „Fleischteil des Rindes, bes. zum Kochen geeignet".

Riese, die; -, -n: „Holzrutsche im Gebirge" (auch süddt.): *Mir fiel eine Zentnerlast vom Herzen, und ich fragte ihn sogleich, ob die Riese als Steg dienen könnte* (A. Stifter, Mappe, Urfassung 189). →**Holzriese.**

rieseln, ist gerieselt (ugs., Stmk.): „rutschen".

Riffel, die; -, -n: bedeutet österr. (und bayr.) auch „gezackter Berggrat, bes. in Bergnamen".

Rigerl, das; -s, -n (salopp): Studentenspr. „Rigorosum".

Rigorosum, das; -s: der Plural lautet in Österr. nur Rigorosen, im Binnendt. Rigorosa.

Rindsbraten, der; -s, -: bes. österr. (und süddt.) für „Rinderbraten".

Rindsfett, das; -[e]s: bes. österr. (und süddt.) für „Rinderfett": *mit Rindsfett gebeizte Holzgestelle* (G. F. Jonke, Geometrischer Heimatroman 84).

Rindsgulasch, Rindsgulyas, das; -[e]s: „Gulasch aus Rindfleisch": *Rindsgulasch nach Jägerart* (Thea-Kochbuch 56).

Rindsschmalz, das; -es: „ausgelassene Butter, Butterschmalz": *Dann gießt man das Ganze in eine Pfanne mit heißem Rindsschmalz* (G. Heß-Haberlandt, Das liebe Brot 73).

Rindsuppe, die; -, -n: österr. für binnendt. „Fleischbrühe": *Die Rindsuppe ist die klare Suppe. Sie wird – durch verschiedene Einlagen variiert – ohne weitere Zusätze zu Tisch gegeben* (Kronen-Zeitung-Kochbuch 35).

Rindsvögerl, das; -s, -n: Küche „Rindsroulade".

Ringelspiel, das; -[e]s, -e: österr. für binnendt. „Karussell": *jenes bunte ‚Ringel-spiel' mit dem Brautwagen steht und dreht sich sogar heute noch* (H. Doderer, Die Dämonen 1200); (auch übertragen:) *auf dem Ringelspiel des österreichischen Fuß-balls wechseln kaum die Figuren* (Die Pres-se 14./15. 6. 1969). →**Prater.**

Ringlotte, die; -, -n: österr. für binnendt. „Reneklode" (mdal. kommt das Wort auch im Binnendt. vor).

Risiko, das; -s, -s ⟨ital.⟩: der Plural lautet österr. meist Risken: *man dürfe nicht ver-gessen ..., daß diese Experimente große Ris-ken einschlössen* (Die Presse 1. 7. 1969).

Risipisi, das; -[s], - ⟨ital.⟩: österr. Form für binnendt. „Risi-Pisi": *Risipisi ist eine besonders gute Beilage zu Kalbsbraten oder Naturschnitzel* (Kronen-Zeitung-Koch-buch 91).

Risotto, das; -s, -s ⟨ital.⟩: ist in Österr. meist Neutrum, das Maskulinum wird aber häufig als vornehmer empfunden.

Ritscher, der; -s, -: „Speise aus Rollger-ste, Rauchfleisch und Hülsenfrüchten": *Den Ritscher mit gerösteten Brotwürfeln anrichten* (Kronen-Zeitung-Kochbuch 248).

Rizinus, der; -, -se/- ⟨lat.⟩: wird österr. nur auf der zweiten Silbe betont, im Bin-nendt. auf der ersten. Ebenso: **Rizinusöl.**

Rochett, das; -s, -e ⟨franz.⟩, „Chorrock des Geistlichen und Ministranten": wird österr. [rɔˈxɛt] ausgesprochen, binnendt. [rɔˈʃɛt].

Rodel, der; -, -n: „Kinderschlitten" (auch bayr.): *... fuhr ein 14jähriger Bub mit sei-nem Fahrrad, an das er eine mit zwei Kin-dern besetzte Rodel angehängt hatte, auf der Privatstraße ... talwärts* (Vorarlberger Nachrichten 20. 11. 1968).

Rohr, das; -[e]s, -e: bedeutet österr. auch „Backröhre": *In mäßig heißem Rohr bak-ken* (Kronen-Zeitung-Kochbuch 381); *das Essen steht im Rohr.*

Rokoko, das; -s ⟨franz.⟩: wird in Österr. immer auf der letzten Silbe betont, im Binnendt. auf der ersten.

Rollbalken, der; -s, -: „Rolladen": *Und schon war er verschwunden, und schon hör-te ich vor der Tür den Rollbalken niederrol-len* (J. Roth, Die Kapuzinergruft 137).

Roller, der; -s, -: bedeutet österr. auch: **1.**

„Rollvorhang, Rollo". **2.** „an einem Spannseil mit Rollen befestigtes Boot" (→Rollfähre). **3.** kurz für „Rollbraten". →**Selchroller.**

Rollfähre, die; -, -n: „Fähre mit Spann-seil und Rolle, die von der Strömung an-getrieben wird".

Rollgerste, die; -, **Rollgerstl,** das; -s: „Gerstengraupen".

Rollkasten, der; -s, ...kästen: österr. auch für „Rollschrank". →**Kasten.**

Rollo, das; -s, -s ⟨franz.⟩: wird österr. im-mer auf der letzten Silbe betont, binnendt. auf der ersten.

Romadur, der; -[s] ⟨franz.⟩: der Name der Käsesorte wird österr. immer auf der letzten Silbe betont, im Binnendt. auf der ersten.

Romanow: der Name des russ. Herr-schergeschlechts wird in Österr. immer auf der ersten Silbe betont, im Binnendt. meist auf der zweiten.

Rondeau, das; -s, -s [rɔnˈdoː] ⟨franz.⟩: „rundes Beet [in einer größeren Garten-anlage]; runder Platz": *in einer Stunde wird der Herr mich im Kinsky'schen Garten vor dem großen Rondeau finden* (L. Perutz, Nachts 50).

röntgenisieren, röntgenisierte, hat rönt-genisiert: österr. Form für binnendt. „röntgen".

Roß, das; Rosses, Rösser: ist österr. (und bayr.) in der Mundart und Umgangsspra-che sowie in der Landwirtschaft das übli-che Wort für „Pferd". Sonst gilt „Roß" (wie binnendt.) als gehoben, der Plural lautet dann Rosse. *jmdm. zureden wie ei-nem kranken Roß, in jmdn. hineinreden wie in ein krankes Roß:* „auf jmdn. be-harrlich einreden, um ihn innerlich wie-der aufzurichten": *Sie sind mir aber gleich komisch vorgekommen. Henninger: Nein das bin ich nicht. Bloß wenn jemand in ei-nem fort in mich hineinredet wie in ein krankes Roß, so ...* (A. Lernet-Holenia, Ollapotrida 343).

Röster, der; -s, -: bedeutet österr. „Kom-pott oder Mus aus Holunderbeeren oder Zwetschken". →**Hollerröster, Zwetsch-kenröster.**

Rotkraut, das; -[e]s: bes. österr. (und süd-dt.) für binnendt. „Rotkohl": *Rotkraut =*

Blaukraut ... Das Rotkraut putzen, vom Strunk befreien, feinnudelig schneiden (Kronen-Zeitung-Kochbuch 107). →**Blaukraut.**

Rotte, die; -, -n: bedeutet ostösterr. auch „[abgelegener, entfernter] Teil eines Dorfes"; bes. in Orts- u. Flurnamen, z. B. Lehenrotte.

Rotzbub, der; -en, -en: österr. (und süddt.) für „Rotzjunge"; das Wort ist nicht so derb und abschätzig wie das binnendt. Wort: *Erich Knapp riß die Tür auf und überbrüllte den Lärm mit der wütenden Frage, ob sie denn eigentlich wahnsinnig geworden wären, die Rotzbuben* (F. Torberg, Die Mannschaft 96). →**Bub.**

Rotzlöffel, der; -s, - (ugs.): „Rotzjunge, Rotzbub": *Aber der da, dieser Rotzlöffel, darf mir sowas doch nicht einmal androhen* (F. Torberg, Die Mannschaft 481).

Rotznigel, der; -s, -[n] (ugs.): „Rotzjunge, Rotzbub".

Rotzpipe, die; -, -n (ugs.): „Rotzjunge; Rotzbub": *Der Vater zischt, du Rotzpipn, elendige* (E. Jelinek, Die Ausgesperrten 247). →**Pipe.**

Rubrik, die; -, -en: wird österr. mit kurzem i gesprochen, binnendt. mit langem.

rückwärtig (ugs.): „hinten [befindlich]": *die rückwärtigen Plätze.* →**rückwärts.**

rückwärts: steht österr. ugs. häufig für „hinten": *rückwärts einsteigen* (Straßenbahn); *wurde von Harriet und Clayton jetzt von rückwärts gesehen* (H. Doderer, Wasserfälle 17). Die Richtigkeit dieses Gebrauchs ist in der Sprachpflege umstritten.

rüd ⟨franz.⟩: österr. fast nur so gebrauchte Form für binnendt. „rüde".

Rüfe, die; -, -n (Vorarlberg und schweiz.): „Erdrutsch, Steinlawine, Mure".

Rufzeichen, das; -s, -: das in Österr. am meisten verwendete Wort für „Ausrufezeichen".

Ruhegenuß, der; ...usses, ...üsse: Amtsspr. österr. auch für „Ruhegeld, Pension": *Sie gehen gemessenen Schritts, zwei, drei / in einer Reih und plaudern dabei. / Der Rang, der Dienst, der Ruhegenuß* (J. Weinheber, Die Pensionisten 13).

ruht! österr. Kommando für binnendt. „rührt euch".

Rum, der; -s, -e ⟨engl.⟩: wird österr. (und süddt.) auch lang ausgesprochen; der Plural lautet Rume (im binnendt. Rums).

Rummy, das; -, -s [ˈrœmi, ˈrʌmɪ] ⟨engl.⟩: österr. Form für binnendt. „Rommé".

Runkel, die; -, -n (auch schweiz.): „Runkelrübe": *Runkeln hat zu verkaufen* (Vorarlberger Nachrichten 15. 11. 1968, Anzeige, Rubrik „Landwirtschaft").

Runse, die; -, -n: „Rinne an Berghängen [in der zeitweise ein Wildbach fließt]" (auch süddt., schweiz.).

rupfen, rupfte, hat gerupft: bedeutet ugs. salopp auch: „übermäßig hohe Preise von jmdm. verlangen": *das ist ja gröber als rupfen!* (Wortspiel mit Rupfen, „grobes Gewebe").

Rute, die; -, -n: Küche bedeutet österr. auch „Schneebesen"; häufiger in der Zusammensetzung →**Schneerute.**

Rutschepeter, der; -s, - (ugs.): „sehr lebendiges Kind [das nicht ruhig sitzen kann]".

Rutscher, der; -s, - (ugs.): „Reise, Fahrt, die nicht lang dauert und leicht durchzuführen ist; Abstecher": *Ein kleiner Rutscher in die Heimat wird dem Fräulein Dub wohl einmal gut tun* (R. Billinger, Der Gigant 315); *ihr könntet leicht einmal zu uns auf Besuch kommen, mit dem Auto ist es doch nur ein Rutscher.*

S

Sabotage, die; -, -n ⟨franz.⟩: wird in Österr. [zaboˈtaːʒ] ausgesprochen, also ohne Endungs-e.

Sacherln, die /Plural/: „Umstände; Sächelchen": *Freilich, man kann schon seine paar Sacherln herauskramen aus dem*

Bauche der Vergangenheit (H. Doderer, Die Dämonen 57).

Sack, der; -[e]s, Säcke: kann österr. für drei im Binnendt. getrennte Bedeutungen verwendet werden: **a)** „Sack". **b)** „Tasche". Hosensack, Mantelsack, Sacktuch. **c)** „Beutel, Tüte": Sackerl, Papier-, Plastiksack[erl].

Säckel, der; -s, - (veraltend): „Kasse" (auch süddt.): *eigentlich arbeite die ... Ärztekammer ... für den Säckel der Krankenkasse* (Die Presse 17. 7. 1969). →**Staatssäckel.**

Säckelmeister, der; -s, -: „Kassenwart, Schatzmeister" (auch süddt.).

Sackerl, das; -s, -n: kurz für „→Papiersackerl"; „Tüte": *Sie leerte das Sackerl auf den Tisch* (M. Lobe, Omama 84). →**Sack.**

Säckler, der; -s, - (ugs., veraltend): „Kassenwart".

Sacktuch, das; -[e]s, ...tücher: österr. (und süddt.) auch für „Taschentuch": *Bebend vor Erregung, hebe ich den hohen jungen Herrn auf – es war der Herr Erzherzog Nepomuk – und putzte ihn mit dem Sacktuch ab* (F. Herzmanovsky-Orlando, Gaulschreck 62). →**Sack.**

Saffalade →**Savaladi.**

Säge, die; -, -n: bedeutet bes. österr. (und bayr.) auch „Sägewerk", binnendt. „Sägerei": *Derzeit sind von insgesamt 3086 Sägen 1466 ganzjährig in Betrieb* (Die Presse 17. 8. 1979).

Sägearbeiter, der; -s, -: „Sägewerksarbeiter". →**Säge.**

Sägebesitzer, der; -s, -: „Sägewerksbesitzer". →**Säge.**

Sägemeister, der; -s, -: „durch vorgeschriebene Schulen und Praktika ausgebildeter und geprüfter Vorarbeiter in einem Sägewerk". →**Säge.**

Sago, das; -s ⟨indon.⟩, „gekörntes Stärkemehl aus Palmenmark": ist in Österr. meist Neutrum, im Binnendt. Maskulinum: der; -s.

Saison, die; - [zɛˈzõ:] ⟨franz.⟩: der Plural lautet in Österr. Saisonen (binnendt. -s): *Frühstückspension in aufstrebendem Fremdenverkehrsort (zwei Saisonen) ... zu pachten ... gesucht* (Vorarlberger Nachrichten 23. 11. 1968, Anzeige).

Sakko, das; -s, -s: wird österr. immer auf der letzten Silbe betont, ist immer Neutrum (binnendt. meist Maskulinum mit Betonung auf der ersten Silbe).

Salär, das; -s, -e ⟨franz.⟩: das bes. schweiz. Wort für „Gehalt, Honorar" kommt seltener auch in Österr. vor, es bezeichnet hier meist „kleinere, nebenbei verdiente regelmäßige Einkünfte": *Der Hausbesorger zahlt keine Miete, keine Strom- und Gaskosten. Er erhält ein Salär zwischen 800 und 1200 Schilling* (Die Presse 24. 3. 1969).

Salathäuptel, das; -s, -: österr. für binnendt. „Salatkopf". →**Häuptel.**

Salbei, der; -s ⟨lat.⟩: wird in Österr. immer auf der ersten Silbe betont und ist immer Maskulinum, im Binnendt. kommt auch Femininum und Betonung auf der letzten Silbe vor.

saldieren, saldierte, hat saldiert ⟨ital.⟩: bedeutet österr. „die Bezahlung einer Rechnung bestätigen".

Salettl, Salettl, das; -s, -[n] ⟨ital.⟩: „Pavillon, Laube, Gartenhäuschen" (auch bayr.): *Das grün-weiß gestrichene Salettl mit den geschnitzten Giebelbrettern* (B. Frischmuth, Sophie Silber 142).

Saliter, der; -s, ⟨ital.⟩ (veraltend): „Mauersalpeter" (auch bayr.).

Salmiak, der; -s ⟨lat.⟩: wird in Österr. immer auf der ersten Silbe betont, im Binnendt. meist auf der letzten. Ebenso: **Salmiakgeist, Salmiaklösung, Salmiakpastille.**

Salon, der; -s, -s ⟨franz.⟩: wird in Österr. (und süddt.) [zaˈloːn] ausgesprochen. Ebenso: **Salondame, salonfähig, Salonlöwe, Salonorchester, Salonwagen.**

Salzamt, das (ugs., Wien): „eine nicht erreichbare letzte Instanz, die man vergebens zu erreichen sucht": *gehn S' aufs Salzamt!* (belästigen Sie mich nicht länger!)

Salzstangerl, Salzstangel, das; -s, -n/-: österr. für binnendt. „Salzstange". Die Verkleinerungsform besagt nicht, daß es sich um ein kleines Gebäck handelt: *Unlängst hat mich mein gietiger Vorgesetzter ... um zwei Salzstangerln zum Greißler g'schickt* (F. Herzmanovsky-Orlando, Gaulschreck 61); *Die ersten Bäckerjungen* *trafen ein, schneeweiß und nach reschen Kaisersemmeln duftend, nach Mohnstriezeln und nach Salzstangeln* (J. Roth, Die Kapuzinergruft 9).

Samba, der; -s, -s ⟨afrik.-port.⟩: der Name des Tanzes ist in Österr. nur Maskulinum, im Binnendt. auch Femininum.

sandeln, hat gesandelt (ugs., abwertend): **1. a)** „untätig, träge sein". **b)** „patzen, ein Stümper sein". **2.** „in unangenehmer Weise voll Sand sein": *wenn die Kinder vom Spielplatz kommen, sandelt die ganze Wohnung.* →Sandler.

Sandkiste, die; -, -n: „Sandkasten": *sie haben mit Kai in der Sandkiste gespielt* (B. Frischmuth, Kai 79).

Sandler, der; -s, - (ugs., abwertend): **a)** „Obdachloser, Verwahrloster": *... stoßen ... auf zwei in Decken gewickelte „Sandler"* (Die Presse 18. 1. 1979). **b)** „jmd., der nichts zuwege bringt; untüchtiger Mensch; Patzer": *Sandler seid ihr, ganz gewöhnliche Sandler, ihr habt eben mehr Sau als Verstand* (F. Torberg, Die Mannschaft 333).

Sandwich, das; -es, -es ['zɛntvɪtʃ] ⟨engl.⟩: ist in Österr. Neutrum (im Binnendt. auch Maskulinum) und wird allgemein für „belegtes Brot" verwendet (im Binnendt. nur für „belegte Weißbrotschnitte"): *Es ist in jeder Hinsicht dem guten Geschmack der Köchin überlassen, wie ... sie die Sandwiches zubereitet. Jede Art von Schwarz- und Weißbrot kann verwendet werden* (R. Karlinger, Kochbuch 57).

Sandwichwecken, der; -s, -: „sehr lange und dünne Form von Weißbrot": *Sandwichwecken in Scheiben schneiden. Jede Scheibe mit Thea und Senf bestreichen* (Thea-Kochbuch 118).

Sanität, die; -, -en ⟨lat.⟩: bedeutet österr. **a)** „Gesundheitsdienst, -pflege". **b)** (ugs.) „Krankenwagen, Sanitätswagen". →Rettung.

St. Johann →Johann.

Sanskrit, das; -s ⟨sanskr.⟩: wird österr. immer auf der zweiten Silbe betont, im Binnendt. auf der ersten. Ebenso: **Sanskritforscher.**

Saphir, der; -s, -e ⟨griech.⟩: wird österr. immer auf der zweiten Silbe betont, im Binnendt. meist auf der ersten. Ebenso: **Saphirnadel.**

Sapin, der; -s, -e; **Sapine,** die; -, -n; **Sappel,** der; -s, -: „Werkzeug mit spitzem Eisenteil und langem Stiel zum Ziehen von Holzstämmen o. ä.": *Die Frau ist hinausgegangen und hat den Hund ... mit einem sogenannten Sappel ... erschlagen* (Th. Bernhard, Stimmenimitator 66).

Sappho: der Name der griech. Dichterin wird in Österr. ['zapfo] ausgesprochen; erst in neuerer Zeit kommt daneben auch die im Binnendt. ebenfalls übliche Aussprache ['zafo] auf. Ebenso: **sapphisch.**

Satellit, der; -en, -en: wird österr. mit kurzem i gesprochen, binnendt. mit langem.

sauber: bedeutet österr. (und süddt.) mdal. auch **a)** „hübsch": *ein sauberes Dirndl; bist weit säuberer geworden, wie eine Junge schier* (R. Billinger, Lehen aus Gottes Hand 159). **b)** (abwertend)/verstärkend bei Verben/ „sehr": *Das hat mich sauber betrogen* (P. Rosegger, Waldschulmeister 31); *Er hat auf mich schön sauber vergessen* (277).

Sauce, die; -, -n ⟨franz.⟩: wird in Österr. ['zo:s] ausgesprochen, also ohne Endungs-e.

Sautanz, der; -es, ...tänze: „Festessen nach dem Schweineschlachten".

Savaladi, Safaladi, die; -, - ⟨ital.⟩: „Cervelatwurst, Kranz von Cervelatwürsten": *Wie meinen Exlenz? Wurscht? Und wie! Savaladi* (K. Kraus, Menschheit I 29).

Schachen, der; -s, - (mdal.): „kleines Waldstück" (auch süddt., schweiz.): *der Wald wird verbrannt, ... Mit großer Mühe habe ich es durchgesetzt, daß sie da oben einen kleinen Schachen stehen lassen* (P. Rosegger, Waldschulmeister 194).

Schafblattern, die /Plural/ (ugs.): „Windpocken".

Schaff, das; -[e]s, -e, (mdal.): **Schaffel,** das; -s, -n: „großes, rundes, mehr breites als hohes Gefäß, das mit beiden Händen getragen wird" (auch süddt.): *sie brach rundum herein wie das Wasser in ein Schaff, welches man unter die Oberfläche gedrückt hat* (H. Doderer, Die Dämonen 1220). →Abwaschschaff, Wasserschaff.

schaffen, schaffte, hat geschafft (ugs.): bedeutet österr. (und bayr.) „befehlen": *und Er ... bleibt da, zur Bedienung bei der*

Amtshandlung, wann die Herren was schaffen (J. Nestroy, Der Zerrissene 543). Häufiger ist →**anschaffen.**

Schaffer, der; -s, -: bedeutet österr. (und süddt.) veraltet „Aufseher auf einem Gutshof": *Kattwalds Schaffer kommt* (F. Grillparzer, Weh dem der lügt 217).

Schale, die; -, -n: bedeutet österr. (und süddt.) auch „Tasse": *eine Schale Kaffee; Herr Köck schwenkte den letzten Rest Kaffee in seiner Schale und schlürfte den letzten Schluck* (F. Torberg, Hier bin ich, mein Vater 116). →**Jausenschale, Kaffeeschale, Teeschale.**

Schamott, der; -s ⟨ital.⟩: ugs. Form für „die Schamotte, feuerfester Ton".

schamottieren, schamottierte, hat schamottiert ⟨ital.⟩: „mit Schamottesteinen auskleiden".

schandenhalber (veraltet oder scherzhaft): „anstandshalber" (auch süddt., schweiz.).

Schani, der; -s, (ugs., bes. Wien): a) uspr. „Johann": *„Sag' ma anander du! Gelt! Schani?" Diese plumpe Vertraulichkeit war Goethen doch zu viel.* (F. Herzmanovsky-Orlando, Gaulschreck 57). b) „Kellner, Pikkolo". c) „jmd., der Handlangerdienste leistet": *Ich bin doch nicht dein Schani!* →**Ballschani.**

Schanigarten, der; -s, ...gärten (ugs., bes. Wien): „kleiner Gastgarten, der im Sommer vor [Vorstadt]gasthäusern auf dem Gehsteig eingerichtet wird": *in der Gasthausszene werden Kellner serviettenwedelnd mit Elementen des Schanigartens angewieselt* (Die Presse 8. 7. 1969).

Schank, die; -, -en: „Raum in einem Gasthaus, in dem die Getränke ausgeschenkt werden; in dem die Theke steht": *Szilágyi Rajmund erschien rasch aus der Schank und lief zum Wagen, aber Géza empfahl ihm, ruhig noch ein Glas zu trinken* (H. Doderer, Die Dämonen 1012). →**Ausschank.**

Schank...: österr. (und süddt.) nur so gebrauchte Form, im Binnendt. auch „Schenk...": **Schankbursch:** *Rotes Haus, Dornbirn, sucht per sofort in Jahresstelle verläßlichen Schankburschen (nüchtern)* (Vorarlberger Nachrichten 23. 11. 1968, Anzeige); **Schankraum:** *betrat sie ... den*

weitläufigen alten Gebäudekomplex ... durch den Schankraum (H. Doderer, Die Dämonen 1330); **Schankstube; Schanktisch:** *Wenn er sich über den Schanktisch beugte, schrien die Leute: „Er geht hinter die Kasse!"* (E. Canetti, Die Blendung 361); **Schankwirt.**

scharfes s: österr. Bezeichnung für ß, im Binnendt. „Eszett"; die binnendt. Aussprache dieses Buchstabens wird in Österr. höchstens für die Schreibung von ß bei Schrift in Großbuchstaben „SZ" (z. B. GROSZE) verwendet.

Schas, Schoas, der; -, - (derb): „Darmwind" (auch bayr.), entspricht im der Stilschicht dem binnendt. „Furz". *****Schas mit Quasteln:** abweisende Formel in der Bedeutung „ist doch alles Blödsinn, sei lieber ruhig".

Schattseite, die; -, -n: österr. auch für „Schattenseite". Ebenso: **schattseitig:** *zu den schattseitigen Almenweiden* (Vorarlberger Nachrichten 30. 11. 1968).

schauen, schaute, hat geschaut: a) österr. (und süddt.) für „sehen", wenn es eine bewußte Handlung ist, „den Blick auf etwas richten (mit der Absicht, etwas zu sehen)": *auf die Uhr schauen.* Dagegen steht auch im Süden „sehen", wenn es sich um ein mehr passives „mit den Augen wahrnehmen" handelt: *ich habe heute deine Schwester [zufällig] gesehen; Ich habe geschaut, Ich habe Gegenstände gesehen. Ich habe auf gezeigte Gegenstände geschaut* (P. Handke, Selbstbezichtigung 71). b) „jmdn. beaufsichtigen, sich um jmdn. kümmern": *auf die Kinder schauen.* c) „zu erreichen suchen": *schau, daß du fertig wirst!* →**anschauen, ausschauen, herschauen, nachschauen.**

Schaumrolle, die; -, -n: „Rolle aus Blätterteig, die mit Schlagobers/Schlagsahne gefüllt ist": *Er ... nahm eines der Kinder mit zu Blikli und bestellte ihm eine Schaumrolle* (G. Fussenegger, Zeit des Raben – Zeit der Taube 57).

scheiben, schob, hat geschoben: österr. (und bayr.) für „rollen, schieben": *er ist so dick, daß man ihn scheiben kann;* oft in Zusammensetzungen: →**kegelscheiben, kugelscheiben, umscheiben.**

Scheiberl, das; -s, -n (ugs.): S p o r t „[verunglückter] Schuß, bei dem der Ball nur leicht ins Rollen kommt".

Scheibtruhe, die; -, -n: „Schubkarre, bei der die Ladefläche vier Seitenwände hat" (auch bayr.). →**scheiben.**

Scheißgfrieß, das; -es, -er: derbes Schimpfwort (auch süddt.): „*Scheißgfrieß, dreckiges, ich schleif' dich aufs Kommissariat!*" (E. Canetti, Die Blendung 73). →**Gfrieß.**

Scheit, das; -[e]s: der Plural lautet österr. (und schweiz.) Scheiter: *Hast nur trockene Scheiter, Julie?* (R. Billinger, Der Gigant 292).

Schema, das; -s, -ta ⟨griech.⟩: wird österr. veraltend auch [ˈsçeːma] ausgesprochen. Ebenso: **schematisch, schematisieren, Schematismus.**

Schematismus, der; -, ...ismen ⟨griech.⟩: bedeutet österr. auch „Rangliste für öffentlich Bedienstete". →**Schema.**

Schepperl, das; -s, -n (ugs.): „Babyrassel".

Scher, der; -[e]s, -e (mdal.): „Maulwurf" (auch süddt., schweiz.).

Scherben, der; -s, -: österr. (und süddt.) für binnendt. „die Scherbe".

Schermaus, die; -, ...mäuse: „Maulwurf" (auch süddt., schweiz.): *vom Wohnraum ins Badezimmer wie eine Schermaus aus- und wieder einfahrend* (H. Doderer, Die Dämonen 863). →**Scher.**

Schernken, der; -s, (veraltet): „breiter Nagel an den Rändern der Sohlen bei Bergschuhen".

Schernkenschuh, der; -[e]s, -e (veraltet): „genagelter Bergschuh".

Scherz, der; -es, -e: bedeutet österr. auch „Brotanschnitt; dickes Stück Brot" (auch bayr.): ... *einen „Scherz", hat Nanni gestern vom Brotlaibe geschnitten* (R. Billinger, Lehen aus Gottes Hand 146).

Scherzel, das; -s, -: **1.** „Endstück des Brotlaibes" (auch bayr.): *Katschenka schickte ihm das Tablett mit seiner Nachmittagsschokolade, ... dazu ein Scherzel Brot, hinein* (G. Fussenegger, Das Haus der dunklen Krüge 424). **2.** „Fleischteil beim Rind zwischen den Hinterbeinen und den Hüften", wobei das **weiße Scherzel** weiter hinten, das **schwarze Scherzel** weiter vorne liegt.

Schichte, die; -, -n: österr. Form für binnendt. „Schicht", wenn es sich um eine „Lage, [Gesteins]schicht" handelt (für „Arbeitsgruppe" heißt es wie im Binnendt. „Schicht"): *festen und wohlgestalteten Körpers und hübschen Gesichtes, als welches jedoch solche Hübschheit nur wie eine Unterlage darbot, auf die ganz anderes Schicht' um Schichte gelegt worden war* (H. Doderer, Die Dämonen 436). →**Eisschichte, Gesteinsschichte, Staubschichte.**

schichten, sich; schichtete sich, hat sich geschichtet: „sich in Schichten übereinanderlegen": *Die Wolken fingen nun an, sich unmerklich zu teilen und zu schichten* (H. Broch, Der Versucher 188).

Schiebetruhe, die; -, -n: „→Scheibtruhe": *ein Brettertor, durch das betonverkrustete Schiebetruhen zum Bauaufzug drängen* (M. Mander, Kasuar 398).

schiech [ʃiaç] (ugs.; auch bayr.): **a)** „häßlich, abscheulich": *in der halbvergangenen Zeit heißt's passé, in der völligvergangenen schiech, und in der längstvergangenen grauslich* (J. Nestroy, Das Mädl aus der Vorstadt 336). **b)** „zornig, wütend": *Das ist ein Skandal / da werd ich leicht schiech* (K. Kraus, Menschheit II 275).

Schiefer, der; -s, -: bedeutet österr. (und süddt.) auch „Holzsplitter": *sich einen Schiefer einziehen.*

schießen, schoß, ist geschossen: bedeutet österr. (und süddt.) auch „verbleichen, die Farbe verlieren": *die Vorhänge schießen; das Kleid ist geschossen.* →**abschießen, ausschießen.**

Schilcher, der; -s: „hellroter Wein", binnendt. „Schiller": *Die Biederkeit fehlt, und teuer genug / läßt sich der Schilcher an* (J. Weinheber, Ballade vom kleinen Mann 22).

Schildkrot, das; -[e]s: bes. österr. für binnendt. „Schildpatt".

Schill, der; -[e]s, -e: eine Fischart, „Zander".

Schinakel, das; -s, -[n] (ugs.): „Ruderboot": *drunt bein Bootsmann streichen s' schon d' Schinakeln* (J. Weinheber, Impression im März 39).

Schindeln am Dach (ugs.): Formelhafte Fügung, mit der dem Gesprächspartner angedeutet wird, man solle über das betreffende Thema jetzt nicht weitersprechen, weil Kinder anwesend sind: *Mutter sagte aber ganz vorwurfsvoll zu ihm: Aber Martin, und daß Schindeln am Dach sind* (A. Brandstetter, Blitzangst 32).

Schirmkappe die; -, -n: „Schirmmütze": *ich sehe ... meinen Vater drüben sitzen, mit einer Schirmkappe auf dem Kopf* (B. Frischmuth, Kai 170). →**Kappe.**

Schlaf: *einen Schlaf haben:* „schläfrig, müde sein" (auch südd.): *ich hab'schon einen furchtbaren Schlaf.*

Schlaferl, das; -s, -n: österr. (und bayr.) für binnendt. „Schläfchen": *Herr Doktor können beruhigt sein, ... der Herr Baron machen manchmal ein kleines Schlaferl"* (H. Doderer, Die Dämonen 1326).

schlag /Adverb/: bei Uhrzeitangaben/: „genau", wird in Österr. klein geschrieben (im Binnendt. „Schlag"): *schlag 12 Uhr.* →**punkt.**

Schlag, der; -[e]s: bedeutet österr. auch „Schlagsahne, Schlagobers"; meist in der Verbindung **Kaffee mit Schlag:** *Da zerfallen die Kaffee in „mit" und „ohne", nämlich mit und ohne „Schlag"* (H. Weigel, O du mein Österreich 76). →**Obers, Schlagobers.**

schlägern, schlägerte, hat geschlägert: bedeutet österr. auch „Bäume fällen": *Drei Holzfäller ... schlägerten Samstag vormittag auf dem Hang über der Attersee-Bundesstraße* (Express 7. 10. 1968).

Schlägerung, die; -, -en: „[in größerem Ausmaß durchgeführtes] Fällen von Bäumen": *Auch die ... Waldabfahrt auf dem Lank erfuhr durch Schlägerungen eine entsprechende Verbreiterung* (Vorarlberger Nachrichten 26. 11. 1968).

Schlagobers, das; -: österr. für binnendt. „Schlagsahne": *Unsinnig starker Kaffee mit unsinnigen Mengen von Schlagobers* (H. Doderer, Die Dämonen 860); *Dotter und Zucker werden schaumig gerührt, dazu mengt man den Rum und das Schlagobers* (R. Karlinger, Kochbuch 472). →**Obers, Schlag.**

Schlagrahm, der; -[e]s: süd- und westösterr. (wie südd.) neben oder statt „→Schlagobers".

Schlamassel, das; -s, - ⟨dt., jidd.⟩: ist in Österr. immer Neutrum, im Binnendt. meist Maskulinum.

Schlamastik, die; -, -en: österr. ugs. auch für „Schlamassel": *Sind wir in der Schlamastik drin, / wern uns die Deutschen außiziehn* (K. Kraus, Menschheit II 177).

Schlampen, der; -s, -: österr. auch für „die Schlampe": *Ich hab mein Kind in Ehren geboren, oder bist du ein unehelicher Schlampen?* (Ö. Horvath, Geschichten aus dem Wiener Wald 444).

schlampert: ugs. für „schlampig": *da hängt dir ja wieder ein Knopf – wie kann man sich nur mit einer so schlamperten Weibsperson –* (Ö. Horvath, Geschichten aus dem Wienerwald 413).

Schlankel, Schlankl, der; -s, -[n] (ugs.): „Schelm, Schlingel": *100 000 Kronen per Waggon hast gmacht – ich noch nicht – du Schlankl!* (K. Kraus, Menschheit II 213).

Schlapfeln, der; -s, - /meist Plural/ (ugs.; auch bayr.): „Pantoffel", binnendt. „Schlarfe, Schlarpe": *ein krächzender, gichtischer Mummelgreis in Pelz und Schlapfen tritt auf, das Alter* (F. Werfel, Himmel 59).

Schlatz, der; - (ugs.): „Schleim, Schlamm".

schlatzig (ugs.): „schleimig, schlüpfrig".

schlecken, schleckte, hat geschleckt: ist das österr. (und südd.) bevorzugte Wort für „lecken, naschen". →**abschlecken, aufschlecken.**

Schlecker, der; -s, -: Ostösterr., OÖ. ugs. neben „Lutscher".

Schleckerei, die; -, -en: bes. österr. (und südd.) für „Süßigkeit".

Schlegel, Schlögel, der; -s, -: K ü c h e bedeutet österr. (und südd.) auch: „Keule, bes. beim Kalb, Reh usw.": *Gespickter Kalbsschlegel. Zutaten: 5 dkg (50 g) Butter oder Fett, 70 dkg (700 g) Kalbfleisch (Schlegel oder Nuß)* (R. Karlinger, Kochbuch 83). →**Kalbsschlegel, Schöpsenschlegel.**

schleichen, sich; schlich sich, hat sich geschlichen (ugs.): „sich entfernen": *I bin eini in die Wohnung ... leise de Tür zuag'macht, hab ganz ruhig zu ihr g'sagt: „Schleich di"* (H. Qualtinger/C. Merz, Der Herr Karl 18).

schlichten, schlichtete, hat geschlichtet:

bedeutet österr. auch „stapeln": *Holz schlichten.*

schliefbar [ˈʃliːaf...]: „so, daß der Schornsteinfeger durchkriechen, -steigen kann": *Abzüge von offenen Kaminen sind fast immer schliefbar* (H. Doderer, Die Dämonen 751).

schliefen, schloff, ist geschloffen [...ɪa...] (ugs.): **a)** „schlüpfen" (auch süddt.; im Binnendt. nur in der Jägersprache): *und in diese frivole Sprache schlieft er hinein wie in seidene Pyjama* (H. Hofmannsthal, Der Unbestechliche 166). **b)** „(in etwas) kriechen, sich durchzwängen: *der Gartenzaun hat a Loch ... Schlieft das Hennenvolk aus und ein* (K. Schönherr, Erde 34).

Schlieferl, das; -s, -n [...ɪa...] (ugs.). **1.** „kriecherischer Mensch, der sich immer bei Vorgesetzten einschmeicheln möchte" (auch bayr.): *Es hat niemals eine eigene Meinung, sondern immer die seiner Vorgesetzten, und wenn ein Schlieferl besonders geschickt ist, hat es die Meinung seiner Vorgesetzten früher als diese* (Die Presse 14. 12. 1968 [R. Musil]). **2.** Küche „Teigware in gebogener Form, eine Beilage". →Hörnchen, schliefen.

schliefitzen, ist geschliefitzt (bes. OÖ., ugs.): „auf dem Eis rutschen".

Schlier, der; -s: „Mergel" (auch bayr.).

Schliersand, der; -[e]s: „feiner, von einem Bach angeschwemmter Sand".

schlingen, schlang, hat geschlungen bedeutet österr. auch „mit einem bestimmten Stich ausnähen": *ein Knopfloch, den Rand einer Zierdecke schlingen.*

Schlögel →Schlegel.

Schlot, der; -[e]s: der Plural lautet österr. immer Schlote, binnendt. auch Schlöte.

schlupfen, schlupfte, ist geschlupft: österr. (und süddt.) ugs. für „schlüpfen".

Schlurf, der; -[e]s, -e (ugs., veraltend): „geckenhaft gekleideter [arbeitsscheuer] junger Mann; Halbstarker".

Schlüsselbund, der; -[e]s, -e: ist in Österr. nur Maskulinum, im Binnendt. auch Neutrum.

schmafu ⟨franz.⟩/nicht attributiv/(bes. Wien, mdal.): „geizig; schuftig": *Der Abschied, hör'n Sie, war schmafu* (J. Nestroy, Der Talisman 308); *er hat sich schmafu benommen.*

Schmäh, der; -s, -[s] (ugs., salopp): „Trick, Kniff": *Mit dem „Schmäh", er könnte bei der Gemeinde Wien Wohnungen verschaffen, lockte der Elektriker ... einer Bekannten insgesamt 25 000 Schillinge heraus* (Express 11. 10. 1968). *einen Schmäh führen: „Witze machen": *Auf die Nacht bin i eh ins G'schäft ganga und hab mi um de Gäst bemüht ... repräsentiert ... an Schmäh g'führt ... i hab Witz g'wußt, i sag Ihna* (H. Qualtinger/C. Merz, Der Herr Karl 13); ... *der Unterhaltungsteil, in dem ein ... Altfußballer Schmäh führen durfte* (Die Presse 23.1. 1980); **jmdn. am Schmäh halten:** „jmdn. zum Narren halten; jmdm. etwas vormachen": *„Und warum kommst du nicht, Otto? Aber halt micht jetzt nicht am Schmäh"* (F. Torberg, Hier bin ich, mein Vater 169).

Schmähtandler, der; -s, - (ugs., abwertend). „jmd., der billige [leicht durchschaubare] Tricks oder Witze macht": *„Schmähtandler, alter!"* (H. Doderer, Wasserfälle 128). →Schmäh, Tandler.

Schmankerl, das; -s, -n: „Leckerbissen" (auch bayr.).

Schmarren, Schmarrn, der; -s, -: Küche „in der Pfanne gebackener zerstoßener Eierkuchen" (auch bayr.): *Schmarren mit der Gabel öfters auflockern, mit Staubzukker bestreut servieren* (Thea-Kochbuch 128). Die übertragene Bedeutung „Wertloses" usw. ist gemeint. →Erdäpfelschmarren, Grießschmarren, Kaiserschmarren, Semmelschmarren.

Schmarrenschaufel, die; -, -n: „ein Küchengerät, Bratenwender": ... *dreht die Palatschinken mit der Schmarrenschaufel um* (R. Karlinger, Kochbuch 271).

Schmierasch, die; - (Scherzbildung zu schmieren): „Schmiererei, Schmieralie": ... *daß die fehlerhafte Schmierasch allein schon für einen Fünfer ausreiche* (C. Nöstlinger, Rosa Riedl 108).

Schmierer, der; -s, -: österr. auch für „in der Schule als unerlaubtes Hilfsmittel benutzte Übersetzung", binnendt. „Klatsche, Spickzettel": *vom Schmierer abschreiben; er hat die Stelle im Schmierer nicht gefunden.*

schmutzig (mdal.): „geizig; betrügerisch".

Schmutzian, der; -s, -e (ugs.): „Geizhals".

Schnabelhäferl, das; -s, -n: „Schnabeltasse". →Häferl.

Schnackerl, der / (auch:) das; -s: „Schluckauf": *es hörte sich an wie jene Laute, die jemand ausstößt, der den Schluckauf oder, wie man in Wien sagt, das ‚Schnackerl' hat* (H. Doderer, Die Dämonen 1245).

Schnaderhüpfel, Schnadahüpfl, das; -s, -[n]: „volkstümliches Lied mit vierzeiligen Strophen, oft als Spottlied oder mit aus dem Stegreif gesungenen Strophen" (auch bayr.).

Schnalle, die; -, -n: bedeutet österr. auch „Klinke": *heute nachmittag bleibn Sie zuhaus / und putzen Messing. Schaun S' die Schnallen an* (J. Weinheber, Die Hausfrau und das Mädchen 42); *Er ging zur Verbindungstür und rüttelte an der Schnalle* (E. Canetti, Die Blendung 402). →Fensterschnalle, Türschnalle.

schnapseln, schnapselte, hat geschnapselt (ugs.): „gern und regelmäßig Schnaps trinken", binnendt. „schnapsen, schnäpseln".

Schnapsen, das; -s: „ein Kartenspiel": *Gehts nimmer mit der Politik, / probiern S' beim Schnapsen Ihna Glück!* (J. Weinheber, Wirtshausgespräche 45).

Schnapsstamperl, das; -s, -n: „Schnapsgläschen" (auch bayr.). →Stamperl.

Schnaufpause, die; -, -n: österr. für „Verschnaufpause": *Nachdem er ... erfolgreich über die Dächer des Löwenbräu-Restaurants im Wiener Prater gehetzt war und sich gerade eine Schnaufpause gönnen wollte, ereilte ihn sein Häscher* (Kronen-Zeitung 6. 10. 1968).

Schneck, der; -[e]s, -en: **a)** österr. (und süddt.) ugs. auch für „die Schnecke". **b)** Kosewort: *du bist gar kein übler Schneck* (J. Nestroy, Judith und Holofernes 739). *[Ja]Schnecken!: „Hast du gedacht!" Da wird nichts draus!": *Jetzt mußte die Mama doch etwas ... Lobendes sagen! Schnecken! Die Mama nahm das Geschirrtuch* (C. Nöstlinger, Rosa Riedl 72).

Schneckerl, das; -s, -n (ugs.): **a)** „eingeringelte Locke": *als kleiner Bub hatte er den Kopf voller Schneckerln; dem Mäd-*

chen hängen die Schneckerl in die Stirn. **b)** „jmd. der lockiges, gekraustes Haar hat".

Schnee: *aus dem Jahre Schnee: „uralt": *ein Auto aus dem Jahre Schnee;* im **Jahre /** anno **Schnee:** „vor langer Zeit": *ich kann mich nicht mehr erinnern, das war ja schon im Jahre Schnee;* von anno **Schnee:** „veraltet": *einen Eigentumsbegriff von Anno Schnee* (Die Presse 19. 3. 1970).

Schneelehne, die; -, -n: „schneebedeckter Abhang": *Oftmals steige ich die Schneelehnen hinan und stehe unter bemoosten Bäumen* (P. Rosegger, Waldschulmeister 48). →Lehne.

Schneerute, die; -, -n: „Schneebesen": *Restliche Milch zum Kochen bringen, Dottermasse mit der Schneerute einschlagen* (Thea-Kochbuch 153). →Rute.

Schneid, die; - (ugs.), „Mut, Tatkraft": ist österr. (und bayr.) immer Femininum, im Binnendt. Maskulinum: der; -[e]s: ... *die Schneid und den Mut ...* (R. Billinger, Lehen aus Gottes Hand 174).

Schnerfer, der; -s, - (ugs., bes. Tir.): „Rucksack".

Schneuztuch, das; -s, ...tücher, **Schneuztüchel,** das; -s, -[n] (ugs.): „Taschentuch" (auch bayr.): *Soll einer sie nur mit einem Blick belästigen – da kann er sich in einem Schneuztücherl heimtragen, so zerfresse ich ihn* (R. Billinger, Der Gigant 305).

Schnitten, die; /Plural/: „Waffeln": *eine Packung Schnitten; ... im Export konnte jedoch mit Schnitten eine beachtliche Ausweitung erzielt werden* (Die Presse 13. 7. 1969). →Neapolitanerschnitten.

Schnittling, der; -s (bes. ostösterr.) „Schnittlauch" (auch bayr.).

Schnitzel, das; -s, -, „Abgeschnittenes": ist in Österr. immer Neutrum, im Binnendt. auch Maskulinum. →Abschnitzel.

schnofeln, schnofelte, hat geschnofelt (ugs.): **1. a)** „schnüffeln, auffällig riechen". **b)** „spionieren". **2.** (selten) „durch die Nase sprechen".

Schnoferl, das; -s, -n (ugs.): **a)** „beleidigtes Gesicht": *mach jetzt kein Schnoferl und geh an deine Hausaufgaben.* **b)** „Schnüffler": *Schnoferl* (Name eines Agenten in J. Nestroys „Mädl aus der Vorstadt").

Schnürl, das; -s, -n (ugs.): „Schnur: *sogar die Beleuchtung betätigt er mit einem*

Schnürl von der Bühne aus (Profil 17/ 1979).

Schnürlregen, der; -s: „strömender Regen", meist in der Fügung **Salzburger Schnürlregen.**

Schnürlsamt, der; -[e]s: österr. für binnendt. „Kord".

Schnürlsamthose, die; -, -n: „Kordhose": *Sie tragen lange gepflegte Haare, enge Schnürlsamthosen mit breiten Gürteln, Hemden in den Farben des letzten Modeschreis* (Die Presse 22. 1. 1969). → **Schnürlsamt.**

Schober, der; -s, -: „geschichteter Heu- oder Strohhaufen" (auch süddt.): *Der Schaffer ... hieß sie Mistgabeln holen, da wir Schober zusammenstellen sollten* (E. E. Kirsch, Der rasende Reporter 213). → **aufschobern, Heuschober, Strohschober.**

Schöberl, das; -s, -n: „im Rohr/Backofen gebackene, zu [quadratischen] Stückchen geschnittene Suppeneinlage aus Biskuit mit Hirn, Milz, Schinken u. ä.": *Die Masse in der gefetteten, bemehlten Form hellbraun backen und danach in beliebige Formen schneiden. Die fertigen Schöberln mit der heißen Rindsuppe übergießen und mit Schnittlauch bestreuen* (Kronen-Zeitung-Kochbuch 48).

schöbern, schobern, schöberte, hat geschöbert: bes. österr. für „in Schober setzen; (von etwas) Schober, Haufen bilden": *das Heu schöbern.* → **aufschobern.**

Schöllkraut, das; -[e]s, ...kräuter: österr. nur so gebrauchte Form, im Binnendt. auch „Schellkraut".

Schopf, der; -[e]s, Schöpfe: bedeutet österr. (und süddt., schweiz.) auch: **a)** „vorstehendes Dachende, Wetterdach". **b)** „Haartolle".

Schopfbraten, der; -s, -: „Schweinefleisch vom Nacken; Kamm".

schoppen, schoppte, hat geschoppt (ugs., auch bayr.): **a)** „vollpfropfen; hineinstopfen": *die Kleider in einen übervollen Koffer schoppen; schopp nicht so viel in den Mund!* **b)** (beim Geflügel) „stopfend mästen, nudeln": *die Gans schoppen.* → **ausschoppen.**

Schöps, der; -es, -e: „verschnittener Widder; Hammel" (auch ostmitteldt.).

Schöpsenbraten, der; -s, -: „Hammel-

braten": *Gespickter Schöpsenbraten* (R. Karlinger, Kochbuch 102). → **Schöps.**

Schöpsenfleisch, das; -es: „Hammelfleisch": *Das gereinigte Schöpsenfleisch von Haut und Fett befreien und mit Salz einreiben* (Kronen-Zeitung-Kochbuch 185). → **Schöps.**

Schöpsenschlegel, der; -s, -: „Hammelkeule": *Gebeizter Schöpsenschlegel mit Rahmsoße* (R. Karlinger, Kochbuch 103). → **Schlegel, Schöps.**

Schöpserne, das; -n: österr. für binnendt. „Hammelfleisch": *Paprikaschöpsernes = Schöpsengulyas. 75 dkg Schöpsernes ...* (Kronen-Zeitung-Kochbuch 185).

Schoß, die; -, -en /(selten:) Schöße: „Frauenrock": *Filz für Dekorationen ... sowie Stoffreste, für Schoßen bestens geeignet, um 20 bis 120 Schilling p. m. abzugeben* (Kronen-Zeitung 5. 10. 1968, Anzeige).

Schößel, der und das; -s, -: österr. für binnendt. „Schößchen; Frackschoß".

Schotten, der; -s (bes. westösterr.): „Topfen, Quark" (auch süddt.).

Schragen, der; -s, -: „Holzbock; Holzgestell": *Da stand das Bett des Mannes, ein Schragen aus ungehobelten Brettern, mit Laub oder Stroh gefüllt* (G. Fussenegger, Zeit des Raben – Zeit der Taube 29).

Schrammelmusik, die; -: „Wiener Volksmusik, bes. beim Heurigen": *doch klang aus den Gärten weder Schrammelmusik noch Gesang* (H. Habe, Im Namen des Teufels 72).

Schrammeln, die /Plural/: „Quartett von [Wiener] Volksmusikern, meist aus Violinen, Gitarre und Ziehharmonika bestehend": *Bacchusstube Dornbirn. Jeden Samstag Heurigen-Abend bei Kerzenlicht und Schrammeln* (Vorarlberger Nachrichten 23. 11. 1968, Anzeige).

Schrammelquartett, das; -s, -e: „Quartett von Wiener Volksmusikern". → **Schrammeln.**

Schranken, der; -s, -: „Schlagbaum bei einem Bahnübergang; Bahnschranke": *... als sie mit ihrem Auto bei Garsten die Bahnlinie übersetzen wollten, zwischen den Schranken eingeschlossen* (Die Presse 10. 2. 1969). In der allgemeineren Bedeutung

„Barriere, Abgrenzung usw." heißt es auch in Österr. wie im Binnendt. „die Schranke". →**Bahnschranken.**

Schranne, die; -, -n: das in Bayern noch übliche Wort für „Bank zum Feilhalten; Getreidemarkt" ist in Österr. sehr veraltet und kommt nur noch im Westen, bes. in Salzburg für „[Gemüse]markt" vor.

Schraufen, der; -s, - (ugs.): **a)** „Schraube". **b)** S p o r t „hohe Niederlage": *Brüderlich vereint ... weidete sich der Kadimahner neben dem Bewegungssportler an dem „Schraufen" Elans* (F. Torberg, Die Mannschaft 90).

Schrofen, Schroffen, der; -s, -: „Fels, Felsklippe" (auch süddt.): *Es kann ja möglich sein, daß hie und da oben einer in Bewegung gerät und im Herunterkollern an einem Schrofen anschlägt* (Vorarlberger Nachrichten 30. 11. 1968); *und dann schweigen schon die Schrofen, wandet der nackte Fels in den Himmel, fallen die Geröllströme ab von ihm* (H. Doderer, Die Dämonen 1290).

Schuber, der; -s, -: „Absperrvorrichtung, Schieber, Riegel": *Er schrickt zusammen, tritt näher und sinkt auf die Knie vor dem Schuber des Beichtstuhles* (P. Rosegger, Waldschulmeister 211).

Schubladkasten, der; -s, ...kästen: österr. auch für „Kommode": *Und vor ihr auf dem Schubladkastn aufgestellt dem Hannes seine Photographie* (K. Schönherr, Erde 28).

Schuhdoppler, der; -s, -: „erneuerte Schuhsohle": *Es ist ja oft schwierig, einen Schuhdoppler machen zu lassen* (Oberösterr. Nachrichten 1. 12. 1979). →**Doppler.**

Schularbeit, die; -, -en: österr. für binnendt. „Klassenarbeit": *Nun kann man zwar bei einer Schularbeit oder gar bei einer mündlichen Prüfung selbst die schlechteste Zensur bald wieder ausgleichen* (F. Torberg, Hier bin ich, mein Vater 37).

Schulausspeisung, die; -, -en: „kostenlose oder billige Verpflegung für Schulkinder". →**Ausspeisung.**

Schulbahn, die; -, -en: P ä d a g o g i k „Verlauf der schulischen Ausbildung": ... *daß für die Schulbahn der Kinder Eignung und Neigung, nicht das soziale Milieu be-*

stimmend sein darf (Die Presse 8./9. 2. 1969).

Schulbahnberatung, die; -, -en: „Beratung über den Verlauf der Schulzeit, Schultypen usw., die für ein Kind am günstigsten sind": *Kürzlich veranstaltete die Hauptschule einen Elternabend über Berufs- und Schulbahnberatung* (Vorarlberger Nachrichten 23. 11. 1968).

Schulbub, der; -en, -en: „Schuljunge" (auch süddt.): *Nur das Gespräch mit den Schulbuben, der ihm als Ebenbild seiner Jugend erschien, hatte ihn wachgerufen* (E. Canetti, Die Blendung 12). →**Bub.**

Schulbuchaktion, die; -: „kostenloses Überlassen der Schulbücher an die Schüler durch den Staat", entsprechend in der BRD: „Lehrmittelfreiheit".

Schulbuchprofil, das; -s, -e: „Liste der in der →Schulbuchaktion erhältlichen Bücher".

Schülerlade, die; -, -n: „Bestand an Schulbüchern an einer Schule, die den Schülern leihweise zur Verfügung gestellt werden".

Schulgegenstand, der; -[e]s, ...stände: „Schulfach". →**Gegenstand.**

Schulsprengel, der; -s, -: „amtlich festgelegter Bereich einer Schule, welche die Kinder dieses Gebietes besuchen müssen": *Der für die Schüler aller drei Schulsprengel der Gemeinde abgehaltene Schülerschikurs wurde von 75 Teilnehmern besucht* (Vorarlberger Nachrichten 25. 11. 1968). →**Sprengel.**

schulstürzen, hat schulgestürzt (ugs., veraltend): „die Schule schwänzen": *Da aber die Eltern auch „Generalvollmacht" erteilen können, blüht der Unfug des Schulstürzens* (Die Presse 8. 1. 1979).

Schulter, die; -, -n: österr. (und süddt.) auch für „Fleischteil am oberen Teil der Vorderbeine", binnendt. „Bug, Blatt": *Krautfleisch. 60 dkg Schweinefleisch (Schulter oder Bauchfleisch) ...* (Kronen-Zeitung-Kochbuch 175).

Schulterscherzel, das; -s, -: „Fleischteil beim Rind, Teil der Schulter".

schupfen, schupfte, hat geschupft: „leicht werfen, stoßen" (auch süddt., schweiz.); im Binnendt. „stupsen, schuppen": *den Ball schupfen.*

Schupfen, der; -s, -: österr. (und süddt.) für „Schuppen, Wetterdach": *den Wagen in den Schupfen stellen.* →**Wagenschupfen.**

Schupfer, der; -s, - (ugs.): „Stoß, Schubs", süddt., schweiz.: „Schupf".

Schüppel, der; -s, -[n] (mdal.): „Büschel" (auch bayr.): *Der Baur war reich wie Salomo. / Das Weib hatte bloß einen Schüppel Stroh* (R. Billinger, Der Gigant 323).

Schurl: österr. (und bayr.) Koseform zum männlichen Vornamen „Georg": *Mein Sitznachbar hieß Neufeld, Georg Neufeld, genannt Schurl* (F. Torberg, Hier bin ich, mein Vater 35).

Schüssel: *jmdm. auf/in der Schüssel liegen:* „jmdm. zur Last fallen": *Ich werd dir nit lang auf der Schüssel lieg'n. Lies: A meinetweg'n lieg drein bis übers Jahr* (L. Anzengruber, Der Meineidbauer 33).

Schusterbub: *es regnet Schusterbuben:* „es regnet in Strömen": *Es regnete noch immer Schusterbuben, aber das tat der Stimmung keinen Abbruch* (M. Merkel, Zuckerbrot 165).

Schusterlaibchen, (mdal.): Schusterlaberl, das; -s, -/n: „Brot aus Weizenmehl, das mit etwas Roggenmehl vermischt wurde, in runder Form, etwas größer als Semmeln/Brötchen, mit Kümmel bestreut". →**Laibchen.**

Schutzweg, der; -[e]s, -e: österr. auch für „gekennzeichneter Fußgängerübergang": *Aber wie wäre es mit Anhalten vor dem Schutzweg? Ein freundliches Handzeichen und Vorranggeben an die Fußgänger sind Kavaliersgesten, die man nicht vergessen sollte* (Vorarlberger Nachrichten 23. 11. 1968).

Schwaige, die; -, -n (bes. in Tirol): „Sennhütte" (auch bayr.).

schwaigen, schwaigte, hat geschwaigt (bes. in Tirol): „eine Alm bewirtschaften; Käse bereiten" (auch bayr.).

Schwaiger, der; -s, - (bes. in Tirol): „Senner" (auch bayr.). **Schwaigerin,** die; -, -nen: „Sennerin".

Schwamm, der; -[e]s, Schwämme: bedeutet österr. (und bayr.) auch „Pilz": *Die geputzten, blättrig geschnittenen Schwämme werden in Butter gedünstet* (R. Karlinger, Kochbuch 213); *ein unerschöpflicher Reichtum an Heidelbeeren und Schwämmen* (Die Presse 14./15. 6. 1969).

Schwammerl, das; -, -n (ugs.): „Pilz" (auch bayr.); die Verkleinerung besagt nicht, daß es sich um einen kleinen Pilz handelt: *Die vielen Häuser im Grünen, ... die ..., Schwammerln gleich, aus dem Boden schießen, geben Zeugnis davon, wie stark heutzutage der Wunsch nach einem „Buen Retiro" sein mag* (Die Presse 24. 12. 1968). →**Pilz.**

Schwammerlsauce, Schwammerlsoße, die; -, -n: „Sauce mit Pilzen".

Schwammerlsuppe, die; -, -n: „Suppe mit Pilzen": *Schwammerlsuppe von getrockneten Schwämmen* (R. Karlinger, Kochbuch 45).

Schwarzbeere, die; -, -n: österr. (und bayr.) auch für „Heidelbeere".

Schwarze, der; -n, -n: bes. österr. für „eine Tasse Kaffee ohne Milch": *Servus, lieber Alfred! Sei so gut und leg den Schwarzen für mich aus* (Ö. Horvath, Geschichten aus dem Wiener Wald 409).

schwätzen, schwätzte, hat geschwätzt: die süddt. Form für binnendt. „schwatzen" ist in Österreich nur in der Schule üblich für „während des Unterrichts verbotenerweise reden": *man ... lügt nicht, stiehlt nicht, schwätzt nicht* (G. F. Jonke, Geometrischer Heimatroman 54).

schweben, schwebte, ist geschwebt: das Perfekt wird österr. (und süddt.) mit *sein* gebildet: *Und dann ist es durch die Küche geschwebt* (C. Nöstlinger, Rosa Riedl 7); *Diese Möglichkeiten müssen Springer vorgeschwebt sein, als er ...* (Die Presse 26. 4. 1971).

Schwedenbombe, die; -, -n Ⓦ: „Mohrenkopf, Negerkuß".

Schweinerne, das; -n: österr. meist für binnendt. „Schweinefleisch": *Das bringt natürlich mit sich, daß sie nicht immer gewohnte Speisen serviert bekommen, sondern weit öfter „ungarisches Schweinernes" oder andere Spezialitäten auf dem Teller finden* (Express 4. 10. 1968). →**Hirschene, Lämmerne, Kälberne, Schöpserne.**

Schweinsbraten, der; -s, -: österr. (und süddt.) Form für binnendt. „Schweinebraten": *Ist am Schweinsbraten die Schwarte nicht abgezogen, wird sie kreuz-*

weise eingeschnitten (R. Karlinger, Kochbuch 94).

Schweinsgulasch, Schweinsgulyas, das; -es: „Gulasch aus Schweinefleisch". →**Gulasch.**

Schweinskarree, das; -s, -s: „Rippenstück vom Schwein": *Das Schweinskarree auslösen, mit Salz, Kümmel und Knoblauch einreiben und zu einer festen Rolle binden* (Kronen-Zeitung-Kochbuch 178). →**Karree.**

Schweinsschnitzel, das; -s, -: österr. Form für binnendt. „Schweineschnitzel": *Die Schweinsschnitzel sehr gut klopfen, am Rand einkerben, salzen und mit Kümmel bestreuen* (Kronen-Zeitung-Kochbuch 180).

Schweinsstelze, die; -, -n: „Schweinshaxe, Eisbein": *Schweinsstelze gebraten, nach Größe* (Speisekarte Hotel Regina, Wien 20. 12. 1968). →**Stelze.**

Schwemme, die; -, -n: bedeutet österr. auch „Warenhausabteilung, in der Waren zu stark verbilligten Preisen abgegeben werden" (auch bayr.). Als „einfacher Gasthausraum" ist das Wort weiter verbreitet.

schwemmen, schwemmte, hat geschwemmt: steht österr. auch für binnendt. „(Wäsche) spülen": *in der modernen Waschmaschine wird die Wäsche automatisch geschwemmt.*

Schwertel, das; -s, -: österr. auch für „Schwertlilie".

Schwinge, die; -, -n: „flacher, ovaler Korb mit zwei Griffen zum Tragen" (auch bayr.): *Julie trägt eine „Schwinge" voll Scheiter in die Küche* (R. Billinger, Der Gigant 292).

schwulstig: in Österr. nur so gebrauchte Form, sowohl in der Bedeutung „aufgeschwollen", als auch übertragen: „überladen, weitläufig". Im Binnendt. verwendet man für die übertragene Bedeutung die Form „schwülstig": *ein schwulstiger Finger; eine schwulstige Rede.*

Sebastianifest, das; -[e]s, -e: österr. Form für binnendt. „Sebastiansfest".

Sechter, der; -s, -: bedeutet österr. „Gefäß mit einem Griff, Kübel, Eimer, bes. in der Landwirtschaft": *die Milch in einen Sechter melken.*

Seicherl, das; -s, -n (ugs.): **1.** „→Seiherl". **2.** (abwertend) „Feigling, Muttersöhnchen".

Seiherl, das; -s, -: „kleineres Sieb für Kaffee, Tee o. ä.". →**Teeseiherl.**

seinerzeit: bedeutet österr. veraltend auch „zu gegebener Zeit, später": *Sie werden seinerzeit die Verständigung bekommen.*

seinerzeitig: wird in Österr. im Verhältnis zum Binnendt. sehr oft als Adjektiv gebraucht: *... haben die Arbeitgeber im Bereich der Industrie ihr seinerzeitiges Angebot von 5 auf 7 Prozent erhöht* (Die Presse 10./11. 5. 1969).

sekkant ⟨ital.⟩: „lästig, zudringlich" (im Binnendt. veraltet): *Oh, das ist ein sekkanter Mensch, der glaubt, die Leut sind nur wegen ihm auf der Welt, daß er s' mit Füßen treten kann* (F. Raimund, Der Alpenkönig und der Menschenfeind 389).

Sekkatur, die; -, -en ⟨ital.⟩: „Quälerei, Belästigung, Plage" (im Binnendt. veraltet): *Sie werden gewiß bald heiraten, dann ist Ihrer Sekkatur ein neues Feld eröffnet* (J. Nestroy, Der Talisman 248).

sekkieren, sekkierte, hat sekkiert ⟨ital.⟩: **a)** „quälen": *Man hat misch sekkiert und in der Nacht jede Stunde aufgeweckt* (Die Presse 21. 10. 1969). **b)** „ständig belästigen, aufdringlich sein": *Sie hat mich deshalb auch nie sekkiert, sie wollte nur, daß ich die Matura schaffe* (Profil 17/1979). Das im Binnendt. veraltete Wort ist österr. (und bayr.) das häufigste in diesem Sinnbereich.

Sekkiererei, die; -, -en ⟨ital.⟩ (selten): „Quälerei, Belästigung".

Sekund, die; -, -en ⟨lat.⟩: Musik österr. nur so gebrauchte Form für binnendt. „Sekunde; Intervall der zweiten Tonstufe".

Sekunda, die; -, ...den ⟨lat.⟩: Schule (veraltend) „zweite Klasse des Gymnasiums": *Jetzt gehe ich noch in die Sekunda* (F. Torberg, Die Mannschaft 82). **Sekundaner,** der; -s, -.

Sekundararzt, der; -es, ...ärzte: österr. für binnendt. „Assistenzarzt, Unterarzt an einem Krankenhaus". →**Primar, Primararzt.**

selchen, selchte, hat geselcht: österr.

(und bayr.) für „räuchern": *Fleisch, Wurst selchen; geselchte Zunge.*

Selcher, der; -s, -: „jmd., der mit geräuchertem Fleisch, Geselchtem, handelt" (auch bayr.); meist nur noch erhalten in Aufschriften auf Fleischereien: *Fleischhauer und Selcher.*

Selcherei, die; -, -en: „Fleisch- und Wursträucherei" (auch bayr.).

Selchkammer, die; -, -n: österr. (und bayr.) für „Räucherkammer": *Im Nebengebäude ... befinden sich ... die ehemalige Selchkammer sowie der ehemalige Heuboden* (B. Hüttenegger, Freundlichkeit 38).

Selchkarree, das; -s, -s: Küche „geräuchertes Rippenstück", binnendt. „Kasseler Rippenspeer".

Sellerie, die; -, -n ⟨griech.⟩: wird in Österr. auf der letzten Silbe betont und ist immer Femininum, im Binnendt. auch Maskulinum mit Betonung auf der ersten Silbe.

Semaphor, der; -s, -e ⟨griech.⟩, „Signalmast": ist in Österr. immer Maskulinum, im Binnendt. meist Neutrum.

Semesterausweis, der; -es, -e (veraltend): Schule „Semesterzeugnis". →**Ausweis, Semestralausweis.**

Semestralausweis, der; -es, -e (veraltend): „Semesterzeugnis". →**Ausweis, Semesterausweis.**

Seminar, das; -s, -ien ⟨lat.⟩: der binnendt. Plural Seminare ist in Österr. selten.

Semit, der; -en, -en: wird österr. mit kurzem i gesprochen, binnendt. mit langem.

semmelblond: „sehr blond; goldblond": *die beiden biskuitfarbenen Stuten mit ihren semmelblonden Mähnen waren sichtlich nervös* (Die Presse 7. 5. 1969).

Semmelbrösel, die /Plural/: bes. österr. (und bayr.) für binnendt. „Paniermehl, Semmelmehl": *Drum sag' ich, man soll sie aufessen, roh, mit Öl und Essig, wie Salat, mit Semmelbrösel gebacken wie ein paniertes Schnitzel* (E. Canetti, Die Blendung 215).

Semmelknödel, der; -s, -: österr. (und süddt.) für binnendt. „Semmelkloß": *Ganslebergulyas mit Semmelknödel 37,–* (Speisekarte Hotel Regina, Wien 20. 12. 1968).

Semmelkoch, das; -[e]s: „Brei aus Semmelmehl, Eiern, Milch usw.". →**Koch.**

Semmelkren, der; -s: „Brei aus feingeschnittenen Semmeln und geriebenem Meerrettich/Kren, besonders als Zuspeise zu Rindfleisch": *Besonders fein wird der Semmelkren, wenn man die Semmeln passiert* (R. Karlinger, Kochbuch 215). →**Kren.**

Semmelschmarren, der; -s: „Speise aus blättrig geschnittenen Semmeln, Milch, Eier, Zucker, Rosinen u. a.". →**Schmarren.**

Semmelteig, der; -[e]s, -e: „Teig aus Semmeln, die in Milch aufgeweicht wurden, Dotter u. a.": *Marillenknödel, aus Semmelteig* (R. Karlinger, Kochbuch 257).

Semmelwecken, der; -s, -: „Weißbrot in länglicher Form". →**Wecken.**

sempern, semperte, hat gesempert (ugs.): „[dauernd] nörgeln, jammern".

Senf: *red' keinen Senf: die in Österr. übliche Form für binnendt. „mach keinen langen Senf".

Senn, der; -[e]s, -e: „Almhirt, Bewirtschafter eine Sennhütte" (auch bayr., schweiz.).

Senne I. der; -n, -n: Nebenform zu „Senn; Almhirt". **II.** die; -, -n: „Bergweide".

sennen, sennte, hat gesennt: „eine Alm bewirtschaften; Käse bereiten" (auch bayr.).

Senner, der; -s, -: Nebenform zu „Senn; Almhirte" (auch bayr.).

Sennerei, die; -, -en: „Almhütte; Käserei auf einer Alm" (auch bayr., schweiz.): *da ist das Milch- und Buttergeschäft, dessen Erträgnis dem Eigentümer der Sennerei redlich zugeliefert wird* (P. Rosegger, Waldschulmeister 70).

Sennerin, die; -, -nen: „Frau, die eine Alm bewirtschaftet" (auch bayr.): *Der Meister modellierte gerade an einem kleinen Schweizerhause mit Spiegelglasfenstern, buntrockigen Sennerinnen auf giftgrüner Matte und scheckigen Kühen* (F. Herzmanovsky-Orlando, Gaulschreck 36).

Sennin, die; -, -nen: Nebenform zu „Sennerin": *das ist des Hirtenknaben leckeres*

Gewürze, und auch die Sennin nascht gerne davon (P. Rosegger, Waldschulmeister 67).

Sensal, der; -s, -e ⟨ital.⟩: „freiberuflicher Handelsmakler": *erklärte mir gestern ein Sensal im Dorotheum* (Die Presse 5. 1. 1979).

separiert ⟨lat.⟩: kommt österr. häufig vor in der Bedeutung „abgesondert, getrennt" (die übrigen Formen des Verbums *separieren* sind wie im Binnendt. veraltet): *Separiertes Zweibettzimmer ab 500.–* (Kronen-Zeitung 6. 10. 1968, Anzeige).

Septim, die; -, -en ⟨lat.⟩: Musik österr. nur so gebrauchte Form für binnendt. „Septime; Intervall von sieben Tönen".

Septima, die; -, ...men ⟨lat.⟩: Schule (veraltend) „siebente Klasse des Gymnasiums", in Deutschland „Obersekunda": *Die Septima bestreitet im Haus der Barmherzigkeit eine Rhythmische Messe* (Freinberger Stimmen, Dezember 1968). **Septimaner,** der; -s, -.

Serbische, die; -n, -n (ugs.): Kurzform für „Serbische Bohnensuppe; eine scharfe Suppe".

Serge, der; -, -n [sɛrʒ] ⟨franz.⟩, ein Gewebe; ist in Österr. meist Maskulinum, im Binnendt. Femininum: die; -, -n.

Serviertasse, die; -, -n: „Servierbrett". →**Tasse.**

Servus! „unter Freunden verwendeter Gruß zum Abschied oder zur Begrüßung": *Dann streckte er die Hand aus: „Leb wohl! Geh heim! Ich werde allein fertig! Servus!* (J. Roth, Radetzkymarsch 81); *Servus, Herr Baron, / weißt schon das Neueste, nimm Platz* (J. Weinheber, Der Präsidialist 41); in der Monarchie als üblicher Gruß unter Offizieren: *„Ich habe die Ehre" – ? Nicht „Servus", wie sonst? Orvanyi: ... Für ihn sind wir schon Zivilisten* (F. Th. Csokor, 3. November 1918, 264). *(salopp) **einen Servus reißen:** „betont stramm militärisch, mit einer Handbewegung an die Schläfen grüßen".

Sessel, der; -s, -: steht österr. dort, wo es im Binnendt. „Stuhl" heißt: *eine elegante, komplette dänische Eßgruppe (Tisch und vier Sessel) nur S 2 500,–* (Die Presse 22. 1. 1969, Anzeige): daher mit Präposition auf: *Der Papa hatte sich auf den Sessel gesetzt*

(C. Nöstlinger, Rosa Riedl 96). Der binnendt. „Sessel" heißt in Österr. Polstersessel oder →**Fauteuil.**

Sesselfuß, der; -es, ...füße: „Stuhlbein".

Sessellehne, die; -, -n: „Stuhllehne": *das Hemd, das über der Sessellehne hing* (G. Roth, Ozean 51).

Sext, die; -, -en ⟨lat.⟩: Musik österr. nur so gebrauchte Form für binnendt. „Sexte; Intervall von sechs Tönen".

Sexta, die; -, ...ten ⟨lat.⟩: Schule (veraltend) „sechste Klasse des Gymnasiums"; in Deutschland ist „Sexta" die 1. Klasse.

Sextaner, der; -s, -: *Der Sextaner Erich Knapp riß die Tür auf und überbrüllte den Lärm mit der Frage, ob sie denn wahnsinnig geworden wären* (F. Torberg, Die Mannschaft 96).

S. g., Sg: Abkürzung für „sehr geehrte[n]" bei Briefanschriften: *S. g. Herrn Dr. Franz Berger ...*

Shampoo, Shampoon, das; -s, -s: wird österr. [ʃamˈpoː] bzw. [...ˈpoːn] ausgesprochen, binnendt. meist [ʃɛmˈpuː] bzw. [...ˈpuːn].

sich: das Pronomen wird dann, wenn es in einem Satz in Verbindung mit einer Präposition steht, in Österr. immer betont, während im Binnendt., bes. im Norden, die Betonung auf der Präposition liegt: *von sich geben; zu sich nehmen.*

Sicherheitsdirektion, die; -, -en: Amtsspr. „oberste Sicherheitsbehörde eines Bundeslandes": *Die Sicherheitsdirektion gibt bekannt: In letzter Zeit trat in Vorarlberg ein Betrüger unter dem Namen Rudolf Fend auf* (Vorarlberger Nachrichten 25. 11. 1968).

sieden, sott/siedete, hat gesotten: steht österr. (und süddt.) veraltend auch für „in kochendem Wasser gar machen": *Es wird viel gesotten und gebraten in der kaiserlichen Küche* (L. Perutz, Nachts 32); *Fleisch in Wasser sieden* (Binnendt. nur: das Wasser siedet).

Silage, die; -, -n ⟨franz.⟩, „Silofutter": wird in Österr. [ziˈlaːʒ] ausgesprochen, also ohne Endungs-e.

Simandl, das; -s, -[n] (ugs.): „Pantoffelheld" (auch bayr.).

Simperl, das; -s, -n: „flacher, geflochtener Brotkorb".

Siphon, der; -s, -s ⟨franz.⟩: bedeutet österr. ugs. auch „Sodawasser" und wird [zi'fo:n] ausgesprochen. Ebenso: **Siphonflasche, Siphonverschluß.**

sitzen, saß, ist gesessen: die Bildung des Perfekts mit *sein* ist österr. (und süddt., schweiz.) die hochsprachliche Form: *Während sie eiligst seinem Wunsche nachkam, prüfte er den Tisch, vor dem sie gesessen war* (E. Canetti, Die Blendung 38); *und Sie, Doktor, sind immer neben dem Samowar gesessen!* (H. Doderer, Die Dämonen 815); *Wäre Mindszenti noch immer in einem ungarischen Gefängnis gesessen ...* (Die Presse 8./9. 2. 1969); *dort oben auf dem zaun ... war er hand in hand mit seiner nina gesessen* (K. Bayer, der sechste sinn 82).

Sitzkassa, Sitzkasse, die; -, ...sen: „Kasse in einem Lokal o. ä., an der ständig eine Angestellte oder der Chef sitzt": *Der Eingang war an der Ecke; ihm gegenüber die traditionelle Sitzkasse* (H. Doderer, Die Dämonen 125). → **Kassa.**

Sitzkassierin, die; -, -nen: „Frau, die eine Sitzkasse bedient": *Was gibt es da nicht alles. Liebenswerte Zeichnungen eines Ober, fachkundige Abhandlungen über den Wert einer Sitzkassierin* (Die Presse 13. 12. 1968). → **Kassierin.**

skartieren, skartierte, hat skartiert ⟨ital.⟩: Amtsspr. „alte Akten o. ä. ausscheiden".

skoren, skorte, hat geskort ⟨engl.⟩: Sport „ein Tor schießen": *Für Lustenau skorten Hagen (2), Ritter (2) und Kartnigg, bei den Schweizern war Sieber zweimal erfolgreich* (Vorarlberger Nachrichten 23. 11. 1968).

Skript, das; -es, -en ⟨engl.⟩: ist in Österr. in der Bedeutung eingeengt auf „Drehbuch", sonst heißt es immer → **Skriptum.**

Skriptum, das; -s, ...ten: österr. nur so für „schriftliche Ausarbeitung; Nachschrift einer Hochschulvorlesung", im Binnendt. ist das Wort veraltet. → **Skript.**

Skubanki, Skuwanki, Skubanken, die /Plural/ ⟨tschech.⟩ (bes. Wien): „Speise aus Kartoffeln, Mehl, Butter, die in Form von Nockerln ausgestochen, mit zerlassener Butter übergossen und mit Mohn bestreut wird": *Die Skubanken können auch*

in heißem Fett ausgebacken werden (Kronen-Zeitung-Kochbuch 293).

Slowak, der; -en, -en: veraltet für „Slowake".

Socken, der; -s, -: österr. (und bayr.) für binnendt. „die Socke".

Sockette, die; -, -n: „längere Socke".

Soda: ist im Osten Österreichs, bes. in Wien, Femininum: die; -, sonst meist Neutrum: das; -s.

sodaß: wird in Österr. zusammengeschrieben.

solid ⟨franz.⟩: österr. nur so vorkommende Form, binnendt. auch „solide": *auch eine Lebensweise, die selbst von einer Pensionatsvorsteherin als „solid" bezeichnet werden müßte* (F. Torberg, Die Mannschaft 204).

Sonnleite, die; -, -n (mdal.): „sonnseitiger Berghang".

Sonnseite, die; -, -n: österr. (und bayr.) Form zu binnendt. „Sonnenseite": *An den Sonnseiten hellgelbe ... Primeln* (P. Rosei, Daheim 135). Ebenso: **sonnseitig.**

Sonnwendfeier, die; -, -n: österr. nur so vorkommende Form, im Binnendt. auch „Sonnenwendfeier": *Die Affaire hatte eigentlich bei einer Sonnwendfeier in Schärding begonnen* (Die Presse 23. 6. 1969).

Sonnwendkäfer, der; -s, - (mdal): „Leuchtkäfer, Glühwürmchen".

Sophie: der Name wird österr. meist auf der ersten Silbe betont, binnendt. nur auf der zweiten.

Soß, Soße, die; -, -n ⟨franz.⟩: die eingedeutsche Form für „Sauce" wird mit oder ohne -e geschrieben, aber immer ['zo:s] ausgesprochen, also ohne Endungs-e: *aber wir könnten halt doch in eine Soß hineinkommen* (K. Kraus, Menschheit I 67).

Sowchose, die; -, -n ⟨russ.⟩: österr. nur so vorkommende Form, im Binnendt. auch „der/das Sowchos".

sozialistisch: steht österr. meist auch dort, wo man in Deutschland eher „sozialdemokratisch" sagt.

Spachtel, die; -, -n: ist in Österr. immer Femininum, im Binnendt. auch Maskulinum: *den nassen Mörtel ... mit einer Spachtel auf die Oberfläche der ... Steine gestrichen* (G. F. Jonke, Geometrischer Heimatroman 68).

Spagat, der; -[e]s, -e ⟨ital.⟩: „Bindfaden" (auch süddt.): *er laßt einen Spagat herab – ist schon da, der Spagat – sie soll nur den Brief dranbinden, er wird ihn aufziehen* (J. Nestroy, Zu ebener Erde und erster Stock 94). Auch in der Bedeutung „völliges Beinspreizen als gymnastische Übung" kommt das Wort österr. nur als Maskulinum vor, binnendt. auch Neutrum.

Spakat, der; -[e]s, -e ⟨ital.⟩: veraltete Form für „Spagat, gymnastische Übung".

Spalett, das; -[e]s, -e ⟨ital.⟩: „hölzerner Fensterladen".

Spalettladen, der; -s, ...läden: „hölzerner Fensterladen": *Da drinnen ist ein Fenster zerbrochen; ich kann den Zug nicht vertragen und habe daher die Spalettladen geschlossen* (J. Nestroy, Der Talisman 284).

Spalettür, die; -, -en: „Tür [aus hölzernen Latten]": *Durch diese Spalettür kommt der Sekretär herein* (H. Hofmannsthal, Der Schwierige 7).

Spalte, die; -, -n: bedeutet österr. auch „Scheibe, Teil einer Frucht in Form eines Kugelkeils": *Verschiedene Früchte ... werden blättrig oder in Spalten geschnitten* (R. Karlinger, Kochbuch 533). →Apfelspalte, Marillenspalte, Orangenspalte, Pfirsichspalte, Radieschenspalte.

Spanische Vögerl, das; -n, -s, -n -n: Küche „Speise aus zusammengerollten Rumpsteaks; Rindsroulade".

spannen, spannte, hat gespannt: bedeutet österr. ugs. auch „merken, ahnen": *er hat es gespannt, was hinter seinem Rücken vor sich ging.*

Spaßetteln, die /Plural/ (bes. ostösterr. ugs.): „Witz, Scherz, Unfug", meist in Verbindung mit machen: *mach keine Spaßetteln.*

spaßhalber: österr. für binnendt. „spaßeshalber".

Spatel, der; -s, -n: ist in Österr. immer Maskulinum, im Binnendt. auch Femininum.

Spatzenschreck, der; -s, -e: „Vogelscheuche".

spea[n]zeln, hat gespea[n]zelt [ʃpɛ̃atsl̩n] (mdal.): „liebäugeln, zublinzeln": *Der Vater speazelt bereits mit der schwarzhaarigen drallen Höchstensmittzwanzigerin am Ne-*

bentisch (E. Jelinek, Die Ausgesperrten 146).

spechteln, hat gespechtelt (ugs.): „spähen, schauen". →ausspechteln.

Speckknödel, der; -s, -: „Knödel mit kleinen Stückchen von geräuchertem Fleisch". →Knödel.

speiben, hat gespieben (mdal., auch bayr.): „erbrechen": *wie man von dem Wingleder erzählt hat, der so blaß geworden ist vor seinem ersten Duell – und gespieben hat* (A. Schnitzler, Leutnant Gustl 137).

Speis, die; -, -en: „Speisekammer" (auch bayr.): *Papier und Fetzen müchteln in der Speis, / das Schneidbrett pickt – wir kriegn am End noch Mäus!* (J. Weinheber, Die Hausfrau und das Mädchen 42).

Speisetopfen, der; -s: „Speisequark": *Speise-Topfen in bester Qualität, in Dosen* (Die Presse 21./22. 6. 1969, Anzeige). →Topfen.

Spektakelreferat, das; -[e]s, -e (Amtssprache, Wien): „Veranstaltungsreferat": *Danach muß ein Kaffeehausbesitzer oder Gastwirt dies lediglich dem sogenannten „Spektakelreferat" des zuständigen Polizeikommissariates mitteilen* (Die Presse 22. 10. 1968).

sperren, sperrte, hat gesperrt: bedeutet österr. (und süddt.) bes. „schließen": ... *wenn nicht eine Person, mit einer Karbidlampe ausgerüstet, dasselbe verlassen und das Tor hinter sich gesperrt hätte* (A. Drach, Zwetschkenbaum 168). →absperren, aufsperren, versperren, zusperren.

Sperrgeld, das; -[e]s: „Gebühr für das Öffnen des Haustores in der Nacht": *Die Hausmeisterin kassierte hierauf beim Weggehen des Gastes das Sperrgeld* (H. Doderer, Wasserfälle 25). →sperren.

Sperrung, die; -, -en: bedeutet österr. (und süddt.) auch „Schließung": *die Sperrung einer Schule, einer Fabrik.*

Spezi, Spezl, der; -s, - (salopp): „guter Freund" (auch süddt.).

Spezimen, das; -s, ...imina ⟨lat.⟩, „Probearbeit": wird in Österr. auf der zweiten Silbe betont, im Binnendt. auf der ersten.

spielen: *sich mit etwas spielen: 1. „etwas nur zum Spiel verwenden": *spiel dich nicht mit dem Werkzeug, sondern arbeite ordent-*

lich. **2.** „etwas spielend leicht bewältigen": *mit dieser schweren Mathematikaufgabe spielt er sich.*

spießen, sich; spießte sich, hat sich gespießt: **1. a)** „verklemmt sein, sich nicht normal bewegen, betätigen lassen": *die Tischlade spießt sich.* **b)** „nicht in der richtigen Lage sein und daher das normale Funktionieren verhindern": *bei der Tischlade spießt sich etwas; ein Kochlöffel spießt sich in der Tischlade.* **2.** „stocken; nicht in gewünschter Weise verlaufen": *Ich hab Aussichten für Graz, weil die dortige Studentenschaft in meinen Reihen gekämpft hat. Aber leider spießt sichs* (K. Kraus, Menschheit I 101).

Spikepickerl →Pickerl.

Spillage, die; -, -n: wird österr. [spɪˈlaːʒ] ausgesprochen, ohne Endungs-e.

Spind, der; -[e]s, -e „Kleiderschrank": ist nur Maskulinum, binnendt. auch Neutrum.

Spinnweb, das; -[e]s, -e: österr. auch für „die Spinnwebe".

Spital, das; -s, Spitäler ⟨lat.⟩: bes. österr. (sonst selten) für „Krankenhaus": *Mit schweren inneren Verletzungen wurde der Urlauber ins Spital gebracht* (Express 7. 10. 1968); *Ich erinnere mich zum Beispiel, daß du mit einem Schuß im Spital lagst* (R. Musil, Der Mann ohne Eigenschaften 734).

Spitalsabteilung, die; -, -en: „Krankenabteilung": *Zwetschkenbaum aber, der nicht tot, sondern nur tödlich verletzt war, wurde in die Spitalsabteilung der Anstalt getragen* (A. Drach, Zwetschkenbaum 35).

Spitalsarzt, der; -es, ...ärzte: bes. österr. für „Krankenhausarzt".

Spitalsbehandlung, die; -, -en: „ärztliche Behandlung im Krankenhaus".

Spitalskonzept, das; -s, -e: „Plan, Programm für Krankenhausbau und -organisation": *... sprach Landeshauptmann Dr. Keßler zum Vorarlberger Spitalskonzept* (Vorarlberger Nachrichten 23. 11. 1968).

Spitalskosten, die /Plural/: „Krankenhauskosten": *Da die Krankenkasse nur 155 Schilling pro Tag und Versicherten an Spitalskosten bezahle* (Die Presse 4. 4. 1969).

Spitalspflege, die; -: „Behandlung und Pflege im Krankenhaus": *Der Rettungsdienst brachte das einzige Opfer des Unglücks ... in Spitalspflege* (Kronen-Zeitung 5. 10. 1968).

Spitalsschwester, die; -, -n: bes. österr. auch für „Krankenschwester".

Spitalsverwaltung, die; -, -en: „Krankenhausverwaltung": *Mehrere vom Rechnungshof im Zusammenhang mit der Gebarungsprüfung des Krankenhauses gemachte Vorschläge werden in der Spitalsverwaltung durchgeführt* (Vorarlberger Nachrichten 23. 11. 1968).

Spitz, der; -es, -e: **a)** österr. Form für „die Spitze", auch in Bergnamen. **b)** Kurzform für →Tafelspitz, Zigarrenspitz: *Er rauchte eine Zigarette mit einem halbverkohlten Spitz* (G. Roth, Ozean 31).

Spitzbuben, die /Plural/: Küche „süßes Gebäck aus zwei mit Marmelade zusammengeklebten Plätzchen, wobei beim oberen Teil ein Loch ausgestochen ist"; oder: „drei verschieden große Plätzchen, die mit Marmelade zu einer Pyramide zusammengeklebt sind": *Die fertigen Spitzbuben werden ... überzuckert* (R. Karlinger, Kochbuch 401).

Spompanade[l]n, die /Plural/ (ugs., salopp): **a)** „Dummheiten, Abenteuer": *Er will ein Ende machen mit den Weibergeschichten. Er hat genug von den Spanponaden* (H. Hofmannsthal, Der Schwierige 8). **b)** „Widersetzlichkeit aus der Reihe tanzendes Verhalten": *Sei nicht so öd; ... Wannst Spamponaden machst, müßt ich nur glauben, du hast ein'n andern bestellt* (J. Nestroy, Faschingsnacht 203).

spondieren, spondierte, hat spondiert ⟨lat.⟩: „den Magistertitel verleihen": *er wurde an der Universität Salzburg spondiert.* →Sponsion.

Sponsion, die; -, -en ⟨lat.⟩: „akademische Feier, bei der der Titel Magister verliehen wird".

Sportkappe, die; -, -n: „Sportmütze". →Kappe.

Spreißel, das; -s, -, „Span": ist in Österr. Neutrum, im binnendt. Maskulinum.

Spreißelholz, das; -es: „Kleinholz, meist Holzabfall, zum Einheizen".

Sprengel, der; -s, -: bedeutet österr. auch

einen „Dienstbereich, Amtsbezirk" in der Verwaltung, binnendt. nur einen kirchlichen Bereich. →**Schulsprengel**, →**Wahlsprengel**.

Sprießel, das; -s, -n (ugs.): „Sprieße, Sprosse, waagrechtes Stängelchen, bes. in einem Vogelkäfig, an einer Leiter usw."": *Wir haben im gleichen Händlstall* (Hühnerstall) *gelebt, aber immer auf verschiedenen Sprießeln sind wir gesessen* (H. Doderer, Die Dämonen 1203).

Spritzer, der; -s, - (ugs.): „leichter Regenguß" (auch bayr.).

Sprosse, die; -, -n: „Rose des Rosenkohls/Sprossenkohls"; Kurzform zu →**Kohlsprosse**.

Sprossenkohl, der; -[e]s: österr. für binnendt. „Rosenkohl": *Dornbirner Marktbericht ... Spinat 9.-, Sprossenkohl 15.-, Tomaten 9.-* (Vorarlberger Nachrichten 23. 11. 1968).

Spruch, der; -[e]s, Sprüche: bedeutet österr. ugs. salopp auch: **a)** „Schlagfertigkeit, Beredsamkeit": *Da hätte man ihn gleich getestet, ob er einen guten Spruch hat oder ob er einer ist, der ... folgenlos gepflanzt werden kann* (G. Wolfsgruber, Herrenjahre 102). **b)** (Jugendsprache) „Klang des Motorrads": *Die Maschine hat einen guten Spruch.*

Sprüchel, das; -s, -[n]: „Sprüchlein; formelhafte Wendung, Gemeinplatz, Topos": *Das eben zitierte Sprüchel war eine gelegentliche Äußerung Kajetan's von Schlaggenberg gewesen* (H. Doderer, Die Dämonen 47).

sprudeln, sprudelte, hat gesprudelt: bedeutet österr. auch „quirlen": *Dann sprudelt man Obers, Rahm und Mehl dazu, salzt, mengt den festen Schnee ein und zuletzt die Kirschen* (R. Karlinger, Kochbuch 273). →**versprudeln**.

Sprudler, der; -s, -: „Quirl".

Staatsärar, das; -s, -e: Amtsspr. „Staatseigentum, Fiskus". →**Ärar**.

Staatssäckel, der; -s, - (veraltend): „Staatskasse, öffentliche Mittel" (auch süddt.): *ein demonstrativer Akt, der dem Staatssäckel wenig bringen würde* (Die Presse 4. 12. 1978).

Staberl, der; -s: **a)** „Theaterfigur des Alt-Wiener Volkstheaters": *Der Kobold oder*

Staberl in der Feenwelt (Stück von Nestroy). **b)** vielfach verwendet als stehende Figur, z. B. als Name eines Kolumnisten in der Kronen-Zeitung o. ä.

stad (ugs.): „still, ruhig" (auch bayr.): *Aber jetzt hat man freilich schön stad sein müssen, die Gegend, hat's geheißen, ist voller Kosaken* (H. Doderer, Die Dämonen 585); *„Sie, Herr Leutnant, sein S' jetzt ganz stad."* (A. Schnitzler, Leutnant Gustl 123).

Stadel, der; -s, -: „Scheune; [kleines hölzernes] Gebäude, meist vom Bauernhof entfernt liegend, für Heu o. ä." (auch bayr.): *Sie kam aus der Piste und raste statt dem Ziel entgegen auf eine Scheune zu. „Ich hab' nur noch versucht, dem Stadl auszuweichen", schildert das hübsche Mädchen ihre gefährliche Situation* (Die Presse 1./2. Februar 1969). →**Bergstadel, Futterstadel, Heustadel, Holzstadel.**

Stafel, Staffel, der; -s, Stäfel (Vorarlberg und schweiz.): „Alpweide, -hütte".

Staffage, die; -: wird österr. [sta'faːʒ] ausgesprochen, ohne Endungs-e.

staffieren, staffierte, hat staffiert ⟨niederl.⟩: bedeutet österr. auch „schmücken; putzen": *einen Hut, ein Haus für ein Fest staffieren.*

stagelgrün (Wien, ugs. salopp): *etwas liegt jmdm. stagelgrün auf:* „jmd. ärgert sich über etwas sehr": *Daß Umweltschützern ... die Einwegpackungen „stagelgrün aufliegen", ist verständlich* (Die Presse 26. 1. 1978).

Stakete, die; -, -n ⟨niederl.⟩: „Latte".

Staketenzaun, der; -[e]s, ...zäune: „Lattenzaun", binnendt. „das Staket": *Abends in der Dunkelheit, / beim Staketenzaune, / ach, wie schnell vergeht die Zeit / zärtlichem Geraune* (J. Weinheber, Biedermeier 18).

Stammbeisl, das; -s, -n: „Stammlokal": *Jeder Ehemann hat das Recht, auf dem Heimweg in seinem Stammbeisel ein Seidel Bier zu trinken* (Kronen-Zeitung 13. 10. 1968); *Der Meisgeier sei heute im Lokal gewesen (wo Leonhard sie angetroffen hatte, jedoch war dies nicht Anny's eigentliches Stammbeisl ...)* (H. Doderer, Die Dämonen 562). →**Beisl.**

Stamperl, das; -s, -n (ugs.): „Schnapsgläschen" (auch bayr.). →**Schnapsstamperl.**

stampern, stamperte, hat gestampert (ugs.): „jagen, scheuchen": *die Hühner aus dem Gemüsegarten stampern; die Kinder ins Bett stampern.*

Stampiglie, die; -, -n [ʃtamˈpɪljə] ⟨ital.⟩: **a)** „Stempel, Gerät zum Stempeln". **b)** „Stempelabdruck": *Der Goldschmiedeselle hatte sich eigens einen Stempelkasten angeschafft und damit seit Anfang Jänner Stampiglien verschiedener Linzer Ärzte nachgeahmt* (Die Presse 1. 4. 1969).

Standesmatrikel, die; -, -n: Amtsspr. „Personenstandsverzeichnis". →**Matrikel, Sterbematrikel, Taufmatrikel.**

Standl, das; -s, -n (ugs.): „Verkaufsstand" (auch bayr.): *Da waren im Inundationsgebiet, Überschwemmungsgebiet – so Standeln ... san mir g'sessen mit de Madln ... Ribiselwein abig'stessn* (H. Qualtinger/C. Merz, Der Herr Karl 10); *Man kann nicht nur seinen österreichischen Christbaum etwa bei einem Standl vor dem „Hotel Semiramis" aussuchen* (Die Presse 16. 12. 1968). Dazu: **Standlmarkt.**

Stanitzel, Stanitzl, das; -s, -: „spitze Tüte" (auch bayr.): *Schmeiß doch endlich das Stanitzl* [Eistüte] *weg. Ist ja nichts mehr drin* (B. Frischmuth, Kai 119).

stannioliert ⟨lat.⟩ (ugs.): „in Stanniol verpackt".

Star, der; -s, -s ⟨engl.⟩, „Berühmtheit": wird in Österr. immer [staːɐ̯] ausgesprochen, im Binnendt. meist [ʃtaːɐ̯]. →**Stil.**

Start, der; -[e]s, -s ⟨engl.⟩: wird in Österr. [start] ausgesprochen, im Binnendt. [ʃtart]. Ebenso: **starten.**

Stationsvorstand, der; -[e]s, ...stände: österr. (und schweiz.) für binnendt. „Stationsvorsteher". →**Vorstand.**

Staubschichte, die; -, -n: österr. Form für binnendt. „Staubschicht". →**Schichte.**

Staubzucker, der; -s: österr. (und süddt.) für binnendt. „Puderzucker": *Man serviert die Knödel, mit Staubzucker und geriebener Schokolade überstreut* (R. Karlinger, Kochbuch 253); *er verzog seinen mund, der mit staubzucker bedeckt war* (K. Bayer, der sechste sinn 33).

Stechvieh, das; -s: „Kälber und Schwei-

ne (Tiere, die nicht geschlachtet, sondern gestochen werden)".

Stechviehmarkt, der; -[e]s, ...märkte: „Viehmarkt für Kälber und Schweine". →**Stechvieh.**

stecken, steckte, ist gesteckt: die Bildung des Perfekts mit *sein* beim intransitiven Gebrauch ist österr. (und süddt.) die hochsprachliche Form. Beim transitiven Gebrauch heißt es gleich wie im Binnendt. *hat.* Es wird also genau getrennt zwischen *er hat den Brief in den Kasten gesteckt* und *er ist hinter dem Busch gesteckt.*

Stecktuch, das; -[e]s, ...tücher: österr. für binnendt. „Kavaliertaschentuch": *Oder ziehen Sie eher den eleganten Mantel vor? In herrlichen Brauntönen ... Mit Ziertasche fürs Stecktuch* (Express 11. 10. 1968).

Stefanie, Stephanie: wird österr. immer auf der letzten Silbe betont, im Binnendt. meist auf der ersten.

Stefanitag, (älter:) **Stephanitag,** der, -[e]s, -e: österr. Form für „Stephanstag, 26. Dezember". →**Josefitag, Leopolditag.**

Steffl, der; -s, (ugs.): „Wiener Stephanskirche": *da liawe oede schdeffö* [der liebe alte Steffl] (H. C. Artmann in dem Gedicht: wos an weana olas en s gmiad ged).

stehen, stand, ist gestanden: die Bildung des Perfekts mit *sein* ist österr. (und süddt., schweiz.) die hochsprachliche Form: *Neulich ist in der Zeitung gestanden von einem Grafen Runge* (A. Schitzler, Leutnant Gustl 133); *Er selbst sei zu jener Zeit schon wieder bei seinem alten Stammregiment, Nummer 4, gestanden* (H. Doderer, Die Dämonen 1085); *Heut früh ist in der Zeitung ein Unglück gestanden* (E. Canetti, Die Blendung 293); *und ein Peugeot 404, der allerdings den größten Teil des Jahres in der Garage gestanden sein dürfte* (Wochenpresse 13. 11. 1968); *der Hauptfehler der bisherigen Welt, die unter der Verantwortung des Westens gestanden war* (W. Kraus, Der fünfte Stand 61). Das gilt auch für Zusammensetzungen wie **dastehen, herumstehen** usw.: *Sie haben sich aus dem Mantel helfen lassen. Sie sind herumgestanden* (P. Handke, Publikumsbeschimpfung 35); *er steht da, wie kainz dagestan-*

den sein könnte (K. Bayer, der sechste sinn 81).

Steher, der; -s, -: bedeutet österr. auch „Zaunpfosten; Stützpfosten": *Schaufenster ..., die weder durch Pfeiler, noch durch etwaige Steher oder Fensterrahmen unterbrochen sind* (Die Presse 12./13. 10. 1968).

Steige, die; -, -n: a) „Kistchen aus Latten" (auch süddt.): *eine Steige für das Obst.* b) „Verschlag aus Latten als Stall für Geflügel o. ä." (auch bayr.): *die Hühner in die Steige sperren.* → **Hühnersteige, Obststeige.**

steigen, stieg, ist gestiegen: wird österr. auch im Sinn von „treten", verbunden mit *in,* verwendet: *Ich bin nämlich in einen Nagel gestiegen* (B. Schwaiger, Fliederbusch 143); *in die Pfütze, in den Schmutz steigen.*

Steirergoal, das; -s, -s (ugs.): Sport „Tor, das durch eine grobe Ungeschicklichkeit des Torhüters verschuldet wurde und ganz leicht zu verhindern gewesen wäre": *er hat ein ganz primitives Steirergoal bekommen, der Ball ist ihm zwischen den Füßen durchgerollt.* → **Goal.**

Steirertor, das; -[e]s, -e: Sport → „Steirergoal".

Stellage, die; -, -n: wird österr. [ʃtɛˈlaːʒ] ausgesprochen, ohne Endungs-e.

stellen: *sich stellen auf:* „den Preis haben von; kosten": *die ganze Anlage stellt sich auf 2 Millionen Schilling; die Ware stellt sich sehr hoch.* *seinen Mann stellen:* ist die in Österr. allein übliche Form für binnendt. meist gebrauchte „seinen Mann stehen".

stellig: Amtsspr.: *stellig machen:* „jmdn. ausfindig machen; etwas sicherstellen".

Stellungskommission, die; -, -en: Militär „Kommission, die über Tauglichkeit und Einberufung der Wehrpflichtigen entscheidet": *Die Stellungskommission ist angetreten, ich sehe am Dorfplatz die Reihe der angetretenen Soldaten* (G. F. Jonke, Geometrischer Heimatroman 101).

Stelze, Stelzen, die; -, -n: verkürzte Form für „Schweinsstelze", binnendt. „Eisbein": *Zur Jausen geh ich in die Stadt / und schau, wer schöne Stelzen hat* (J.

Weinheber, Der Phäake 49). → **Kalbsstelze, Schweinsstelze.**

Stempelmarke, die; -, -n: „aufgeklebte Marke, mit der behördliche Gebühren bezahlt werden; Gebührenmarke": *Ich habe stempelpflichtige Gesuche nicht mit einer Stempelmarke versehen* (P. Handke, Selbstbezichtigung 84).

stempelpflichtig: „gebührenpflichtig". → **Stempelmarke.**

Stephanie → **Stefanie.**

Stephanitag → **Stefanitag.**

Sterbematrikel, die; -, -n: Amtsspr. „Totenverzeichnis". → **Matrikel.**

Sterndl, das; -s, -n (ugs.): a) „kleiner Stern". b) (salopp) „Uniformstern": *... Geh hin, schau, daß du sie findst, deine Fünfundreißiger! Kauf dir zwei Sterndl. Du wirst als Leutnant transferiert* (J. Roth, Die Kapuzinergruft 58).

Sterz, der; -es, -e (bes. Ostösterreich, Steiermark, Kärnten): Küche bedeutet österr. (und bayr.) auch „Speise aus einem Teig aus Mehl, Gries, Mais o. ä., der in Fett gebacken oder in heißem Wasser gekocht und dann zu kleinen Stücken zerstochen wird": *am Reisemorgen kochte sie stumm meinen Sterz* (M. Mander, Kasuar 225); *Haufen gelben Maismehls, aus dem die Frau Sterz machte* (G. Roth, Ozean 148). → **Erdäpfelsterz, Heidensterz, Kukuruzsterz, Türkensterz.** *Mandl beim Sterz* → **Mandl.**

Steueramt, das; -[e]s, ...ämter: Amtsspr. veraltete Bezeichnung für „Finanzamt".

Steuereinhebung, die; -, -en: Amtsspr. „Steuereintreibung" (auch süddt.). → **Einhebung.**

Steuervorschreibung → **Vorschreibung.**

stichhalten, hielt Stich, hat stichgehalten: wird in Österr. zusammengeschrieben, im Binnendt. „Stich halten".

stichhältig: österr. Form für binnendt. „stichhaltig": *Die Burgenländer haben in dem Streit um die Autobahn so manches stichhältige Argument vorbringen können* (Die Presse 23. 4. 1969). → **...hältig.**

Stiege, die; -, -n: a) österr. (und süddt.) für binnendt. „Treppe": *... folgte ihm das Auge der Fuček sogar um die Windung der Stiege hinauf, von Treppenabsatz zu Treppenabsatz* (H. Doderer, Die Strudlhofstiege 118). **b)** „Stufe einer Treppe": *er nahm zwei Stiegen auf einmal.* **c)** /bei Angaben von Adressen in Verbindung mit einer römischen Ziffer/ „Treppenhaus, durch das eine bestimmte Wohnung erreichbar ist": *N. N., Hauptstraße 5, Stiege II, Tür 14.* →**Kellerstiege.**

Stiegengeländer, das; -s, -: österr. (und süddt.) für „Treppengeländer". →**Stiege.**

Stiegenhaus, das; -es, ...häuser: österr. (und süddt.) für „Treppenhaus": *Er öffnete sie* [die Türe] *und stand im stiegenhaus seines hotels* (K. Bayer, der sechste sinn 89). →**Stiege.**

stier (ugs.): bedeutet österr. (und schweiz.) auch **a)** „ohne Geld; wirtschaftlich flau": *Das G'schäft muß ja renna, net? 's war ja alles stier damals ... Dreißigerjahre* (H. Qualtinger/C. Merz, Der Herr Karl 13). **b)** „flau; ohne Betrieb; ausgestorben": *War niemand da? Warum ist heut so stier?* (K. Kraus, Menschheit I 26).

stieren, stierte, hat gestiert (ugs.): bedeutet österr. (und süddt.) auch „stöbern": *In Altertümern zu stieren* (R. Musil, Der Mann ohne Eigenschaften 1335). Meist in Zusammensetzen wie →**herumstieren, miststieren. **jmdn. stiert etwas:** „jmdm. ist etwas unangenehm; etwas bereitet jmdm. Kopfzerbrechen": *einen feinfühligen Menschen stiert so was, aber weißt, was ich in solchen Fällen denk? Krieg is Krieg* (K. Kraus, Menschheit I 111).

stierln, hat gestierlt (ugs.): **1.** /Iterativbildung zu stieren; auch zusammengesetzt mit Präpositionen/ **a)** „längere Zeit und mit kleinen [schnellen] Bewegungen stochern": *in den Abfällen stierln.* **b)** „(einer Sache) genauer nachgehen; genauer überprüfen und auf Einzelheiten eingehen": *... haben nun auch die Finanzbehörden einen Wurm in dieser Methode gefunden, sie beginnen „nachzustierln"* (Kronen-Zeitung 4. 10. 1968). **2.** „sticheln, boshafte Bemerkungen machen": *gegen mich fangen 's auch schon an zu stierln* (K. Kraus, Menschheit I 99).

Stil, der; -[e]s, -e ⟨lat.⟩: wird in Österr. immer [sti:l] ausgesprochen, im Binnendt. meist [ʃti:l]; man unterscheidet also in Österr. auch in der Aussprache zwischen *Stil* und *Stiel.*

Stöckel, das; -s, -: bedeutet österr. auch „Nebengebäude, bes. von Schlössern oder Bauernhäusern".

stocken, stockte, ist gestockt: bedeutet österr. (und bayr.) auch „gerinnen". ***gestockte Milch:** „Dickmilch".

Stockerl, das; -s, -n: „Hocker" (auch bayr.): *Stiegen, Stöcke, Stockerln, Tafeln ...* (G. F. Jonke, Geometrischer Heimatroman 135). →**Klavierstockerl, Küchenstockerl.**

stockhoch (ugs.): „einstöckig": *ein stockhohes Haus.*

Stockuhr, die; -, -en (veraltet): „Standuhr": *Die Stockuhr da drin sollten wir nicht auslassen* (J. Nestroy, Jux 495).

Stockzahn, der; -[e]s, ...zähne: österr. (und süddt., schweiz.) für binnendt. „Backenzahn".

Stoppel, der; -s, -: bedeutet österr. auch „Stöpsel, Korken": *die Flasche mit einem Stoppel verschließen.*

Stoppelrevolver, der; -s, -: „Spielzeugrevolver mit Knallkorken".

Stoppelzieher, der; -s, -: „Korkenzieher": *Mizi versucht, den Wein aufzumachen ... Theodor: Laßt mich das machen ... Nimmt ihm Flasche und Stoppelzieher aus der Hand* (A. Schnitzler, Liebelei 129). →**Stoppel.**

Stör, die; -, -en: „Arbeit, die ein Handwerker im Hause des Kunden durchführt" (auch süddt., schweiz.): *auf die/in die Stör gehen; auf der Stör arbeiten; die Schneiderin kommt in die Stör, ist diese Woche in der Stör bei uns.*

stornieren, stornierte, hat storniert ⟨ital.⟩: bedeutet österr. nur „rückgängig machen": *einen Auftrag, eine Bestellung stornieren; nach Erscheinen der Artikel ... hätten vier namhafte Persönlichkeiten die bereits bestellten ... Portraits ... storniert* (Die Presse 7./8. 6. 1969). Die binnendt. Bedeutung „Fehler berichtigen" (z. B. in der Buchführung) ist in Österr. ungebräuchlich. Ebenso: **Stornierung:** *Beherbergungsbetriebe erlitten ... durch eine erhebliche Anzahl von Stornierungen einen noch nicht errechneten Schaden* (Die Presse 12. 6. 1969); **Storno.**

strabanzen, strawanzen, strabanzte, ist strabanzt (ugs.; auch bayr.): „umherstreifen, sich herumtreiben": *er strabanzt den ganzen Tag, statt zu arbeiten.*

Strabanzer, Strawanzer, der; -s, - (ugs.): „Strolch, Nichtsnutz".

Straferkenntnis, das; -ses, -se: Amtsspr. „gerichtliche Entscheidung über eine verhängte Strafe": *der Ansicht des Beschwerdeführers ... sei bereits in der Begründung des erstinstanzlichen Straferkenntnisses entgegengehalten worden ...* (Die Presse 31. 12. 1968). →**Erkenntnis.**

Strähn, der; -[e]s, -e: österr. für binnendt. „die Strähne" in der Bedeutung „Bund von Wolle oder Garn". Für „Haarbüschel" gilt auch in Österr. die binnendt. Form Strähne: *einen Strähn Wolle abwikkeln.*

Stralzio, der; -s, -s ⟨ital.⟩: „Liquidierung", binnendt. „Stralzierung".

strampfen, strampfte, hat gestrampft: österr. (und süddt.) auch für „stampfen; strampeln": *den Schmutz von den Schuhen strampfen.*

Strapaz, die; -, -en ⟨ital.⟩: österr. meist für „Strapaze": *Das wäre ja beileibe ein Lob des Kriegs. Der Nörgler: Nein, nur der Strapaz* (K. Kraus, Menschheit I 156).

Strapaz...: österr. für binnendt. „Strapazier...".

strapazfähig: österr. für binnendt. „strapazierfähig": *Herren-Mantel, strapazfähige Wollqualität ... mit langem Rückenschlitz* (Express 4. 10. 1968, Anzeige).

Strapazhose, die; -, -n: österr. für binnendt. „Strapazierhose": *Hosen, Hosen, Hosen. Strapazhosen 125,-, Kinderhosen 63,-* (Kronen-Zeitung 5. 10. 1968, Anzeige).

strapazieren, sich; strapazierte sich, hat sich strapaziert ⟨ital.⟩, „sich abmühen, sehr anstrengen": gilt in Österr. als hochsprachlich, im Binnendt. als umgangssprachlich.

Strapazschuh, der; -s, -e: „stärkerer Schuh für den Alltag oder zum Wandern".

Straßenbahngarnitur →Garnitur.

Straube, die; -, -n: „Schmalzgebäck aus Tropfteig, Hefeteig oder Brandteig mit zerklüfteter Oberfläche" (auch bayr.): *Strauben sind nicht nur allgemeine Festtagsleckerbissen, sondern haben auch man-*

che brauchtümliche Bedeutung (G. Heß-Haberlandt, Das liebe Brot 65).

strawanzen →strabanzen.

Strecksessel, der; -s, - (veraltend): „Liegestuhl": *Vater lag behaglich im Strecksessel und las Zeitung* (M. Lobe, Omama 91).

Streckstuhl, der; -s, ...stühle (veraltend): „Liegestuhl": *Der Doktor ... bettete sie unten in einen Streckstuhl* (G. Fussenegger, Zeit 384).

Streithansel, Streithansl, der; -s, -n (ugs.): „streitsüchtiger Mensch" (auch süddt.): *Wie aber, wenn die Streithanseln nicht nachgeben wollen?* (Die Presse 18. 6. 1969).

strichlieren, strichlierte, hat strichliert: österr. meist für binnendt. „stricheln": *Die dicken Linien zeigen die Autobahnstraße, die strichlierten die geplanten Schnellstraßen* (Die Presse 5./6. 4. 1969).

Strichpunkt, der; -[e]s, -e: ist in Österr. die einzige Bezeichnung für dieses Satzzeichen, das binnendt. „Semikolon" ist ungebräuchlich.

Strickerei, die; -, -en: bedeutet österr. auch „Strickarbeit": *Nasti ... setzte sich mit der Strickerei in Mamas Fernsehstuhl* (C. Nöstlinger, Rosa Riedl 34).

Striezel, der; -s, -: 1. bes. österr. (und süddt., ostmitteld.) für „längliches Hefegebäck in geflochtener Form": *daß die hohe Frau zum Frühstück ... einen ganzen frischbachenen [frischgebackenen] vierpfündigen Striezel zu genehmigen pflegte* (F. Herzmanovsky-Orlando, Gaulschreck 31). 2. (südostösterr. ugs.) „Maiskolben": *Die Maispflanzen lagen der Reihe nach in den Ackerzeilen, die Stritzeln waren auf Haufen zusammengeworfen* (G. Roth, Ozean 29).

Strizzi, der; -s, ⟨ital.⟩ (ugs.): bes. österr. (und süddt.) für „Strolch, leichtsinniger Mensch; Zuhälter": *wie ein Schachspieler mit der Königin, wie eine Hur mit ihrem Strizzi* (E. Canetti, Die Blendung 223).

Strohschober, der; -s, -: „Strohhaufen, Strohfeimen" (auch süddt.). →**Schober.**

Strohtriste, die; -, -n: „Strohhaufen um eine in den Boden gestoßene Stange" (auch bayr., schweiz.): *zwei Kinder aus Wien ... zündelten an einer Strohtriste des*

Gutshofes (Kronen-Zeitung 14. 10. 1968). →**Triste.**

strotten, strottete, hat gestrottet (bes. ostösterr.): „stochern, in Abfällen herumsuchen".

Strotter, der; -s, -: „jmd., der in Abfällen herumsucht": *Ich war einmal Zeuge, wie er drei besoffenen Rowdies ... die Ausfolgung von Spielkarten glatt verweigerte, worauf sich die drei hier befremdlichen Strotter trollten* (H. Doderer, Die Dämonen 71). →**Kanalstrotter.**

Struck, der; -[s] ⟨engl.⟩, ein Gewebe: ist österr. meist Maskulinum, im Binnendt. Neutrum: das; -[s].

Strudel, der; -s, -: „Mehlspeise aus Hefeteig, Mürbteig, Strudelteig o. ä., die zusammengerollt und mtt geschnittenen Äpfeln, Mohn, Rosinen, Nüssen, Marmelade, Quark o. ä. gefüllt ist" (auch süddt.): *Den Strudel auf ein gefettetes Blech legen, sehr gut mit flüssiger Butter bestreichen und ca. eine ³/₄ Stunde bei mittlerer Hitze bakken* (Kronen-Zeitung-Kochbuch 294). →**Apelstrudel, Mohnstrudel, Nußstrudel, Topfenstrudel.**

Strudelteig, der; -[e]s: Küche „mit Fett zubereiteter Nudelteig, der sich dünn ausziehen läßt": *Der ausgezogene Strudelteig wird dann mit beliebiger Fülle bestreut oder bestrichen, locker eingerollt, indem man das Teigtuch mit beiden Händen hochhebt* (R. Karlinger, Kochbuch 232). *(ugs.) sich ziehen wie ein Strudelteig:* „sich sehr lange Zeit lassen".

Stübel, Stüberl, das; -s, -/-n: a) „kleiner gemütlicher Raum in einem Gasthaus": *einen Tisch im Stübel bestellen.* b) „Zimmer im Bauernhaus, das die Altenteiler bewohnen".

stucken, stuckte, hat gestuckt (ugs.): „angestrengt lernen; büffeln".

Student, der; -en, -en ⟨lat.⟩: bedeutet österr. auch „Schüler einer höheren Schule": *Fest des hl. Landespatrons Leopold. Schulfrei. Nach dem Morgengottesdienst fahren die Studenten heim* (Freinberger Stimmen, Dezember 1968).

studieren, studiere, hat studiert ⟨lat.⟩: bedeutet österr. auch „eine höhere Schule besuchen": *1928 in Wuppertal geboren, studierte er auf dem Musischen Gymnasium*

(Die Presse 22. 1. 1969). Ebenso: **Studium.**

Stummerl, der; -s, -n (ugs.): „stummer Mensch": *Was war das? Der Stummerl red't?* (J. Nestroy, Judith und Holofernes 732).

stummes h: österr. Bezeichnung für „Dehnungs-h": *Hier gibt es keine stummen Buchstaben. Hier gibt es nur das stumme H* (P. Handke, Publikumsbeschimpfung 24).

Stundentafel, die; -, -n: Schule „Gesamtwochenstundenzahl und Stundenausmaß der Unterrichtsfächer": *die Stundentafel eines neusprachlichen Gymnasiums.*

stupfen, stupfte, hat gestupft (ugs.): „stoßen, stupsen" (auch süddt., schweiz.): *Hannes, i werd dich etwan wohl nit stechn! Oder soll i ein bissel stupfn?* (K. Schönherr, Erde 39).

Stupfer, der; -s, - (ugs.): „leichter Stoß; Stups".

stupid ⟨lat.⟩: österr. nur so gebrauchte Form, im Binnendt. auch „stupide".

Stupp, die; -: „Streupulver, Puder": *das Baby mit Stupp einstauben.*

stuppen, stuppte, hat gestuppt (ugs.): „einpudern": *ein Wundpuder auf eine Wunde stuppen.* →**einstuppen.**

Sturm, der; -[e]s: „in Gärung übergegangener Traubensaft".

Sturz, der; -es, Stürze: „Glasglocke": *den Käse unter den Sturz stellen.* →**Glassturz.**

stürzen, stürzte, hat gestürzt: bedeutet österr. ugs. auch „(die Schule) schwänzen". →**schulstürzen.**

Sturzglas, das; -es, ...gläser: „Glassturz". →**Glassturz, Sturz.**

Stutzen, die; -, -: steht österr. für binnendt. „Kniestrumpf" (bedeckt also Fuß und Waden bis zum Knie): *auch die festen Stutzen zieht er diesmal an* (R. Gruber, Hödlmoser 46); *sie trugen braune Knickerbocker zu weißen Stutzen* (M. Mander, Kasuar 220).

Stützerl, das; -s, -n (veraltet): „Pulswärmer".

stützig (veraltet): „widerspenstig, störrisch, eigensinnig" (auch süddt.).

Suada, die; -, ...den ⟨lat.⟩: österr. nur so gebrauchte Form, binnendt. auch „Suade": *Das grandiose Schauspiel der Investi-*

tur ... wäre ohne diese ... wenig informative Suada zu besserer Wirkung gelangt (Die Presse 3. 7. 1969).

Substandardwohnung, die; -, -en (bildungsspr.): „Altbauwohnung unterdurchschnittlicher Qualität": *Insgesamt beträgt der Anteil der Substandardwohnungen, die weder über Wasser noch über ein WC im Wohnungsverband verfügen, in Wien ... ein Drittel aller Wohnungen.* (Die Presse 15./16. 1. 1977); *um die schäbige alte Wohnung herum türmt sich die alte Kaiserstadt in Gestalt zahlreicher Substandardwohnungen auf* (E. Jelinek, Die Ausgesperrten 14.). → **Bassenwohnung.**

Südfrüchtenhändler, der; -s, -: österr. Form für binnendt. „Südfruchthändler". Ebenso: **Südfrüchtenhandlung.**

Sulz, die; -, -en: österr. (und süddt., schweiz.) Form für binnendt. „Sülze": *hat eine hausgemachte Sulz, die unsachgemäß gelagert und fast schon in Fäulnis übergegangen war, die Erkrankung ... hervorgerufen* (Die Presse 16. 12. 1969).

sulzen, sulzte, hat gesulzt: österr. (und süddt., schweiz.) Form für binnendt. „sülzen": *Der Saft wird noch etwas eingekocht und in einer Schüssel über das geschnittene Fleisch gegossen und sulzen lassen* (R. Karlinger, Kochbuch 97).

Sumper, der; -s, - (ugs.): „Spießer, Banause": *Sumper fidelis* (Titel eines Kabarettprogramms, Wien 1962).

sündteuer: „sehr, sündhaft teuer".

superb ⟨franz.⟩: bes. österr. Schreibung für binnendt. „süperb".

Suppengrün, Suppengrüne, das; -en: „Suppengemüse": *Die Knochen ... gemeinsam mit der Leber und dem geschnittenen Suppengrün in Fett anrösten* (Kronen-Zeitung-Kochbuch 36).

Supplent, der; -en, -en ⟨lat.⟩ (veraltend): „zum →Supplieren eingesetzter Lehrer".

supplieren, supplierte, hat suppliert ⟨lat.⟩: Schule „eine Schulstunde in Vertretung eines anderen Lehrers halten": *ich muß morgen die erste Stunde, in der ersten Stunde supplieren.*

Sur, die; -, -en: „Beize zum Einpökeln von Fleisch".

Surfleisch, das; -es: „Pökelfleisch".

Surm, der; -[e]s, -e (ugs., bes. OÖ): Schimpfwort für einen „dummen, primitiven, zugleich uneinsichtigen Menschen".

Systematik, die; -, -en: wird österr. mit kurzem a gesprochen, binnendt. mit langem.

Szegedinergulasch, Szegedinergulyas, das; -[e]s: „scharfes Gulasch mit Sauerkraut". →**Gulasch.**

T

Tabak, der; -s, -e ⟨span.⟩: wird österr. immer auf der letzten Silbe betont, im Binnendt. auf der ersten.

Tabakregie, die; -: frühere und noch ugs. Bezeichnung für die „staatlichen Tabakwerke": *Das einzige Erfreuliche an der ganzen Messe sind die neuen Zigaretten von der Tabakregie* (H. Qualtinger/C. Merz, Travnicek und die Wiener Messe 49).

Tabaktrafik, die; -, -en ⟨span., franz.⟩: „Laden, in dem man Tabakwaren, Briefmarken, Zeitungen u. ä. erhält": *Hundert Veränderungen hatte der Alte festzustellen:*

Verlegte Tabaktrafiken, neue Kioske, verlängerte Omnibuslinien (J. Roth, Radetzkymarsch 32); *eine kleine Tabak-Trafik mit Zeitungen, Zeitschriften und Ansichtskarten vor der Tür* (Ö. Horvath, Geschichten aus dem Wiener Wald 381).

Tabaktrafikant, der; -en, -en: „Besitzer einer Tabaktrafik": *Söhne von Handwerkern, Briefträgern, Gendarmen und Landwirten und Pächtern von Tabaktrafikanten* (J. Roth, Die Kapuzinergruft 56).

Tabakverschleiß, der; -es (veraltend): „Tabakverkauf". →**Verschleiß.**

Tabakverschleißer, der; -s, - (veraltend):

„Tabak-, Zigarettenverkäufer": *Der Tabakverschleißer grüßte mit „jó napot" und legte den „Friss Ujság", in dem er gelesen, aus der Hand* (E. E. Kirsch, Der rasende Reporter 189). →**Verschleißer.**

Tabatiere, die; -, -n [...ˈti̯ɛːʀ] ⟨franz.⟩: bedeutet österr. „Zigarettendose, Tabakdose"; im Binnendt. gibt es nur die ältere Bedeutung „Schnupftabakdose": *zunächst wuzelte er eine Zigarette über der hübschen Silbertabatière* (H. Doderer, Die Strudlhofstiege 65).

Tableau, das; -s, -s [...ˈblo:] ⟨franz.⟩: bedeutet österr. auch a) „Übersichtliche Zusammenstellung von einzelnen Tafeln, die einen Vorgang darstellen": *ein Tableau über die Verarbeitung von Eisen.* b) (veraltet) „Tafel, auf der die Mieter des Hauses verzeichnet sind": *suchte er im Hausflur auf dem sogenannten ‚Tableau' den Namen des Dr. Eptinger* (H. Doderer, Wasserfälle 38).

tachinieren, tachinierte, hat tachiniert (ugs.): „[während der Arbeitszeit] untätig herumstehen, faulenzen": *am Freitag haben wir tachiniert; In meinen Dienstjahren beim General hatte ich mir eine gewisse Erfahrung in der militärischen Vojage, Tachinieren nannte man es ..., angeeignet* (H. Habe, Im Namen des Teufels 44).

Tachinierer, der; -s, - (ugs.): „Faulenzer; jmd., der jede Gelegenheit benutzt, um einer Arbeit auszukommen; Drückeberger": *Ein Feschak is er, das is wahr. Aber ein Tachinierer* (K. Kraus, Menschheit I 112).

Tachinose: *(ugs., scherzh.)* **chronische Tachinose:** „Faulheit".

Tafelspitz, der; -es, -e: „Rindfleisch von der Hüfte, das gekocht wird und in der Suppe zum Tisch kommt": *Nach der Suppe trug man den garnierten „Tafelspitz" auf, das Sonntagsgericht des Alten seit unzähligen Jahren* (J. Roth, Radetzkymarsch 22).

Täfer, das; -s, -: das schweizerische Wort für „Getäfel" kommt auch im österr. Bundesland Vorarlberg vor: *daselbst liest man im Täfer die Jahreszahl 1527* (Vorarlberger Nachrichten 2. 11. 1968).

Taferlklasse, die; -, -n (ugs.): „erste Volksschulklasse": *grad wie ich in der letzten Klass' mit'n Esel 'n Hals rausg'standen*

bin, hat sie in der Tafelklass' ihren ersten Tatzen kriegt (L. Anzengruber, Der Meineidbauer 13); *Taferlklasse im Gärtnerhaus. Da war ein leerer Raum, zur Not auch heizbar* (G. Fussenegger, Zeit des Raben – Zeit der Taube 159).

Taferlklaßler, der; -s, - (ugs.): „Schulanfänger, Schüler der ersten Volksschulklasse": *Dasselbe gilt für die Regierung, wenn sie das Parlament wie einen Taferlklaßler behandelt* (Die Presse 9. 6. 1969).

Tagbau, der; -[e]s, -e: österr. (und süddt., schweiz.) Form für binnendt. „Tagebau". Ebenso: **Tagblatt:** *Sie las täglich ... den Annoncenteil des „Tagblatts" gründlich durch, um zu wissen, was in der Welt vorgeht* (E. Canetti, Die Blendung 21); **Tagdieb:** *dein ganzer Wirkungskreis besteht darin, daß du ein Tagdieb bist, da kann sie natürlich kein'n Respekt haben* (J. Nestroy, Faschingsnacht 184), daneben ist aber auch die binnendt. Form „Tagedieb" üblich; **Taggeld, Taglohn, Taglöhner:** *Der Sachverständige in diesem Fach, Taglöhner Hermann Answi ... gab kein Gutachten ab* (A. Drach, Zwetschkenbaum 106); **Tagraum:** binnendt. „Tagesraum"; **Tagreise.**

Tagsatzung, die; -, -en: Amtsspr. bedeutet in Österr. „behördlich bestimmter Termin; Gerichtstermin" (in der Schweiz: „Tagung der Ständevertreter"): *Tagsatzung zum Abschluß eines Ausgleichs* (Wiener Zeitung, 18. 9. 1980).

Tagsatzungserstreckung, die; -, -en: Amtsspr. „Verschiebung eines [Gerichts]termins". →**erstrecken.**

Tagsatzungsversäumnis, das; -ses, -se: Amtsspr. „Versäumnis eines [Gerichts]termins".

Tagwache, die; -, -n: a) „Zeitpunkt, an dem die Soldaten geweckt werden": *um 5 Uhr ist Tagwache; Lassen S' den Mann abtreten. Überzeit bis zur Tagwach* (H. Doderer, Die Dämonen 577). b) „Weckruf der Soldaten" (auch schweiz.).

Taille, die; -, -n ⟨franz.⟩: wird österr. [tailjə] ausgesprochen, im Binnendt. [ˈtaljə].

tak ⟨lat.⟩ (ugs.): „ritterlich, anständig": *Laß ih gehn", sagte Niki und klopfte Leonhard auf den Rücken, „er is a taker Bursch ..."* (H. Doderer, Die Dämonen 654).

Takelage, die; -, -n: wird österr. [take'la:ʒ] ausgesprochen, ohne Endungs-e.

talmi ⟨franz.⟩ /Adj., nur prädikativ/ (ugs.): „unecht": *das ist talmi.*

Talon, der; -s, -s ⟨franz.⟩, „Kartenrest [beim Geben]": wird in Österr. [ta'lo:n] ausgesprochen.

Talschaft, die; -, -en: das schweizerische Wort für „die Bewohner eines Tals" kommt auch im österr. Bundesland Vorarlberg vor: *So man die künftige Sicherung des Existenzraumes für diese Talschaft nicht jeweils dem Zufall überlassen ... wolle* (Vorarlberger Nachrichten 21. 11. 1968).

Tampon, der; -s, -s ⟨franz.⟩, „[Watte]bausch": wird in Österr. [tam'po:n] ausgesprochen.

Tandelmarkt, der; -[e]s, ...märkte: österr. für binnendt. „Tändelmarkt, Trödlermarkt": *Er stöberte am ‚Tandelmarkt' herum (so nannte man den damals noch bestehenden Altwarenmarkt der Stadt)* (H. Doderer, Die Dämonen 491); *in die Middlesex-Street, die am Sonntag der Tandelmarkt mit lautem Gewoge erfüllt* (E. E. Kisch, Der rasende Reporter 12).

Tandler, der; -s, - (ugs.): „Trödler" (auch bayr.). → **Schmähtandler, Tandelmarkt.**

Tanzerei, die; -, -en (ugs.): „Tanzveranstaltung": *Damals, als er hierher versetzt wurde, war bei mir am 8. Jänner eine Tanzerei, na, Hausball kann man nicht sagen* (H. Doderer, Die Dämonen 355).

tapezieren, tapezierte, hat tapeziert: bedeutet österr. auch „(Möbel) mit Stoff überziehen".

Tapir, der; -s, -e ⟨indian.⟩: der Name des Tieres wird österr. auf der zweiten Silbe betont, im Binnendt. auf der ersten.

Tapperl, das; -s, -n (ugs.): „leichter Schlag mit der Hand, bes. beim Fangenspiel".

Tarock, das; -s, -s ⟨ital.⟩: ist in Österr. immer Neutrum, im Binnendt. auch Maskulinum.

Taschelzieher, der; -s, - (veraltend, bes. Wien, ugs. salopp): „Taschendieb": *Der Pülcher ... A Hur san S', mirken S' Ihna das! Die Prostituierte: A Taschelzieher san S'* (K. Kraus, Menschheit 41).

Taschenfeitel, der; -s, - (ugs.): „einfaches Taschenmesser": *schnipselt auch der Enkel mit seinem Taschenfeitel an einem Stück Holz herum* (B. Frischmuth, Kai 148).

Tascherl, das; -s, -n (auch bayr.): **a)** „kleine [Hand]tasche". **b)** „[mit Marmelade] gefüllte Mehlspeise" (auch bayr.): *Die Brösel in der Butter goldbraun rösten, die Tascherln damit überziehen und mit Zukker bestreuen* (Kronen-Zeitung-Kochbuch 283). → **Powidltascherl, Tatschkerl, Topfentascherl.**

Tätschen → Tetschen.

Taschner, der; -s, -: „Taschenmacher" (auch süddt.).

Tasse, die; -, -n: bedeutet österr. auch „Tablett": *das Geschirr mit einer Tasse wegtragen.*

Tatl, der; -s, -[n] (ugs., abwertend): „Greis" (auch bayr.): *Ich hoffe nix mehr, und erinnere mich an vieles, ergo alt; uralt; Greis; Tatl* (J. Nestroy, Der Zerrissene 510). → **Tattedl.**

Tatschkerl, das; -s, -n: bes. in Wien vorkommende Form für → „Tascherl".

Tattedl, Thaddädl, der; -s, -[n] (ugs., abwertend): „willensschwacher, einfältiger Mensch": *Einen französischen Grafen. Ein alter Tattedl. Sie hat ihn beerbt* (H. Doderer, Die Dämonen 607). → **Tatl.**

Tau: **(ugs.) keinen Tau von etwas haben:* „keine Ahnung von etwas haben".

Taubenkobel, der; -s, -: österr. (und süddt.) auch für „Taubenschlag": *Da hab ich die Ehre, meine Familie aufzuführen. Eins – zwei – drei – vier, und der fünfte sitzt am Taubenkobel oben* (F. Raimund, Der Verschwender 580). → **Kobel.**

Taubenkotter, der; -, - (ugs.): „Taubenschlag": *... war mit einem Stock zum Taubenkotter gegangen und hatte gegen die Bretterwand geschlagen* (G. Roth, Ozean 65). → **Kotter.**

Taufmatrikel, die; -, -n: Amtsspr. „Taufregister". → **Matrikel.**

taugen, hat getaugt: bedeutet österr. (und bayr.) ugs. in der Fügung **jmdm. taugt etwas:** „jmdm. tut etwas wohl, etwas ist jmdm. angenehm": *Die beiden Höfe sollen in eins, aber auf eine Art, die mir taugt* (L. Anzengruber, Der Meineidbauer 47).

Tausende und Abertausende → Aberhunderte.

Tausendsassa, der; -s, -[s]: österr. (und schweiz.) Schreibung für binnendt. „Tausendsasa".

Taxler, der; -s, - (ugs.): „Taxifahrer": *Strip tease mit blauem Auge. Taxler fehlen 1000 Schilling* (Express 4. 10. 1969, Überschrift).

Team, das; -s, -s: bedeutet österr. auch „[Fußball-]Nationalmannschaft": *Viel Lob für unser Team* (Kronen-Zeitung 4. 4. 1980). Dazu: **Teamchef, Teamkeeper, Teamkoch, Teamstürmer.**

Teamleiberl, das; -s, -n (ugs.): Sport „Platz in der Nationalmannschaft": *Herr Alge hat Starek nicht geholt, Gustl erhielt die Auslandsfreigabe – und lechzt heute nach dem Teamleiberl* (Kronen-Zeitung 6. 10. 1968). →**Leiberl.**

Technik, die; -: Kurzwort für „technische Universität": *Mein seliger Mann, der hat einen Ingenieur gekannt, einen Professor von der Technik hier in Wien* (H. Doderer, Die Dämonen 901). →**Psychiatrie.**

Teebäckerei, die; -, -en: österr. meist für „Teegebäck". →**Bäckerei.**

Teebutter, die; -: österr. Bezeichnung für binnendt. „Markenbutter": *Zubereitet aus Gervais, Brimsen, reiner Teebutter und zarten Gewürzen* (Die Presse 21./22. 6. 1969, Anzeige).

Teehäferl, das; -s, -n: „größere Teetasse": *... während sich die klammen Finger noch an den groben Teehäferln wärmten* (B. Frischmuth, Sophie Silber 180). →**Häferl.**

Teeschale, die; -, -n: österr. auch für „Teetasse": *wo helga schritt sitzt kaltschmidt deutlich sichtbar und hält eine teeschale in der hand* (O. Wiener, Die Verbesserung von Mitteleuropa CXXXI). →**Schale.**

Teeseiherl, das; -s, -n: „Teesieb". →**Seiherl.**

Teletext: österr. Bezeichnung für das in Deutschland übliche „Videotext".

Tellerfleisch, das; -es: „gekochtes Schweine- oder Rindfleisch, das in Stücke geschnitten in der Suppe serviert wird, bes. als Zwischenmahlzeit": *Zum Gabelfrühstück gönn ich mir / ein Tellerfleisch, ein Krügel Bier* (J. Weinheber, Der Phäake 49).

tentieren, tentierte, hat tentiert ⟨lat.⟩ (ugs.): bedeutet österr. „beabsichtigen": *was tentierst du denn?; Was ich nur an mir habe, daß alle Menschen so tentiert sind, mir eine Lektion zu erteilen* (H. Hofmannsthal, Der Schwierige 23).

Tepp, Depp, der; -en, -en (ugs.): Schimpfwort, „Dummkopf" (auch süddt., schweiz.): *Redaktionsdiener ist er, und von denen hat er sich's abkaufen lassen! So ein Tepp!* (H. Doderer, Die Dämonen 955); *zu was die Dorftrotteln Bänke brauchen ..., Trottel, Tepp* (G. F. Jonke, Geometrischer Heimatroman 116). Das Wort wirkt in Österr. stärker abwertend als im Binnendt.

teppert (ugs.): „einfältig, dumm, blöd": *Tepperter Bua! Wannst eh scho drin warst* (F. Torberg, Die Mannschaft 74).

Terno, der; -s, -s ⟨ital.⟩: österr. Form für binnendt. „die Terne; Gruppe von drei Zahlen im Lotto": *An euch drei hab' ich wirklich einen echten Terno g'macht* (J. Nestroy, Der Zerrissene 510). →**Ambo.**

Terpentin, der; -s, -e ⟨lat.⟩: ist in Österr. Maskulinum; binnendt. „das Terpentin" ist selten und gilt als umgangssprachlich.

Terrakotta, die; -, ...tten ⟨ital.⟩: österr. nur so gebrauchte Form, im Binnendt. auch „Terrakotte".

Tertia, die; -, ...ien ⟨lat.⟩: Schule (veraltend) „dritte Klasse des Gymnasiums": *Zur Eröffnung unserer neuen Sportanlagen luden wir die dritten Klassen ... zu einem Rundspiel ein, an dem auch unsere Tertia teilnahm* (Freinberger Stimmen, Dezember 1968). **Tertianer,** der; -s, -: *Aber Fredi ... hat den Tertianer zum Bruder und steht daher mit den Mittelschülern in vertrautem Umgang* (F. Torberg, Die Mannschaft 23).

Tetschen, Tätschen, Dätschen, Detschen, die; -, - (ugs., salopp): „Ohrfeige".

Thaddädl →**Tattedl.**

Thematik, die; -, -en: wird österr. mit kurzem a gesprochen, binnendt. mit langem.

Thuje, die; -, -n ⟨griech.⟩, „Lebensbaum": österr. meist so gebrauchte Form für binnendt. „Thuja".

Tingeltangel, das; -s, -: wird österr. auf der dritten Silbe betont (binnendt. auf der

181

ersten) und ist Neutrum (binnendt. auch Maskulinum).

Tippel, Dippel, der; -s, (ugs.): „Beule": ... *fiel ein schwerer Koffer aus dem Gepäcknetz geradezu auf sein Haupt. Der benommene Schwul griff nach dem frisch erworbenen Tippel* (A. Drach, Zwetschkenbaum 201).

tirolerisch: österr. Form für binnendt. „tirolisch": *Den Konsonanten k in dem Eigennamen ,Etelka' hatte er ganz tirolerisch hart gesprochen* (H. Doderer, Die Strudlhofstiege 70).

Titan, der; -en, -en ⟨griech.⟩: österr. nur so gebrauchte Form, im Binnendt. auch „Titane".

Tobel, der; -s, -: „enge [Wald]schlucht" (auch süddt., schweiz.): *Allerdings ist es nicht empfehlenswert, den Leseweg für den Auf- und Abstieg zu wählen, da sich in den abschüssigen Tobeln gern Eisflecken bilden, die eine überaus ernste Gefahr für den Wanderer bedeuten* (Vorarlberger Nachrichten 23. 11. 1968).

Todel →Dodel.

Toiletteartikel, der; -s, -: österr. Form (sonst selten) für binnendt. „Toilettenartikel"; das Endungs-e von Toilette wird nicht gesprochen. Ebenso: **Toilettepapier, Toilette[papier]rolle, Toiletteraum, Toiletteseife, Toilettespiegel, Toilettetisch:** *„Gib mir meine Handtasche". Mit einer herrischen Geste deutete sie nach ihrem Toilettetisch* (F. Torberg, Hier bin ich, mein Vater 172).

Tonnage, die; -, -n ⟨franz.⟩: wird in Österr. [tɔ'naːʒ] ausgesprochen, also ohne Endungs-e.

Topas, der; -es, -e: wird in Österr. meist auf der ersten Silbe betont, im Binnendt. auf der zweiten.

Topfen, der; -s: österr. (und bayr.) für binnendt. „Quark": *Liptauer ... Zum passierten Topfen gibt man Butter, Salz, Pfeffer, Kümmel ...* (R. Karlinger, Kochbuch 61); *von der frischen süßen* [Milch] *bis zu der, in welcher sich schon der Topfen von der Milch schied* (G. Fussenegger, Das Haus der dunklen Krüge 156). →**Speisetopfen.**

Topfenfülle, die; -, -n: Küche „Füllung aus Quark" (auch bayr.): *Den restlichen*

Mürbteig auswalken und in Streifen schneiden, die gitterartig über die Topfenfülle gelegt werden (Kronen-Zeitung-Kochbuch 351). →**Fülle, Topfen.**

Topfenknödel, der; -s, -: „Kloß/Knödel aus einem Teig aus Butter, Ei, Quark, Brösel, manchmal auch Grieß". →**Topfen.**

Topfenkolatsche, die; -, -n: „Kolatsche mit Quarkfüllung". →**Kolatsche, Topfen.**

Topfenneger, der; -s, - (ugs., scherzhaft): „Mensch mit blasser oder noch nicht gebräunter Haut".

Topfenpalatschinke, die; -, -n /meist Plural/: „Palatschinke (Eierkuchen) mit Quarkfüllung": *Spezialitätenwoche ... Samstag: „Wien bleibt Wien", vom Wiener Schnitzel bis zur Sachertorte und zu Topfenpalatschinken* (Vorarlberger Nachrichten 13. 11. 1968). →**Palatschinke, Topfen.**

Topfenstrudel, der; -s, -: Küche „Strudel mit Quarkfüllung" (auch bayr.). →**Strudel, Topfen.**

Topfentascherl, das; -s, -n: „mit Quark gefüllte Mehlspeise" (auch bayr.). →**Tascherl, Topfen.**

törggelen /nur im Infinitiv/: „zur Weinlesezeit in Straußwirtschaften neuen Wein trinken": *törggelen gehen.* Das Südtiroler Wort ist auch in Österreich in Zusammenhang mit der Südtiroler Weinlese bekannt. Dazu: **Törggelenfahrt.**

törisch (mdal.): „taub" (auch bayr.).

Törl, das; -s, -: „Felsendurchgang, Paß"; bes. auch in Ortsnamen: *Fuscher Törl, Kapruner Törl.*

Tormann, der; -[e]s, ...männer: Sport ist die in Österr. hauptsächlich gebrauchte Form, während binnendt. „Torhüter" selten, „Torwart" fast nie verwendet wird: *Die Angst des Tormanns beim Elfmeter* (P. Handke, Buchtitel).

Totschlag, der; -s: bedeutet in der österr. Rechtssprache svw. „fahrlässige Tötung", in Deutschland „vorsätzliche Tötung ohne Mordmerkmale".

tour-retour ['tuːɐ̯reˈtuːɐ̯] ⟨franz.⟩: „hin und zurück (bei der Bahn)": *die Fahrt kostet tour-retour 120 Schilling.*

Trabukko, die; -, -s ⟨span.⟩ (veraltet): „eine Zigarrensorte", auch allgemein für

"Zigarre": *Eine Trabukko und eine Extrausgabe!* (K. Kraus, Menschheit I 26).

Trafik, die; -, -en ⟨franz.⟩: bes. österr. für „Tabakladen", Kurzform zu →„Tabaktrafik": *In Wien können Sie bis jeweils Dienstag die Einsendungen auch in Ihrer Trafik oder bei Ihrem Zeitungshändler abgeben* (Express 2. 10. 1968); *die erste Lektüre erfolgt auf dem morgendlichen Schulweg, im Gehen, von der Trafik am Dunkerplatz bis zur Ecke Roß- und Feistelgasse* (F. Torberg, Die Mannschaft 89).

Trafikant, der; -en, -en: „Besitzer einer Trafik": *... daß sowohl die Sanierung der Austria-Tabakwerke AG., als auch die Aufbringung der dreimal erhöhten Tabaksteuer auf Kosten der Trafikanten gegangen sei* (Wochenpresse 13. 11. 1968).

Trafikantin, die; -, -nen: „Besitzerin einer oder Verkäuferin in einer Trafik": *Ich entsann mich sofort: es war der Name einer hübschen Trafikantin, bei der ich offenbar diese Zigaretten gekauft hatte* (J. Roth, Die Kapuzinergruft 86).

Tragbutte, die; -, -n: „hölzernes Traggefäß". →Butte.

Traidboden, der; -s, ...böden (mdal.): „Getreidespeicher": *Du bist ja närrisch. Wie kommt denn auf mein Traidboden a Hochgericht* (J. Nestroy, Der Zerrissene 538).

Traidkasten, der; -, ...kästen (mdal. und in der Volkskunde): „Getreidespeicher [in Form eines einzeln stehenden Blockhauses]".

Train, der; -s, -s ⟨franz.⟩, „Troß": wird in Österr. [trɛ:n] ausgesprochen, im Binnendt. [trɛ̃:].

Trajan: der Name des römischen Kaisers wird in Österr. auf der ersten Silbe betont, im Binnendt. auf der zweiten. Ebenso: **Trajanssäule, Trajanswall.**

Tram I. Tram, der, -[e]s, -e/Träme: „Balken": *Da lacht der schwarze Mann, daß's 'n Bauer im Bett z'sammbeutelt hat, und hebt sich am Betteck so hoch, daß er an die Tram oben anstoßt* (L. Anzengruber, Der Meineidbauer 78). **II. Tram,** die; -, -s: →„Tramway".

Tramboden, der; -s, ...böden: „ganz aus Holzbalken gefertigte Decke (nicht nachträglich in einen Raum mit Betondecke

eingezogene Balken), z. B. in alten Bauernhäusern".

Tramdecke, die; -, -n: „[rustikale] Balkendecke": *Wand- und Deckenverkleidungen, Tramdecken, handgeschnitzt* (aus einem Tischlereiprospekt).

tramhapert (mdal.): **a)** „unausgeschlafen": *du schaust noch ganz tramhapert drein.* **b)** „unkonzentriert, geistesabwesend": *seit mein' Vroni tot is und die jung' Leut' weg, bin ich nur älter und tramhaperter word'n* (L. Anzengruber, Der Meineidbauer 31).

Trampel, der; -s, -: ist in Österr. nur Maskulinum, im Binnendt. auch Neutrum.

Tramway, die; -, -s ['tramvai] (bes. in Wien): **a)** „Straßenbahn": *Daß die Tramway ... die steil ansteigenden Bedürfnisse des Massenverkehrs zu erfüllen vermocht hat* (auto touring 2/1979). **b)** „Straßenbahnwagen": *... in die hintere Tramway einsteigen.*

transchieren, transchierte, hat transchiert ⟨franz.⟩: in Österr ist auch die eingedeutschte Form üblich neben „tranchieren": *... habe seine Frau ein Stück Fleisch ... transchiert* (Die Presse 21. 7. 1969). Ebenso: **Transchiermesser.**

transferieren, transferierte, hat transferiert ⟨lat.⟩: bedeutet österr. in der Amtsspr. „dienstlich versetzen": *Man wird sie zu anderen Regimentern transferieren* (J. Roth, Radetzkymarsch 81).

Transferierung, die; -, -en ⟨lat.⟩: bedeutet österr. „dienstliche Versetzung": *In diesem Zustand befand er sich, als er seinem Vater den Ausgang des Duells mitteilte und seine unumgängliche Transferierung zu einem anderen Regiment ankündigte* (J. Roth, Radetzkymarsch 85).

Transit, der; -s, -e: wird österr. mit kurzem i gesprochen, binnendt. Transit, Transit oder Transit.

Trauerparte, die; -, -n: „Todesanzeige". →Parte, Partezettel.

Trauminet, der; -s, -e (ugs.): „Feigling".

Trauner, der; -s, -: „flaches Lastschiff".

Trauungsmatrikel, die; -, -n: Amtsspr. „Trauregister". →Matrikel.

Travnicek, der; -s, -s ⟨tschech., nach einer Kabarettfigur⟩ (ugs.): „jmd., der die Gewohnheiten eines Banausen oder

Kleinbürgers in typischer Weise zur Schau trägt, bes. jmd., der für das im Ausland Gebotene nicht das geringste Interesse zeigt": *Travnicek am Mittelmeer, Travnicek studiert ein Plakat* usw. (Titel von Kabarettnummern von H. Qualtinger/C. Merz); *es sind gerade die Travniceks, die Travnicek am liebsten zitieren* (Die Presse 3. 5. 1969).

Treppelweg, der; -[e]s, -e: österr. für binnendt. „Treidelweg": *Befahren des Treppelweges verboten* (Aufschrift).

Triangel, das; -s, - ⟨lat.⟩: wird in Österr. auf der zweiten Silbe betont, im Binnendt. auf der ersten.

Triebwagengarnitur →Garnitur.

Trimesterausweis, der; -es, -e (veraltend): Schule „Trimesterzeugnis". →Ausweis.

trischacken, [auch: ...**a**...] trischackte, hat getrischackt (ugs., salopp): „verprügeln, schlagen": *Auch an eine „Lokalisierung" des Kriegs, die Österreich erhofft hatte, weil es ungestört von der Welt Serbien trischacken wollte, war nicht zu denken* (K. Kraus, Menschheit I 325).

Triste, die; -, -n: „um eine hohe Stange angelegter großer Heu- oder Strohhaufen" (auch bayr., schweiz.). →**Heutriste, Holztriste, Strohtriste.**

Tröpferlbad, das; -[e]s, ...bäder (ugs., bes. in Wien): „öffentliche Badeanstalt ohne Schwimmbecken, also Brause- und Wannenbad".

Tropfrein, die; -, -en: „siebartiges Küchengerät, Durchschlag". →**Rein.**

Tropfteig, der; -[e]s: „sehr flüssiger Teig, der als Einlage in die kochende Suppe getropft wird": *Dann läßt man den Tropfen fadendünn in die kochende Rindsuppe einlaufen* (R. Karlinger, Kochbuch 30). →**Eingetropfte.**

Trud, die; -: „Gestalt des Volksglaubens, Tretgeist, Alpdruck": *Sonst ist das nur bei beängstigenden Träumen der Fall, oder wenn die Trud –* (J. Nestroy, Der Zerrissene 524).

Trumm, das; -s, Trümmer (ugs.): „großes Stück" (auch bayr.): *Sein Strich ist zart, obwohl der, der ihn führt, ein Trumm Mannsbild darstellt* (Die Presse 15. 11. 1968). Häufig in Zusammensetzungen:

Holztrumm, Eisentrumm: *die abgebildete Skulptur war nichts anderes als das rostige Eisentrumm* (A. Brauer, Zigeunerziege 65).

tschali →tschari.

Tschapperl, das; -s, -n (ugs.): „[junger] unbeholfener Mensch": *Die Ziehmutter ... bezeichnete* [sie] *als „Tschapperl", dem sie nicht einmal den Haustorschlüssel geben dürfe, weil das Mädchen so unselbständig und dem Leben nicht vollständig gewachsen sei* (Die Presse 5. 1. 1979).

tschari, tschali (ugs., Wien): *tschari gehen: „verloren gehen".

Tschecherl, Tschocherl, das; -s, -n (ugs., bes. in Wien): (abwertend) „kleines Café": *Wir geh'n jetzt hier in ein Tschecherl, einen Sliwowitz trinken – den brauch' ich nach dieser Gesellschaft – und von dort telephonier ich um den Wagen* (H. Doderer, Die Dämonen 1109).

tschechern, hat tschechert (ugs., salopp): „schwer arbeiten, sich plagen". →Tschoch (I).

Tschernken →Schernken.

Tschibuk, der; -s, -s ⟨türk.⟩, „lange Tabakpfeife": wird in Österr. auf der ersten Silbe betont, im Binnendt. auf der zweiten.

Tschick, der; -s, - ⟨ital.⟩ (ugs.): **a)** (abwertend) „Zigarettenrest": *er hat den Tschick auf den Boden geworfen.* **b)** (salopp) „Zigarette": *versoffne Tippler, gierig auf an Tschik* (J. Weinheber, Kalvarienberg 40); *hast du keinen Tschick für mich?*

tschinageln, tschinallen, hat tschinagelt (ugs., salopp, bes. Wien): „arbeiten".

Tschinagler, Tschinaller, der; -s, - (ugs., salopp, bes. Wien): „Arbeiter": *a paar rote Tschinölla, also Arbeiter* (korrekt, Dez. 1976).

Tschinelle, die; -, -n ⟨ital.⟩: Musik österr. für binnendt. „Becken": *Die meisten begannen mit einem Trommelwirbel, enthielten den marsch-rhythmisch beschleunigten Zapfenstreich, ein schmetterndes Lächeln der holden Tschinellen und endeten mit einem grollenden Donner der großen Pauke* (J. Roth, Radetzkymarsch 18).

Tschoch, der; -s **I.** (emotional verstärkend, ugs.): „Mühe, Anstrengung": *heute habe ich zehn Kübel Kohlen aus dem Keller* *in den vierten Stock getragen, das war ein Tschoch.* II. →„Tschecherl".

Tschecherl →Tschecherl.

Tschurtschen, die; -, - (bes. Ktn., Tir.): „Fruchtzapfen der Nadelhölzer, bes. Kiefernzapfen": *ein Feld mit Tschurtschen* (P. Rosei, Daheim 134). Dazu: **Tschurtschenschnaps, Tschurtschengeist.**

Tschusch, der; -en, en ⟨slaw.⟩ (ugs., abwertend): „Fremder aus einem [angeblich] wenig kultivierten Land"; das Wort wird – je nach Situation – für die Bewohner Südosteuropas oder des Vorderen Orients gebraucht: *Eines Tages sagt ma mir: „Wissen S', wer oben war? A Fremdarbeiter! A Ausländer! A Tschusch!"* (H. Qualtinger/C. Merz, Der Herr Karl 18).

Tuberkel, die; -, -n ⟨lat.⟩: österr. auch neben: der; -s, -.

tuberkulos: österr. veraltend für „tuberkulös".

Tuchent, die; -, -en: „mit Federn gefüllte Bettdecke" (auch bayr.): *aus den Leintüchern, Tuchenten und Decken die vergangene Nacht ausschütteln* (G. F. Jonke, Geometrischer Heimatroman 75); *Die Hitze stand sofort wie eine Mauer aus Tuchenten um Anny, nach der Kühle des Schankraumes* (H. Doderer, Die Dämonen 1213).

Tuchentzieche, die; -, -n (ugs.): „Tuchentüberzug". →**Tuchent, Zieche.**

tulli /Adverb/ (ugs., emotional verstärkend): „sehr gut; ausgezeichnet": *Weißt also, gestern hab ich mir eine fesche Polin aufzwickt – also tulli* (K. Kraus, Menschheit I 107); *bekanntlich kommt in Wien die Musi vor dem Wein und lange vor dem tulli gstellten Madl* (Die Presse 20. 6. 1969).

tummeln sich; tummelte sich, hat sich getummelt (ugs.): bedeutet österr. „sich beeilen, sputen": *Jetzt hör auf! ... Tummle dich! – Jesus, deine Gähnerei!* (R. Billinger, Der Gigant 297); *Also – tummel dich gefälligst!* (M. Lobe, Omama 79).

Tunell, das; -s, -e ⟨franz.⟩: bes. österr. (und süddt., schweiz.) auch für „der Tunnel".

Tupf, der; -[e]s, -e: österr. (und süddt., schweiz.) Form neben binnendt. „Tupfen; Punkt".

Tüpfel, das; -s, -, „Pünktchen": ist in

Österr. Neutrum, im Binnendt. auch Maskulinum. →**I-Tüpfel.**

Türken, der; -s (ugs., bes. in Kärnten und der Steiermark): „Mais".

Türkensterz, der; -: „in Fett geröstete und zerkleinerte Speise aus Mais". →**Sterz, Türken.**

Turnsaal, der; -es, ...säle: österr. meist für binnendt. „Turnhalle": *die größeren Räume des anderen Traktes dienten als Musik-, Turn- und Vortragssäle* (F. Torberg, Hier bin ich, mein Vater 47); *Turnsäle und Sportplätze ... sind bei allen Neubauten vorgesehen* (Die Presse 18. 4. 1969).

Turnus, der; -ses, -se ⟨lat.⟩: bedeutet österr. auch „Arbeitsschicht": *Er soll vielmehr den Inhalt der Nachrichten, die ihm während seines Turnusses im Chiffrier- und Übersetzungsdienst bekannt wurden, aus dem Gedächtnis ... weitergeleitet haben* (Die Presse 25. 4. 1969).

Türschnalle, die; -, -n: „Türklinke": *mit dem muß ich die Konversation so führen, daß er, wenn er die Türschnallen in der Hand hat, sich gescheit vorkommt, dann wird er auf der Stiegen mich gescheit finden* (H. Hofmannsthal, Der Schwierige 8). →**Schnalle.**

Türstaffel, der; -s, - und die; -, -n (ugs.): „Türschwelle".

Türstock, der; -[e]s, ...stöcke: „[Holz]einfassung der Türöffnung, in welche die Tür eingehängt wird": *auf der Brücke selbst je ein Türstock ..., in den Türstöcken Holztüren* (G. F. Jonke, Geometrischer Heimatroman 36). Im Binnendt. kommt das Wort nur im Bergbau vor.

Tusch, der; -es, -e ⟨franz.⟩: österr. ugs. auch für „die Tusche": *er hat den Tusch ausgeschüttet; mit Tusch zeichnen.*

Type, die; -, -n ⟨franz.⟩: ist in Österr. der vorwiegende Ausdruck für „Bauart, Typus (von Fahrzeugen u. ä.)", im Binnendt. ist dieser Gebrauch selten: *Inzwischen ist diese Type bereits in den Liniendienst eingesetzt worden* (Die Presse 9. 12. 1969).

typisieren, typisierte, hat typisiert: bedeutet österr. auch: „prüfen und bestätigen, daß ein Gerät den Normen entspricht, und die Benutzungserlaubnis ausstellen": *ein Fahrzeug, Elektrogerät typisieren.*

U

über: steht (bes. in der österr. Amtsspr.) in manchen Fügungen für binnendt. „auf", z. B. **über Antrag/Wunsch** usw.: „auf Antrag/Wunsch": *Über seine Bitten, allerdings entgegen den Verfügungen der Vorgesetzten, hatte ihm der Wärter Joachim Knapp seinen Binkel und seine Zivilkleidung ... gebracht* (A. Drach, Zwetschkenbaum 33); *Nachdem er sich über Zureden des schwächlich aussehenden Kondukteurs ein wenig beruhigt hat* (K. Kraus, Menschheit I 93); *Nachdem über Antrag des Kassaprüfers A. S. der Kassier entlastet worden war ..., schritt der Obmann zum nächsten Punkt* (Vorarlberger Nachrichten 30. 11. 1968); *Über Vorschlag des Vereins wurde Vorstand F. J. S. ... die Nachbildung der Vereinsfahne überreicht* (Vorarlberger Nachrichten 30. 11. 1968); ... *brachte die Gemeindevertretung über Ersuchen des Bezirksgerichtes Bezau ... W. L. in Vorschlag* (Vorarlberger Nachrichten 26. 11. 1968). ****übers Eck:** „an einer Ecke beginnend; diagonal": [den Teig] *in ca. 10 cm große Quadrate schneiden, ... übers Eck zusammenrollen und Kipferl formen* (Kronen-Zeitung-Kochbuch 337).

überbraten, überbriet, hat überbraten: Küche „mit großer Hitze kurz braten": *überbratenes vom letzten Sonntag* (Salzburger Nachrichten 23. 12. 1978).

Überfallskommando, das; -s, -s: österr. Form für binnendt. „Überfallkommando".

Überfuhr, die; -, -en: „Fähre": *mit der Überfuhr die Donau überqueren.* ***die Überfuhr versäumen/verpassen:** „zu spät dran sein; nicht rechtzeitig Maßnahmen getroffen haben": *Sicher haben* [die Kleinhändler] *„die Überfuhr" verpaßt ... und nicht rationalisiert* (Die Presse 4. 6. 1971).

überhalten, überhielt, hat überhalten (veraltend): „jmdn. übervorteilen; von jmdm. einen zu hohen Preis verlangen": *er ist überhalten worden.*

überhapps, überhaps (ugs.): „ungefähr, annäherungsweise, oberflächlich" (auch bayr.): *Und nun kam gleich überhaps einiges bezüglich Carnuntum, das ja gar nicht*

im Burgenland liegt (H. Doderer, Die Dämonen 981).

überknöcheln, überknöchelte, hat überknöchelt (ugs.): „verstauchen (vom Knöchel oder Fuß)": *er hat sich den Fuß überknöchelt.*

überkochen, überkochte, hat überkocht: Küche „kurz, noch einmal kochen": *die Marmelade überkochen.*

überkühlen, überkühlte, hat überkühlt: Küche „[langsam, ein wenig] abkühlen": *Die Krapfen überkühlen, in die Hälfte schneiden und mit folgender Creme füllen* (Kronen-Zeitung-Kochbuch 313); *Nun schlägt man die Creme noch weiter, bis sie etwas überkühlt ist* (R. Karlinger, Kochbuch 472).

übernächtig: in Österr. nur so gebräuchlich; die im Binnendt. bereits häufigere Form „übernächtigt" ist in Österr. ungebräuchlich: *Nehmen Sie gefälligst Rücksicht auf die ramponierte Verfassung eines Übernächtigen* (F. Torberg, Die Mannschaft 255).

Übernahmsbestätigung, die; -, -en: österr. für binnendt. „Annahmebestätigung".

Übernahmsstelle, die; -, -n: österr. für binnendt. „Annahmestelle".

übernehmen, übernahm, hat übernommen: bedeutet österr. ugs., salopp auch: „übertölpeln, herumkriegen": *I hab Ihna je eh derzählt, wia i s' mitn Schmäh übernommen hab, de Trampeln* (H. Qualtinger/C. Merz, Der Herr Karl 10).

Überschwung, der; -[e]s, ...schwünge: „Uniformgürtel": *Unter dem Wandbrett zeigte sich, über einen kräftigen Haken in der Wand geworfen, ein militärischer Gürtel, ein sogenannter 'Überschwung', mit einer schönen Kartentasche daran und einem Bajonett* (H. Doderer, Die Dämonen 927).

überspielt: bedeutet österr. auch „vom häufigen Spielen abgenützt, nicht mehr neu": *ein überspieltes Klavier.*

übertauchen, übertauchte, hat übertaucht (ugs.): „[(eine kleinere Krankheit) ohne Behandlung] überstehen": *er hat die*

Grippe übertaucht; Er wird den Arrest schon übertauchen (G. Kreisler, Lieder zum Fürchten 10).

übertragen: bedeutet österr. auch „abgenützt, nicht mehr neu, gebraucht": *übertragene Kleidung; er hat den Fotoapparat übertragen gekauft.*

übertrocknen, übertrocknete, hat übertrocknet: „[langsam, an der Oberfläche] trocken werden": *die Äpfel übertrocknen lassen.*

überwälzen, überwälzte, hat überwälzt: bedeutet österr. auch „abwälzen": *die Baukosten der Straße wurden auf die Gemeinden überwälzt.*

überweisen, überwies, hat überwiesen: bedeutet österr. selten auch „überführen": *der überwiesene Dieb.*

überwindeln, überwindelte, hat überwindelt: „bei einem Stoff die [ausgefransten] Ränder einfassen, indem man sie mit einfachen Stichen ausnäht": *einen Saum überwindeln.*

Überwurf, der; -[e]s, ...würfe: bedeutet österr. auch „Zierdecke": *ein Überwurf über die Betten; die Rosen schienen sich das Wort gegeben zu haben, alle zur selben Zeit aufzubrechen, um das Haus in einen Überwurf der reizendsten Farbe und in eine Wolke der süßesten Gerüche zu hüllen* (A. Stifter, Der Nachsommer 43).

überziehen, überzog, hat überzogen: bedeutet österr. ugs. auch „begreifen": *er hat es noch immer nicht überzogen.*

Ubikation, die; -, -en (veraltet): „[militärische] Unterkunft": *In einem ähnlichen Zimmer, in den Ubikationen der Laxenburger Invaliden, war der Großvater des Bezirkshauptmanns aufgebahrt* (J. Roth, Radetzkymarsch 107); *ich bin in der Kasern geblieben und auf dem Bankl vor der Ubikation gesessen* (H. Doderer, Die Dämonen 579).

ui je! österr. für binnendt „oje!"

ujegerl (ugs.): „oje": *Mit die Richter hat er geschimpft, ujegerl!* (K. Kraus, Menschheit II 93).

Ultimatum, das; -s, ...ten ⟨lat.⟩: der Plural lautet in Österr. nur Ultimaten, im Binnendt. auch Ultimatums.

um: a) gibt bes. österr. auch bei Verben der Bewegung den Grund an: *wenn er nur*

bis zur nächsten Ecke um ein paar Zeitungen gehen will* (Express 13. 10. 1968). **b)** steht bei Preisangaben statt binnendt. „für": *Biergläser mit Hitlerbild um 100 Schilling das Stück* (Profil 17/1979). **c)** froh um etwas sein →froh.

umadum (mdal.): „herum" (auch bayr.), auch zusammengesetzt mit Verben: *Der Eine sagts dem Anderen, es redt sich umadum* (G. Kreisler, Der Bluntschli 56).

umanand, umananda (mdal.): „umher" (auch bayr.), auch zusammengesetzt mit Verben: *Du wirst dereinst in einem von Einhörnern gezogenen, juwelenstarrenden Stellwagen im Paradiesgarten umanandfahren dürfen* (F. Herzmanovsky-Orlando, Gaulschreck 76).

umdrehen, drehte um, hat umgedreht (ugs.): „umkehren, wenden": *in dieser Straße kannst du nicht umdrehen; wir müssen umdrehen, wir haben etwas vergessen.*

Umfahrung, die; -, -en: bedeutet österr. auch „Umgehungsstraße": *Die neue Umfahrung von Klösterle ... ist verkehrsbereit* (Vorarlberger Nachrichten 30. 11. 1968); *soll die Umfahrung Gröbming fertig werden* (auto-touring 2/1979).

Umfahrungsstraße, die; -, -n: österr. Bezeichnung für binnendt. „Umgehungsstraße": *Um von der Umfahrungsstraße ins Dorf zu gelangen, wurden zwei Zufahrtsmöglichkeiten geschaffen* (Vorarlberger Nachrichten 30. 11. 1968).

Umgang, der; -[e]s, ...gänge (veraltend): „Prozession": *beim Umgang mitgehen.*

ummi (mdal.): „hinüber" (auch bayr.): *Dann bin i ummi zum ... zu de Nazi ... da hab i aa fünf Schilling kriagt* (H. Qualtinger/C. Merz, Der Herr Karl 11); auch zusammengesetzt mit Verben: *spring ummi!*

Umlaufer, der; -s, -: „Umlaufschreiben": *die neue Vorschrift wird durch einen Umlaufer in allen Abteilungen bekanntgemacht.*

umscheiben, hat umgeschoben (mdal.): „überfahren, umstoßen": *Und dann die Auto: Hårmlos gehst – ... då kummt a so a Gfraßt, verstehst, / und scheibt di um* (J. Weinheber, Waast? Net? Verstehst? 43). →scheiben.

umschmeißen, schmiß um, hat umgeschmissen: wird österr. ugs. auch in der

Bedeutung „umwerfen, umstürzen" verwendet: *er, der Wagen hat umgeschmissen.*

umso: die Konjunktion wird in Österr. zusammengeschrieben, im Binnendt. „um so": **umso besser, umso lieber, umso mehr** oder **umsomehr, umso weniger** oder **umsoweniger.**

umstehen, stand um, ist umgestanden: bedeutet österr. (und bayr.) ugs. auch **a)** „verenden, umkommen": *die Zirkusflöh stengan* (stehen) *bald eh um, / denn d' Flöh hat a Pest jetzt dahing'rafft* (J. Weinheber, Wurstelprater 53). **b)** „von einer Stelle wegtreten": *steh ein wenig um, damit ich den Boden kehren kann.*

umtun, hat umgetan: bedeutet österr. ugs., auch „sich beschäftigen mit etwas": *wie die mit dem Kind umtun!; Tu nicht so lang um!* (beeil dich!)

umwindeln, umwindelte, hat umwindelt: →„überwindeln".

unabänderlich: wird in Österr. immer auf der ersten Silbe betont, im Binnendt. häufiger auf der dritten Silbe. Ebenso: **unablässig, unabsehbar, unabsetzbar, unabweisbar, unabweislich, unabwendbar, unangreifbar, unannehmbar, unantastbar, unaufhaltbar, unaufhaltsam, unaufhörlich, unauflösbar, unauflöslich, unaufschiebbar, unaufschieblich, unausbleiblich, unausdenkbar, unausführbar, unauslöschlich, unausrottbar, unaussprechbar, unaussprechlich, unausstehlich, unaustilgbar, unausweichlich.**

unbedingt: bedeutet in der österr. Rechtssprache auch: „ohne Bewährung": *der erst kürzlich wegen Diebstahls zu einer unbedingten Kerkerstrafe verurteilt worden war* (Die Presse 6. 11. 1969); *er bekam 2 Jahre unbedingt.*

unbegreiflich: wird in Österr. immer auf der ersten Silbe betont, im Binnendt. häufiger auf der dritten Silbe. Ebenso: **unbeirrbar, unbekümmert, unbelehrbar, unbenommen, unberechenbar, unberufen, unbeschadet, unbeschränkt, unbeschreiblich, unbesehen, unbesiegbar, unbesieglich, unbestechlich, unbestimmbar, unbestreitbar, unbeträchtlich, unbeugbar, unbeugsam, unbezahlbar, unbezähmbar, unbezwingbar.**

unbetamt (ugs.): „ohne Charme, unfein, gewöhnlich": *Unter Karl VI. hatte man ... eine Art düster gefärbten ... Prunks getrieben, der, mit der frechen Prasserei am Versailler Hof verglichen, eher unbetamt, ja sogar bieder wirkte* (G. Fussenegger, Maria Theresia 120).

undefinierbar: wird in Österr. immer auf der ersten Silbe betont, im Binnendt. häufiger auf der vorletzten Silbe. Ebenso: **undenkbar, undenklich** (im Binnendt. auf der zweiten Silbe), **undurchdringbar, undurchdringlich, undurchführbar.**

uneinnehmbar: wird in Österr. immer auf der ersten Silbe betont, im Binnendt. häufiger auf der vorletzten Silbe. Ebenso: **unentbehrlich, unentgeltlich, unentwegt** (binnendt. auf der letzten Silbe), **unerachtet, unerbittlich, unerfindlich, unerforschlich, unerfüllbar, unergründlich, unerklärbar, unerklärlich, unerläßlich, unermeßlich, unerreichbar, unerreicht** (binnendt. auf der letzten Silbe), **unersättlich, unerschöpflich, unerschütterlich, unerschwinglich, unersetzbar, unersetzlich, unersprießlich, unerträglich, unerweisbar, unerweislich.**

Unfallsbilanz, die; -, -en: österr. Form für binnendt. „Unfallbilanz": *Gegenüber dem ersten Halbjahr 1967 weist die Unfallsbilanz 1968 eine steigende Tendenz auf* (Vorarlberger Nachrichten 23. 11. 1968).

unglaublich: wird in Österr. immer auf der ersten Silbe betont, im Binnendt. häufiger auf der zweiten.

ungustiös (ugs.): „unappetitlich": *aber i hab da vor kurzn mei zweite Gattin g'segn ... de fesche Billeteurin ... i kann Ihna sagn ... de hat aus'gschaut!: schiach ... fett ... direkt ungustiös* (H. Qualtinger/C. Merz, Der Herr Karl 22). →**gustiös.**

Ungustl, der; -s, -n (ugs., salopp): „unsympathischer Mensch". →**ungustiös.**

ungut: kann österr. in der Bedeutung „unsympathisch" auch attributiv gebraucht werden: *ein unguter Kerl.*

Uniform, die; -, -en ⟨lat.⟩: wird in Österr. immer auf der ersten Silbe betont, im Binnendt. auf der letzten Silbe. Das Adjektiv *uniform* hat auch in Österr. Endbetonung.

Unikum, das; -s, ...ka ⟨lat.⟩: der Plural

lautet in Österr. nur Unika, im Binnendt. auch Unikums.

Universitätsprofessor, der; -s, -en: steht in Österr. auch immer dann, wenn es in Deutschland einfach „Professor" heißt, weil dieser Titel in Österr. auch für alle Gymnasiallehrer gilt: *Viele der Menschen, die Blumen und Kränze am Sarg niederlegten, weinten. Universitätsprofessoren hielten die Ehrenwache* (Die Presse 25./26. 1. 1969); *die Mitglieder der Akademien, Universitätsprofessoren, die Forscher, Wissenschaftler* (W. Kraus, Der fünfte Stand 78). → **Professor.**

unlösbar: wird in Österr. immer auf der ersten Silbe betont, im Binnendt. häufiger auf der zweiten Silbe. Ebenso: **unmerklich, unnahbar.**

unrettbar: wird in Österr. immer auf der ersten Silbe betont, im Binnendt. häufiger auf der zweiten Silbe. Ebenso: **unsagbar, unsäglich, unteilbar.**

unter: wird österr. (und süddt.) ugs. auch für „während" verwendet: *Es war unter der Woche, und der Seitenarm des großen Flusses war kaum befahren* (B. Frischmuth, Haschen 43).

unter einem: „zugleich, gleichzeitig": *Die Vereinsleitung ersucht, den beiliegenden Erlagschein zur Einzahlung zu benützen und allenfalls auf demselben vermerkte Rückstände unter einem zu begleichen* (Mitteilungen der Mundartfreunde Österreichs, Nr. 1/1969).

unterkommen, kam unter, ist untergekommen: österr. (und süddt.) in der Fügung **etwas kommt jmdm. unter:** „etwas erscheint jmdm.; jmd. stößt [zufällig] auf etwas": *dergleichen sei ihm noch nie untergekommen, hat der Zoologe gesagt* (G. F. Jonke, Geometrischer Heimatroman 120). *„Verständige uns bitte sofort, wenn dir etwas Verdächtiges unterkommt", sagte er* (H. Habe, Im Namen des Teufels 345).

Untermietzimmer, das; -s, -: österr. meist für „in Untermiete bewohntes, möbliertes Zimmer": *Untermietzimmer zu vergeben* (Kronen-Zeitung 6. 10. 1968, Anzeige).

Untermittelschüler, der; -s, - (ugs.): „Schüler der ersten vier Klassen einer höheren Schule": *Untermittelschüler in Wien sollen in Zukunft Lehrmittel ... gratis zur*

Verfügung gestellt bekommen (Express 2. 10. 1968). → **Mittelschule.**

Unterrichtsgegenstand, der; -[e]s, ...stände: österr. auch für „Unterrichtsfach": *Zeichnen ist nur in einigen Klassen Unterrichtsgegenstand.* → **Gegenstand.**

Unterschleif, der; -[e]s, -e: Amtsspr. „unsaubere Methoden, Unredlichkeit": *die Schularbeit wird wegen Unterschleifs nicht beurteilt; Die Sinnlosigkeit ideologischer Unterschleife vor dem Horizont organisatorischer Aufgaben* (M. Mander, Kasuar 147).

unterspickt: Küche „mit Fett durchzogen (vom Fleisch)": *Szegediner Gulasch ... 40 dkg (400 g) unterspicktes Schweinefleisch* (R. Karlinger, Kochbuch 98); *ein Rostbratl möcht ich, aber etwas unterspickt* (K. Kraus, Menschheit I 216).

Unterstand, der; -[e]s, ...stände: bedeutet österr. auch „Unterkunft" (im Binnendt. „geschützte Stelle, bes. beim Militär"): *in der nächsten Ortschaft müssen wir einen Unterstand suchen.*

Unterstandsgeber, der; -s, -: „Unterkunftgeber, Vermieter": *in Form eines Abschreibpostens für den jeweiligen Unterstandsgeber [Zimmervermieter]* (auto touring 2/1979).

unterstandslos: österr. auch für „ohne Unterkunft, obdachlos": *Der 29jährige J. L. und seine 20jährige Freundin G. S., beide unterstandslos, wurden verhaftet* (Kronen-Zeitung 6. 10. 1968). → **Unterstand.**

untertags: „während des Tages, tagsüber": *Suche Wahl-Oma für mein halbjähriges Töchterchen zur liebevollen Betreuung untertags, außer Samstag und Sonntag, gegen beste Bezahlung* (Vorarlberger Nachrichten 23. 11. 1968, Anzeige).

untilgbar: wird in Österr. immer auf der ersten Silbe betont, im Binnendt. häufiger auf der zweiten Silbe. Ebenso: **untragbar, untrennbar, untröstlich, untrüglich.**

unüberbrückbar: wird in Österr. immer auf der ersten Silbe betont, im Binnendt. häufiger auf der vorletzten Silbe. Ebenso: **unübersehbar, unübersetzbar, unübertragbar, unübertrefflich, unübertroffen, unüberwindbar, unüberwindlich, unumgänglich, unumstößlich.**

unveränderlich: wird in Österr. immer

auf der ersten Silbe betont, im Binnendt. häufiger auf der dritten Silbe. Ebenso: **unverantwortlich, unveräußerlich, unverbesserlich, unverbürgt, unverbrüchlich, unverbürgt, unvereinbar, unvergleichbar, unvergleichlich, unverkennbar, unverletzbar, unverletzlich, unverlöschlich, unvermeidbar, unvermeidlich, unverrückbar.**

unversiegbar: wird in Österr. immer auf der ersten Silbe betont, im Binnendt. häufiger auf der vorletzten Silbe. Ebenso: **unversieglich, unverwischbar, unverwundbar, unverwüstlich, unverzeihbar, unverzeihlich, unverzinslich, unverzüglich, unvorgreiflich, unwiderlegbar, unwiderleglich, unwiderruflich, unwidersprochen, unwiderstehlich, unwiderbringlich,** (binnendt. auf der zweiten Silbe:) **unwandelbar, unweigerlich.**

unzählbar: wird in Österr. immer auf der ersten Silbe betont, im Binnendt. häufiger auf der vorletzten Silbe. Ebenso: **unzählig, unzerbrechlich, unzerreißbar, unzerstörbar, unzertrennbar, unzertrennlich.**

unzukömmlich: a) „nicht ausreichend; unzulänglich": *unzukömmliche Ernährung.* b) „nicht ganz gerecht; eigentlich nicht zukommend": *der Beamte wurde in unzukömmlicher Weise begünstigt.*

Unzukömmlichkeit, die; -, -en: „Unstimmigkeit; Unannehmlichkeit; Unzuläng-

lichkeit" (auch schweiz.): *Es würde zweifellos zu Unzukömmlichkeiten führen, wenn der suspendierte Direktor des Institutes ...* (A. Schnitzler, Professor Bernhardi 531); *Wie die Österreichische Studentenunion dazu mitteilt, hätte gerade S. ... mit den Unzukömmlichkeiten im Fall „Mensa" aufgeräumt* (Die Presse 13. 6. 1969).

urassen, hat geuraßt (ugs.): „verschwenden": *Nicht urassen – Energie verwenden, nicht verschwenden* (Slogan einer Energiesparkampagne, 1979).

urgieren, urgierte, hat urgiert ⟨lat.⟩: Amtsspr. „um schnellere Erledigung ersuchen, drängen; um etwas nachfragen" (sehr selten auch im Binnendt.): *richten S' mir ja den Sprechakt für elf Uhr, / der Sektionschef hat ihn gestern schon / dringend urgiert zur Approbation* (J. Weinheber, Der Präsidialist 41).

Urlaubssperre, die; -, -n: bedeutet österr. auch: „Schließung eines Geschäfts o. ä. wegen Urlaubs".

Urra: „Uhr"; scherzhafter Spottruf auf die Russen, deren Soldaten während der Besatzungszeit mit Vorliebe Uhren plünderten.

Urschel, Urschl, die; - (ugs., auch bayr.): Schimpfwort für „blöde Frau": *Lieber Holz hacken, als so a Urschel frisieren* (J. Nestroy, Faschingsnacht 180).

V

Vagabondage, die; - ⟨franz.⟩: wird in Österr. [vagabɔnˈdaːʒ] ausgesprochen, also ohne Endungs-e.

Vampir, der; -s, -e: wird in Österr. immer auf der zweiten Silbe betont, im Binnendt. auch auf der ersten.

Vanillekipferl, das; -s, -n: „süßes Nuß- oder Mandelgebäck in Form von sehr kleinen Hörnchen, mit Vanillezucker bestreut": *... etwa die traditionellen Vanillekipferln, die nach wie vor – allem Zeitmangel zu Trotz – von den Wiener Hausfrauen selbst gebacken werden* (Die Presse 7./8. 12. 1968). →**Kipferl.**

Vatertag, der; -[e]s, -e: ist in Österr. ein neu eingeführtes Fest im Juni analog zum Muttertag, in Deutschland ugs. für Himmelfahrtstag.

vazieren, vazierte, ist vaziert ⟨lat.⟩: bedeutet österr. „herumziehen [als Händler, Handwerker o. ä.]" /nur noch im Partizip vazierend/: *vielleicht geht ein vazierender Händler mit Würsten, Eiern, Käse, Brot ... von Garten zu Garten* (H. Weigel, O du mein Österreich 80).

vegetabil ⟨lat.⟩, „pflanzlich": österr. nur so gebrauchte Form, im Binnendt. auch „vegetabilisch": *„Also geradezu eine vege-*

tabile, wenn nicht gar vegetarische, neben einer animalischen Anlage?" (R. Musil, Der Mann ohne Eigenschaften 1147).

Vegetarier, der; -s, - ⟨lat.⟩: österr. nur so gebrauchte Form, im Binnendt. auch „Vegetarianer".

Veigerl, das; -s, -n (ugs.): „Veilchen" (auch bayr.): *Da is a Veigerl vom Bach, wo wir 's erst' Mal vertraulich miteinand' g'red't hab'n* (L. Anzengruber, Der Meineidbauer 18).

Veitel →Feitel.

Veitl: *will ich Veitl heißen, da heiß ich Veitl:* „will ich Meier, Schulze o. ä. heißen": *Also wenn der nicht von der Antaant (Entente) bezahlt is, will ich Veitl heißen* (K. Kraus, Menschheit II 181).

verdanken, verdankte, hat verdankt: das schweiz. Wort für „Dank abstatten" kommt auch im österr. Bundesland Vorarlberg vor: *Im Anschluß an die Pressekonferenz gab ... die Vorarlberger Handelskammer einen Empfang, in dessen Verlauf Kammeramtsdirektor L. Abg. Dr. Lorenz ... die Verdienste der Außenhandelsdelegierten verdankte* (Vorarlberger Nachrichten 23. 11. 1968).

verdepschen, verdepschte, hat verdepscht (ugs.): „verbeulen, verdrücken": *ein verdepschter Hut.*

verderben: die Wendung **es mit jmdm. verderben** wird österr. mit **sich** (Dativ) gebraucht: *jetzt hast du es dir mit ihm endgültig verdorben.*

Verehrung: *[meine] Verehrung! (veraltende Grußformel).

Vereinskassier, der; -s, -e: österr. für binnendt. „Vereinskassierer": *In der Folge erläuterte der wegen beruflicher Übersiedlung ... scheidende Vereinskassier ... den Rechnungsabschluß* (Vorarlberger Nachrichten 25. 11. 1968). →**Kassier.**

vergessen, vergaß, hat vergessen: kann österr. (und süddt.) auch mit **auf** verbunden werden, und zwar in den Bedeutungen: a) „nicht rechtzeitig daran denken [etwas zu erledigen, abzuholen o. ä.]": *Wenn die Notwendigkeit des Festes nicht so tief in uns verankert wäre ..., würden wir alle darauf vergessen* (B. Frischmuth, Sophie Silber 136); *Es war sein Bube, auf welchen er völlig vergessen, dem er aber ...*

befohlen hatte, ihn an diesem Platz hier zu erwarten 61); *Sie müssen von nun an eine Medizin nehmen ... Sie dürfen aber ja nicht darauf vergessen* (B. Frischmuth, Kai 176). b) „sich nicht mehr darum kümmern": *haben denn sie alle vergessen auf mich?* (Salzburger Nachrichten 23. 12. 1978). In der Grundbedeutung „aus dem Gedächtnis verlieren" (einen Namen, eine Telefonnummer vergessen) steht auch österr. der Akkusativ, die Unterscheidung wird aber in der Ugs. nicht mehr exakt durchgeführt.

Vergnügungspark, der; -[e]s, -e: kann österr. auch für einen vorübergehend eingerichteten Rummelplatz (anläßlich eines Jahrmarkts usw.) verwendet werden, binnendt. nur für „große Parkanlage mit Volksbelustigungen".

Verhackert, das; -s (bes. südostösterr., aber bereits weiter verbreitet): „Speise aus klein gehacktem geräuchertem Schweinefleisch": *Sie betreten das still gewordene Gasthaus ... Most, Verhackert, Brot, Erdgeruch* (M. Mander, Kasuar 380). Dazu: **Verhackertbrot** (mit Verhackert bestrichenes Brot).

verhalten, verhielt, verhalten: bedeutet österr. (und schweiz.) bes. in der Fügung **zu etwas verhalten sein:** „zu etwas verpflichtet sein": *er ist zur genauen Einhaltung der Vorschrift verhalten.*

verhatscht (ugs.): „ausgetreten": *verhatschte Schuhe; Fräulein Anastasia hat einen verhatschten Schuhabsatz!* (C. Nöstlinger, Rosa Riedl 24).

Verkaufsrepräsentanz, die; -, -en: „Geschäfts-, Verkaufsvertretung": *Übernehmen Verkaufsrepräsentanz von österreichischen Qualitäts-Produzenten* (Die Presse 8. 11. 1969, Anzeige).

verkommen, verkam, ist verkommen: bedeutet ugs. salopp auch „verschwinden", meist im Imperativ: *„Du hast niemanden hinauszuwerfen!" brüllte Fredi zurück. „Verkomm! Aber rasch!"* (F. Torberg, Die Mannschaft 96).

verköstigen, verköstigte, hat verköstigt: österr. nur so gebrauchte Form, im Binnendt. auch „beköstigen". Ebenso: **Verköstigung.**

verkühlen, sich; verkühlte sich, hat sich verkühlt: ist in Österr. das übliche hochsprachliche Wort für „erkälten", im Binnendt. ist es selten oder gilt als umgangssprachlich: *Ihr fürchtet, daß man sich verkühle. / Die freie Luft ist ungesund* (F. Grillparzer, Weh dem, der lügt 161); *Sie trug ihn auf sein Bett hinüber und deckte ihn warm und beschwichtigend zu ..., „damit er sich nicht verkühlt"* (E. Canetti, Die Blendung 135).

Verkühlung, die; -, -en: „Erkältung": *zu seiner mangelnden Kletterfähigkeit schlug sich noch eine Verkühlung, die ihm die Luft raubte* (Die Presse 9. 7. 1969).

Verlassenschaft, die; -, -en: „Hinterlassenschaft, Nachlaß, Erbschaft" (auch schweiz., im Binnendt. mdal.): *Merkels Nürnberger Adlatus, Robert Körner, befand sich gestern in der Sportschule Grünwald in München, um Merkels Verlassenschaft ... zu verwalten* (Die Presse 26. 3. 1969); *denn sie hatte sich ... in einem Zimmer entkleidet, wo nun Ulrich, Zigaretten rauchend, über ihre Verlassenschaft wachte* (R. Musil, Der Mann ohne Eigenschaften 898).

Verlassenschaftsabhandlung, die; -, -en: Amtsspr. „Erbschaftsverhandlung". →**Verlassenschaft.**

vernadern, hat vernadert (ugs., veraltend): „denunzieren": *Er hatte sich nicht nur für den Feind erklärt, er hatte auch für ihn agiert, an ihn vernadert* (G. Fussenegger, Maria Theresia 118). →**Naderer.**

verpicken, verpickte, hat verpickt (ugs.): „verkleben": *Damit verpickt man sich nur den Magen* (B. Frischmuth, Kai 119). →**picken.**

verplauschen, sich; verplauschte sich, hat sich verplauscht: „infolge von zu langem Plaudern die Zeit übersehen und zu spät kommen, etwas versäumen": *Aber ich verplausch' mich da! Lassen S' Ihnen doch bald einmal anschau'n!" Verschwand, und ließ den erschütterten Eynhuf stehen* (F. Herzmanovsky-Orlando, Gaulschreck 162). →**Plausch, plauschen.**

verreißen, verriß, hat verrissen: bedeutet österr. (und süddt.) auch: **a)** „ruckartig in eine andere Richtung lenken": *den Wagen, das Lenkrad verreißen.* **b)** es verreißt

jmdn./etwas: „ins Schleudern geraten; aus der Fahrspur getrieben werden": *Wenn der Belag nur auf wenigen Quadratzentimetern trägt, ist die Bremswirkung schlechter und vor allem ungleichmäßig. Den Wagen verreißt es dann* (Vorarlberger Nachrichten 23. 11. 1968).

Vers, der; -es, -e ⟨lat.⟩: wird in Österr. auch [vɛrs] ausgesprochen.

Versatzamt, das; -[e]s, ...ämter: österr. (und bayr.) für binnendt. „Leihhaus": *Nun wurden ... Ringe, Uhren und Zigarettenetuis aus dem Versatzamte ausgelöst* (H. Doderer, Die Strudlhofstiege 89).

verschauen, sich; verschaute sich, hat sich verschaut (ugs.): **a)** „infolge von zu langem Schauen sich verspäten, etwas vergessen": *verschau dich nicht, komm endlich.* **b)** „sich verlieben": *... von einer Frau ..., die jedesmal einen Kopf „wie eine Kokosnuß" bekäme ..., wenn sie sich in einen Mann verschaute* (R. Musil, Der Mann ohne Eigenschaften 1297).

verscheppern, verschepperte, hat verscheppert (ugs.): „verkaufen, verscherbeln": *Von Ein- und Verkaufspolitik kann da keine Rede mehr sein. Nur noch von Verscheppern* (Die Presse 12. 12. 1978).

verschiedenfärbig: „verschiedenfarbig". →**färbig.**

Verschleiß, der; -es, -e: bedeutet österr. veraltend auch: „Kleinverkauf; Vertrieb": *der Verschleiß der Abendzeitung wird hauptsächlich von Straßenverkäufern besorgt.* →**Provinzverschleiß, Tabakverschleiß.**

verschleißen, verschleißte/verschliß, hat verschleißt/verschlissen: bedeutet österr. veraltend auch „[als Kleinhändler] verkaufen": *Zeitungen, Zigaretten verschleißen.*

Verschleißer, der; -s, - (veraltend): „Kleinhändler; Kaufmann, durch den die Ware direkt an den Konsumenten gelangt". **Verschleißerin,** die; -, -nen. →**Tabakverschleißer, Zeitungsverschleißer.**

Verschleißpreis, der; -es, -e (veraltend): „Verkaufspreis (im Gegensatz zum Abonnentenpreis)": *Nach Ablauf dieses Zeitraumes werden Stücke des Bundesgesetzblattes ausnahmslos nur gegen Entrichtung des Verschleißpreises abgegeben* (Bundesgesetzblatt für Österreich 26. 8. 1966). →**Verschleiß.**

Verschleißstelle, die; -, -n (veraltend): „Verkaufsstelle": *Die nächste Nummer ... wird am Dienstag, 24. Dezember, früh erscheinen und an diesem Tag zum gewohnten Zeitpunkt ... in den Trafiken und Verschleißstellen erhältlich sein* (Salzkammergut-Zeitung 19. 12. 1968). →**Verschleiß.**

Verschub, der; -[e]s, Verschübe: „das Verschieben": *hatte der Fahrdienstleiter ... den ... Verschub einer Güterwagengarnitur genehmigt* (Die Presse 21. 3. 1980).

Verschubbahnhof, der; -[e]s, ...höfe: „Rangierbahnhof, Verschiebebahnhof": *Die Fertigteile sollten zum neu errichteten Verschubbahnhof Kledering transportiert werden* (Die Presse 18. 10. 1979).

Verschubfahrt, die; -, -en: „Rangierfahrt": *Halt für Verschubfahrten* (Aufschrift).

Verschubgarnitur, die; -, -en: „Zug, der abgestellt ist oder rangiert wird": *Gütereilzug rammte Verschubgarnitur* (Die Presse 21. 3. 1980).

Verschubgelände, das; -s, -: „Rangiergelände": *Auf den Disteln des Verschubgeländes fängt sich blutrotes, aus neuen Konstruktionen abtropfendes Minium* (M. Mander, Kasuar 340).

Versicherungsagent, der; -en, -en: „Versicherungsvertreter": *Nun aber begann S. mit verdächtiger Eile beim Versicherungsagenten auf die Reaktivierung der Versicherung zu drängen* (Die Presse 10. 6. 1969). →**Agent.**

Versorgungshaus, das; -es, ...häuser (veraltet): „Altersheim".

versperren, versperrte, hat versperrt: bes. österr. (und süddt.) für „verschließen": *Man hört wie Fritz die Tür draußen schließt und versperrt* (A. Schnitzler, Liebelei 141); *in seiner Lade versperrt lagen die überschüssigen Einladungskarten* (R. Musil, Der Mann ohne Eigenschaften 341). →**sperren.**

versprudeln versprudelte, hat versprudelt: österr. für binnendt. „verquirlen": *Das Mehl mit der Milch zu einem glatten Teig versprudeln, salzen und die Eier einrühren* (Kronen-Zeitung-Kochbuch 282). →**sprudeln, Sprudler.**

Versteckerlspiel, das; -[e]s, -e: österr. auch für „Versteckenspielen".

Verstoß: *(veraltet) in Verstoß geraten:* „in Verlust geraten, verlorengehen".

Verwendung: *in Verwendung stehen:* „in Gebrauch sein": *Die Arbeiten am Bahnhofsneubau sind nun so weit vorangeschritten, daß das Unterführungsbauwerk provisorisch in Verwendung steht* (Vorarlberger Nachrichten 6. 11. 1968); *in Verwendung nehmen:* „in Gebrauch nehmen": *daß man eigentlich so eine Art Aufzug flaschenzugmäßig in Verwendung nehmen könne* (G. F. Jonke, Geometrischer Heimatroman 69).

verzupfen, sich; verzupfte sich, hat sich verzupft (ugs., salopp): „sich entfernen, verschwinden": *Die an denselben noch trotzdem obenhin gerichtete Aufforderung, sich zu verzupfen, das ist auszureißen, mangelte der Bestimmtheit und Überzeugungskraft* (A. Drach, Zwetschkenbaum 92).

vidieren, vidierte, hat vidiert ⟨lat.⟩: „mit dem Vidi versehen; beglaubigen, unterschreiben" (im Binnendt. veraltet).

vielfärbig: „vielfarbig". →**färbig.**

Vierer, der; -s, -, „Ziffer, Note Vier": österr. (und süddt.) nur so, binnendt. meist „die Vier": *er hat im Aufsatz einen Vierer geschrieben.* →**Dreier, Einser, Fünfer, Zweier.**

Vintschgerl, das; -s, -n: „Roggengebäck in Form von zwei zusammenhängenden runden Fladen": *Und in dem Rucksackele ... befinden sich leckere Sachen, wie Tiroler Speck, Vintschgerln ...* (auto touring 9/1979).

Virginia, die; -, -s ⟨engl.⟩: die Zigarrensorte wird in Österr. immer [vɪr'dʒiːnia] ausgesprochen, im Binnendt. meist [...g...].

Visage, die; -, -n ⟨franz.⟩: wird in Österr. [vi'zaːʒ] ausgesprochen, also ohne Endungs-e.

Visitkarte, die; -, -n: österr. auch für „Visitenkarte": *„Das verstehe ich nicht", sagte er. „Denken Sie an jene Visitkarte"* (H. Doderer, Die Dämonen 366).

vitaminhältig: österr. Form für binnendt. „vitaminhaltig". →**...hältig.**

Vogerlsalat, der; -[e]s: „Rapunzel, Feldsalat, Nüßlisalat": *Meist wird Vogerlsalat* *zum Garnieren von Kartoffelsalat verwendet* (R. Karlinger, Kochbuch 225).

Vokabel, das; -s, - ⟨lat.⟩: österr. meist für „die Vokabel".

Volant, das; -s, -s [voˈlãː] ⟨franz.⟩: ist in Österr. in der Bedeutung „Lenkrad" (wie schweiz.) auch Neutrum.

volley: Sport „direkt aus der Luft [geschlagen]" wird österr. ugs. [voˈleː] ausgesprochen, binnendt. [ˈvɔli]. Auch in **Volleyschuß, Volleystoß,** nicht aber im jüngeren Wort Volleyball.

Vorarlberg: der Name des Bundeslandes wird ursprünglich und amtlich auf der zweiten Silbe betont, die im übrigen Österr. auch übliche Betonung auf der ersten Silbe ist ugs.

Vorgangsweise, die; -, -n: österr. für binnendt. „Vorgehensweise": *der Chef war mit dieser Vorgangsweise einverstanden.*

Vorhang, der; -[e]s, Vorhänge: steht österr. auch dort, wo es binnendt. „Gardine" heißt (leichter, heller Fenstervorhang): *während sie in ihrem Armsessel sitzend nach links zu dem Viadukt hinüber sah, zwischen den zurückgeschobenen Vorhängen* (H. Doderer, Die Dämonen 1331); *Daß Vorhänge nun einmal mit zur unumgänglich nötigen Ausgestaltung des Raumes gehören ...* (Die Presse 25. 1. 1969).

Vorhaus, das; -es, ...häuser: bes. österr. (und süddt.) für „Hausflur": *die letzten Sekundaner hörten es noch im Vorhaus und stießen desto schadenfroher zu den kleinen Gruppen, die schon auf der Gasse umherstanden* (F. Torberg, Die Mannschaft 59).

Vorrang, der; -[e]s: Verkehr österr. für binnendt. „Vorfahrt": *so daß es für den ... Autofahrer nicht zu erkennen ist, daß er Vorrang hat* (auto touring 12/1978). Dazu: **Vorrangregel, Vorrangschild, Vorrangstraße:** *ein Pkw rollte auf die menschenleere Vorrangstraße* (auto touring 2/1979), **Vorrangtafel.**

Vorschreibung, die; -, -en: Amtsspr. „Bescheid über die Zahlungsverpflichtung", bes. in Zusammensetzungen: **Prämienvorschreibung, Steuervorschreibung:** *... als sie ihre Prämienvorschreibung für ihre Kraftfahrzeugversicherung erhielten* (auto touring 12/1978).

vorschweben →schweben.

Vorsprache, die; -, -n: „Besuch bei einem Vorgesetzten, einer Behörde, um ein Anliegen vorzubringen; Vorstoß": *trotz mehrerer Vorsprachen beim Minister...*

Vorstand, der; -[e]s, Vorstände: steht in Österr. für binnendt. „Vorsteher", bes. „Bahnhofvorsteher", bezeichnet also auch eine Einzelperson, einen „Vorsitzenden" o. ä., während im Binnendt. meist ein Gremium, Ausschuß o. ä. gemeint ist: *Wütend und enttäuscht fuhr er zur nächsten Bahnstation ... Der Vorstand, ein noch junger Mann mit neuer, roter Mütze, überstürzte sich in Hilfsbereitschaft* (Vorarlberger Nachrichten 23. 11. 1968). →**Bahnhofsvorstand, Klassenvorstand, Stationsvorstand.**

Vorwort, das; -[e]s, Vorwörter: ist in Österr. das übliche deutsche Wort für „Präposition", das binnendt. „Verhältniswort" kommt erst in neuerer Zeit langsam auf: *Verbinde in den folgenden Sätzen das Vorwort mit dem richtigen Fall* (J. Stur, Deutsches Sprachbuch I 109).

Vorzimmer, das; -s, -: ist das in Österr. übliche Wort für „Vorraum in einer Wohnung", binnendt. „Diele": *Oben sperrte sie die Wohnungstür auf. Niemand rührte sich. Im Vorzimmer lagen alle Möbel durcheinander* (E. Canetti, Die Blendung 88).

Vorzimmerkasten, der; -s, ...kästen: →„Vorzimmerschrank".

Vorzimmerschrank, der; -[e]s, ...schränke: „[Einbau]schrank für die Diele": *Der Papa zog die Sockenlade aus dem Vorzimmerschrank* (C. Nöstlinger, Rosa Riedl 32).

Vorzimmerwand, die; -, ...wände: „Kleiderablage, Flurgarderobe": *eine Vorzimmerwand mit Spiegel und Hutablage.*

Vorzug, der; -[e]s, Vorzüge: Schule bedeutet österr. auch „Auszeichnung, die man erhält, wenn man sehr gute Noten im Zeugnis erreicht (mindestens die Hälfte der Noten müssen 1 sein, sonst nur 2, jede 3 muß durch eine weitere 1 kompensiert werden)": *er hat in allen Klassen einen Vorzug gehabt; mit Vorzug maturieren.*

vorzüglich: wird in Österr. auf der ersten Silbe betont, im Binnendt. meist auf der zweiten.

Vorzugsschüler, der; -s, -: „Schüler, der in seinen Noten die Voraussetzungen für einen Vorzug erfüllt": ... *daß zwischen dem Lächeln eines Schulmeisters und eines Vorzugsschülers eigentlich kein Unterschied bestand* (O. Grünmandl, Ministerium 37); übertr. *der Kanzler machte seinen Vorzugsschüler zum Minister.*

Vurschrift, die; -, -en: Wiener mdal. Schreibung von „Vorschrift", die aus-

drücken soll, daß es sich dabei um eine sinnlose Schikane des Amtsschimmels handelt: *Es handelt sich um die neuen Vurschriften wegen dem Salutieren* (K. Kraus, Menschheit II 115); *nachdem er den Betrag eingestrichen hatte, der ihn über die „Verletzung der Vurschriften" hinwegtrösten sollte* (F. Torberg, Die Mannschaft 254); ... *weil Vurschrift Vurschrift ist* (Profil 10. 12. 1979).

W

waagrecht: österr. nur so vorkommende Form, im Binnendt. meist „waagerecht": *Er bat alle Premierengäste, die Hände waagrecht vor sich auszustrecken* (Express 6. 10. 1968).

Wachauer Laibchen, das; - -s, - - (bes. im Osten Österreichs): „Brot in der Form einer größeren Semmel aus Roggenmehl mit Weizenmehl vermischt und mit Kümmel bestreut". →**Laibchen, Schusterlaibchen.**

Wachebeamte, der; -n, -n: Amtsspr. „Polizist": *Das selbstbewußte Gehaben des Roten gab den Wachebeamten zu denken* (E. Canetti, Die Blendung 264). →**Justizwachebeamte, Zollwachebeamte.**

wacheln, wachelte, hat gewachelt (ugs.): „[mit der Hand, einer Fahne] winken, fächeln": *wobei sich der ... Sekundant ... darauf beschränkte, nur mit dem Handtuch zu „wacheln"* (Salzburger Nachrichten 11. 4. 1970); (in zusammengesetzten Verben:) ... *haben die Sargträger die zwei ins Freie getragen ... und ihnen Luft zugewachelt* (C. Nöstlinger, Rosa Riedl 53).

Wachmann, der; -[e]s, ...leute: bedeutet österr. „Polizist": *An der Ecke gegenüber sprach ein Wachmann leidenschaftlich auf eine Frau ein* (E. Canetti, Die Blendung 107); [ist] *keiner der rund 8000 Wiener Wachleute zu sehen, wenn es darauf ankommt* (Die Presse 13. 5. 1969).

wachseln, wachselte, hat gewachselt: österr. (und bayr.) auch für „wachsen; mit

Wachs einreiben": *den Boden wachseln;* bes. im Skisport: *die Skier wachseln.*

Wachsleinwand, die; -: „Wachstuch". →**Wichsleinwand.**

Wachtmeister, der; -s, -: ist in Österr. ein militär. Dienstgrad (Feldwebel), in Binnendt. auch ein Polizeibeamter.

Wachzimmer, das; -s, -: „Polizeibüro": *die Polizisten nahmen den Verdächtigen auf das Wachzimmer mit; Am Samstagvormittag meldete sich M. v. d. S. ... im Wachzimmer in der Goethegasse* (Die Presse 9. 6. 1969).

Wadschinken, Wadschunken, der; -s, -: „Rindfleisch von den Beinen (unterhalb der Schulter und unterhalb der Hüfte)": *60 dkg Wadschinken oder Hinteres Ausgelöstes* (Thea-Kochbuch 56).

Wagen, der; -s, -: der Plural lautet österr. (und süddt.) auch „Wägen".

Wagenplache, die; -, -n: österr. (und bayr.) für „Wagenplane": *Lange Zeit sollen bei den Bauern ... die von dem Maler gemalten Gemälde, riesige Leinwände ..., als ... Wagenplachen Verwendung gefunden haben* (Th. Bernhard, Stimmenimitator 154). →**Plache.**

Waggon, der; -s, -s ⟨engl.⟩: wird österr. (und süddt.) [va'goːn] ausgesprochen, der Plural lautet auch: -e.

Wahleltern, die /Plural/: „Adoptiveltern".

Wahlkind, das; -[e]s, -er: „Adoptivkind".

Wahlsprengel, der; -s, -: „amtlich festgelegter Bereich, für den bei einer Wahl je ein Wahllokal zur Verfügung steht", binnendt. „Wahlbezirk". →Sprengel.

Wahlwerber, der; -s, -: österr. auch für „Wahlkandidat". →Werber.

Wahlzuckerl, das; -s, -n (ugs., abwertend): „Konzession der Regierung, um sich vor einer Wahl noch bei den Wählern beliebt zu machen": *Withalm bleibt dabei, daß er keine „Wahlzuckerln" geben dürfe* (Die Presse 14. 2. 1969). →Zuckerl.

Wammerl, das; -s, -n: „Bauchfleisch vom Kalb": *Zum Füllen: Brust und Wammerl* (R. Karlinger, Kochbuch 82).

Wäschekasten, der; -s, ...kästen: österr. (und süddt., schweiz.) auch für „Wäscheschrank". →Kasten.

Waschrumpel, die; -, -n: bes. österr. (und süddt.) für binnendt. „Waschbrett".

Waserl, das; -s, -n (ugs.): „hilfloser, unbeholfener, harmloser Mensch": *Hat er dich naß gemacht? Armes Waserl!* (Ö. Horvath, Geschichten aus dem Wiener Wald 422).

Wasserschaff, das; -[e]s, -e: „großes rundes, mehr breites als hohes Gefäß" (auch süddt.): *Die Sonne blendet mich, wenn ich in dem Wasserschaff sitze* (B. Schwaiger, Salz 167). →Schaff.

Watsche, Watschen, die; -, -n (ugs.): „Ohrfeige" (auch süddt.): *Auch die zur Beruhigung störrischer Irren vorgesehenen ... Watschen, das sind Ohrfeigen, nahm er ohne äußeren Widerspruch entgegen* (A. Drach, Zwetschkenbaum 22); *Hast schon lange keine Watschen mehr zu kosten gekriegt?* (R. Billinger, Der Gigant 323).

watschen, watschte, hat gewatscht (ugs.): „ohrfeigen" (auch bayr.).

Watschenmann, der; -[e]s, ...männer: **1.** „Figur im Wiener Prater, der man eine Ohrfeige gibt und darauf die Wucht des Schlages an einer Skala ablesen kann": *Beim Watschenmann haure (haue ich) mit aller G'walt hin* (J. Weinheber, Wurstelprater 53). **2.** „jmd., der als Zielscheibe für öffentliche Kritik dient, bes. in der Politik": *... es gebe Persönlichkeiten in der ÖVP, die ... nicht so provokant wirkten wie Dr. Prader, der sich immer wieder selbst als „Watschenmann" anbiete* (Vorarlberger

Nachrichten 26. 11. 1968); *Tormänner sind die populärsten Watschenmänner des Sports* (Die Presse 1./2. 5. 1971).

Webe, die; -, -n: „Gewebe [für Bettzeug]": *feine, weiße Webe.*

Wecken, der; -s, -: **a)** „Brot in länglicher Form, meist 1 kg schwer", Gegensatz: „Laib": *Die Zutaten werden am Brett rasch zu einem Teig verarbeitet. Man formt daraus zwei Wecken und bäckt sie zirka eine halbe Stunde* (R. Karlinger, Kochbuch 303). **b)** „kleines längliches Gebäck" (auch süddt.): *Er packte die gelben weichen Wecken ... und füllte sie in die Brotbüchse.* (E. Canetti, Die Blendung 408). →Brotwecken, Semmelwecken, Weckerl.

Weckerl, das; -s, -n: „kleines längliches Gebäck" (auch bayr.).

Wegscheid, die; -, -en, „Straßengabelung": ist österr. (und süddt.) Femininum, im Binnendt. Maskulinum: der; -[e]s, -e.

wegzählen, zählte weg, hat weggezählt: ist in Österr. der übliche ugs. Ausdruck für „subtrahieren", im Binnendt. „abziehen".

Wegzeit, die; -, -en: „für das Zurücklegen eines Weges benötigte Zeit": *in jenen Gebieten, wo die Bahn innerhalb von 10 Minuten Wegzeit erreichbar wäre* (auto touring 2/1979).

Wehrdiener, der; -s, -: „Wehrdienstleistender". →Diener.

weichgesotten: österr. auch für „weichgekocht": *ein weichgesottenes Ei.* →hartgesotten, sieden.

Weidling →Weitling.

Weihbrunn, der; -s (mdal.): „Weihwasser" (auch bayr.).

Weihbrunnkessel, der; -s, - (mdal.): „Weihwasserkessel" (auch bayr.).

Weihnachten, die; ist österr. (und schweiz.) immer Plural, binnendt. „das Weihnachten" ist ganz ungebräuchlich: *die Beurlaubung von Gefangenen zu Weihnachten und zu Ostern* (Die Presse 10./11. 5. 1969). →Ostern, Pfingsten.

Weihnachtsbäckerei, die; -, -en: „süßes Weihnachtsgebäck": *Auch der neue Vanillezucker aus echten Vanilleschoten empfiehlt sich für die Weihnachtsbäckereien* (Die Presse 7./8. 12. 1968). →Bäckerei.

Weihnachtsremuneration, die; -, -en:

österr. auch für „Weihnachtsgeld". →**Remuneration.**

Weinbeere, die; -, -n: bedeutet österr. (und süddt., schweiz.) „Rosine": *Eingeweichte Kletzen und Feigen werden geschnitten, Weinbeeren dazugegeben, mit Rum oder Schnaps befeuchtet, mit Zimt ... gewürzt* (G. Heß-Haberlandt, Das liebe Brot 93).

Weinbeißer, der; -s, -: **1.** „mit weißer Glasur überzogener Lebkuchen in Form von Biskotten/Löffelbiskuit". **2.** „Weinkenner, der den Wein sehr genüßlich auskostet".

Weinhauer, der; -s, - (bes. ostösterr.): „Winzer".

Weinscharl, der; -s, -n (ugs., ostösterr.): „Berberitze": *Vielleicht mit ... Weinscharl oder Dirndlmarmelade?* (Die Presse 9./10. 8. 1969).

Weinzierl, der; -s, -n (mdal.): „Winzer": *Schon der kleinste Landstreifen, den sie einem Weinzierl gegeben haben, hat ihn verändert* (G. Roth, Ozean 237).

...weis: österr. ugs. häufig für „...weise", wie überhaupt diese Nachsilbe in Österr. produktiver ist als im Binnendt.: **bataillonweis, kleinweis, rahmenweis, reihenweis, ringweis, schußweis, stoßweis, unbekannterweis, wechselweis, zeitweis:** *Stimmen, denen es ... gelang, die Wärme dramatischen Geschehens über die Bühne hinaus auch im Parkett ringweis auszubreiten* (H. Doderer, Die Dämonen 103); *beide deckten einander, wechselweis* (157); *heftig und sozusagen stoßweis agierend* (420).

Weis: *(ugs.) **aus der Weis:** „ohne Maß und Ziel; furchtbar; nicht mehr normal" (auch bayr.).

Weisel: *(ugs., ostösterr.) **jmdm. den Weisel geben:** „jmdn. abweisen, entlassen": *... worauf ihm die Elternverbände den Weisel gaben* (Die Presse 19. 8. 1970).

Weißkraut, das; -[e]s: bes. österr. (und süddt.) für „Weißkohl". →**Kraut.**

weiters: „weiterhin, ferner": *Wie weiters bekanntgegeben wurde, bestehen bei Ofenheizöl keinerlei Versorgungsschwierigkeiten* (Express 1. 10. 1968); *Weiters bekämen sie einen richtigen Trainer* (F. Torberg, Die Mannschaft 100).

Weitling, Weidling, der; -s, -e: „große,

nach oben sich stark verbreiternde Schüssel" (auch bayr.): *Die ... Kletzen und die blättrig geschnittenen Nüsse werden in einem Weitling mit allen übrigen Zutaten gut vermengt* (R. Karlinger, Kochbuch 361).

wenig: umsoweniger →**umso.**

Werber, der; -s, -: Amtsspr. /meist als Grundwort in Zusammensetzungen/: „Bewerber": *Dabei wird auch auf die individuellen Gegebenheiten des Werbers, wie Wohnlage, Arbeitsstätte ..., Rücksicht genommen* (Die Presse 9. 6. 1970). →**Exekutionswerber, Wahlwerber, Wohnungswerber.**

Werkel, das; -s, -[n] (ugs.): „Leierkasten, Drehorgel" (auch bayr.): *Wiens letztes Werkel läuft für Touristen* (Die Presse 23. 1. 1980).

Werkelmann, der; -[e]s, ...männer (ugs.): „Leierkastenmann, Drehorgelspieler" (auch bayr.): *An wärmeren Tagen aber kann man den Werkelmann mitunter am Kohlmarkt ... die Kurbel drehen sehen* (Die Presse 23. 1. 1980). Dazu: **Werkelfrau:** *Während die Werkelfrau die Kurbel des Leierkastens dreht* (Wochenpresse 25. 4. 1979).

Werks... (im Sinne von „Fabrik"): die Zusammensetzungen werden österr. immer mit -s- gebildet: **Werksangehöriger, Werksanlage, Werksarzt, Werksbücherei, werkseigen, Werksfahrer, Werkshalle, Werkshof:** *Im Morgengrauen stehen die beiden verzurrten Tieflader im Werkshof* (M. Mander, Kasuar 383); **Werksküche, Werkstor, Werksverkehr** („von der Firma mit eigenen Fahrzeugen abgewickelter Gütertransport").

Werre, die; -, -n (mdal.): **a)** „Maulwurfsgrille". **b)** „eitrige Entzündung am Augenlid; Gerstenkorn" (auch süddt., schweiz., westmitteldt.).

Wetterfleck, der; -[e]s, -e: „weiter Regenmantel ohne Ärmel": *einen Wetterfleck umhängen.*

Wichs, die; -, -en, „Festkleidung bei bestimmten Studentenvereinen; Dienstkleidung": ist in Österr. Femininum, im Binnendt.: der Wichs; -es, -e: *in der Wichs gehen; ... mit einem in voller Wichs befindlichen Fahrer* (Kronen-Zeitung 7. 10. 1968).

Wichsleinwand, die; - (ugs.): „Wachstuch": *Außer zwei Betten ... und dem Tisch ... gab es hier noch ein altes, mit Wichsleinwand bespanntes Sofa* (H. Doderer, Die Dämonen 1032). →**Wachsleinwand.**

Wichtigmacher, der; -s, -: österr. auch für „Wichtigtuer". **Wichtigmacherei:** *nur ein bißchen Eitelkeit, Wichtigmacherei* (M. Mander, Kasuar 83).

Widum, Widem, das und der; -s, -e (veraltet; bes. im Westen Österreichs): „Pfarrgut".

Wiederschauen →auf Wiederschauen.

Wiegel-Wagel, der; -s (ugs.): „Hin und Her; Unentschlossenheit": *er adoriert den Entschluß, die Kraft, das Definitive, er haßt den Wiegel-Wagel, darin ist er wie ich* (H. Hofmannsthal, Der Schwierige 10).

wie immer, wie auch immer: steht in Österr. häufig für „irgendwie": *er wird es in keiner wie immer gearteten Weise zulassen; jedes wie immer erworbene Geld spart er.*

wie nicht gescheit →gescheit.

Wiesbaum, der; -[e]s, ...bäume: österr. nur so gebrauchte Form, im Binnendt. auch „Wiesebaum".

wiesche[r]ln, wiescherlte, hat gewiescherlt: Kindersprache „urinieren": *... daß sie den Krächzi holen und sogar herauflangen, wenn er wiescherln geht auf den Abort* (H. Doderer, Die Dämonen 1205).

wiesehr: als Konjunktion wird „wie sehr" in Österr. zusammengeschrieben: *wiesehr er sich auch bemühte, er konnte das Buch nicht finden;* aber: *du siehst, wie sehr er sich bemühte.*

wildeln, wildelte, hat gewildelt (ugs.): **1.** „sich wild, ausgelassen benehmen", auch zusammengesetzt mit Adverbien: *der Bub wildelt im Garten herum.* **2.** „nach Wild schmecken" (vom Fleisch): *der Braten wildelt.*

Willkommen, das; -s, -: ist in Österr. immer Neutrum, im Binnendt. auch Maskulinum.

Wimmerl, das; -s, -n: **a)** „Eiter-, Hitzebläschen", binnendt. „Pickel, Pustel" (auch bayr.): *Wie ein rotes Wimmerl geht das Feuer auf, erst war es noch ganz klein, nur an einer einzigen Stelle, ein Stückerl glühender Kohle, ist auf dem Haus gesessen* wie ein Wimmerl auf der Nasen (H. Doderer, Die Dämonen 1205). **b)** „Täschchen von Skiläufern, das an einem Gurt um die Taille befestigt wird". **c)** (scherzhaft) „Bauch": *der hat ein ganz schönes Wimmerl.*

Windbäckerei, die; -, -en: „Schaumbäck aus Eischnee und Zucker".

windisch (meist abwertend): „slowenisch": *Erzähl weiter, Schlawiner, windischer, deine Räubergeschichten* (F. Th. Csokor, 3. November 1918, 236).

Wirtschaftstreibende, der; -n, -n: österr. auch für „selbständiger Unternehmer": *Gerade für die Wirtschaftstreibenden könne die Errichtung einer Bezirkshauptmannschaft Dornbirn große Vorteile bringen* (Vorarlberger Nachrichten 23. 11. 1968).

Wissenschafter, der; -s, -: österr. (und schweiz.) auch für „Wissenschaftler". Üblich ist in Österr. (wie im Binnendt.) die Form mit -ler, die Form ohne -l- wurde von manchen behördlichen Stellen propagiert, weil -ler abwertend schien. Außer in amtlichen Texten und manchen Zeitungen hat sich die Form aber nicht durchgesetzt: *Die Wissenschafter werden diese These ... aber kaum beweisen können* (Die Presse 29. 1. 1969).

Wittib, die; -, -e, „Witwe": österr. Schreibung für binnendt. „Witib": *dabei hat sie gar keinen, weil ihrer vor zehn Jahren schon gestorben ist. Sie ist eine Wittib* (H. Doderer, Die Dämonen 870).

Wittiber, der; -s, -, „Witwer": österr. Form für binnendt. „Witmann".

Wochenendpfusch, der; -s (ugs.): „Schwarzarbeit am Wochenende". →**Pfusch.**

Wohnobjekt, das; -[e]s, -e: Amtsspr. „Wohngebäude": *Diese Beschreibung gilt natürlich nur für einen Bruchteil der 168 487 Wohnobjekte, die der Gemeinde Wien als größter Hausbesitzerin gehören* (Die Presse 24. 3. 1969). →**Objekt.**

Wohnungszins, der; -es, -e: „Wohnungsmiete": *Gegen Mittag des 31. Dezember hatte C. noch den Wohnungszins bezahlt* (Die Presse 2. 1. 1969). →**Zins.**

Wollhaube, die; -, -n: „Wollmütze" (auch süddt.): *Wollhauben aus aufgetrennter und wieder zusammengesetzter Kriegs-*

wolle (E. Jelinek, Die Ausgesperrten 46).
→**Haube.**

Wort: *[jmdm.]* im Wort bleiben: „eine Vereinbarung, Zusage einhalten [obwohl noch keine endgültige Abmachung fixiert ist]": *bis zum 1. Juli bleibt er mir im Wort.*

Wuchtel, die; -, -n /meist Plural/: Nebenform zu →„Buchtel".

Wurstel, Wurschtl, der; -s, -: „Hanswurst, Kasperl" (auch bayr.): *eine Versammlung der Komiker, Clowns, Arlecchinos, Dichter, Wurstel, Satiriker und Possenreißer* (Express 7. 10. 1968); ... *Wurschtln, die sich dafür, daß sie einen integralen Sozialismus unter Einschluß des Kommunismus predigen, vom Gegner aushalten lassen* (Wochenpresse 13. 11. 1968).

Würstel, Würschtel, das; -s, -: bes. österr. (und bayr.) für binnendt. „Würstchen": *Sie lehnte sich zurück, mit einer Hand die Würstel in den Kren tauchend* (J. Roth, Die Kapuzinergruft 97). *(ugs.) bei etwas gibts keine Würstel:* „bei etwas werden keine Ausnahmen gemacht, gibt es keine besonderen Rücksichten": *wir haben drauf bestanden, ich hab gsagt: nach dem spanischen Zeremoniell, da gibts keine Würschtel* (K. Kraus, Menschheit I 122).

Wurstelprater, der; -s: „Vergnügungspark des Wiener Praters": *Im Wurstelprater fanden sich allzu verwegene Gestalten* (H. Doderer, Wasserfälle 125). →**Wurstel.**

Würstelstand, der; -[e]s, ...stände: „Würstchenstand": *hinaus in den Prater mit seinem ewig blühenden, wetterfesten Plastikflieder, vorbei am Würstelstand* (Express 3. 10. 1968).

Wurzelsepp, der; -, -en: „ungepflegter, ungehobelter Naturbursch": *in der Ecke ein süßer alter Kasten mit komischen eingelegten Bildern aus der englischen Geschichte, Heinrich VIII., sieht aus wie ein Wurzelsepp* (H. Doderer, Die Dämonen 476).

wurzen, wurzte, hat gewurzt (ugs.): „ausbeuten; übervorteilen" (auch bayr.): *I i i, wir wurzen wie noch nie. / Seids net fad, ruckts aus mit die Maxen* [Geld] (K. Kraus, Menschheit I 72).

Wurzerei, die; -, -en (ugs.): „Ausbeutung, Ausnutzung" (auch bayr.): *Her mit dem Bladl* [Zeitung]*! kost–? Der Zeitungsausrufer: Zehn Heller! Der Kleinbürger: An Schmarrn! Wurzerei. Steht eh nix drin* (K. Kraus, Menschheit I 25).

wusch: **1.** „Ausruf des Erstaunens": *wusch, da hat es gekracht.* **2.** „Ausruf, der die Schnelligkeit, das rasche Vergehen, das Vorbeihuschen ausdrückt": *Den Herrn Stangeler hab' ich übrigens noch verhältnismäßig selten gesehen – so im Vorzimmer oben, bei der Irma, ein oder das andere Mal – wusch – vorbei* (H. Doderer, Die Dämonen 272).

wuzeln, wuzelte, hat gewuzelt (ugs., auch bayr.): **a)** „drehen, wickeln": *Zunächst wuzelte er eine Zigarette über der hübschen alten Silber-Tabatiere* (H. Doderer, Die Strudlhofstiege 65). **b)** „sich drängen": *sich durch die Menge wuzeln.*

Wuzerl, das; -s, -n (ugs.): **1.** „dickes Kind": *so ein dickes Wuzerl.* **2.** „Fussel".

wuzerldick (ugs.): „sehr dick" (nur von Kindern).

X Y

X: beim Toto Zeichen für „unentschieden", in Deutschland: 0.

Xenie, die; -, -n ⟨griech.⟩, „Sinngedicht": in Österr. nur so übliche Form, im Binnendt. auch „das Xenion".

y, Y: wird in Österr. beim Buchstabieren auch (als mathematische Unbekannte meist) auf der zweiten Silbe betont, im Binnendt. auf der ersten.

Z

Zacken, der; -s, -: österr. (und süddt.) Form gegenüber binnendt. „die Zacke".

zage: österr. Nebenform zu „zag": *Ein sehr zärtlicher Walzer kam zage und dünn durch den Raum gezogen* (J. Roth, Radetzkymarsch 58).

Zapf, der; -[e]s, -e: Schülerspr. „mündliche Prüfung": *heute haben wir in Geschichte einen Zapf gehabt.*

zapfen, zapfte, hat gezapft: bedeutet österr. in der Schülerspr. auch „mündlich prüfen": *heute wird in Latein gezapft.*

Zapfen, der; -s (ugs., salopp): „Kälte": *heute hat es aber einen Zapfen!*

zaundürr (ugs.): „sehr dünn, mager": *Und immer war es eine zaundürre Person* (H. Doderer, Die Dämonen 93); *Was sieht er schon an dieser zaundürren Kraxen, die seine Braut ist* (R. Billinger, Der Gigant 305).

zausig: „zerzaust": *zausige Haare.*

Zeck, der; -[e]s, -e/-en: österr. (und süddt.) ugs. für „die Zecke".

Zehe, die; -, -n: österr. nur so übliche Form, im Binnendt. ist „der Zeh" häufiger.

Zehnerjause, die; -, -n (ugs., bes. Wien): „Jause am Vormittag".

Zeichenbehelf, der; -[e]s, -e: „Hilfsmittel für den Zeichenunterricht". →**Behelf.**

zeitgerecht: österr. auch für „rechtzeitig": *die Interessenten werden gebeten, sich zeitgerecht anzumelden.*

zeitlich: österr. ugs. auch für „zeitig, früh": *Mußt früh genug weg, kimmst so zeitlich her nach Ottenschlag* (L. Anzengruber, Der Meineidbauer 33).

Zeitungsverschleißer, der; -s, -: „Zeitungshändler". →**Verschleißer.**

Zeller, der; -s: österr. ugs. für „Sellerie".

Zeltblatt, das; -[e]s, ...blätter: österr. für „Zeltbahn, zum Zeltbau geeigneter Stoff".

Zeltel, Zeltl, das; -s, -[n] (mdal., veraltend): „Bonbon, Plätzchen" (auch bayr.): *kandierte Äpfel, Zelteln, Kokosnüß* (J. Weinheber, Kalvarienberg 40). →**Zelten.**

Zelten, der; -s, - (veraltend): **a)** „kleiner flacher Kuchen", bes. „Lebkuchen" (auch

süddt.). **b)** (bes. westösterr.) „Früchtebrot". →**Lebzelten.**

Zeltler, der; -s, -: **I.** (veraltet) „Lebkuchenbäcker". **II.** (ugs.) „jmd., der im Zelt übernachtet; Campingtourist".

zensurieren, zensurierte, hat zensuriert ⟨lat.⟩: „prüfen, beurteilen": *das Theaterstück wird von den Behörden zensuriert.* (Entspricht binnendt. „zensieren", aber nicht auf die Schule im Sinne von „benoten" angewandt.)

Zenit, der; -s: wird österr. mit kurzem i gesprochen, binnendt. mit langem.

Zenterhalf, der; -s, -s ⟨engl.⟩ (veraltet): Sport „Mittelläufer". →**Half, zentern.**

zentern, zenterte, hat gezentert ⟨engl.⟩ (veraltet): „im Fußball den Ball zur Mitte spielen": *ihm klebte er anders am Fuß, wenn er dribbelte, ihm schnellte er anders von der Außenseite ab, wenn er zenterte* (F. Torberg, Die Mannschaft 93).

Zenterstürmer, der; -s, - (veraltet): „Mittelstürmer". →**zentern.**

Zentigrad, der; -[e]s, -e ⟨lat.⟩: wird in Österr. auf der ersten Silbe betont, im Binnendt. auf der dritten. Ebenso: **Zentigramm, Zentiliter, Zentimeter.**

Zentner, der; -s, - ⟨lat.⟩: bezeichnet in Österr. (und der Schweiz) 100 kg, in Deutschland: 100 Pfund (=50 kg); Zeichen: q. Zur Unterscheidung vom alten Wiener Zentner (50 kg) wurde auch „Meterzentner" gebraucht. Heute ist „Zentner" keine gesetzliche Gewichtseinheit mehr.

Zephir, der; -s, -e ⟨griech.⟩: österr. nur so gebrauchte Form, im Binnendt. auch „Zephyr"; im Plural wird das -i- betont. Ebenso: **zephirisch, Zephirwolle.**

Zeremonie, die; -, -n [ʦere'moːnjə] ⟨lat.⟩: wird in Österr. immer auf der dritten Silbe betont, im Binnendt. meist auf der letzten [...'niː].

zerkriegen, sich; zerkriegte sich, hat sich zerkriegt (ugs.): „sich zerstreiten": *er hat sich mit ihm zerkriegt; ... einen ... Manager, ... mit dem Boxer zerkriegt* (Die Presse 4. 12. 1978).

zernepft, znepft (ostösterr. ugs.): „zer-

200

zaust, unansehnlich": *auf der z'nepften Jesuitenwiesen* (J. Weinheber, Impression im März).

Zeugel, das; -s, -[n] (bes. Wien): „Pferdegespann, leichte Kutsche": *Er war Herr über fünf Zeugeln, und drei andere Kutscher haben für ihn gearbeitet* (B. Frischmuth, Kai 185).

Zeugeneinvernahme, die; -, -n: „Zeugenvernehmung": *Den letzten Zeugeneinvernahmen in Krems folgten die Gutachten* (Die Presse 13. 6. 1969). →**Einvernahme.**

Zibebe, die; -, -n ⟨ital.⟩: bes. österr. (und süddt.) für „große Rosine": *Aus Roggenmehl und Milch wird der Brotteig bereitet, in den zerschnittene (eingeweichte), gedörrte Birnen, Zibeben, Mandeln ... eingeknetet werden* (G. Heß-Haberlandt, Das liebe Brot 93).

Zieche, die; -, -n ['tsɪaçn] österr. (und süddt.) ugs. für „Überzug". →**Polsterzieche, Tuchentzieche.**

Zieger, der; -s, - (westösterr. und süddt.): **a)** „Kräuterkäse". **b)** „Molke; Quark".

Ziesel, das; -s, - ⟨slaw.⟩, „ein Nagetier": ist in Österr. meist Neutrum, im Binnendt. Maskulinum: der; -s, -.

Zigarrenspitz, der; -es, -e österr. (und süddt.) für binnendt. „die Zigarrenspitze; Hülse für die Zigarre". →**Spitz.**

Zille, die; -, -n ⟨slaw.⟩: **a)** „flacher Frachtkahn für die Flußschiffahrt" (auch ostdt.): *einer der wenigen noch auf dem Traunsee vorhandenen alten Zillen* (Th. Bernhard, Stimmenimitator 99). **b)** „kleiner, flacher Kahn [der mit nur einem Ruder gesteuert wird], z. B. als Rettungs-, Polizeiboot": *Angeblich durch Wellenschlag eines Schiffes kenterte die Zille* (Die Presse 9. 6. 1969). →**Rettungszille.**

Ziment, das; -[e]s, -e ⟨lat.⟩ (veraltet): „metallenes zylindrisches Hohlmaß [der Wirte]" (auch bayr.).

Zimmerfrau, die; -, -en: „Zimmervermieterin, Wirtin": *seine Zimmerfrau macht ihm das Frühstück.*

Zinnober, das; -s ⟨pers.⟩: ist in Österr. in der Bedeutung „rote Farbe" immer Neutrum, in der Bedeutung „Mineral" (wie binnendt.) Maskulinum: der; -s, -.

Zins, der; -es, -e ⟨lat.⟩: bedeutet österr. (und süddt., schweiz.) auch „Miete": *Die*

Hausmeisterin weiß von ihr, weil sie den Zins kassieren kommt, selbst der Briefträger kennt sie (B. Frischmuth, Amy 105). →**Mietzins, Monatszins.**

Zinshaus, das; -es, ...häuser: „Miethaus" (auch süddt., schweiz.): *Zinshaus, 2, viergeschossig, 20 Mittelwohnungen, lastenfrei, 240.000* (Kurier, 16. 11. 1968, Anzeige). →**Zins.**

Zinswohnung, die; -, -en: „Mietwohnung". →**Zins.**

Zipf, der; -[e]s, -e: **a)** ugs. für „der Zipfel" (auch bayr.). **b)** „fader Kerl": *so ein fader Zipf!*

Zipp, der; -s, -s Ⓦ: „Reißverschluß": *Einteiliger Pyjama aus Baumwoll/Helanca-Frottee ... Weiße Spitze ziert alle Kanten; vorn mit langem Zipp zu schließen* (Express 1. 10. 1968, Anzeige).

Zippverschluß, der; ...sses, ...üsse: „Reißverschluß": *Aus Plastik mit Zippverschlüssen gearbeitet ist dieser ungewöhnliche Schrank* (Die Presse 21./22. 6. 1969). →**Zipp.**

Zirm, Zirn, der; -[e]s, -e: bes. in Tirol für „Zirbe, Zirbelkiefer".

Zitterer, der; -s (mdal.): „Das Zittern; Schwäche": *Hast noch keinen Zitterer in deiner Faust! Kannst noch das Haus bauen* (R. Billinger, Der Gigant 321).

Zivildiener, der; -s, -: „Zivildienstleistender, Ersatzdienstpflichtiger". →**Diener.**

zizerlweis (ugs.): „nach und nach, ratenweise" (auch bayr.): *sich arm zu stellen, und Ihren Seitenverwandten den Erbschaftsanteil nur zizerlweis hinauszuzahlen* (J. Nestroy, Das Mädl aus der Vorstadt 407). →**...weis.**

Zöger, der; -s, - (ugs.): „Tragkorb, -tasche aus Draht oder Geflecht": *Der Fleischhauergehilfe mit einem Zöger voll Fleisch* (Th. Bernhard, Italiener 16).

Zolleinhebung, die; -, -en: „das Einkassieren, Eintreiben des Zolles". →**Einhebung.**

...zöllig: österr. nur so, im Binnendt. auch „...zollig"; z. B. *dreizöllig, vierzöllig.*

Zollwache, die; -, -n: **a)** „Zollstelle, -station". **b)** „Zollgrenzschutz".

Zollwachebeamte, der; -n, -n: Amtsspr. „Zollbeamte": *Daher ist auch die Paßkontrolle den Zollwachebeamten über-*

tragen worden (Express 8. 10. 1968).
→**Wachebeamte.**

Zornbinkel, Zornbinkl, der; -s, -[n] (ugs.):
„jähzorniger Mensch": *Flennet ich, g'scha-
het's* (geschähe es) *nit, weil mir weh is, sondern aus Zorn! Mirzl: Jagerl, du Zornbinkl!* (L. Anzengruber, Der Meineidbauer 26). →**Binkel.**
zu →zum.

Zubau, der; -[e]s, ...ten: „Anbau": *Mit
letzter Kraft hatte er sich noch für einen
Zubau und eine umfassende Renovierung
des Hotels Alpenrose eingesetzt* (Vorarlberger Nachrichten 25. 11. 1968); *Im Rahmen
der akademischen Feier wird unter anderem die Grundsteinlegung für einen Zubau
vorgenommen werden* (Die Presse 9. 5.
1969).

Zuckerbäcker, der; -s, -: österr. (und süd-
dt., sonst veraltet) auch für „Konditor":
*Die Vergabe von Konzessionen erfolge im
übrigen ohnehin nur an drei Berufsgruppen:
Zuckerbäcker, Gastwirte und Kaffeesieder*
(Die Presse 14./15. 6. 1969).

Zuckerkand[e]l, das; -s (ugs., veraltend):
„Kandiszucker": *Mariandel, Zuckerkan-
del / Meines Herzens, bleib gesund* (F.
Raimund, Der Diamant des Geisterkö-
nigs 93).

Zuckerkandis, der; -: österr. veraltend
auch für „Kandiszucker".

Zuckerl, das; -s, -n: **1.** „Bonbon" (auch
bayr.): *ich hab' ihr ja aus Graz Zuckerln
mitgebracht* (A. Schnitzler, Leutnant
Gustl 139). **2.** „etwas Besonderes, zusätzlich Gebotenes": *Um dem Zuschauer-
schwund durch die Direktübertragung im
Fernsehen ... entgegenzuwirken, hat sich
der GAK ... für das Publikum ein besonderes Zuckerl einfallen lassen: Damen in Begleitung von Herren ... haben freien Eintritt*
(Express 2. 10. 1968). →**Wahlzuckerl.**

Zuckerlstand, der; -[e]s, ...stände:
„[Markt]stand für Süßigkeiten": *Aber er
habe dem Kind Zutrauen eingeflößt, indem
er es zu einem Zuckerlstand führte und ihm
kaufte, was es wollte* (A. Drach, Zwetschkenbaum 118).

zufleiß, (auch:) **zu fleiß** (ugs.): „absichtlich" (auch bayr.): *er hat zufleiß übertrieben.* *jmdm. etwas zufleiß tun: „etwas mit
der Absicht tun, um jmdn. zu ärgern": *er*

*wollte dir etwas zufleiß tun; er hat ihm zu-
fleiß Wasser in die Schuhe geschüttet; Vor
den Augen seines Vaters wedelte D. Q. ...
durch die Regenlachen. Konstatierte Q.
sen.: „Das macht er mir zu fleiß"* (Kronen-
Zeitung 6. 10. 1968).

Zugeherin, die; -, -nen (westösterr.):
„Putzfrau; Haushaltshilfe" (auch süddt.):
*Verläßliche Zugeherin für zwei Nachmitta-
ge wöchentlich gesucht* (Vorarlberger
Nachrichten 23. 11. 1968, Anzeige).

Zugehfrau, die; -, -en (westösterr.):
→„Zugeherin" (auch süddt.): *Selbstverständlich verlangt die Berufstätigkeit der
Frau eine Technisierung des Haushaltes
und die Mithilfe des Mannes, eventuell
auch die Beschäftigung ... einer Zugehfrau*
(Express 1. 10. 1968).

Zugehör, das; -[e]s, -e: österr. (und
schweiz., sonst veraltet) auch für „Zubehör".

Zügenglöcklein, das; -s, -: „Sterbeglok-
ke" (auch bayr.): *Das Weib hat mich aber
doch gebeten, daß ich die Zügenglocke läute, auf daß auch andere Leute für den Ster-
benden beten möchten* (P. Rosegger, Waldschulmeister 275).

Zugsabteil, das; -[e]s, -e: österr. Form für
binnendt. „Zugabteil". Ebenso: **Zugsführer:** *Nach Angaben der ungarischen Nach-
richtenagentur MTI handelt es sich bei den
toten Eisenbahnern um den Zugsführer ...
und den Schaffner* (Vorarlberger Nachrichten 27. 11. 1968); **Zugskatastrophe:**
Zugskatastrophe bei Budapest: 43 Tote
(Salzburger Volksblatt 24. 12. 1968);
Zugsunglück: *Zugsunglück beim Kanal
von Korinth: 34 Tote* (Express 2. 10. 1968);
**Zugsverbindung, Zugsverkehr, Zugsver-
spätung.**

zukehren, kehrte zu, ist zugekehrt (ugs.):
a) „einkehren": *in einem Gasthaus zukehren.* **b)** „einen kurzen Besuch machen":
*Wäre der Vater doch hier, der alte Doktor
Curie, der jetzt so oft bei ihnen zukehrt,
manchmal drei Tage in der Woche bei ihnen wohnt* (G. Fussenegger, Zeit des Raben – Zeit der Taube 429).

zulieb: in Österr. häufiger als „zuliebe".

zum: a) steht österr. (und süddt.) ugs. vor
Verben oft, wo es im Binnendt. (bes. im
Norden) nur „zu" heißt: *er bekommt etwas*

zum Essen für binnendt. *er bekommt etwas zu essen.* **b)** in Verbindung mit *Abgeordneter* zur Angabe der Volksvertretung: *Abgeordneter zum Nationalrat, Bundesrat.*

zündeln, zündelte, hat gezündelt (ugs.): „mit dem Feuer spielen" (auch bayr.): *Zwei Kinder ... zündelten an einer Strohtriste* (Kronen-Zeitung 14. 10. 1968).

Zünder, die /Plural/: „Streichhölzer". →**Zündholz.**

Zündholz, das; -es, ...hölzer: ist österr. (und süddt.) das übliche Wort, während das im Binnendt. hauptsächlich gebrauchte „Streichholz" selten auftritt: *musterten wichtig ... alle spuren, die grashalme der savanne, erkennen ein verbranntes zündholz nach 20 minuten* (K. Bayer, der sechste sinn 84).

Zündhölzchen, (ugs.:) **Zündhölzel,** das; -s, -: „Streichholz": *so wurde doch jedenfalls ... mit den zu Boden gefallenen Zündhölzchen ... das Bettlaken ... angezündet* (A. Drach, Zwetschkenbaum 55); *Was Helios eigentlich war, wußte niemand, Heini sagte: „Vielleicht der Gott der Zündhölzel"* (F. Torberg, Die Mannschaft 57).

Zureicher, der; -s, - (veraltend): „Hilfsarbeiter (bes. beim Bau)": *er arbeitet bei einem Maurer als Zureicher.*

zur Gänze →Gänze.

zurücklegen, legte zurück, hat zurückgelegt: bedeutet österr. auch „(ein Amt, eine Funktion) niederlegen": *In der Verwaltung des Vereins ist ein Wechsel eingetreten, da der Geschäftsführer K. P. seine Funktion auf eigenen Wunsch zurückgelegt hat* (Vorarlberger Nachrichten 6. 11. 1968); *Lediglich ein Arzt legt seinen Vertrag zurück* (Wochenpresse 25. 4. 1979).

zurückrufen, rief zurück, hat zurückgerufen: „jmdn., der vorher angerufen hat, selbst anrufen": kann in Österr. direkt mit dem Akkusativ verbunden werden (im Binnendt. nur ohne): *Bei Ferngesprächen: kurzer Anruf genügt, wir rufen Sie zurück* (Kronen-Zeitung 13. 10. 1968).

zurückstellen, stellte zurück, hat zurückgestellt: bedeutet österr. auch „etwas, was man ausgeborgt hat, wieder dem Eigentümer zukommen lassen; zurückgeben, -legen, -senden, -bringen": *Leihfrist längstens 1 Monat. Erfolgt eine Reklamation,*

ist das Werk umgehend zurückzustellen (Merkblatt, Österr. Nationalbibliothek).

Zurückstellung, die; -, -en: „Rückgabe, -sendung": *Die Partei beschloß die Zurückstellung des Geldbetrags.* →**zurückstellen.**

zurzeit: „derzeit, jetzt", wird in Österr. als Adverb behandelt und daher zusammengeschrieben; man unterscheidet also zwischen *er ist zurzeit krank* und *er ist zur Zeit Maria Theresias berühmt gewesen: Der Künstler, der zurzeit seine Ausbildung ... erhält ...* (Rieder Volkszeitung 1. 5. 1969).

zusammen...: in der Ugs. sehr häufige, stilistisch nicht als korrekt geltende Vorsilbe bei Verben: **zusammenessen:** „aufessen": *iß den Salat zusammen!;* **zusammenfahren:** „überfahren": *er hat das Kind zusammengefahren;* **zusammenfallen:** „hinfallen": *das Kind ist auf der Straße zusammengefallen;* **zusammenführen:** hyperkorrekt für →zusammenfahren, vgl. →**führen;** **zusammenhauen:** „zerbrechen": *ein Glas zusammenhauen;* **zusammenkehren:** „durch Kehren, Fegen säubern": *den Mist, die Stube zusammenkehren; die Köchin kehrt zusammen* (Th. Bernhard, Italiener 19); **zusammenkommen:** „fertig werden, zu Rande kommen": *beeil dich, daß du zusammenkommst!;* **zusammenräumen:** „aufräumen": *da mußte sie kochen und zusammenräumen und staubsaugen* (M. Lobe, Omama 10); **zusammenrichten:** „herrichten, aufputzen": *ein Kind für das Faschingsfest zusammenrichten;* **zusammenschimpfen:** „schimpfen, schelten": *er hat ihn furchtbar zusammengeschimpft;* **zusammenschlagen:** „zerschlagen": *Geschirr zusammenschlagen.*

zuschauen, schaute zu, hat zugeschaut: ist österr. (und süddt.) die bevorzugte Form für binnendt. „zusehen": *Sie sind weder zum Zuschaun verurteilt noch zum Zuschauen freigestellt. Sie sind das Thema.* (P. Handke, Publikumsbeschimpfung 23).

Zuschußrente, die; -, -n: „Rente, die nur eine zusätzliche Unterstützung zu einer anderen Art der Altersversorgung darstellt, bes. bei Bauern zum Altenteil": *Die Bauern urgierten die Umwandlung der Zu-*

schußrente in eine echte Pension (Die Presse 13. 2. 1969). **Zuschußrentner,** der; -s, -.

Zuseher, der; -s, -: österr. neben „Zuschauer": *keine Einnahmen, da zu wenig Zuseher* (auto touring 2/1979).

zusperren, sperrte zu, hat zugesperrt: bes. österr. (und süddt.) für binnendt. „abschließen, schließen": *Der Schreibtisch war zugesperrt. Die Schlüssel trug er immer in der Hosentasche* (E. Canetti, Die Blendung 90); *daß Schulen und Bäder geschlossen werden, daß Gasthöfe zusperren und Sportveranstaltungen abgesagt werden müssen* (Die Presse 2. 6. 1969). →**sperren.**

zustande bringen, brachte zustande, hat zustande gebracht: in der Amtsspr. auch „beibringen; zurückbringen; sorgen, daß etwas wieder herbeigeschafft wird": *Wenn kürzlich ... Bilder im Wert von 18 Millionen Schilling ... zustande gebracht werden konnten ...* (Die Presse 6. 8. 1969).

Zustandebringung, die; -: Amtsspr. „das Beibringen, Herbeischaffen": *Die Versicherungsgesellschaften haben nun auch eine wesentlich geringere Summe als Prämie für die Zustandebringung der* [gestohlenen] *Bilder ausgesetzt* (Die Presse 10. 4. 1969).

zuständig: bedeutet österr. in Verbindung mit *nach* in der Amtsspr. „heimatberechtigt in": *er ist nach Innsbruck zuständig.*

zustreifen, streifte zu, hat zugestreift (veraltend): „zustellen, zubringen, hinschaffen": *Waren, Obst zum Markt zustreifen.*

Zustreifer, der; -s, - (veraltend): „jmd., der zustreift": *Ich bin Zustreifer auf dem Obstmarkt.* (F. Th. Csokor, 3. November 1918, 255).

Zustreifung, die; -, -en (veraltend): „Zustellung".

zuwa, zuawa (mdal.): „herzu" (auch bayr.), auch zusammengesetzt mit Verben: *traust dich nicht zuwa?*

Zuwaage, Zuwage, die; -, -en: **a)** „Knochen als Zugabe zum Fleisch" (auch bayr.): *Sie Glückspilz, Sie, so a saubere Zuwag' vom Fleischmarkt der Liebe zu holen* (F. Herzmanovsky-Orlando, Gaulschreck 149). **b)** allgemein „etwas Zusätzliches" (auch bayr.): *I nimm di, wie du bist,*

paar oder unpaar! Roßknecht: Mitsamt der Zuwaag [dem Kind]*?* (K. Schönherr, Erde 50); *Es war eine Zuwaag' zum Wiener Festwochenprogramm* (Die Presse 14./15. 6. 1969).

zuwi, zuawi (mdal.): „hinzu" (auch bayr.), auch zusammengesetzt mit Verben: *geh zuwi!*

zuzeln, zuzelte, hat gezuzelt (ugs.): **1.** „lutschen" (auch bayr.): *durch die Fenster der Bräu's* [in München] *sah man sie sitzen, fest fundamentiert, schweigend beim Biere. In Wien saßen sie schweigend, zuzelnd, ‚beißend' beim Wein* (H. Doderer, Die Dämonen 537). **2.** „lispeln, mit S-Fehler sprechen".

Zweier, der; -s, -, „Ziffer, Note Zwei": österr. (und süddt.) nur so, binnendt. meist „die Zwei": *er hat im Zeugnis zwei Zweier.* →**Dreier, Einser, Fünfer, Vierer.**

zweifärbig: „zweifarbig". →**färbig.**

Zwetschke, die; -, -n: österr. nur so gebrauchte Form für binnendt. „Zwetsche", schweiz., süddt. „Zwetschge": *Schiffszwieback und Nußblättertee und Polenta mit Zwetschken zum Nachtisch* (F. Th. Csokor, 3. November 1918, 239). *(scherzhaft) die sieben Zwetschken [ein]packen: „seine Habe zusammenpacken und sich entfernen": *Der Richter ... forderte schließlich letzteren auf, daß er seine sieben Zwetschken packen solle* (A. Drach, Zwetschkenbaum 14). Dazu: **Zwetschkenbaum, Zwetschkenkern.**

Zwetschkenknödel, der; -s, -: „Knödel aus Kartoffelteig mit einer Zwetschke in der Mitte": *Es war für mich eine großartige Manifestation der Mütterlichkeit: dieser plötzliche Einbruch der friedlichen Zwetschkenknödel in die Bereitschaft des Todes sozusagen* (J. Roth, Die Kapuzinergruft 47).

Zwetschkenkrampus, der; -/-ses, -se: „[Krampus]figur aus gedörrten Pflaumen".

Zwetschkenmus, das; -es: „dicklich eingekochtes Pflaumenmus".

Zwetschkenpfeffer, der; -s: „Mus aus gedörrten Pflaumen".

Zwetschkenröster, der; -s, -: „Pflaumenkompott, -mus": *Der Grießschmarren muß schön locker sein und darf nur verein-*

zelte Krusten aufweisen. – Mit Zucker be-streut servieren. Zwetschkenröster, Kirschenkompott oder einen Fruchtsaft dazu reichen (Kronen-Zeitung-Kochbuch 271). →**Röster.**

zwicken, zwickte, hat gezwickt: **a)** das in Österr. (und Bayern) übliche Wort für binnendt. „kneifen"; es ist nicht (wie im Binnendt.) umgangssprachlich. **b)** ugs. ist allerdings das Wort in der Bedeutung „(Fahrschein) lochen": *der Schaffner hat den Fahrschein nicht gezwickt.* **c)** „mit einer Klammer befestigen": *sie ... zwickte das Sockerl mit einer Wäscheklammer an das Bambusgestell* (M. Lobe, Omama 84).

Zwickerbusse[r]l, das; -s, -n (ugs., fam.): „Küßchen, wobei man leicht in die Backen zwickt".

Zwiderwurzen, die; -, - (ugs., abwertend): „mürrischer Mensch".

Zwieback, der; -[e]s, -e: der Plural lautet in Österr. nur Zweibacke, im Binnendt. auch Zwiebäcke.

Zwiebelhäuptel, das; -s, -: österr. (und süddt.) für binnendt. „Zwiebelknollen". →**Häuptel.**

Zwutschkerl, das; -s, -n (ugs.): „kleines Kind, Zwerg": *Komm her, du Zwutschkerl.*

Zyklame, die; -, -n ⟨griech.⟩: österr. Form für binnendt. „das Zyklamen".

Eyn schriuer wilcher land art in duytzer nacioin geboren
is / sal sich zu vur flyssigen / dat he ouch ander duitsch
/ dan als men in synk land synget / schriuen lesen und
vur nemen moeg. *
(Jakob Schöpper: „Schryfftspiegel", Dortmund 1527)

DEUTSCH IN ÖSTERREICH

I. Die historischen Voraussetzungen

1. Das Gebiet des heutigen Österreich gehörte zu einem der großen deutschen Stammesfürstentümer, zu dem der B a i e r n. Damit haben wir bereits die erste Grundlage für das österreichische Deutsch genannt, den bairischen Dialektraum. Viele sprachliche Besonderheiten, vor allem mundartliche, haben Bayern und Österreich auch heute noch gemeinsam. Die Randlage des Bairischen hatte im Lauf der Geschichte kulturelle und damit auch sprachliche Einflüsse aus Süd- und Osteuropa zur Folge, die der übrige deutsche Sprachraum nicht kennt. So kam es z. B. schon in der Frühzeit des bairischen Stammesfürstentums zu Entlehnungen, die auch heute noch auf den bairischen Raum beschränkt sind (z. B. *Maut*). Diese Randlage wird sich auch später immer wieder auf die Sprache auswirken.

2. Als in der Karolingerzeit überall am Rande des Reiches zur Verteidigung Marken errichtet wurden, entstand auch eine Mark an der Donau, die allerdings in dem großen Magyarensturm des 9. Jahrhunderts wieder unterging. Im 10. Jahrhundert wurde die Mark unter den Ottonen neu gegründet und der Familie der B a b e n b e r g e r verliehen. Diese neue Mark hatte Bestand und bildete die Keimzelle für den späteren Staat Österreich. Innerhalb des bairischen Volksstammes hatte sich also eine neue politische Einheit entwickelt. Im Jahr 996 taucht der Name Österreich in einer Urkunde Ottos III. erstmals auf. Dort heißt es: „in der Gegend, die im Volk Ostarrîchi genannt wird". Der Name war also schon länger da, ein Zeichen dafür, daß dieses Gebiet schon damals als etwas Selbständiges empfunden wurde („Ostmark" wurde das Land im Mittelalter allerdings nie genannt).

3. Es ist selbstverständlich, daß sich sowohl Bayern als auch Österreich im Rahmen des gesamtdeutschen Gebietes entwickelten, wie alle anderen Landschaften auch. Das Hochmittelalter war eine verhältnismäßig ruhige und geordnete Zeit. Dies konnte sich auch auf die Kultur auswirken. Als im 12. und 13. Jahrhundert aus dem höfischen Rittertum heraus vorübergehend eine überregionale Dichtersprache entstand, bekannten sich auch die Dichter des bairischen Raumes dazu. Der Österreicher W a l t h e r v o n d e r V o g e l w e i d e schrieb die gleiche Sprache wie Wolfram von Eschen-

---

* Jeder Deutsche, aus welcher Landschaft er auch stammt, soll auch das Deutsch anderer Landschaften und nicht nur das seiner eigenen beherrschen.

bach, Gottfried von Straßburg oder Hartmann von Aue, obwohl es nicht seine Mundart war. Walther war übrigens stolz, in Wien dichten gelernt zu haben. Der Hof der Babenberger war ein blühendes kulturelles Zentrum. Überhaupt wurde Wien damals eine international bedeutende Stadt. Dies zeigt sich auch darin, daß der Name in der damaligen Lautgestalt in Fremdsprachen übernommen wurde (franz. Vienne, ital. Vienna). Eine starke kulturelle und damit auch sprachliche Ausstrahlung Wiens auf das übrige Österreich, die im Lauf der Geschichte immer wieder wirksam war, setzte ein (z. B. verbreitete sich *Kuchel* für Küche, später *Rauchfang* für Kamin von Wien aus).

4. Das Spätmittelalter begann mit dem Niedergang der bestehenden Ordnung. Ungefähr zu der Zeit, als in Deutschland das Interregnum begann, starben in Österreich die Babenberger aus. Zwei Jahrzehnte herrschte der Böhmenkönig Přemysl Ottokar in Österreich.
Der Zerfall der politischen Ordnung hatte zur Folge, daß auch im Sprachlichen die landschaftlichen Eigenheiten wieder mehr in den Vordergrund traten. Dichter wie J a n s E n e n k e l oder später der Tiroler O s w a l d v o n W o l k e n s t e i n sind mit ihrer landschaftlich gefärbten Ausdrucksweise deutliche Beispiele dafür.
Eine neue feste Ordnung erwartete man sich von den H a b s b u r g e r n, die Ende des 13. Jahrhunderts die Herrschaft in Österreich übernahmen. Nach den Tschechen residierten nun Schweizer in Wien. Auf diese Art drangen alemannische Elemente ins Österreichische. So wird z. B. in der Wiener Mundart und darüber hinaus seither [a:] statt [ai] gesprochen (z. B. [ha:m] für heim). Wörter wie *Göd, Goden* (Pate, Patin) kamen ebenfalls damals nach Österreich.

5. Für Österreich begann in den folgenden Jahrhunderten unter habsburgischer Führung der Aufstieg zur Großmacht. Nach und nach wurden einzelne Länder hinzugewonnen: Kärnten, Steiermark, Tirol usw. Die Gemeinsamkeit mit Bayern hatte aufgehört. Durch verschiedene Heiraten gelang die Ausdehnung auf Burgund, Spanien und die neuentdeckten Überseeländer. Von größerer Dauer war die Gewinnung der böhmischen und ungarischen Länder, die zur Entstehung des D o n a u s t a a t e s führte.
Die ständige Berührung mit verschiedenen Völkern und Kulturen ließ das speziell Österreichische immer stärker hervortreten. Da außerdem das politische Gewicht Wiens (die Habsburger waren die längste Zeit auch deutsche Kaiser) sich verstärkte, verstehen wir, daß auch im Sprachlichen über der gesamtbairischen Grundlage viel speziell Österreichisches entstehen konnte. Damit haben wir die zweite Komponente für das Entstehen der österreichischen Besonderheiten genannt.

6. Zum Wortschatz des österreichischen Deutsch gehören aber nicht nur Wörter, die auf Österreich beschränkt sind oder die dem ganzen bairischen Dialektraum angehören. Vieles hat Österreich auch mit Süddeutschland und der Schweiz gemeinsam. Österreich ist also sprachlich gesehen ein Teil des O b e r d e u t s c h e n.

Ein wichtiger Grund für die sprachliche Sonderstellung Österreichs und weiterer Teile des Oberdeutschen war der konfessionelle Gegensatz, der durch die Reformation entstand. Mittel- und Norddeutschland wurden zu einem großen Teil protestantisch, während Bayern und Österreich nach der Gegenreformation katholisch blieben. Da die neuhochdeutsche Schriftsprache sehr eng mit der Lutherbibel verknüpft war, lehnte man im Süden mit der Konfession auch die neue Schriftsprache ab.

Zu diesem konfessionellen Gegensatz kommt noch hinzu, daß die Österreicher und Bayern Barockmenschen sind. Mit Mitteln der Rhetorik und des Theaters, also mit dem gesprochenen Wort, konnte man hier viel mehr Wirkung erzielen als im „kühlen Norden", wo das geschriebene Wort mehr Gewicht hatte. Außerdem mußten die katholischen Geistlichen ebenso „dem Volk aufs Maul schauen" wie damals Luther. Sie griffen daher mit Vorliebe auf die Mundart zurück. Das gilt für die volkstümlichen Szenen im Jesuitendrama ebenso wie für die Barockpredigten eines Abraham a Sancta Clara.

7. Da im Volk die Mundart und in der Schule das Latein im Vordergrund standen, wurde die Pflege der Schriftsprache im Gegensatz zum Norden des deutschen Sprachraumes vernachlässigt.

Dort trugen bedeutende Wörterbuchautoren (wie Campe und Adelung) und Dichter (wie Klopstock und Goethe) dazu bei, daß der Norden führend wurde. Wenn man nicht zurückbleiben wollte, mußte man sich dieser Entwicklung anschließen. Diese Aufgabe stellten sich Maria Theresia und ihr Sohn Joseph II. Die Kaiserin verfolgte ihr Ziel recht energisch. Schlesier mußten amtliche Erlässe nach mitteldeutschem Muster verbessern. Die Geistlichen, die früher gern in der Mundart gepredigt hatten, wurden überwacht und angezeigt, wenn sie nicht hochdeutsch sprachen. Freilich blieb daneben die Mundart erhalten, und auch die Kaiserin sprach privat Dialekt. Daraus sehen wir schon den noch heute bestehenden Zustand: die für Österreich und den ganzen Süden des deutschen Sprachraums typische Zweigleisigkeit in der Sprache. Im privaten Bereich wird vor allem Mundart gesprochen, während die Hochsprache mehr auf das öffentliche Leben und auf den schriftlichen Bereich beschränkt ist.

8. Im Jahr 1804 wurde Österreich selbständiges Kaisertum. Die österreichischen Besonderheiten, die auf den politischen Gegebenheiten des österreichischen Staates beruhen, traten dadurch stärker hervor. Daneben blieben natürlich oberdeutsche oder gesamtbairische Elemente erhalten.

Aus dem Zusammenleben der vielen Völker (Deutsche, Tschechen, Slowaken, Kroaten, Italiener, Ungarn, Galizier, Siebenbürger, Slowenen u. a.) entstand eine ganz neue Kultur und Lebensart. Sie fand einen deutlichen Niederschlag in der österreichischen Küche, die aus allen Teilen der Monarchie das Beste zusammengetragen hat. Dabei wurden natürlich auch die Namen für die Speisen übernommen, z. B. *Buchteln, Palatschinken, Kolatschen, Risotto* usw. Ein großer Teil der österreichischen Besonderheiten dieser Zeit stammt aus der Amts- und Militärsprache. Ein

Gegensatz zum binnendeutschen Sprachgebrauch ergab sich aber auch daraus, daß Fremdwörter, die in Deutschland durch deutsche Wörter ersetzt wurden, in Österreich erhalten blieben.

Auch das gesellschaftliche Leben der Monarchie trug zu manchen Besonderheiten bei, denken wir nur an die Grußformen *Küß die Hand, Habe die Ehre* oder *Servus,* oder auch an die genäselte Aussprache der Adeligen nach dem Vorbild Kaiser Franz Josephs.

Der Großteil der heute noch gebräuchlichen österreichischen Besonderheiten stammt aus dem vorigen Jahrhundert.

Für den Kleinstaat, zu dem Österreich 1918 geworden war, war in sprachlicher Hinsicht vor allem die Zeit des Anschlusses an Deutschland (1938 bis 1945) von Bedeutung. Damals wurden viele Austriazismen durch den binnendeutschen Sprachgebrauch ersetzt, besonders amtssprachliche Fremdwörter. Manches davon kam nach 1945 wieder außer Gebrauch. Das wiedererstandene Österreich stand nach 1945 allem, was „deutsch" war, recht skeptisch gegenüber. Heute hat sich das Verhältnis zu Deutschland aufgrund der regen Kommunikation (Wirtschaft, Fremdenverkehr, Fernsehen) wieder weitgehend normalisiert, und der sprachliche Austausch wird immer reger.

9. Zusammenfassend gesehen, ergeben sich aus der historischen Betrachtung drei Gruppen von österreichischen Besonderheiten:

1. auf Österreich beschränkte Besonderheiten: sie hängen besonders mit der staatlichen Organisation, den politischen Verhältnissen, der Verwaltung und dem gesellschaftlichen Leben zusammen.
2. Besonderheiten, die Österreich mit Bayern gemeinsam hat: es sind vor allem Wörter, die aus den Mundarten in die Hochsprache übernommen worden sind.
3. Besonderheiten, die im ganzen oberdeutschen Raum vorkommen.

Weiter können wir festhalten:

1. Österreich hat sich immer zu einer einheitlichen Hochsprache bekannt.
2. Die eigenständige politische und gesellschaftliche Entwicklung mußte sich auch auf die Sprache auswirken.
3. Es gibt keine „österreichische Sprache", sondern nur eine deutsche. Die vorhandenen Besonderheiten sind für diesen Bereich Bestandteil der allgemeinen deutschen Hochsprache.

II. Zur Situation in der Gegenwart

Richtiges Österreichisch ist anders als richtiges Deutsch.
Aber nicht alles falsche Deutsch, das Sie in Österreich
lesen, ist darum richtig.

Hans Weigel

Es ist nicht nötig, hier die österreichischen Besonderheiten systematisch
darzustellen. Die im Vorwort genannten Arbeiten haben diese Aufgabe
bereits erfüllt. Wir wollen nur die allgemeine Situation des Deutschen in
Österreich in seinem Verhältnis zum Binnendeutschen an einigen typi-
schen Beispielen aufzeigen.

1. Tendenzen und Strömungen

Die Ausgleichsbewegung innerhalb des deutschen Sprachraums vollzieht
sich heute zum größeren Teil zugunsten der im Norden gebrauchten Formen. Dies gilt auch für Österreich. Viele Austriazismen werden von binnendeutschen Formen verdrängt, oder die binnendeutschen Formen setzen sich als gleichberechtigt durch. Einige Beispiele dafür: statt *der Gehalt*
(Lohn) sagt man jetzt auch in der österreichischen Hochsprache *das Gehalt*
(die Mundarten kennen noch *der*). Die *Tomate* setzt sich neben den *Para-
deisern* durch, ebenso z. B. die *Johannisbeere* neben der *Ribisel* oder die
Kartoffeln neben den *Erdäpfeln.*
Es gibt aber auch umgekehrte Fälle. Manche kulinarischen Ausdrücke, die
ursprünglich österreichisch waren, sind bereits auch in Deutschland üblich, z. B. *Hendl* neben *Hähnchen* (besonders durch die Wienerwald-Re-
staurants) oder *Apfelstrudel.* Manche aus dem Osten oder Südosten kommende Wörter waren zuerst auf Österreich beschränkt und sind erst dann
nach Deutschland gewandert: bei *Gulasch* war dies schon früher der Fall,
in jüngerer Zeit *Pörkölt* oder *Slivowitz.* Das Wort *eh* (ohnehin) wird im
Binnendeutschen größtenteils verstanden und manchmal schon gebraucht,
auch im Norden. Manche Tendenzen gehen im Binnendeutschen die
Richtung, wie sie in Österreich bereits vorgezeichnet ist, so setzt sich z. B.
jemanden kündigen statt *jemandem kündigen* immer mehr durch (obwohl
als hochsprachliche Norm im Binnendt. immer noch der Dativ gilt).
Deutsche übernehmen mehr Wörter aus dem Österreichischen, als man in
Österreich annimmt. Das „Große deutsche Wörterbuch" (erschienen ab
1976) verzeichnet viele Wörter ohne regionale Begrenzung (trotz sonstiger
genauer Regionalangaben), die ein Jahrzehnt früher noch in Wörterbüchern als „österr." gekennzeichnet waren. Ein Wort wie *Maut,* das
deutsche Reisende in Österreich kennenlernen, wird mangels eines entsprechenden binnendeutschen Wortes auch in Deutschland immer häufiger gebraucht.
Daneben gibt es aber eine große Gruppe von Wörtern, die von diesem
Wechselverhältnis zwischen dem Binnendeutschen und Österreich nicht
betroffen ist. Es sind vor allem Ausdrücke aus dem staatlichen, politischen

und militärischen Bereich, z. B. *Präsenzdienst,* weiterhin alle Amtstitel, die mit dem Schulwesen zusammenhängenden Ausdrücke, Neubildungen aus der Politik, dem Verkehrswesen usw.

Für die vom Binnendeutschen stark abweichende Behandlung von Fremdwörtern sind zwei Beispiele recht aufschlußreich. Zur eingedeutschten Schreibung *Gulasch* gibt es in Österreich und Deutschland je eine zweite Form. In Österreich, das an Ungarn grenzt, die ungarische Form *Gulyas,* in Deutschland die von Frankreich entlehnte Form *Goulasch.* Andererseits kennt man in Österreich die Endung *-ow* nur aus den slawischen Sprachen. In der deutschen Sprache kann der Österreicher damit wenig anfangen. Er spricht daher dieses *-ow* in nordostdeutschen Namen (z. B. *Pankow, Lützow*) zumeist slawisch aus, also *-of.* – Daß man in der Aussprache dem Französischen näher steht als dem Englischen, zeigen englische Fremdwörter, die in der Umgangssprache französisch ausgesprochen werden (*Cottage, Kombination, volley*). Für die Endung *-on* in französischen Fremdwörtern (*Balkon, Waggon* usw.) gibt es im gesamten deutschen Sprachraum eine gehoben wirkende Aussprache [...ō:], z. B. [bal'kō:]. Die allgemein übliche Aussprache aber hat sich regional ganz verschieden entwickelt. Der Österreicher (und Süddeutsche) hat die Wörter eingedeutscht und spricht sie aus, als ob es deutsche Wörter seien, also [bal'ko:n] usw. Das Binnendeutsche setzt einen ganz neuen Laut ein, nämlich [...ɔŋ], z. B. [bal'kɔŋ]. Hier liegt einer der stärksten Unterschiede zwischen Österreich und Deutschland.

2. Das Verhalten der Österreicher gegenüber den binnendeutschen Einflüssen

Der Österreicher verhält sich gegenüber den Einflüssen des Binnendeutschen sehr verschieden. Bei einer Gruppe von Wörtern gebraucht er die binnendeutsche und die österreichische Form. Die binnendeutsche gilt als moderner und vornehmer. Man gebraucht sie deshalb in gewählter Ausdrucksweise oder Deutschen gegenüber, z. B. *Schrank* statt *Kasten, Tomate* statt *Paradeiser, Stuhl* statt *Sessel* (die binnendeutsche Bedeutung für Sessel, „bequemer, gepolsterter Stuhl", kann sich in Österreich nicht durchsetzen, weil hier Sessel Synonym zu Stuhl ist; der binnendt. Sessel heißt hier *Fauteuil*).

Bei einer zweiten Gruppe ist das Gegenteil zu beobachten. Eine gefühlsmäßige Abneigung verhindert das Eindringen binnendeutscher Formen oder Wörter. Sie wirken unsympathisch und sind ständige Requisiten, wenn die „Preußen" verspottet werden, z. B. die Erstbetonung bei *Kaffee,* die Aussprache -ŋ- in französischen Wörtern ['ʃaŋsə] Chance, [be'tɔŋ] Beton, die berlinische Aussprache des g als j (*Jarderegiment zu Fuß*). Es geht hier also vor allem um die Aussprache. Im Wortschatz ist diese Gruppe kleiner. Binnendeutsche Formen wie *es schmeckt schön* oder *Butter aufs Brot schmieren* widersprechen dem Sprachgefühl des Österreichers. Er kann nur sagen: *es schmeckt gut* oder *Butter aufs Brot streichen.* Das gleiche gilt für das binnendeutsche Wort *Sahne,* das sich allerdings im Westen Österreichs durch den Fremdenverkehr neben österreichischem *Rahm* und *Obers* einbürgert.

Eine dritte Gruppe von binnendeutschen Wörtern ist zwar in Österreich üblich, aber nur in einer abwertenden Nebenbedeutung, wobei meist gar nicht bekannt ist, daß dasselbe Wort in Deutschland in anderer Bedeutung hochsprachlich gebraucht wird. So bezeichnet z. B. *Brühe* in Österreich nur eine abgestandene, stinkende Flüssigkeit; in Deutschland eine „[klare] Suppe". Der *Quark*, den man in Österreich und Bayern *Topfen* nennt, bedeutet in Österreich nur „weiche, unappetitliche Masse".

Einer vierten Gruppe gehören z. B. die Wörter *Stiege* und *Treppe* an. Für sie gilt ein genau umgekehrtes Verhältnis. *Stiege* wird in Österreich gebraucht wie im Binnendeutschen die *Treppe*, dagegen bezeichnet *Treppe* in Österreich eine kleine, schmale, meist hölzerne *Stiege*. Anders ist das Verhältnis bei Wortpaaren folgender Art: *sehen/schauen* oder *Backe/Wange*. Hier gelten in Österreich *sehen, Backe* als gehoben, im Binnendeutschen dagegen *schauen* und *Wange*.

Nur erwähnt sei eine fünfte Gruppe. Häufig verwenden Schriftsteller landschaftliche Unterschiede als Stilmittel, um sich nicht wiederholen zu müssen. So kann man z. B. bei Doderer sogar *Sonnabend* lesen, obwohl es in Österreich ganz ungebräuchlich ist und der Dichter selbst es bestimmt nicht gesagt hätte.

3. Hochsprache, Umgangssprache und Mundart in Österreich

Das Verhältnis zwischen Hochsprache und Mundart ist in den deutschen Sprachlandschaften sehr unterschiedlich. Eine scharfe Trennung zwischen den beiden Schichten besteht im niederdeutschen Raum und in der Schweiz. Während aber in der Schweiz der Dialekt voll intakt ist und auch öffentlich gebraucht werden kann, ist er in Norddeutschland praktisch verschwunden. Allgemein ist der Dialekt im Süden des deutschen Sprachraums stärker vertreten als im Norden. In Österreich bestehen zwar auch beide Schichten nebeneinander, aber nicht scharf getrennt, sondern durch vielfältige umgangssprachliche Zwischenstufen verbunden.

Seit der Jahrhundertwende hat sich eine starke sprachliche Umschichtung vollzogen. In der Monarchie und noch eine gewisse Zeit nachwirkend gab es eine gesellschaftliche Schicht, die den Dialekt grundsätzlich ablehnte und ihre Kinder vom Dialekt fernhielt. Ihre Hochsprache war möglichst korrekt und wurde säuberlich von allen mundartlichen Einflüssen ferngehalten, sie war zugleich soziale Abgrenzung. Auf der anderen Seite bestand ein noch weitgehend geschlossenes Dialektsystem der einzelnen Landschaften, teils auch in Städten. Mit der sozialen Umschichtung lockerte sich sowohl die Hochsprache der gehobenen Schicht als auch der Dialekt der bäuerlich-gewerblichen Bevölkerung. Städtische Umgangssprachen in industriellen Zentren schufen einen sozialen Ausgleich und wirkten entlang von Verkehrslinien und im Einzugsgebiet der Pendler, wobei natürlich das Wienerische die stärkste Wirkung hatte und – wenigstens in einzelnen Merkmalen – große Teile des Bundesgebietes beeinflussen konnte. Für den mhd. Diphthong ei gibt es z. B. folgende Möglichkeiten mundartlich [ɔa]; mundartliches [a:] (in Wien und Teilen Kärntens); umgangssprachliches [a:] (nach Wiener Vorbild in Ostösterreich und in städtischen Umgangssprachen); hochsprachliches [ai]; durch Monophthongierung des hochsprachlichen ei entstandenes [ɛː] (von Wien ausgehend, dem Sprecher meist unbewußt). Alle diese Lautungen weisen wieder regionale Varianten auf. Wir können für die sprachliche Gegenwart in Österreich eine starke Fluktuation zwischen den Sprachschichten feststellen, wobei der soziale Status des Sprechers, die Sprechsituation und die regionalen sprachlichen Besonderheiten wirksam werden können. Dabei muß der Sprecher kein einheitliches System verwenden, sondern kann in verschiedenen Situationen, auch innerhalb eines Textes, die Sprachschicht wechseln. In städtischer Umgangssprache ist es z. B. häufig, das betonte Wort eines Satzes in Hochsprache zu sprechen, die weiteren Wörter aber in Umgangssprache. Ein Dialektsatz erhält einen anderen Stellenwert, wenn er von einem Angehörigen der höheren Bildungsschicht oder von einem Arbeiter stammt. Dem Österreicher eröffnen sich durch diesen ständigen Wechsel verschiedener Systeme (Reliktmundart – Grundmundart – Stadtmundart – Umgangssprache – Verkehrssprache – Hochsprache) große Möglichkeiten stilistischer Nuancen. Sprachwitz, der auf dem Wechsel der Sprachschichten beruht, ist keineswegs nur eine Sache der Intellektuellen, und die österreichische Literatur, innerhalb der deutschen Literatur unverhältnismäßig stark vertreten, verdankt ihre Ausdrucksmöglichkeiten zu einem nicht geringen Teil den Nuancierungen, die sich aus dem Nebeneinander der Sprachebenen ergeben. Karl Kraus hat diese Entwicklung schon sehr früh durch die sprachliche Charakterisierung der Personen in den „Letzten Tagen der Menschheit" gezeigt, später wurden diese Stilmöglichkeiten von Carl Merz und Helmut Qualtinger im „Herrn Karl" gezeigt.

Es handelt sich dabei aber nicht um ein sprachliches Durcheinander, sondern diese sprachliche Wechselwirkung spielt sich vor dem Hintergrund der klar getrennten Systeme Hochsprache und Dialekt ab. Die Wirkung und die Einsatzmöglichkeiten beruhen eben auf der Kenntnis der verschiedenen Systeme. Die Gefahr der Verunsicherung wird durchaus erkannt, und eine zu schnelle Übernahme umgangssprachlicher Formen, Laute und Wörter in die Hochsprache wird im allgemeinen abgelehnt. (So ist auch die Meinung vieler Österreicher zu verstehen, in Deutschland nütze sich die Sprache schneller ab, es würden leichtfertig Wörter in die Hochsprache übernommen.) Die meisten Eltern legen auch großen Wert darauf, daß die Kinder von Anfang an Hochsprache lernen und versuchen anfangs in der Familie Hochsprache zu sprechen, um den sozialen Aufstieg und schulischen Erfolg zu erleichtern. Allerdings ist diese Sprachform regional gefärbt.

Aus der Wechselbeziehung zwischen den Sprachschichten sowie zwischen deutschem und österreichischem Sprachgebrauch sind manche hyperkorrekte Formen zu erklären. Dem Sprachteilnehmer fällt auf, daß viele Formen, die er in der Mundart gebraucht, in der Hochsprache eine andere Form haben, z. B. *der Schneck/die Schnecke, der Ratz/die Ratte.* Nun gibt es aber schriftsprachliche Wörter, die in der Form den einheimischen gleich sind. Manche Leute glauben deshalb, man müsse auch diese Wörter in eine „schriftsprachliche" Form bringen, die es aber gar nicht gibt. So kommt z. B. das Wort *Abwasch* (Spülbecken) in der gleichen Form in der Schriftsprache und in der Mundart vor. Man kann aber vereinzelt bei Möbelhändlern *Abwäsche* lesen. Aus dem gleichen Grund wird oft *Kohlrabi*, ein gemeindeutsches Wort, das aber der Form nach, vielleicht wegen des -i, oft als mundartlich empfunden wird, durch *Kohlrübe* ersetzt, obwohl dieses Wort in der Hochsprache eine andere Pflanze bezeichnet. Aus einer *Schreibtruhe* (Schubkarren) wird manchmal eine *Schiebetruhe* (offenbar weil bayrisch-österreichisches *kegelscheiben* im Binnendeutschen *kegelschieben* heißt).

Aus der historischen Betrachtung haben wir gesehen, daß Österreich nach und nach durch Erwerbung einzelner Länder entstanden ist. Daher sind die österreichischen Bundesländer in sich geschlossene Einheiten. So bezeichnet sich Vorarlberg als selbständiger Staat innerhalb der österreichischen Föderation. Salzburg (das vorher bischöfliches Fürstentum war) und der Westen Oberösterreichs (vorher bayrisch) gehören erst seit etwa 200 Jahren zu Österreich. Dies alles wirkt sich auch sprachlich aus. Besonders der Westen, Tirol und Vorarlberg, geht oft eigene Wege. Der Grund liegt neben dem starken Selbstbewußtsein der Tiroler zum Teil auch in der geographisch bedingten Isolierung vom Osten. Tirol war ja bis in die Napoleonische Zeit durch das bis dahin selbständige Land Salzburg von Ostösterreich ziemlich abgeschnitten. Eine Sonderstellung hat Vorarlberg inne, das zum alemannischen Dialektraum gehört und auch viele hochsprachliche Besonderheiten mit dem schweizerisch-südwestdeutschen Raum gemeinsam hat.

Ein Beispiel für die sprachlichen Verschiedenheiten innerhalb Österreichs sind die Ausdrücke für „Fleischer". Die ursprünglichen Bezeichnungen lauteten im Osten und Südosten *Fleischhacker*, im Westen *Metzger*. Das *Metzger*-Gebiet umfaßt den Westen Oberösterreichs (weil er bis 1779 zu Bayern gehörte), Salzburg, Tirol und Vorarlberg. Diese alten Wörter wurden in die Mundart und Umgangssprache zurückgedrängt und durch das neue Wort *Fleischhauer* ersetzt, das heute das übliche österreichische Wort für diesen Beruf ist. Nur im Westen, besonders in Vorarlberg, ist *Metzger* noch hochsprachlich, weil Vorarlberg sich hier dem süddeutschen Sprachgebrauch zugehörig fühlt.

Ein einheitliches „Österreichisch" gibt es demnach nicht. Was man als österreichisches Deutsch bezeichnet, ist die Gesamtheit der in Österreich oder einer österreichischen Landschaft vorkommenden sprachlichen Eigenheiten. Einheitlich ist in ganz Österreich die Verwaltungssprache und die Zeitungssprache. Die Abweichungen in diesen beiden Bereichen sind gering. Ein Unfallbericht unterscheidet sich in einer Wiener Zeitung kaum von dem in einer Vorarlberger Zeitung. In mehr umgangssprachlich gefärbten Zeitungstexten, z. B. Glossen, oder in ausgesprochenen Lokalblättern spielt die regionale Umgangssprache eine größere Rolle. In der gesprochenen Sprache ergeben sich dagegen deutlich unterschiedene Sprachlandschaften. Großräumige Sprachlandschaften sind Ostösterreich (Wien, Niederösterreich, Burgenland), Südostösterreich (Steiermark,

Kärnten), Westösterreich (Tirol, Vorarlberg). Ein mittlerer Bereich (Oberösterreich, Salzburg) ist kaum als gemeinsamer Raum zu erkennen, vielmehr kann hier je nach Wort bayrischer, ostösterreichischer oder westösterreichischer Sprachgebrauch vorherrschen. Diese regionale Gliederung gilt für Früchte, Arbeitsvorgänge, Werkzeuge, Gebäude usw. Die entsprechenden Bezeichnungen gehören der Hochsprache oder höheren Umgangssprache an, auch z. B. in Zeitungstexten, Marktberichten usw. Davon sind aber nicht nur Wörter, sondern auch Lautungen und Wortbildungsmittel betroffen. So sind z. B. die Diminutivformen landschaftlich sehr verschieden; es überwiegen (ohne genaue Abgrenzung) im Osten -erl, im Süden und Westen -[e]l, in Vorarlberg -le. Der mittelbairische Dialekt, der sich der Donau und Isar entlang durch Ostösterreich, Oberösterreich und Bayern erstreckt, zum Teil auch über die Bundesländer Salzburg und Steiermark, unterscheidet sich durch die weiche Aussprache der Verschlußlaute grundsätzlich von den südbairischen und alemannischen Dialekten.

Aus diesen Gründen sind auch verschiedene Versuche, eine einheitliche österreichische Sprachform herzustellen, z. B. über Wörterbücher, aus sozialen und regionalen Gründen zum Scheitern verurteilt. Je mehr umgangssprachliche Elemente herangezogen werden, desto regionaler ist der Sprachgebrauch, desto weniger würden die anderen Bundesländer diesen (meist nach Wiener Muster gebildeten) Sprachgebrauch akzeptieren. Zudem haben seit etwa zwanzig Jahren die Kontakte mit Deutschen durch den Fremdenverkehr und die in Westösterreich seit jeher bestehende Möglichkeit, deutsche Fernsehprogramme zu empfangen, die Sprachentwicklung in West- und Ostösterreich in verschiedene Bahnen gelenkt.

4. Staatsraum und Sprachraum

Es könnte jemand fragen, ob es richtig sei, landschaftliche Besonderheiten einem Staatswesen zuzuordnen, d. h. von österreichischen oder schweizerischen Besonderheiten zu sprechen. Die deutschsprachigen Teile dieser Staaten gehören ja wie jedes andere Gebiet in Deutschland in gleichem Maß zum deutschen Sprachraum. Besteht da nicht die Gefahr, daß einer Spaltung des Sprachraums das Wort geredet wird? Werden hier nicht Österreich oder die Schweiz zu Dependencen des Deutschen degradiert? Diese Gefahr ist natürlich nicht zu übersehen. Landschaftliche Besonderheiten dürfen natürlich nie so weit gehen, daß sie zur sprachlichen Abspaltung führen. Die gegenwärtigen Tendenzen, die wir oben behandelt haben, zeigen, daß eine solche Gefahr auch nicht besteht.

Andererseits muß man berücksichtigen, daß eine staatliche Organisation sich immer – auch wenn dazu keine Absicht besteht – auf die Sprache auswirkt. Andere Organisationsformen bringen eben andere Ausdrücke mit sich. Die staatliche Zugehörigkeit bestimmt weitgehend, wo die Bewohner arbeiten, an welchen Universitäten sie studieren, wo sie ihren Militärdienst leisten, welche Rundfunk- und Fernsehprogramme sie empfangen. Wie sich die Staatsgrenze auf die Sprachentwicklung auswirken kann, sei an zwei kleinen Beispielen dargestellt. Der Westen Österreichs (Tirol und

Vorarlberg) kannte ursprünglich das Wort *Jause* nicht (man sagte dafür *Vesper, Marende* o. ä.). Daß es sich hier einbürgerte, im benachbarten Bayern aber nicht, beweist, daß die staatliche Grenze bestimmend war. Ebenso kann man in Vorarlberg das Wort *Fleischhauer* häufig lesen, obwohl das Land zum süddeutschen *Metzger*-Gebiet gehört. Das Wort *Schwedenbombe* (Negerkuß, Mohrenkopf) ist als Warenzeichen einer Firma innerhalb weniger Jahre in ganz Österreich bekannt geworden, und zwar genau innerhalb der Staatsgrenzen; eine sprachgeographische Seltenheit.

Im übrigen ist auch in Österreich die allgemeine deutsche Hochsprache das übergeordnete Bindeglied zwischen Sprachschichten und Sprachlandschaften.

III. ZUR AUSSPRACHE UND GRAMMATIK DER ÖSTERREICHISCHEN UMGANGSSPRACHE

1. Aussprache der Vokale

Das helle a der Hochsprache (z. B. in *Bad*) wird österr. und bayr. verdumpft gesprochen und daher in Wörterbüchern und Mundarttexten gewöhnlich mit å wiedergegeben. Daneben gibt es auch ein sehr helles a (heller gesprochen als in der Hochsprache), das aus dem mhd. Sekundärumlaut hervorgegangen ist und meist dem Umlaut ä entspricht, z. B. [ˈkastn̩] die Kästen – [ˈkɔstn̩] der Kasten, [vɒsɐ] Wasser – [ˈwasrɪg] „wäßrig". Bei hochsprachlicher Aussprache wird a häufig hyperkorrekt übertrieben hell gesprochen, dies trifft auch für die ältere Leseaussprache der Schulen zu. Dieses österr. hochsprachliche a unterscheidet sich auch deutlich vom bayrischen verdumpften a.

Der bairisch-österreichische Dialekt kennt mehr Diphthonge als die Hochsprache, davon sind [ɔa] in „Ei" und [ɪa] in „schliefen" auch in die Umgangssprache gelangt. Die deutsche Orthographie hat das Sprachgefühl so beeinflußt, daß geschriebenes ie immer als langes i gelesen wird (anders also als in der Schweiz). Im mündlichen Gebrauch haben aber manche Wörter den Diphthong bewahrt, auch wenn sie in umgangs- oder alltagssprachlichem Zusammenhang gebracht werden, z. B. schiech „häßlich". – Im Wienerischen und von dort ausgehend in der städtischen Umgangssprache auch der Bundesländer (Tirol und Vorarlberg ausgenommen) wird der Diphthong oa zum Monophthong [a:], z. B. [ha:m] „heim", westösterr. [hɔam].

Die tonlosen Silben werden in vielen Fällen anders behandelt als in der Hochsprache oder im Binnendeutschen. In französischen Fremdwörtern fällt -e am Wortende aus, z. B. [blaˈmaːʒ] Blamage, [nyˈäs] Nuance, [klik] Clique, seltener in stärker eingedeutschen Wörtern wie [gadaˈroːb] Garderobe, ebenso zwischen Stamm und Nachsilbe, z. B. [bombardˈmäː] Bombardement. Der Film „Die Marquise von O" wurde z. B. im österreichischen Fernsehen von der Sprecherin als [marˈkiːs] angekündigt. Diese Formen sind für Österreich hochsprachlich. – Unbetontes -e- in Vor- und Nachsilben deutscher Wörter wird als offenes [ɛ] gesprochen, z. B. [ˈleːbɛn] leben, [ˈguːtɛs] gutes, [ˈmɛːdçɛn] Mädchen. Das ə der deutschen Hochlautung hat es in Österreich nie gegeben (der alte Schwa-Laut war ja längst geschwunden). Im Binnendeutschen werden die genannten Beispiele [leːbən, gutəs, ˈmɛːtçən] gesprochen. – In der Lautfolge -er- erscheint das e im Binnendeutschen (wenn auch nicht in der Hochlautung) als abgeschwächtes a [ɐ], in Österreich als (geringfügig diphthongiertes) geschlossenes e, z. B. [mineˈraːl] Mineral, [opeˈriːren] operieren. – Unbetontes e in offener Silbe wird österreichisch in Fremdwörtern offen gesprochen [ɛ], im Binnendeutschen geschlossen, z. B. Reflex: [rɛˈflɛks] gegenüber [reˈflɛks]. Dies gilt auch für o in der gleichen Stellung, z. B. Auto: österr. [ˈauto] gegenüber [ˈau̯to].

Eine allgemeine Tendenz der österreichischen Aussprache ist die Nasalierung. Sie betrifft ganz Österreich mit besonderem Schwergewicht in Wien (Graf-Bobby-Witze wurden daher ursprünglich genäselt erzählt), wird den Sprechern aber meist nicht bewußt. Zugleich mit der Nasalierung eines Vokals erfolgt eine mehr oder weniger deutliche Diphthongierung. (Die Schreibung der „neuen Dialektdichtung" seit H. C. Artmann kennzeichnet daher Nasalierung durch Diphthongschreibung, z. B. daun „dann", zaun „Zahn").

Die Kurzvokale i, u und ü werden in geschlossener Silbe geschlossen (oder wenigstens halbgeschlossen) gesprochen, im Binnendeutschen dagegen offen, z. B. [vilə] Wille, [mysen] müssen, [uns] uns gegenüber [vɪlə, mysən, ʊns].

2. Aussprache der Konsonanten

An der Rechtschreibung umgangssprachlicher (oder aus der Umgangssprache kommender) österreichischer Wörter fallen die häufigen Doppelformen b/p, d/t, g/k auf, z. B. Ballawatsch/Pallawatsch, Depp/Tepp, Golatsche/Kolatsche. Die Ursache liegt in der mittelbairischen Mundart, in der die Verschlußlaute nicht mehr unterschieden werden, sondern in einer Mittellautung zwischen Lenis und Fortis gesprochen werden. Daher rühren auch die bairischen Schreibungen von Namen, wie Perger neben Berger. Die Folgen reichen bis in den Schulunterricht, da die Unterscheidung zwischen b und p usw. in diesen Gegenden große Rechtschreibschwierigkeiten verursacht.

Anders verhält sich das Konsonantensystem in den südlichen Bundesländern Kärnten und Tirol, die den alten bairischen Zustand bewahrt haben. Aus diesen Gegenden nahm die sog. „hochdeutsche" Lautverschiebung ihren Anfang, und hier wurde sie auch vollständig durchgeführt, d. h. auch die Verschiebung von k zu kch (wie p zu pf und t zu z). Das Wort *Speckchnödel* wird daher oft als Beispiel typischer Tiroler Aussprache angeführt.

Eng verquickt mit starker und schwacher Aussprache der Verschlußlaute ist die in der deutschen Hochlautung vorgesehene stimmhafte und stimmlose Aussprache der Konsonanten. Stimmhafte Konsonanten waren in Österreich nie bodenständig und kommen in der Hochsprache höchstens angelernt vor. Das betrifft aber nicht nur b, d, g, sondern auch s und sch. Je weiter man von der Hochsprache zur Umgangssprache geht, desto mehr wird der Aussprachegegensatz stimmhaft – stimmlos ersetzt durch stark – schwach (Lenis – Fortis), im mittelbairischen Dialekt fehlt schließlich der Unterschied ganz. Die Fremdwortendung -age lautet also in der deutschen Hochlautung [-aːʒ], in der österreichischen Umgangssprache wird sie aber [-aːʃ] gesprochen. Der Unterschied zwischen stark/schwach und stimmlos/stimmhaft ist den Sprechern meist nicht bewußt. Weitere Besonderheiten der Konsonantenaussprache sind die Aussprache von st und sp auch innerhalb eines Wortes als [ʃt] und [ʃp], z. B. [kaʃpɐl] Kasperl, [vuɐʃt] Wurst, und die Vokalisierung der Laute l und r nach Vokalen, z. B. [ɔid] alt, [ʃpoɐn] sparen. Die Nachsilbe -ig, für die die Hochlautung [-iç] vorschreibt, wurde in Österreich immer -ig gesprochen.

3. Vokalquantitäten und Betonung

Die Länge oder Kürze der Vokale ist in vielen Fällen individuell verschieden und auch im Binnendeutschen nicht einheitlich. Einige Charakteristika lassen sich aber für den österreichischen Sprachgebrauch feststellen. In der Hochsprache gibt es eine Gruppe von Wörtern mit betontem kurzem Vokal, die im Binnendeutschen Langvokal haben, z. B. Schwert, erst, Erde, Art, Bart, Arzt, Tratsch, Montag, Geburt, Husten, Behörde. Umgekehrt hat eine Gruppe langen Vokal, wo im Binnendeutschen kurzer Vokal gesprochen wird, z. B. Bruch, Geruch, rächen, Rebhuhn, hin, Vorteil. Besonders auffällig ist in dieser Gruppe das Wort Chef, das nicht nur lang, sondern auch mit geschlossenem e gesprochen wird, also [ʃeːf] gegenüber [ʃɛf].

Auf der Basis der bairischen Mundarten beruht die lange Aussprache einsilbiger Wörter, z. B. Fisch, Tisch, Schritt, Roß, Fleck (alle mit weichem Auslautkonsonanten). Diese Längen sind auch in der Umgangssprache üblich; in mundartlicher Sprechweise ist außerdem noch die Regel erhalten, daß diese Wörter kurz gesprochen werden, sobald das Wort mehrsilbig wird, also z. B. Singular: da Fisch – Plural d'Fisch. – Der Artikel *das* wird häufig durch langes a von der Konjunktion *daß* abgehoben. Die Ursache dürfte im Rechtschreibunterricht der Schulen liegen, wurde aber erst ermöglicht einerseits dadurch, daß s im Auslaut nicht stimmlos werden muß, andererseits durch gewisse Unsicherheiten in der Vokalquantität (beides wurde oben ausgeführt).

Im Gegensatz zum Binnendeutschen werden die betonten Silben in Fremdwörtern auf -it, -ik, -atik (einschließlich -atisch) mit kurzem Vokal gesprochen, z. B. Politik, Thematik, thematisch. Die Wörter auf -atik werden also nach dem Muster von Grammatik (das auch im Binnendeutschen kurzes a hat) behandelt.

In der Wortbetonung sind zwei Grundlinien zu erkennen: Zusammengesetzte deutsche Wörter werden meist auf der ersten Silbe betont (unabänderlich, absichtlich, Abteilung), wobei aber Redesituation und Satzzusammenhang mitspielen; französische Fremdwörter dagegen tragen einen starken Hauptton auf der letzten Silbe, und im Gefolge besteht auch bei anderen Fremdwörtern Neigung zu Letztbetonung, z. B. Kanu, Kakadu. Diese Betonungsunterschiede wirken sich in ihrer Gesamtheit auf den Klang und die Melodie eines ganzen Textes aus, im Einzelfall fallen sie kaum als österreichische Besonderheiten auf, ausgenommen sind markante Beispiele wie Kaffee und Tabak (binnendeutsch Kaffee und Tabak)[1].

4. Flexion

Das Substantiv neigt in Österreich zu schwach gebeugten Formen mit der Endung -en statt hochsprachlichem -e, z. B. die Schranke – der Schranken, die Butte – die Butten, die Watschen. Umgangssprachliche Substantive auf -e, wie *die Watsche*, sind meist nachträglich verschriftsprachlicht, aber im Schrifttum verhältnismäßig stark verankert. – In der Umgangssprache fehlt der Genitiv. Als Ersatz für den possessiven Genitiv dient die Umschreibung mit *von* (das Haus vom Nachbarn) oder der Dativ in Verbindung mit *sein* (dem Nachbarn sein Haus). – Das Geschlecht der Substantive unterscheidet sich häufig vom hochsprachlichen, z. B. das Eck, der Heuschreck, der Kartoffel, der Schokolad, das Teller, mundartlich: der Butter. Daneben gibt es auch hochsprachliche Genusunterschiede zwischen Österreich und Deutschland, z. B. der Gummi – das Gummi. Eine Besonderheit des Verbs ist der Imperativ des Plurals und die 2. Person Plural auf -s, z. B. gehts! spielts weiter! seids fertig? habts genug? – In der Mundart fehlt zwar der 1. Konjunktiv, der 2. Konjunktiv ist aber häufiger und fester gefügt als in der Hochsprache. Typisch dafür sind Verbformen mit hellem a: wann i du wa(r), gab i nix her (Wenn ich du wäre, gäbe ich nichts her).

Die mundartlichen Ortsadverbien sind im Wörterverzeichnis unter aba, abi, auffa, auffi, aussa, aussi, eina, eini, füra, füri, umma, ummi, zuwa, zuwi abgehandelt. Diese Wörter beruhen zwar auf dem grammatischen System des Dialekts und kommen schriftlich nur in Dialekttexten vor, im mündlichen Sprachgebrauch sind sie aber sehr häufig, auch in umgangssprachlichen und alltagssprachlichen Zusammenhängen, sodaß sie zu den wichtigsten Kennzeichen österreichischer wie auch bayrischer Umgangssprache gehören. Im hochsprachlichen System bestehen Unterschiede in der Verwendung von *draußen* und *außen, da* und *dort* (im Wörterverzeichnis unter außen, innen, da). Die Konjunktion *weil* wird nebenordnend verwendet, wird also in eine Reihe wie *denn* gestellt. Diese Verwendung gilt zwar auch in Österreich als grammatisch nicht richtig, ist aber – vor allem mündlich – die übliche. – Der Gebrauch von *indem* und *nachdem* als kausale Konjunktion ist nicht auf Österreich beschränkt, mundartlich ist *bald* als kausale Konjunktion im Sinne von sobald. – Von den Pronomen ist die Form *mir* (wir) für die Umgangssprache typisch (vgl. im Wörterverzeichnis mir san mir).

---

[1] Wertvolle Hinweise zu Aussprache und Vokalquantität verdanke ich Herrn Universitätslektor Dr. Otto Back, Wien.

5. Satzbau

Wie weit die österreichische Syntax vom Binnendeutschen abweicht, müßte erst sprachwissenschaftlich untersucht werden. Im allgemeinen bleiben
die Besonderheiten aber im Rahmen der hochsprachlichen Norm. Das
auffälligste Merkmal der österreichischen (aber auch süddeutschen) Umgangssprache ist das Fehlen des Präteritums (mit Ausnahme von *war*). Als
Erzähltempus wird das Perfekt verwendet. In schriftlichen hochsprachlichen Texten verwendet man aber auch in Österreich das Präteritum; Zeitungen setzen z. B. mündliche Aussagen, die im Perfekt gemacht wurden,
ins Präteritum. – Das Fehlen des Präteritums hat das ganze Tempussystem
beeinflußt, sodaß die in der hochsprachlichen Grammatik festgelegten
Gebrauchsunterschiede zwischen Präteritum und Perfekt nicht mehr gelten. Andererseits ist eine neue Mischform zwischen Perfekt und Präteritum entstanden, die das Plusquamperfekt ersetzt: *er hatte gesagt* wird zu *er
hat gesagt gehabt*. Diese Form ist kein doppeltes Perfekt (wie es auch in
anderen Gegenden vorkommt), sondern ein Plusquamperfekt. Auch in
hochsprachlichen Texten werden die Tempora oft vermischt: *Da er von allen sechs Feuerwehrleuten der stärkste gewesen war, hatte er die übrigen fünf
mitsamt dem Sprungtuch mitgerissen gehabt und in dem Augenblick, in welchem der Selbstmörder, ein unglücklicher Student, wie die Zeitung schreibt,
auf dem Platz unter dem Hause, an welchem er sich so lange festgeklammert
gehabt hatte, aufgeplatzt war, wären sie selbst zu Boden gegangen* (Thomas
Bernhard: Der Stimmenimitator 21/22).

6. Wortbildung

Für die Hochsprache in Österreich typische Wortbildungsmittel sind die
Tendenz zum Fugen-s, besonders nach g und k, z. B. bei Wörtern mit dem
Bestimmungswörtern Fabriks-, Werks- (nur in der Bedeutung Fabrik),
Zugs-, Gepäcks-, Gesangs-. Dieses Fugen-s kommt auch in Fällen vor, in
denen ohnehin schon ein Genitiv-en eingeschoben ist, und zwar in Zusammensetzungen aus Beruf + Gattin bzw. Tochter: Architektensgattin,
Arztensgattin, Diplomatensgattin. Es handelt sich dabei um Reste formel-
hafter Standesbezeichnungen. – In der Mundart und Umgangssprache
sind die Präfixe der- (für hochsprachliches er-, aber häufiger als dieses gebraucht) und ge-/Ge- häufig, z. B. derschlagen, derstessen (umstoßen und
verletzten), derfangen (sich erfangen); geschert, Gfrast. Da Ge- umgangssprachlich ohne e gesprochen wird, besteht in der Rechtschreibung Unsi-
cherheit über die Schreibung Ge- oder G-, also z. B. Geriß oder Griß. In
den Wörterbüchern müssen diese Fälle einzeln entschieden werden. Im
allgemeinen gilt Ge- in hochsprachlichen, G- in umgangssprachlichen
Wörtern, meist werden beide Formen zugelassen.
Die Diminutivendung -erl – gesprochen [-ɐl] – ist ursprünglich vor allem
ostösterreichisch, in der Umgangssprache hat sie sich aber über den größten Teil des Bundesgebietes (und Teile Bayerns) ausgebreitet und ist heute
auch im schriftlichen Sprachgebrauch sehr produktiv (Pickerl, Sackerl
usw.). In manchen Fällen ist die Silbe fester Bestandteil eines Wortes, das

dann ohne Suffix nicht mehr möglich ist, z. B. *Stockerl* (Hocker) ist keine Verkleinerung von *Stock*. Als Plural der -erl-Wörtern hat sich in letzter Zeit einheitlich die Form -erln durchgesetzt. Auch die Verkleinerungssilbe -el lautet im Plural -eln. Im übrigen richten sich die Wörter auf -el nach den entsprechenden hochsprachlichen Pluralregeln. Werden sie aber als Verkleinerungssilben empfunden, besteht die Neigung zum Plural -eln, z. B. Kast(e)l, Plural eher mit -n. Die Unterscheidung ist für den Sprecher nicht immer leicht zu treffen, deshalb wird oft das -n freigestellt.

QUELLENVERZEICHNIS

(Verzeichnis der Bücher, Zeitungen, Zeitschriften
und Schallplatten, die in diesem Buch zitiert werden.)

Amtliches österreichisches Kursbuch der Bundesbahn, Sommer 1968.

Anzengruber, Ludwig: Der Meineidbauer, Stuttgart 1965 (Reclam 133).

Artmann, H(ans) C(arl): med ana schwoazzn dintn, Salzburg 1958 (Otto Müller Verlag).

— wos an weana olas en s gmiad ged, in: Achleitner, Artmann, Bayer, Rühm, Wiener: Die Wiener Gruppe, Reinbek bei Hamburg 1967 (Rowohlt), S. 79.

auto touring. Clubmagazin des ÖAMTC, Wien.

Bachmann, Ingeborg: Gedichte, Erzählungen, Hörspiele, Essays, München 1964 (Piper Verlag; Bücher der Neunzehn 111).

Baum, Vicky: Rendezvous in Paris, Frankfurt/M. – Berlin 1962 (Ullstein Bücher 76).

Bayer, Konrad: der sechste sinn, Reinbek bei Hamburg 1969 (Rowohlt).

Bernhard, Thomas: Der Stimmenimitator, Frankfurt/M. 1968 (Suhrkamp).

— Der Italiener, München 1978 (Heyne Taschenbuch 680).

— Midland in Stilfs. In: Der gewöhnliche Schrecken, hg. von Peter Handke, Salzburg 1969 (Residenz).

Billinger, Richard: Der Gigant, in: Österreichisches Theater des XX. Jahrhunderts, Stuttgart–Zürich–Salzburg o. J. (Sonderausgabe Europäischer Buchklub).

— Lehen aus Gottes Hand, Berlin 1935 (Keil Verlag).

Brandstätter, Alois: Der Heimvorteil. In: Daheim ist daheim, Salzburg 1973 (Residenz).

— Überwindung der Blitzangst. Salzburg 1971 (Residenz).

Brauer, Arik: Die Zigeunerziege. München–Wien 1976 (Langen-Müller).

Broch, Hermann: Der Versucher, Hamburg 1960 (rororo 343/44).

Brod, Max: Annerl, Reinbek bei Hamburg 1960 (rororo 189).

Bronner, Gerhard: Cocktail-Bolero, in: Das geht so schön ins Ohr, Schallplatte Preiserrecords KWL 9.

Bundesgesetzblatt für die Republik Österreich, Wien, Jahrgang 1966.

Canetti, Elias: Die Blendung, Frankfurt/M. – Hamburg 1965 (Fischer Bücherei 696/697).

Csokor, Franz Theodor: 3. November 1918, in: Österreichisches Theater des XX. Jahrhunderts, Stuttgart–Zürich–Salzburg o. J. (Sonderausgabe Europäischer Buchklub).

Doderer, Heimito: Die Dämonen, München 1967 (Biederstein Verlag; Bücher der Neunzehn 156).

— Das letzte Abenteuer, Stuttgart 1958 (Reclam 7806/07).

— Die Merowinger oder Die totale Familie, München 1965 (dtv 281).

— Die Strudlhofstiege, München 1966 (dtv 377/378).

— Roman Nr. 7. Die Wasserfälle von Sluny, München 1963 (Biederstein Verlag).

Drach, Albert: Das große Protokoll gegen Zwetschkenbaum, München 1967 (dtv 412).

Express, Tageszeitung, Wien.

Filmschau. Organ der katholischen Filmkommission für Österreich.

Freinberger Stimmen (Jahresbericht des Jesuitengymnasiums in Linz).

Freud, Sigmund: Abriß des Psychoanalyse, Frankfurt/M.–Hamburg 1960 (Fischer Bücherei 47).

Frischmuth, Barbara: Die Klosterschule, Salzburg 1968 (Residenz).

— Haschen nach Wien. Salzburg 1974 (Residenz).

— Die Mystifikationen der Sophie Silber. Salzburg 1976 (Residenz).

— Amy oder Die Metamorphose, Salzburg 1978 (Residenz).

— Kai oder die Liebe zu den Modellen. Salzburg–Wien 1979 (Residenz).

— Ida und Ob. Wien–München 1972 (Jugend und Volk).

Fussenegger, Gertrud: Das Haus der dunklen Krüge, Salzburg 1951 (Otto Müller Verlag); Sonderausgabe Europäischer Buchklub, Stuttgart–Zürich–Salzburg o. J.

— Zeit des Raben – Zeit der Taube, Stuttgart 1960 (Deutsche Verlagsanstalt).

— Maria Theresia, Wien–München 1980 (Molden).

Giese, Alexander: Geduldet euch Brüder. Wien–Hamburg 1979 (Zsolnay).

Gmeiner, Hermann: Eine wahre Weihnachtsgeschichte. In: SOS-Kinderdorf-Jahrbuch 1980.

Grillparzer, Franz: Der arme Spielmann, in: Grillparzers Werke, hg. von Rudolf Franz, 5. Band, Leipzig–Wien o. J. (Meyers Klassiker-Ausgaben).

— Weh dem, der lügt, ebenda.

Gruber, Reinhard P.: Aus dem Leben Hödlmosers. Ein steirischer Heimatroman mit Regie. Salzburg 1973 (Residenz).

Grünmandl, Otto: Das Ministerium für Sprichwörter. Roman. Frankfurt/M. 1970 (S. Fischer).

Habe, Hans: Im Namen des Teufels, München 1963 (Lichtenberg Verlag).

Hammerschlag, Peter: Krüppellied, in: Wenn der Wiener, Schallplatte Preiserrecords, Privatausgabe für Wissenschaftler und Sammler.

Handke, Peter: Kaspar, Frankfurt/M. 1969 (ed. suhrkamp 322).

— Das Standrecht, in: Begrüßung des Aufsichtsrats, Salzburg 1967 (Residenz).

— Publikumsbeschimpfung, Frankfurt/M. 1968 (ed. suhrkamp 177).

— Weissagung, in: Publikumsbeschimpfung (siehe oben).

— Als das Wünschen noch geholfen hat. Frankfurt/M. 1974 (suhrkamp taschenbuch 208).

Herzmanovsky-Orlando, Fritz: Der Gaulschreck im Rosennetz, München–Wien 1964 (Langen Müller Verlag).

Heß-Haberlandt, Gertrud: Das liebe Brot. Brauchtümliche Mehlspeisen aus dem bäuerlichen Festkalender, Wien 1960 (Österreichischer Agrarverlag).

Hofmannsthal, Hugo von: Der Schwierige. Der Unbestechliche, Frankfurt/M.–Hamburg 1962 (Fischer Bücherei 233).

Horvath, Ödön von: Geschichten aus dem Wiener Wald, in: Österreichisches Theater des XX. Jahrhunderts, Stuttgart–Zürich–Salzburg o. J. (Sonderausgabe Europäischer Buchklub).

Hüttenegger, Bernhard: Die sibirische Freundlichkeit. Erzählung, Salzburg 1977 (Residenz).

Jelinek, Elfriede: Die Ausgesperrten. Reinbek bei Hamburg 1980 (Rowohlt).

Jonke, G. F.: Geometrischer Heimatroman, Frankfurt/M. 1969 (Suhrkamp Verlag).

Kaffeehaus, Literarische Spezialitäten und amouröse Gusto-Stückerln aus Wien, hg. von Ludwig Plakolb. München 1969 (Piper).

Kafka, Franz: Briefe an Felice, Frankfurt/M. 1967 (S. Fischer Verlag).

— Das Schloß, Frankfurt/M. 1961 (S. Fischer Verlag).

Karlinger, Rosa: Kochbuch für jeden Haushalt, Linz 1951 (Rudolf Trauner Verlag).

Kisch, Egon Erwin: Der rasende Reporter, Berlin 1930 (Sieben-Stäbe-Verlag).

Korrekt. Kundenzeitschrift, Linz.

Kraus, Karl: Die letzten Tage der Menschheit, München 1964 (sonderreihe dtv 23/24).

— Literatur und Lüge, München 1963 (dtv 37).

Kraus, Wolfgang: Der fünfte Stand, München 1969 (dtv 570).

Kreisler, Georg: Zwei alte Tanten tanzen Tango. Seltsame Gesänge, München 1964 (dtv 244).

— Lieder zum Fürchten, München 1969 (dtv 582).

Kronen-Zeitung, Tageszeitung, Wien.

„Kronen-Zeitung"-Kochbuch, Das, Wien o. J. (1968; Verlag Dichand & Falk).

Kurier, Tageszeitung, Wien.

Lernet-Holenia, Alexander: Ollapotrida, in: Österreichisches Theater des XX. Jahrhunderts, Stuttgart–Zürich–Salzburg o. J. (Sonderausgabe Europäischer Buchklub).

Lilienfelder Zeitung, Lilienfeld NÖ.

Linzer Kirchenblatt, Wochenzeitung, Linz.

Linzer Volksblatt, Tageszeitung, Linz.

Lobe, Mira: Die Omama im Apfelbaum, Wien 1977, 8. Aufl. (Jungbrunnen).

Lorenz, Willy: AEIOU – Allen Ernstes ist Österreich Unersetzlich, Wien–München 1961 (Herold Verlag).

Mander, Matthias: Der Kasuar. Graz–Wien–Köln 1979 (Styria).

Menschenrecht, Das. Offizielles Organ der Österreichischen Liga für Menschenrechte.

Mittler, Franz: Gesammelte Schüttelreime, hg. von F. Torberg, Wien–München 1977 (Molden Taschenbuch, Band 76).

Mundartfreunde Österreichs, Mitteilungen.

Musil, Robert: Der Mann ohne Eigenschaften, Hamburg 1952 (Rowohlt).

Nestroy, Johann: Werke, ausgewählt und mit einem Nachwort versehen von Oskar Maurus Fontana, Darmstadt 1962 (Wissenschaftliche Buchgesellschaft).

Neue, Die. Tageszeitung. Wien.

Nöstlinger, Christine: Rosa Riedl Schutzgespenst, Wien–München 1979 (Jugend und Volk).

Oberösterreichische Nachrichten, Tageszeitung, Linz.

Perutz, Leo: Nachts unter der steinernen Brücke. Frankfurt/M. 1957 (Europ. Verlagsanstalt).

Presse, Die, Tageszeitung, Wien.

Profil. Nachrichtenmagazin, Wien.

Qualtinger, Helmut/Merz, Carl: Der Herr Karl, Reinbek bei Hamburg 1964 (rororo 607).

— An der lauen Donau. Szenen und Spiele, München 1968 (dtv 498); enthält u. a.: Die Ahndlvertilgung, Fahrschimpfschule, Travnicek am Mittelmeer, Travnicek und die Wiener Messe, Die Überfahrprüfung.

Qualtinger, Leomare: Biedermeiermorde. Berühmte Kriminalfälle aus dem alten Österreich. Wien 1979 (Amalthea).

Raimund, Ferdinand: Sämtliche Werke, hg. und mit einem Nachwort versehen von Friedrich Schreyvogl, Darmstadt 1961 (Wissenschaftliche Buchgesellschaft).

Riedler, Heinz: Die Stellung eines Entsprungenen. In: Der gewöhnliche Schrecken, hg. von Peter Handke, Salzburg 1969 (Residenz).

Rilke, Rainer Maria: Die Aufzeichnungen des Malte Laurids Brigge, München 1965 (dtv 45).

Rosegger, P. K.: Die Schriften des Waldschulmeisters, Wien–Pest–Leipzig 1897, Volksausgabe, 10. Band (A. Hartleben's Verlag).

Rosei, Peter: Drau und Drava. In: Daheim ist daheim, hg. von Alois Brandstetter, Salzburg 1973 (Residenz).

Roth, Gerhard: Der stille Ozean, Frankfurt/M. 1980 (S. Fischer).

Roth, Joseph: Zwischen Lemberg und Paris, eingeleitet und ausgewählt von Ada Erhart, Graz–Wien 1961 (Staisny-Bücherei 89); enthält Textproben, Briefe u. ä.

— Die Kapuzinergruft, München 1967 (dtv 459).

— Radetzkymarsch, Reinbek bei Hamburg 1967 (rororo 222/23).

Salzburger Volksblatt, Tageszeitung, Salzburg.

Salzkammergut-Zeitung, Wochenzeitung, Gmunden (Oberösterr.).

Schnitzler, Arthur: Leutnant Gustl und andere Erzählungen, Frankfurt/M. 1961 (S. Fischer Verlag; Lizenzausgabe Buchgemeinschaft Donauland, Wien).

— Liebelei und andere Bühnenwerke, Frankfurt/M. 1962 (S. Fischer Verlag; Lizenzausgabe Buchgemeinschaft Donauland, Wien); enthält auch „Professor Bernhardi".

Schwaiger, Brigitte: Wie kommt das Salz ins Meer?, Wien–Hamburg 1977 (Zsolnay).
— ...kurzblütig erschossen. In: Im Fliederbuch das Krokodil singt wunderschöne Weisen, Wien 1977 (Jugend und Volk).
Seidler, Herbert: Allgemeine Stilistik, 2. Aufl., Göttingen 1963 (Vandenhoeck & Ruprecht).
Sport-Funk, Wochenzeitung, Wien.
Stifter, Adalbert: Die Mappe meines Urgroßvaters, Urfassung, in: Erzählungen in der Urfassung I, hg. von Max Stefl, Darmstadt 1963 (Wissenschaftliche Buchgesellschaft).
— Der Nachsommer. Darmstadt 1963 (Wissenschaftliche Buchgesellschaft).
Stur, Josef: Deutsches Sprachbuch für die erste Klasse der Hauptschule und der allgemeinbildenden höheren Schule, Wien-Graz 1968.
Thea-Kochbuch, Das neue, zusammengestellt von Grete Perger, Wien 1964, Herausgeber: Kunerol Nahrungsmittel GmbH.
Tiroler Tageszeitung, Innsbruck.
Torberg, Friedrich: Hier bin ich, mein Vater. Frankfurt/M.–Hamburg 1966 (Fischer Bücherei 743).
— Die Mannschaft, Wien–Frankfurt–Zürich 1968 (Molden Verlag).
— Die Tante Jolesch, München–Wien 1975 (Langen-Müller).
Trend. Wirtschaftsmagazin, Wien.
Voitl, Helmut – Guggenberger, Elisabeth: Vernünftige Ernährung, Wien 1979 (Orac).
Vorarlberger Nachrichten, Tageszeitung, Bregenz.
Waggerl, Karl Heinrich: Brot, München 1963 (dtv 15).
— Das Jahr des Herrn. Leipzig 1941 (Insel).
Wallner, Christian: Kein schöner Land in dieser Zeit. In: Daheim ist daheim, hg. von Alois Brandstetter, Salzburg 1973 (Residenz).
Weinheber, Josef: Gedichte, ausgewählt von Friedrich Sacher, Hamburg 1966 (Hoffmann und Campe Verlag).
Weiser, Franz: Das Licht der Berge. Regensburg 1931 (Habbel).
Werfel, Franz: Das Lied der Bernadette, Frankfurt/M.–Hamburg 1962 (Fischer Bücherei 240/41).
— Der Tod des Kleinbürgers, Stuttgart 1959 (Reclam 8268).
— Der veruntreute Himmel. Frankfurt/M.–Hamburg 1958 (Fischer Bücherei 240/241).
Wiener Sprachblätter, Wien.
Wiener, Oswald: Die Verbesserung von Mitteleuropa, Reinbek bei Hamburg 1969 (Rowohlt Verlag).
Wochenpresse, Die, Wochenzeitung, Wien.
Wolfsgruber, Gernot: Herrenjahre. Salzburg 1976 (Residenz).
Zuschußrentnerbrief, Mitteilungen des OÖ. Bauern- u. Kleinhäuslerbundes, Linz.
Zweig, Stefan: Josef Fouché, Frankfurt/M.–Hamburg 1962 (Fischer Bücherei 4).

LITERATURVERZEICHNIS

1. Wörterbücher und Materialsammlungen

Behaghel, Otto: Deutsches Deutsch und österreichisches Deutsch, in: Von deutscher Sprache, Aufsätze, Vorträge und Plaudereien, Lahr i. B. 1927.

Brenner, Emil: Deutsches Wörterbuch, neu bearbeitet von Dr. Arthur Schwarz, 3. Auflage, Wels 1963.

Burnadz, J. M.: Die Gaunersprache der Wiener Galerie, Lübeck 1966.

Domašnev, Anatolij Ivanovič: Očerk sorremennogo nemeckogo jazyka v Austrii [Abriß der modernen deutschen Sprache in Österreich], Moskva: Vysšaja Škola 1967.

Duden. Das große Wörterbuch der deutschen Sprache, hg. von Günther Drosdowski, 6 Bände, Mannheim 1976ff.

Duden, Rechtschreibung der deutschen Sprache und der Fremdwörter. Duden, Band 1, 18. Auflage, Mannheim 1980.

Duden, Fremdwörterbuch. Duden, Band 5, bearbeitet von Wolfgang Müller, 3. Auflage, Mannheim 1974.

Duden, Vergleichendes Synonymwörterbuch. Duden, Band 8, bearbeitet von Paul Grebe, Wolfgang Müller, Mannheim 1964.

Duden, Wörterbuch und Leitfaden der deutschen Rechtschreibung, 17. Auflage, Leipzig 1976.

Eichhoff, Jürgen: Wortatlas der deutschen Umgangssprache, 2 Bände, Bern–München 1977, 1978.

Fenske, Hannelore: Schweizerische und österreichische Besonderheiten in deutschen Wörterbüchern, Mannheim 1973 (Forschungsberichte des Instituts für deutsche Sprache 10).

Jakob, Julius: Wörterbuch des Wiener Dialekts mit einer kurzgefaßten Grammatik, Wien 1929 (Nachdruck Dortmund 1980).

Jungmair, Otto und Etz, Albrecht: Wörterbuch zur oberösterreichischen Volksmundart, Linz 1978.

Jutz, Leo: Vorarlbergisches Wörterbuch, Wien 1955ff.

Klappenbach-Steinitz, Wörterbuch der deutschen Gegenwartssprache, 3. Auflage, Berlin 1967–1977.

Krassnigg, Albert: Zum neuen Österreichischen Wörterbuch, in: Elternhaus und Schule, S. 81–83, Wien 1951/52.

Kretschmer, Paul: Wortgeographie der hochdeutschen Umgangssprache, 2., durchgesehene und ergänzte Auflage, Göttingen 1969.

Lewi, Hermann: Das österreichische Hochdeutsch, Versuch einer Darstellung seiner hervorstechendsten Fehler und fehlerhaften Eigentümlichkeiten, Wien 1875.

Mayr, Max: Das Wienerische, Wien 1930.

Österreichisches Wörterbuch, Mittlere Ausgabe, Herausgegeben im Auftrag des Bundesministeriums für Unterricht, 26. Auflage, Wien o. J.

Österreichisches Wörterbuch, Herausgegeben im Auftrag des Bundesministeriums für Unterricht und Kunst, 35., völlig neu bearbeitete und erweiterte Auflage, Wien 1979.

Regeln für die deutsche Rechtschreibung nebst Wörterverzeichnis, Große Ausgabe, Wien–Leipzig 1934.

Regeln der deutschen Rechtschreibung, herausgegeben vom Verein ‚Mittelschule', Wien 1879.

Rizzo-Baur, Hildegard: Die Besonderheiten der deutschen Schriftsprache in Österreich und in Südtirol, Duden-Beiträge 5, Mannheim 1962.

Schatz, Josef: Wörterbuch der Tiroler Mundarten, Innsbruck 1955.

Schuster, Mauriz: Alt-Wienerisch. Ein Wörterbuch veraltender und veralteter Wiener Ausdrücke der letzten sieben Jahrzehnte, Wien 1951.

Seibicke, Wilfried: Wie sagt man anderswo? Landschaftliche Unterschiede im deutschen Wortgebrauch, Mannheim 1972 (Duden-Taschenbuch 15).

Siebs, Theodor: Deutsche Aussprache, 19. Auflage, Berlin 1969.

Valta, Zdenek: Die österreichischen Prägungen im Wortbestand der deutschen Gegenwartssprache, masch., Prag 1967.

Vitecek, Leopold: Wörterbuch des Kriminaldienstes, Wien 1965.

Wollmann, Franz: Die Sprache des Österreichers, in: Erziehung und Unterricht, österreichische pädagogische Zeitschrift, S. 345–66, Wien 1948.

Wollmann, Franz: Das österreichische Wörterbuch und die Sprache des Österreichers, in: Muttersprache, S. 300–307, Lüneburg 1952.

Wörterbuch der bairischen Mundarten in Österreich. Im Auftrag der Österreichischen Akademie der Wissenschaften, hgg. von der Kommission für Mundartkunde und Namenforschung, Wien 1963ff.

Ziller, Leopold: Was nicht im Duden steht. Ein Salzburger Mundartwörterbuch, Salzburg 1979.

2. Zum Nachwort

Besch, Werner: Sprachlandschaften und Sprachausgleich im 15. Jahrhundert, München 1967.

Blackall, Eric A.: Die Entwicklung des Deutschen zur Literatursprache 1700–1755, Stuttgart 1966.

Clyne, M. G.: Österreichisches Standarddeutsch und andere Nationalvarianten: Zur Frage Sprache und Nationalidentität. Ungedr. Vortragsmanuskript der Austrian Studies Conference, Melbourne 1980.

Eggers, Hans: Deutsche Sprachgeschichte, 4 Bände, Reinbek 1963–77.

Gajek, B.: Die deutsche Hochsprache in der Schweiz und in Österreich. In: ZDW 19, NF4, 1963.

Hornung, Maria: Bairisch-österreichische Mundartdichtung, in: Merker-Stammler: Reallexikon der deutschen Literaturgeschichte, Berlin 1965, 2. Band, S. 467–495.

— Die Sprache des Österreichers. Vortrag im Österreichischen Rundfunk, 21. 5. 1968, Reihe „Spectrum Austriae".

Hrauda, Carl Friedrich: Die Sprache des Österreichers, Salzburg 1948.

Kranzmayer, Eberhard: Die bairischen Kennwörter und ihre Geschichte, Wien 1960.

— Die Namen der Wochentage in Bayern und Österreich, Wien 1929.

— Historische Lautgeographie des gesamtbairischen Dialektraums, Wien 1956.

— Wien, das Herz der Mundarten Österreichs, in: Festschrift für Otto Höfler, Wien 1958, 2. Band.

— Hochsprache und Mundarten in österreichischen Landschaften. In: Wirkendes Wort, 6, 1955/56.

Kühebacher, Egon: Hochsprache-Umgangssprache-Mundart. In: Muttersprache 77, 1967.

Luick, Karl: Zum österreichischen Deutsch. In: GRM 4, 1912, Seite 606–607

Mentrup, Wolfgang: Deutsche Sprache in Österreich. In: Lexikon der Germanistischen Linguistik, 2. Aufl., Tübingen 1980.

Merkle, Ludwig: Bairische Grammatik, München 1975 (und dtv 3139).

Moser, Hugo: Deutsche Sprachgeschichte, Tübingen, 6. Auflage, 1969.

Reiffenstein, Ingo: Sprachebenen und Sprachwandel im österreichischen Deutsch der Gegenwart. In: Sprachliche Interferenz. Festschrift für W. Betz, Tübingen 1977.

— Primäre und sekundäre Unterschiede zwischen Hochsprache und Mundart. In: Opuscula slavica et linguistica. Festschrift für A. Issatschenko, Klagenfurt 1976.

— Zur Theorie des Dialektabbaus. In: Dialekt und Dialektologie. Zeitschrift für Dialektologie und Linguistik, Beihefte, Neue Folge 26, Wiesbaden.

— Österreichisches Deutsch. In: Deutsch heute, hg. von A. Haslinger, München 1973.

— Hochsprachliche Norm und regionale Varianten der Hochsprache: Deutsch in Österreich. Vortrag beim Symposium „Deutsch in Südtirol", Brixen 1980.

Riedmann, Gerhard: Die Besonderheiten der deutschen Sprache in Südtirol, Duden-Beiträge 39, Mannheim 1972.

Seyr, Franz: Zur Phonetik der niederösterreichischen Umgangssprache. In: Jahresbericht des Bundesgymnasiums Tulln 1967/68.

Steinbruckner, Bruno: Standardsprache und Mundart. Eine sprachsoziologische Studie. In: Muttersprache 78, 1968.

Wolff, Roland A.: Wie sagt man in Bayern. Eine Wortgeographie für Ansässige, Zugereiste und Touristen, München 1980.

230

WÖRTERVERZEICHNIS
BINNENDEUTSCH-ÖSTERREICHISCH

Dieses Wörterverzeichnis ist als Suchliste zu verstehen, um österreichische Wörter leichter auffinden zu können. Die Benützung ist nur zusammen mit dem Wörterbuchteil gedacht, daher fehlen in der Liste alle Angaben über Bedeutung, Stilschicht, Häufigkeit des Gebrauchs und Verbreitung der Wörter. Weglaßbare Wortteile stehen in eckigen, Zusatzinformationen in runden Klammern.

A

abbeeren	[ab]rebeln
Abbrucharbeit	Abbruchsarbeit
Abendbrot	Nachtmahl
Abfall	Abschnitzel
Abfalleimer	Mistkübel
Abfindung	Abfertigung
abgelegen	einschichtig
Abgeordneter	Mandatar
abgucken	abschauen
Abhang	Leite, Lehne
abhauen (ver-schwinden)	abpaschen
abheben	beheben
abholen	beheben
abholzen	schlägern
Abitur	Matura
Abiturient	Maturdant
ablecken	abschlecken, abzu-zeln
abmagern	vom Fleisch fallen
abmühen	abfretten
abnagen	abfieseln
abpflücken	abrebeln, abbrocken
abreißen	demolieren
abschieben	abschaffen
abschließen	absperren, zusperren
abschütteln	abbeuteln
absehen	abschauen
abseits	abseit
absichtlich	zufleiß
Abstecher	Rutscher
Absteigequartier	Absteigquartier
abstützen	pölzen
abtasten	abgreifen
abtauen	abeisen

Abteil	Kupee
abwälzen	überwälzen
abweisen	den Weisel geben
Abwesenheit	Absenz
abziehen	wegzählen
Achterbahn	Hochschaubahn
ade	servus
adlig	adelig
Adoptiv...	Wahl...
affektiert	gschupft
Akquisiteur	Akquisitor
Akte	Akt
aktenkundig	amtsbekannt
Alchimie	Alchemie
Alemanne	Gsiberger
Almhirt	Senn[er], Almer
Alpenrose	Almrausch, Almrose
also dann!	alsdann!
Altbauwohnung (geringer Qualität)	Substandardwohnung, Bassenawohnung
Altenteil	Ausgedinge, Ausnahme, Austrag
Altenteiler	Ausnehmer, Auszügler, Austrägler, Auszugsbauer
Altweibersommer	Marienfäden
Ambe	Ambo
am Morgen	in der Früh
Amtsführung	Gestion
Amtsgericht	Bezirksgericht
Amtsstunden	Parteienverkehr
anbändeln	anbandeln
Anbau	Zubau
andernfalls	ansonst[en]
Andrang	Griß
Angebot	Anbot
angewiesen sein	anstehen, abhängen
angucken	anschauen
anhalten	aufhalten
anhäufeln	aufschobern

anklammern	zwicken	aufbürden	aufpelzen
ankleben	anpicken	auf dem	am
Anlage	Beilage	auf die Dauer	auf die Länge
Anlieger	Anrainer	aufdringlich	präpotent
Anliegerverkehr	Anrainerverkehr	Aufenthaltsraum	Gefolgschaftsraum
Anmeldungsbestä-	Meldezettel	aufessen	zusammenessen
tigung		Aufgaben	Agenden
anmerken	ankennen	aufgedunsen	bamstig, dostig
Annahme	Übernahme	aufhetzen	[auf]hussen
Anno	anno	aufkleben	aufpicken, aufka-
Anno dazumal/	anno/im Jahre		schieren
Tobak	Schnee	Aufkleber	Pickerl
anschieben	antauchen	auflecken	aufschlecken
ansehen	anschauen	auflesen	aufklauben
Ansporn	Aneiferung	aufnahmefähig	aufnahmsfähig
anspornen	aneifern	Aufnahmeprüfung	Aufnahmsprüfung
anspruchsvoll	extra	aufnehmen	putzen, aufwischen
anstandshalber	schandenhalber	Aufnehmer	Fetzen
anstechen	anschlagen	¹aufputzen	aufmascherln
anstecken	anzünden	²aufputzen	putzen, aufwischen
anstellen	aufnehmen	aufräumen	zusammenräumen
anstrengen	antauchen, herneh-	Aufräumen	Ramasuri
	men	aufregen, sich	antun, sich etwas,
Anwaltskanzlei	Advokaturskanzlei		aufpudeln, sich
Anzahlung	Akonto, Angabe	aufsammeln	[auf]klauben
anzapfen	anschlagen	aufschließen	aufsperren
Apfelscheibe	Apfelspalte	auf Wiedersehn	auf Wiederschauen,
Apfelsine	Orange		behüt dich Gott,
Apfelsinenscheibe	Orangenspalte		pfiat di [Gott], ser-
Apparat (Telefon)	Klappe		vus
appetitlich	gustiös	aufwiegeln	[auf]hussen
Applaus	Akklamation	aufziehen	aufkaschieren
Aprikose	Marille	Aus	Out
Aprikosenscheibe	Marillenspalte	ausbeuten	wurzen
Arbeit (Job)	Hacken	Ausbilder	Ausbildner
arbeiten	tschinageln, bara-	ausbleichen	[aus]schießen
	bern, hackeln	ausfindig machen	ausforschen, eru-
Arbeiter	Baraber, Tschinagler		ieren
Arbeitgeber	Dienstgeber	ausfragen	ausfra[t]scheln
Arbeitnehmer	Dienstnehmer	ausführen (Hund)	äußerln
armer Ritter	Pafese	ausgehen	erfließen
Armutszeugnis	Mittellosigkeitszeug-	ausgelassen	dulliäh
	nis	ausgezeichnet!	tulli!
Arrest	Kotter	Ausguß	Schnabel
Arsen	Hüttrach	aushändigen	ausfolgen
Aschkuchen	Gugelhupf	Aushändigung	Ausfolgung
Assistenzarzt	Sekundararzt	ausholen	aufreiben
Auberginen	Melanzani	aushülsen	auslösen
Aue	Au	auskommen	das Auslangen fin-
Auditeur	Auditor		den
auf (Antrag...)	über (Antrag...)	ausleiern	auswerkeln
aufatmen	aufschnaufen	ausliegen	aufliegen

ausnähen	schlingen	Beamter	Amtskappel
Ausnahme...	Ausnahms...	Bearbeitungsge-	Manipulationsge-
ausplaudern	[aus]plauschen,	bühr	bühr
	[aus]ratschen	[1]Becken	Muschel
ausrollen	austreiben	[2]Becken	Tschinelle
Ausrufezeichen	Rufzeichen	Bedauernswerte	Armutschkerl
ausruhen	ausrasten	Bedingung	Bedingnis
[1]ausscheiden	ausstehen	beeilen	dazuschauen, tum-
[2]ausscheiden	skartieren		meln, sich
ausschlachten	ausschroten	befehlen	anschaffen
ausschnupfen	schneuzen	befestigen (Nadel)	annadeln
ausschütteln	ausbeuteln	Behälter	Kalter
aussehen	ausschauen	Beil	Hacke
aussetzen	ausstallieren	beilegen	beischließen
aussprechen, sich	ausreden, sich, aus-	beiliegend	anverwahrt
	ratschen, sich	Bein	Fuß
ausstehend	ausständig	bekanntmachen	kundmachen
ausstopfen	ausschoppen	Bekanntmachung	Kundmachung
auswalken	austreiben	Beiz[e] (Kneipe)	Beisl
Autoschlosser	Autospengler	belästigen	sekkieren
Avis	Aviso	beleben	aufmischen
		belegen	inskribieren
		bemängeln	ausstallieren
		bemerken	gneißen
B		bemühen, sich	antun, sich etwas
		benachteiligen	bedienen
		Benützungsgebühr	Maut
Backenzahn	Stockzahn	Berberitze	Weinscharl
Backhähnchen	Backhendl	Bereitschaftsdienst	Journaldienst
Backhuhn	[Back]hendl	Berghirt	Senn, Almer
Backmulde	Backtrog	Bergkuppe	Kofel, Kogel
Backpfeife siehe Ohrfeige		Bergschuh	Goiserer
Backröhre	[Back]rohr	Bergsteiger	Bergkraxler
Badekappe	Badehaube	Bergwiese	Mahd
Bademeister	Badewaschel	Berliner [Ballen,	Faschingskrapfen
Bafel	Pofel	Pfannkuchen]	
Bählamm	Lamperl	Berufung einlegen	berufen
Bahnhofsvorstand	Bahnhofsvorsteher	beschädigt	havariert
Bahnschranke	Bahnschranken	Bescheid	Erkenntnis
Bahnwärter	Bahnwächter	beschimpfen	beflegeln
baldigst	ehest	beschenken	beteilen
Balken	Tram	besetzt	komplett
Balkendecke	Tramdecke	besohlen	doppeln
Ball	Laberl	Bestehen	Bestand
Balljunge	Ballschani	bestimmt	dezidiert
Band	Schnur	bestrafen	abstrafen
Bauchklatscher	Bauchfleck	betreuen	befürsorgen
baufällig	desolat	Betreuung	Obsorge
Baugrund	Grund	betrinken	antrinken
Bauklammer	Klampfe	Bettgestell	Bettlade
Baumstamm	Bloch	Bettüberzug	Tuchentzieche
beabsichtigen	tentieren	Beule	Tippel

Beutel	Sack	Buchführung	Gebarung
bevorstehen	heranstehen	Buchweizen	Heiden
Bewährung, auf	bedingt	Bückling	Buckerl
bewerben	aspirieren	Büfett	Buffet
Bewerber	Werber	büffeln	stucken
beziehen	tapezieren	Bügelbrett	Bügelladen
Bezirk	Sprengel	Buletten	Fleischlaibchen
¹Biene (Mädchen)	Katz	Bündel	Binkel
²Biene	Imp	Bundestag	Nationalrat
Bierlokal	Bräu[stüberl]	Bürgersteig	Gehsteig
Binde	Fasche	Büro	Kanzlei
Bindfaden	Schnürl, Spagat	Büschel	Schüppel
bißchen	bisse[r]l	Bütte	Butte[n]
bitten	benzen	Büttner	[Faß]binder
bitter	hantig		
Blaubeere	Schwarzbeere		
blöde	blöd		
bloßstellen	aufschmeißen		
Blumenkohl	Karfiol		
Blutwurst	Blunze[n]		
Bodenlumpen	Fetzen	**C**	
Bollchen	Zuckerl		
Bollen	Bröckerl	Café	Kaffeehaus, Tsche-
Bonbon	Zuckerl		cherl
Bordstein[kante]	Randstein	Cafetier	Kaffeesieder
Borte	Froschgoscherl	Cervelat	Safaladi
Böttcher	[Faß]binder	Chefarzt	Primar[arzt], Prima-
Bottich	Schaff		rius
Brache	Egart	Chefärztin	Primaria
Brandgeschädigter	Abbrändler	chemisch reinigen	putzen
Brandschau	Feuerbeschau		
Brandstifter	Brandleger		
Brandstiftung	Brandlegung		
Brathähnchen	[Brat]hendl		
Brathuhn	[Brat]hendl	**D**	
Bratklops	Fleischlaibchen		
Bratröhre	Backrohr		
bräunen	abbrennen	dazuzahlen	aufzahlen
Branntweinschen-	Branntweiner,	¹Decke	Plafond
ke	Branntweinschank	²Decke	Überwurf
Brausebad	Tröpferlbad	decken	bedecken
Bäutigam	Hochzeiter	Deckung	Bedeckung
Brautjunger	Kranzeljungfer	Dehnungs-h	stummes h
Brei	Koch	Dessertteller	Mehlspeisteller
bremsen	einschleifen	Deutscher	Piefke
brenzlig	brenzlich	deutsches Beef-	Fleischlaibchen
Bretterbühne	Pawlatschen[theater]	steak	
Brille	Augenglas	deutsche Schrift	Kurrentschrift
Brot	Stück Brot, Scherz	dick	blad
Brot (länglich)	Wecken	dicke Milch,	saure Milch,
Brotzeit	Jause	Dickmilch	gestockte
Bücherschrank	Bücherkasten		Milch

dicker Mensch	Bröckerl, Blader	eilig sein	pressieren
Dickkopf	Kaprizenschädel	einbegriffen	inbegriffen
Diele	Vorzimmer	einfältig	teppert
Dienstantritt	Einstand	Einfamilienhaus	Häusl
Dienstbereich	Sprengel, Rayon	einfarbig	einfärbig
Dienstkleidung	Montur, Adjustie-	einfassen	endeln
	rung	Eingemachtes	Eingesottenes,
Dienstmütze	Amtskappel		Dunstobst
dies[es] Jahr	heuer	einhaken	einhängen
diesjährig	heurig	einkehren	zukehren
diesseits	herüben	einkochen	einsieden
Dill[enkraut]	Dille	einlassen, sich mit	anfangen, sich mit
disziplinarisch	disziplinär	jmdm.	jmdm. etwas
dito	detto	einliegend	inliegend
doof	blöd, dalkert	Einmachglas	Einsied[e]glas
Dörrpflaume	Dörrzwetschke	Einnahme...	Einnahms...
Drahtgeflecht	Rastel	Einöde	Einschicht
Dreckschaufel,	Mistschaufel	einpudern	(ein)stuppen
-schippe		einrichten	adaptieren
Drehorgel	Werkel	einsammeln	absammeln
Drehorgelspieler	Werkelmann	einschalten	aufdrehen
Dreirad	Dreiradler	einsperren	einkasteln
Droschke	Fiaker	einstöckig	stockhoch
Drückeberger	Tachinierer	eintreiben	einheben
dufte	klaß	einwachsen	einlassen, wachseln
Dummerchen	Dummerl	einwecken	einrexen
Dummheiten	Spompanadeln	Einzahlung	Erlag
Dummkopf	Trottel, Dolm, Blö-	Einzahlungsschein	Erlagschein
	dian, Dalk, Karpf	Einzelhändler	Verschleißer
dünn	zaundürr	einziehen	einheben
Durcheinander	Pallawatsch, Rama-	Einzimmerwoh-	Garçonniere
	suri	nung	
Durchgangshaus	Durchhaus	Eis	Gefror[e]ne
durchsuchen	perlustrieren	Eisbein	[Schweins]stelze
Durchsuchung	Perlustrierung	Eisenbahner	Bundesbahner
durchtrieben	gefinkelt, gehaut	Eisheilige	Eismänner
durchzwängen	durchwuzeln	Eisstau	Eisstoß
		Eitergeschwür	Aß
		Eiweiß	Eiklar
		ekelhaft	grauslich
		empfindlich	heikel
		Entenklein	Entenjunge
E		entfernen, sich	schleichen, sich
		entkommen	auskommen
		entlassen	den Weisel geben
eben	halt	entleihen	entlehnen
Eckball	Corner	Entlohnung (Pro-	Adjutum
ehemalig	gewesen	bezeit)	
ehrgeizig	ambitioniert	entrüsten	aufpudeln
Eierkuchen	Palatschinken,	entwerten	zwicken, markieren
	Schmarren	entwischen	auskommen
Eigentor	Eigengoal	entwöhnen	abspänen

Epilepsie	hinfallende Krankheit
erbrechen	speiben
Erbschaft	Verlassenschaft
Erdnuß	Aschanti[nuß]
erkälten, sich	verkühlen, sich
ermahnen	benzen
Ermittlung	Ausforschung
Ernte	Fechsung
ernten	fechsen
erreichen	aufstecken
erscheinen	aufscheinen, unterkommen
Erstklässer	Erstklaßler
erzieherisch	erziehlich
Esse	Rauchfang
essen	habern
Essenkehrer	Rauchfangkehrer
Etikett	Etikette, Pickerl
etwa	leicht

F

Fabrik...	Fabriks...
Fach	Gegenstand
fade	fad
Fähre	Überfuhr
fahren	führen
Faktur	Faktura
falscher Hase	faschierter Braten
farbig	färbig
Faß	Gebinde
Fas[t]nacht	Fasching
Fastnachtskrapfen, -pfannkuchen	Faschingskrapfen
fauchen	pfauchen
faulenzen	tachinieren
Faulenzer	Tachinierer
Februar	Feber
Federbett	Tuchent
Federbüchse	[Feder]pennal
Federmäppchen	[Feder]pennal
Federweißer	Sturm
fegen	[zusammen]kehren
Fehlbetrag	Abgang
Feigling	Trauminet

feines Mehl	glattes Mehl
Feldsalat	Vogerlsalat
Feldstecher	Gucker
Fels	Schrofen
Fensterklinke	Fensterschnalle
Fensterladen	Spalett[laden], [Fenster]balken
Fensterrahmen	Fensterstock
Ferien...	Ferial...
Fern...	interurban
ferner	ferners
fertig werden	zusammenkommen
Fest, ausgelassenes	Mullatschag
feststellen	erheben
Fettkinn	Goder[l]
Feudel	Fetzen
Fischbehälter	Fischkalter
Fischnetz	Daubel
Fiskus	[Staats]ärar
Flaschner	Spengler, Installateur
Flechse	Flachse
Fleischer	Fleischhauer, Fleischhacker
Fleischerei	Fleischhauerei, Fleischbank
Fleischkäse	Leberkäse
Fleischklößchen	Fleischlaibchen
Fleischwolf	Fleischmaschine
Flexion	Biegung
Flickenteppich	Fleckerlteppich
Fliege (Schleife)	Mascherl
Fliegenklatsche	Fliegenpracker
Flittchen	Flitscherl
Flitter	Flinserl
Flocke	Flankerl
Flomen	Filz
Flugblatt	Flugzettel
Flußkahn	Zille
Föhn	Jauk, Lahnwind
Föhrenzapfen	Bockerl
Formular	Drucksorte
Fraktion	Klub
Fraktionsvorsitzender	Klubobmann
Fratze	Gfrieß
freilassen	auslassen
Fremder	Tschusch
Freund	Haberer, Spezi
Frikassee	Eingemachtes
Friseuse	Friseurin
Frisiertoilette	Psyche

Früchtchen	Früchterl
Früchtebrot	Früchtenbrot, Zelten
Fruchtsaft	Juice
Frühkartoffeln	Heurige
Frühstück[spause]	Jause, Gabelfrühstück
Führungsposition	Leaderposition
Füller	Füllfeder
Füllfederhalter	Füllfeder
Füllung	Fülle
Fundbüro	Fundamt
für (10 Schilling)	um (10 Schilling)
Fürsorge	Obsorge
Furz	Schas
Fußball	Laberl
Fußballschuhe	Packeln
Fußball spielen	ballestern
Fußballspieler	Ballesterer
Fussel	Fuzel, Gfrast
Fußgänger	Fußgeher
Fußgängerübergang	Schutzweg
Fußsteig	Gehsteig
Fußweg	Gehsteig
futsch	pfutsch
Futtertrog	[Fress-, Futter]barren

G

Gang (Verbrecher)	Platte
Gänsebraten	Gansbraten
Gänsehaut	Hühnerhaut
Gänsekeule	Gansbiegl
Gänseklein	Gansljunge
Gänseleber	Gansleber
Gänserich	Ganser
ganz	zur Gänze
Gardine	Vorhang
Gardinenleiste	Kaniese
Gartenhäuschen	Salettel
Gaskocher	[Gas]rechaud
Gastgarten	Schanigarten
Gaul	Roß
Gauner	Falott
Gebäck	Bäckerei

gebraucht	übertragen
gebräunt	abgebrannt
Gebührenmarke	Stempelmarke
gebührenpflichtig	stempelpflichtig
Geburtsklinik	Gebärklinik
Geck	Gigerl
Gefängnis	Häfen
Gefängniskrankenhaus	Inquisitenspital
Gefängnis	Gefangen[en]haus
gegebenenfalls	allfällig, fallweise
Gehaltserhöhung	Gehaltsvorrückung
Gehweg	Gehsteig
Geizhals	Schmutzian
geizig	schmafu, schmutzig
Gejammer	Geraunz[e]
gelbe Rübe	Karotte
Gelenk...	Gelenks...
Gemeindegrenze	Hotter
Gemeindeteil	Katastralgemeinde, Fraktion, Rotte
Generalvertretung	Generalrepräsentanz
Genießer	Genußspecht
Gepäck...	Gepäcks...
Geräuchertes	Geselchtes
Gerber	Lederer
Gerichtstermin	Tagsatzung
Gerichtsvollzieher	Exekutor
Geröllhalde	Gand
Gerstengraupen	Rollgerste
Gerstenkorn	Werre
Gerümpel	Glumpert
Gerüstbauer	Gerüster
Gesang...	Gesangs...
Geschäftsbericht	Gebarungsbericht
Geschäftsführung	Gebarung
Geschäftsvertretung	Repräsentanz
Geschäftsjahr	Gebarungsjahr
Geschäftsstelle	Agentie
Geschirrtuch	Hangerl
Geseire	Geseres
Gesicht	Gfrieß
Gespann	Zeugel
Gesuch	Ansuchen
Getreidespeicher	Traidboden, -kasten
Gewebe	Webe
Gewerbetreibender	Wirtschaftstreibender
Gewinn erzielen	lukrieren
gießen	leeren
Glasglocke	[Glas]sturz, Sturzglas

Gletscher	Kees, Ferner
Glückwunschbrief	Billet
Glühwürmchen	Sonnwendkäfer
goldblond	semmelblond
gottbewahre	gottbehüte
...gradig	...grädig
Graupe	Gerstel
Graupensuppe	Gerstelsuppe
Greifen	Fangen, Fangerl
Gretchenfrisur	Gretlfrisur
Griebe	Grammel
Grießbrei	Grießkoch
Grießbrei, gebacken	Grießschmarren
grobkörniges Mehl	griffiges Mehl
Großmutter	Ahnl
Großvater	Ehnel
Grundwehrdienst	Präzenzdienst
grüne Bohne	Fisole
guck!	schau!
Günstlingswirtschaft	Freunderlwirtschaft
guten Tag	grüß Gott
Güterbahnhof	Frachtenbahnhof

H

Haarteil	Pepi
Haartolle	Schopf
Hachse	Haxe
Hackbraten	faschierter Braten
Hacke	Haue
Hackepeter	faschierter Braten
Hackfleisch	Faschiertes
Hackklotz	Hackstock
Haferpflaume	Kriecherl
Häftling	Häfenbruder
Häftlingswagen	Arrestantenwagen
Hagebutte	Hetschepetsch
Hahn (am Faß)	Pipe
Hähnchen	[Back]hendl
Halbstock	Mezzanin
...haltig	...hältig
Hammel	Schöps
Hammelfleisch	Schöpserne, Schöpsenfleisch
Handbesen	Bartwisch
Handel (mit Eintrittskarten)	Agiotage

Handelsmakler	Sensal
Handfeger	Bartwisch
Handspiel	Hands
Hanswurst	Wurstel
hart	beinhart
Harzer Käse	Quargel
Haschen	Fangen, Fangerl
Hasenklein	Hasenjunge
häßlich	grauslich, schiech
hastig	hudri – wudri
Haufen	Triste, Schober
Hausbesitzer	Hausherr
Haushälter[in]	Hauser[in]
Haushaltshilfe	Bedienung, Zugeherin
Hausmeister	Hausbesorger
Hausschuh	Patschen
Haussuchung	Hausdurchsuchung
Heckmeck	Pallawatsch
Hefeprobe, -stück	Dampfl
Hefeteig	Germteig
Heftel	Haftel
Heidelbeere	Schwarzbeere
Heiligenbild	Bildstock, Marterl
heimatberechtigt in	zuständig nach
Hemd	Pfaid
herab	aba
herabsetzen	ausrichten
heranziehen	beiziehen
herauf	auffa
heraus	aussa
herausfließen	ausrinnen
herauslösen	ausnehmen
herausreden	ausreden
herbeibringen	daherbringen
herbeischaffen	zustande bringen
herbsten	herbsteln
herein	eina
hereinfallen	aufsitzen
herrichten	zusammenrichten, adaptieren
herstellen	erzeugen
Hersteller	Erzeuger
Herstellung	Erzeugung
herum	umadum
herumkriegen	einkochen
herumtreiben, sich	strabanzen, herumvagieren
herunter	aba
Heuhaufen	[Heu]schober
hervor	füra

hier außen	heraußen
hierbei	hiebei
hierdurch	hiedurch
hierfür	hiefür
hiergegen	hiegegen
hierher	hieher
hiermit	hiemit
hier oben	heroben
hier und da	hie und da
hiervon	hievon
hierzu	hiezu
Hilfskraft	Manipulant
Hilfsmittel	Behelf
hinab	abi
hinauf	auffi
hinaus	aussi
hinein	eini
hinfallen	niederfallen, zusammenfallen
hinken	hatschen
hinten	rückwärts
hinterher	hintennnach, im nachhinein
Hinterlassenschaft	Verlassenschaft
Hinterlegung	Erlag
hin und zurück	tour-retour
hinunter	abi
Hirschfleisch	Hirschene
Hirse	Brein
Hirt	Halter
Hobel (Küche)	Hachel
Hobelspan	Hobelscharte
Höchste	Gottsöberste
Hocker	Stockerl
Holunder	Holler
Holundermus	Hollerkoch
Holundersauce	Hollerröster
Holzbock	Schragen
Holzfäller	Holzhacker, Holzer
holzig	bamstig
Holzschlag	Maiß
Holzsplitter	Schiefer
Holzstoß	Holztriste
Hörnchen	Kipfel, Beugel
Hosentasche	Hosensack
Hube	Hufe
hübsch	sauber
Hügel	Mugel, Bühel
Hühnerklein	Hühnerjunge
Hühnerstall	Hühnersteige
hüten	halten

I

identifizieren	agnoszieren
Imbiß	Jause
Imbißstube	Jausenstation
immatrikulieren	inskribieren
immer	allweil
Immobilien	Realitäten
Immobilienmakler	Realitätenvermittler, Realkanzlei
im voraus	im vorhinein
in Ordnung	leinwand
Instanzenweg	Instanzenzug
Instrukteur	Instruktor
in Zukunft	in Hinkunft
irgendwie	wie [auch] immer
Italiener	Katzelmacher

J

Jackett	Sakko
Jahrmarkt	Kirtag
Januar	Jänner
jetzig	derzeitig
Johannisbeere	Ribisel
Joppe	Janker
Josefstag	Josefitag
Junge	Bub
Jungwald	[Jung]maiß
Jura	Jus
Jurastudium	Jusstudium
juristisch	juridisch
Juxta	Juxte

K

Kaffee	[Kaffee]jause
Kaffeetasse	Kaffeeschale, -häferl
Kaffee und Kuchen	Kaffeejause
kalben	kälbern

Kalbfleisch	Kälberne	Kind	Bauxerl, Bam-
Kalbshachse	Kalbsstelze		pe[r]letsch, Bams
Kalbskeule	Kalbsschlegel	Kinderfest	Kinderjause
Kaldaunen	Kuttel[fleck]	Kindergeld	Familienbeihilfe
kaltstellen	einkühlen	Kinderschlitten	Rodel
Kamin	Rauchfang	Kindesentführer	Kinderverzahrer
Kaminfeger,	Rauchfangkehrer	Kiosk	[Tabak]trafik
-kehrer		Kirchweih	Kirtag
Kanarienvogel	Kanari	Kirmes	Kirtag
kandierte Früchte	Kanditen	Kissen	Polster
Kandiszucker	Zuckerkandl	Kissenüberzug	Polsterzieche
Kaninchen	Kiniglhas	Klapper	Ratsche
Kanne	Bitsche	Klassenarbeit	Schularbeit
Kante (Brot)	Scherzel	Klassenlehrer	Klassenvorstand
Kantinenwirt	Kantineur	Klatsche	Schmierer
Kappes	Kraut	Klavierhocker	Klavierstockerl
Kaprice	Kaprize	Klebeetikett	Pickerl
Karabinerhaken	Karabiner	kleben	picken
Karre	Karren	klebrig	patzig
Kartoffel	Erdapfel, Bramburi	Klebstoff	Pick
Kartoffelbrei	Erdäpfelkoch	Klecks	Patzen
Karussel	Ringelspiel	Kleckser	Patzer
Käser	Kaser	kleiden (dienstmä-	adjustieren
Kasper	Kasperl	ßig)	
Kasse	Kassa, Säckel	Kleiderhaken	Kleiderrechen
Kasseler Rippe-	Selchkarree	¹Kleiderschrank	Kleiderkasten
speer		²Kleiderschrank	Bröckerl
kassieren	einheben	Kleidung	Gewand
Kassierer	Kassier, Inkassant	Kleinbauer	Kleinhäusler,
Kassiererin	Kassierin		Keuschler
Kasten (Bier)	Kiste (Bier)	Kleingebäck	Bäckerei
katastrophal	inferior	Kleinholz	Spreißelholz
Kate	Keusche	¹klemmen	spießen, sich
Kavaliertaschen-	Stecktuch	²klemmen	zwicken
tuch		Klempner	Spengler, Installa-
Kegelbahn	Kegelstatt		teur
kegelschieben	kegelscheiben	klettern	kraxeln
Kehrblech	Mistschaufel	Klingel	Glocke
Kehricht	Mist	klingeln	läuten
Kehrichtbesen	Bartwisch	Klinke	Schnalle
Kehrichtschaufel,	Mistschaufel	klopfen	pracken, pumpern
-schippe		Klops	Fleischlaibchen
Kehrschaufel,	Mistschaufel	Klosettbecken	Klo[sett]muschel
-schippe		Kloß	Knödel
kehrtmachen	umdrehen	kneifen	zwicken
keifen	keppeln	Kneipe	Beisl
Keilkissen	Keilpolster	Kniestrümpfe	Stutzen
Kerl	Gschrapp	Knochen	Bein
kerngesund	pumperlgesund	Knoten	Knopf
Keule	Schlegel	knusprig	resch
Kiefer	Föhre	Koben	Kobel, Kotter
Kimme	Grinsel	kochen	auskochen

Kocher	Rechaud	Krümel	Brösel
Köchin	Auskocherin	Krüstchen	Scherzel
Kochtopf	Rein[dl]	Kruste (der Brot-	Rinde
Kohl	Kraut, Kelch	scheibe)	
Kohlsuppe	Minestra[suppe]	Krumen	Brösel
Komma	Beistrich	Kuchen	Mehlspeise
Kommassation	Kommassierung	Küchenhobel	Hachel
Kommerzienrat	Kommerzialrat	Küchenmädchen	Kuchelmensch
Kommissar	Kommissär	kuck!	schau!
Kommode	Schubladkasten	Küfer	[Faß]binder
Kompott	Röster	Kühlschrank	Eiskasten
Kompromiß	Packelei	Kumpan	Haberer, Kampl
Konditor	Zuckerbäcker	Kürbis	Plutzer
Konfetti	Koriandoli	Kursus	Kurs
konkurrieren	konkurrenzieren	Kutsche	Zeugel
Konkursvergehen	Krida	Kuß	Busse[r]l
Kontrolleur	Kontrollor	küssen	busseln
köpfen	köpfeln		
Kopfball	Köpfler		
Kopf[salat]	Häuptel[salat]		
Kopfsprung	Köpfler		
koramieren	koramisieren		
Kordel	Schnur		
Kordhose	Schnürlsamthose	**L**	
Kord[samt]	Schürlsamt		
Korken	Stoppel		
Korkenzieher	Stoppelzieher	Lache	Lacke
Kornelkirsche	Dirndl[baum]	lackieren	einlassen
Korridor	Vorzimmer, Gang	Ladentisch	Budel
Koreferat	Koreferat	Lagerverwalter	Magazineur
[1]kosten	gustieren	Laffe	Lapp
[2]kosten	sich stellen auf	Laienrichter	Geschwor[e]ne
Kram	Glumpert, Kramuri,	Lakritze	Bärendreck, Bären-
	Graffelwerk		zucker
Krämer	Gemischtwaren-	Lämmchen	Lamperl
	händler, Greißler	Lammfleisch	Lämmerne
Krämerei	Gemischtwaren-	Landgericht	Landesgericht
	handlung, Greißle-	langsam	pomali
	rei	langweilen	fadisieren
Krämpfe	Fraisen	Lappen	Fetzen
krank	marod	läppisch	damisch
Krankenhaus	Spital	lästig	sekkant
krankmelden	in Krankenstand ge-	Lastschiff	Plätte
	hen	Latte[nzaun]	Stakete[nzaun]
Kräppel	[Faschings]krapfen	Lätzchen	Barterl, Hangerl
Krautkopf	Krauthäuptel	Laube	Salettel
Krawatte	[Selbst]binder	Laubengang	Pawlatsche
Kreisel	Drahdiwaberl	Laune	Grant
Krematorium	Feuerhalle	lauwarm	bacherlwarm
Kriecher	Schlieferl	Lawine	Lahn
Kriegen	Fangen, Fangerl	Lebensmittelver-	Approvisionierung
Kronleuchter	Luster	sorgung	

Lebkuchen	[Leb]zelten
Lebkuchenbäcker	Lebzelter
Leckerbissen	Schmankerl, Gustostückerl
lecken	schlecken
leeren	ausheben
leerlaufen, -fließen	ausrinnen
Leerung	Aushebung
leid tun	erbarmen
Leierkasten	Werkel
leihen	herleihen
Lehrfach	Lehrgegenstand
Lehrjunge	Lehrbub
Lehrmittel	Lehrbehelf
Lehrmittelfreiheit	Schulbuchaktion
Lehrstuhl	Lehrkanzel
Leihhaus	Versatzamt
Leitplanke	Leitschiene
Leopoldsfest	Leopoldi[tag]
Liebesverhältnis	Gspusi, Pantscherl
Liebhaber	Gschwuf, Haberer
Liebling	Herzbinkerl
Lieblingsfach	Lieblingsgegenstand
Liegestuhl	Strecksessel
Limonade	Kracherl
Linienblatt	Linienspiegel, Faulenzer
liniieren	linieren
liquide	liquid
lispeln	hölzeln, zuzeln, blutschen
lochen	zwicken
Locke	Schneckerl
locker	flaumig
Lodenmantel	Hubertusmantel
Löffelbiskuit	Biskotten
lohnen	herausschauen, dafürstehen
Lokaltermin	Lokalaugenschein
Lolli[ball]	Lutscher, Schlecker
loslassen	auslassen
Lottogeschäftsstelle	Lottokollektur
Löwenmaul	Froschgoscherl
lug!	schau!
Lungenhaschee	Beuschel, Lüngerl
Lust	Animo
Lüster	Luster
lutschen	zuzeln
Lutscher	Schlecker
Lutschstange	Lutscher, Schlecker

M

mach's gut	servus, auf Wiederschauen, pfüati
Mädchen	Dirndl, Mäd[er]l, Gitschen
Magd	Dirn
mager	zaundürr
Mais	Türken, Kukuruz
Männchen	Mandl
manuell	händisch
Manuskript	Manus
Markt	Schranne
Markthändler	[Markt]fierant
Marone	Maroni
Marsch	Hatscher
Martin-Horn	Folgetonhorn
Martinsgans	Martinigans
Maschine[n]...	Maschin...
maschinenschreiben	maschinenschreiben
Maskenball	Fetzenball, Redoute, Gschnas[fest]
Massel	Masel
Matsch	Gatsch
matschig	gatschig
Matinee	Akademie
Mauersalpeter	Saliter
maulen	matschkern
Maultier	Muli
Maulwurf	Scher
Maulwurfsgrille	Werre
Mausefalle	Mausfalle
mausetot	maustot
Meerrettich	Kren
Mehlschwitze	Einbrenn
Mehrpreis	Aufzahlung
Melanzane	Melanzani
Mergel	Schlier
Metzger	Fleischhauer
Miete	Bestand, [Miet]zins
Mieter	Inwohner
Miethaus	Zinshaus
Milchkaffee	Kapuziner, Melange
Militärgeistlicher	Kurat
Minister (einer Landesregierung	Landesrat
Ministerpräsident (einer Landesregierung)	Landeshauptmann
Mitschnacker	Kinderverzahrer

möbliertes Zimmer	Untermietzimmer
möblierte Wohnung	Alleinuntermiete
Möhre	Karotte
Mohrenkopf	Schwedenbombe, Indianerkrapfen
Mole	Molo
Mondfinsternis	Mondesfinsternis
Mörtel	Malter
Mücke (Stechmücke)	Gelse
Müll	Mist
Mülleimer	Coloniakübel, Mistkübel
Müllschippe	Mistschaufel
Mund	Fotzen
Mundharmonika	Fotzhobel
Murmeln spielen	kugelscheiben
mürrisch sein	anzwidern, granteln, zwider sein
Muskelprotz	Kraftlackel
Musterung	Stellung, Assentierung
Mütze	Haube

N

Nachlaufen	Fangen
nachsehen	nachschauen
nachträglich	im nachhinein
Nachttisch	Nachtkästchen, Nachtkastl
nach und nach	zizerlweis
nackt	nackert
nagen	kiefeln
Namenszeichen	Märke
Napfkuchen	Gugelhupf
Nationalmannschaft	Team
naschen	schlecken
ne	na
Nebenstelle (Telefon)	Klappe
necken	pflanzen, häkeln, heanzen
Negerkuß	Schwedenbombe

Nennwert	Nominale
nervöser Mensch	Nerverl, Nervenbinkel
neuer Wein	Heuriger
neugierig	adabei
nichts	nix
Niederlage	Schraufen
niederlegen	zurücklegen
niedlich	bagschierlich
Nietenhose	Bluejean
nicht wahr?	gelt?
nicht mehr	nimmer
Nichtsnutz	Gfrast
Nominalwert	Nominale
notleidend	notig
Nudelholz	Nudelrolle
nun denn!	alsdann!
nur noch	nur mehr

O

obdachlos	unterstandslos
Obdachloser	Unterstandsloser, Sandler
obengenannt	obgenannt
oberhalb	ober
Oberhemd	Herrenhemd
obligatorisch	obligat
Obliegenheiten	Agenden
Obstkiste	Obststeige
Obstwein	Most
Ochse	Ochs
Ochsenschwanz	Ochsenschlepp
Ofensetzer	Hafner
Offerte	Offert
öfter	öfters
Olmützer Stinkkäse	Quargel
ohne Bewährung	unbedingt
ohne Geld	abgebrannt
ohnehin	eh
ohne Obligo	außer Obligo
ohne weiteres	ohneweiters
Ohrfeige	Watsche, Fotze, Flasche, Tetschen, Dachtel
ohrfeigen	watschen

243

oje!	ui je!
Oktave	Oktav
Orangeat	Aranzini
Ortsteil	Rotte, Fraktion
Ostjude	Lercherl

P

Pacht	Bestand
paktieren	packeln
Panamaer	Panamene
Paniermehl	Semmelbrösel
Pantoffel	Schlapfen
Pantoffelheld	Simandl
Parade	Defilee
Park, kleiner	Beserlpark
Party für Kinder	Kinderjause
Paspel	Passepoil
Pate	Göd
Patin	Goden, Godel
Patzer	Sandler
Pause	Jausenzeit
Pedant	I-Tüpfel-Reiter
pedantisch	pedant
Pekingkohl	Chinakohl
pennen	büseln
Pension	Ruhegenuß
Pensionär	Pensionist
Peperone	Pfefferoni
perfide	perfid
Personenbeschrei-bung	Personsbeschreibung
Personenstands-verzeichnis	Matrikel
Persönlichkeit	Großkopferte
Petersilie	Petersil
pfänden	exekutieren
Pfandleihanstalt	Versatzamt, Pfandl
Pfändung	Exekution
Pferd	Roß
Pferdegespann	Zeugel
Pfifferling	Eierschwamm[erl]
Pflaumenmus	Powidl
Pflichtfach	Pflichtgegenstand
pflücken	brocken, klauben
pfropfen	p[f]elzen

Pfropfen	Stoppel
Pfütze	Lacke[rl]
Pickel	Wimmerl
Piepser	Piepserl
Pignole	Pignolie
Pilz	Schwamm[erl]
Piment	Neugewürz
Pinte	Beisl
pissen	pischen
Plage	Gfrett, Tschoch
plagen sich	tschechern
Plakat	Affiche
plakatieren	affichieren
Plane	Plache
planschen	pritscheln
Plattform	Plateau
Platzanweiser	Billeteur
Plätzchen	Zeltel
Plauderei	Plausch[erl]
plaudern	plauschen
Pökelfleisch	Surfleisch
Polente	Kiberer
Police	Polizze
polieren	politieren
Polizei	Exekutive
Polizeidienststelle	Wachzimmer, Kommissariat, Gendarmerieposten
Polizist	Wachebeamter, Wachmann
Popelinmantel	Ballonmantel
Portemonnaie	[Geld]börse
Postbediensteter	Postler
Praline	Praliné
Praktikum ma-chen	praktizieren
prassen	aufhauen
Präteritum	Mitvergangenheit
präzise	präzis
Predigt	Kanzelwort
Preis	Best
Pressemitteilung	Aussendung
Priem	Ahle
Prime	Prim
Privatier	Privater
Produktion	Erzeugung
Professor	Universitätsprofessor
Provinzler	Gscherte
Prozent	Perzent
prozentual	prozentuell, perzentuell

Prozession	Umgang	rauchen	pofeln
prügeln	trischacken	Räucherkammer	Selchkammer
Prunktreppe	Feststiege	räuchern	selchen
psychiatrisch untersuchen	psychiatrieren	Rauchfleisch	Selchfleisch, Geselchtes
Pudelmütze	Pudelhaube	Rauscher	Sturm
Puder	Stupp	Reagenzglas	Eprouvette, Proberöhrchen
pudern	[ein]stuppen		
Puderzucker	Staubzucker	Rebhuhn	Rebhendl
Pulswärmer	Stützel	Rechtsanwalt	Advokat
Pünktchen	Tüpferl	rechtzeitig	zeitgerecht
Püppchen	Pupperl	Referendar	Probelehrer, Beiwagerl
Putzfrau	Bedienerin, Zugeherin		
		Regens chori	Regenschori
Putztuch	[Aus]reibtuch, -fetzen	Registratur	Evidenzbüro
		registrieren	in Evidenz halten
		Rehkeule	Rehschlegel
		Rehklein	Rehjunge
Q		Reibebrett	Reibbrett
		reiben	ribbeln
		reich	bestbemittelt, geldig
quälen	sekkieren	reichen	ausgehen, sich
Quarantäne	Kontumaz	Reifendefekt	Patschen
Quark	Topfen, Schotten	Reineclaude	Ringlotte
Quarte	Quart	rein[e]machen	putzen, zusammenräumen
Quecke	Baier		
Quetschkartoffeln	[Erdäpfel]püree	Reinfall	Aufsitzer
Quinte	Quint	reinigen	ausputzen
Quirl	Sprudler	Reinigung[sanstalt]	Putzerei
quirlen	sprudeln		
quittieren	saldieren	Reinmach[e]frau	Putzfrau, Bedienerin
		Reißer	Sturm
		Reißverschluß	Zipp[verschluß]
		Reneklode	Ringlotte
		reparieren	richten
		Resede	Reseda
		Restaurant	Restauration
R		Rettich	Radi
		Rettungsboot	Rettungszille
		Rettungswagen	Rettung, Ambulanz[wagen]
Rabenaas	Rabenvieh		
radebrechen	böhmakeln	Revision	Einschau
Rangabzeichen	Distinktion	Richtfest	Dachgleiche, Firstfeier, Gleichenfeier
Rangier...	Verschub...		
Ränzel	Schultasche	Rinder...	Rinds...
Ranzen	Schultasche	Rinderbraten	Rindsbraten
rapide	rapid	Rinderfilet	Lungenbraten
Rapunzel	Vogerlsalat	Rinderroulade	Rindsvögerl, Spanisches Vögerl
Rassel	Ratsche		
Ratte	Ratz	Rinne	Runse
		Rippenstück	Karree
		ritterlich	tak

245

Rock (Frauen)	Kittel, Schoß	Sandale	Klapperl
Rodon[kuchen]	Gugelhupf	sandfarben	drapp
Rolladen	Rollbalken	sauber	rein
Rollbraten	Roller	saubermachen	putzen, zusammen-
rollen	scheiben		räumen
röntgen	röntgenisieren	Sauermilch	saure, gestockte
Rosenkohl	Kohlsprossen,		Milch
	Sprossenkohl	sausen	pledern
Rosine	Weinbeere	Sauser	Sturm
rösten	bähen	sattessen	anessen
roter Kappes, Rot-	Blaukraut	Schaden	Havarie, Gebrechen
kappes		Schafkäse	Brimsen[käse]
Rotkohl	Rotkraut, Blaukraut	schamhaft	gschamig
Rotzjunge	Rotzbub, Rotzlöffel,	scharf	raß
	Rotznigel	Schattenseite	Schattseite
Rübe	Karotte	Schaufenster	Auslage
Rück...	Retour...	Schaukel	Hutsche
Rückenspange	Dragoner	schaukeln	hutschen
Rückentrage	[Buckel]kraxe	Schaukelpferd	Hutschpferd
rückgängig ma-	stornieren	Schaumgebäck	Windbäckerei
chen		Scheibe	Spalte
Rucksack	Schnerfer	schellen	läuten
Rückseite	Maschekseite	Schellkraut	Schöllkraut
rückvergüten	refundieren	schelten	[zusammen]schimp-
rüde	rüd		fen
Ruderboot	Schinakel	Schenk...	Schank...
Rührei	Eierspeise	Schenkel (Huhn)	Biegel
rühren	abtreiben	Scheu	Genierer
Rührkuchen	Gugelhupf	scheuchen	stampern
Rührteig	Abtrieb	scheuern	[aus]reiben
rührt euch!	ruht!	Scheuertuch	[Aus]reibtuch, -fet-
ruiniert	petschiert		zen, Fetzen
Rummel (Jahr-	Kirtag, Vergnü-	Scheune	Stadel
markt)	gungspark	¹Schicht	Schichte
runde Anlage	Rondeau	²Schicht	Turnus
rundes Brot	Laib[chen]	schieben	scheiben
Rundschreiben	Aussendung	Schieber	Schuber
Runkelrübe	Runkel	Schiedsrichter	Referee
Rutsche	Riese	schießen (Tor)	skoren
		Schildpatt	Schildkrot
		Schiller	Schilcher
		Schilling	Alpendollar
		Schirmmütze	[Schirm]kappe
		Schlachter	Fleischhauer
S		Schlächter	Fleischhauer
		Schläfchen	Schlaferl
		schlagen	pracken
Sächelchen	Sacherln	Schlagsahne	[Schlag]obers, -rahm
Sägewerk	Säge	Schlamassel	Schlamastik
Sahne	Obers, Rahm	Schlampe	Schlampen
Salatkopf	Salathäuptel	schlampig	schlampert
sammeln	klauben	schlapp	letschert

Schlappschwanz	Dädl, Tattedl, Sei-	Schubs	Schupfer
	cherl	schüchtern	dasig
Schlarfe	Schlapfen	Schuh	Hatscher
Schlarpe	Schlapfen	Schulanfänger	Taferlklaßler
schlau	gefinkelt, gehaut	Schulbezirk	Schulsprengel
schlechtmachen	ausrichten	Schülerheim	Konvikt
Schleife	Masche	Schulfach	Schulgegenstand
schlendern	hatschen	Schullaufbahn	Schulbahn
Schlicks	Schnackerl	schuppen	schupfen
¹schließen	auflassen, zusperren	Schuppen	Schupfen
²schließen	sperren, absperren,	schütteln	beuteln
	zusperren	Schwarzarbeit	Pfusch
schließlich	auf die Letzt	schwarzarbeiten	pfuschen
Schlinge	Masche	Schwarzarbeiter	Pfuscher
Schlingel	Schlankel	Schweine...	Schweins...
Schlips	Selbstbinder	Schweinebauch	Kaiserfleisch
Schlucht	Tobel	Schweinebraten	Schweinsbraten
Schlot	Rauchfang	Schweinefleisch	Schweinerne
Schlotfeger	Rauchfangkehrer	schwenken (in	abschmalzen
Schlotter	saure Milch,	Fett)	
	gestockte Milch	schwertun	harttun
Schlotzer	Lutscher, Schlecker	schwierig sein	fuchsen, sich spie-
Schluckauf,	Schnackerl		ßen
Schlucken,		schwülstig	schwulstig
Schlucks		sehen	schauen
Schluckser		sehnig	flachsig
schlüpfen	schliefen, schlupfen	Sekunde	Sekund
Schlußgenehmi-	Kollaudierung	Sellerie	Zeller
gung		Semmelmehl	Semmelbrösel
schmackhaft	geschmackig	Septime	Septim
schmelzen (Schnee)	apern	Sessel	Fauteuil
Schmieralie	Schmierasch	setzen, sich	niedersetzen, sich
Schnabeltasse	Schnabelhäferl	Sexte	Sext
Schnackler	Schnackerl	sicherer Erfolg	gmahte Wiesen
Schnake	Gelse	sicherstellen	stellig machen
schnäpseln	schnapseln	Sieb	Reiter, Seiherl
Schnapsglas	Stamperl, Puderl	sieben	reitern, seihen
Schnauze (Kanne)	Schnabel	sieh!	schau!
Schnecke	Schneck	sieh mal an!	da schau her!
Schneebesen	[Schnee]rute	Ski	Brettel
schneefrei	aper	Skiläuferin	Pistenhaserl, Skiha-
Schneid	Nipf		serl
schnüffeln	schnofeln	Skooter	Autodrom
Schöffe	Geschwor[e]ne	slowenisch	windisch
Schornstein	Rauchfang	Socke	Socken
Schornsteinfeger	Rauchfangkehrer	Soldat	Präsenzdiener, Jung-
Schößchen	Schößel		mann, Grundwehrdiener
Schrank	Kasten	solide	solid
Schranke	Schranken	Sommersprossen	Guckerschecken
Schraube	Schraufen	Sonnenseite	Sonnseite
Schubkarre	Schiebetruhe,	spalten	klieben
	Scheibtruhe	Spaß	Hetz, Gspaß

247

spaßeshalber	spaßhalber, aus	Straßenbahn	Tramway
	Hetz, hetzhalber	Strauß	Buschen
spaßig	gspaßig	Straußwirtschaft	Heuriger, Buschen-
Spätzle	Nockerl		schank
Speckgriebe	Grammel	strebsam	ambitioniert
Speiseeis	Gefror[e]ne	streichen	ausmalen
Speisekammer	Speis	Streichholz	Zündholz, Zünder
Spesen	Regien	Streithahn	Streithansl
Spiegelfechterei	Pflanz	stricheln	strichlieren
Spitze	Spitz	Strickarbeit	Strickerei
Spitzel	Konfident	Strohhaufen	Strohtriste
Spitzenreiter	Leader	Strohhut	Girardihut
Spitzhacke	Krampen	Strolch	Strizzi, Strabanzer,
Sprosse	Sprießel		Pülcher
spülen	schwemmen	strömender Regen	Schnürlregen
sputen, sich	tummeln, sich	Stübchen	Stübe[r]l
staatlich	ärarisch	Stück	Trumm
Staatseigentum	Ärar	Student	Hörer
Staatsforst	Forstärar	Studienrat	Professor
Staatskasse	Staatssäckel	Stuhl	Sessel
Stachelbeere	Agrasel	stupide	stupid
Stammgast	Habitué	stupsen	schupfen, stupfen
stampfen	strampfen	Stutzer	Gschwuf
Stampfkartoffeln	[Erdäpfel]püree	Stützpfosten	Steher
Standuhr	Stockuhr	Sülze	Sulz
stapeln	schlichten	sülzen	sulzen
Staubflocken	Lurch	süperb	superb
Stechmücke	Gelse	Suppengemüse	Suppengrün
stehlen	fladern, böhmisch	surren	burren
	einkaufen	Süßigkeit	Schleckerei
Steinpilz	Pilz[ling]	Süßspeise	Mehlspeise
Stempel	Stampiglie		
Stephanstag	Stefanitag		
Steuererklärung	fatieren, einbeken-		
abgeben	nen		
Steuergemeinde	Katastralgemeinde		**T**
stichhaltig	stichhältig		
still	stad		
stillegen	auflassen		
Stillegung	Auflassung	Tabakdose	Tabatiere
stillgestanden!	habt acht!	Tabakwerke	Tabakregie
Stirn	Hirn	Tablett	Tasse
St. Nikolaus	Nikolo	Tafel	Tableau
stöbern	stieren	Tage...	Tag...
stochern	stierln, strotten	tagsüber	untertags
Stoffrand	Endel	Tasche	Sack
stopfen	schoppen	Taschentuch	Sacktuch, Schneuz-
Stöpsel	Stoppel		tuch
stoßen sich	anhauen	Tasse	Häferl, Schale
Stralzierung	Stralzio	Tätlichkeit	Insultierung
Strähne	Strähn	taub	törisch
Strapazier...	Strapaz...	tauen	apern, lahnen

Taugenichts	Haderlump	tünchen	ausmalen
täuschen	pflanzen, papierln	Tunnel	Tunell
Teegebäck	Teebäckerei	Türklinke	Türschnalle
Teehäferl	Teetasse	Turnhalle	Turnsaal
Teeschale	Teetasse	Türrahmen	Türstock
Teesieb	Teeseiherl	Türschwelle	Türstaffel
Teigrolle	Nudelrolle	Tüte	[Papier]sack, Stanit-
Teigschaufel	Schmarrenschaufel		zel, Sackerl
Teppichklopfer	Teppichpracker		
Terminarbeit	Postarbeit		
Terne	Terno		
Thuja	Thuje		
Tingeltangel	Vergnügungspark		
Tip	Ezzes		**U**
Tischfußball	Fitschigogerln		
Todesanzeige	Parte[zettel]		
Toilette	Häusl	über	ober
Toilette...	Toiletten...	überfahren	umscheiben, zusam-
toll!	bärig, klaß!		menfahren
Tolle	Schopf	Überfall...	Überfalls...
Tolpatsch	Patsch[erl]	Übergabe	Ausfolgung
Tölpel	Gscherte, Lackel	übergeben	aushändigen, einant-
Tomate	Paradeiser		worten
Topf	Hafen, Häfen	Übernachtung	Nächtigung
Töpfer	Hafner	übertölpeln	übernehmen
Topfkuchen	Gugelhupf	überwinden	übertauchen
Tor	Goal	Überzug	Zieche
Torhüter	Tormann, Goal-	Umgehungsstraße	Umfahrung[sstraße]
	mann, Goalkeeper	umher	umanand
Torschütze	Goalgetter	umstoßen	niederstoßen, um-
Totenverzeichnis	Sterbematrikel		scheiben
Trachtenjackett	Janker	umstürzen	umschmeißen
Trog	Grand	umwickeln	einfaschen
träge sein	sandeln	unansehnlich	zernepft
Tragkorb	Schwinge, Zöger	unappetitlich	ungustiös
Transportunter-	Frächter, Fuhrwer-	unbeholfen	patschert
nehmer	ker	uneben (Piste)	ausgemugelt
Treidelweg	Treppelweg	unecht	talmi
Treppe	Stiege	Unfall...	Unfalls...
Treppenhaus	Stiegenhaus	ungeschicktes Kind	Patscherl
Trick	Schmäh	ungefähr	beiläufig, überhapps
Trikot	Leibchen, Leiberl	ungehobelt	gschert
Trödelmarkt	Tandelmarkt	Uniform	Adjustierung
trödeln	brodeln	Unmut	Grant
Trödler	Tandler	Unredlichkeit	Unterschleif
Trog	Barren	Unschuldslamm	Lamperl
Tropfteig	Eingetropftes	Unsinn	Holler
Truthahn	Indian	Unstimmigkeit	Unzukömmlichkeit
tschüß	servus, auf Wieder-	Unterhaltung	Ansprache
	schaun, pfüati	Unterhemd	Leibchen, Leiberl
T-Shirt	Leiberl	Unterhose	Gate[hose]
Tumult	Bahöl	Unterkunft	Unterstand

Unterkunftgeber	Unterstandsgeber
Unternehmer	Wirtschaftstreibender
Unterrichtsfach	Unterrichtsgegenstand
Unterzeichnete	Gefertigte
uralt	aus dem Jahre Schnee
urinieren	pischen

V

Vagabund	Strotter
vegetabilisch	vegetabil
Veilchen	Veigerl
Verbeugung	Buckerl
verbeult	verdepscht
verbinden	[ein]faschen
verbleichen	[aus]schießen
verdeutlichen	ausdeutschen
verdunsten	ausrauchen
veredeln	p[f]elzen
vereidigen	angeloben
Vereidigung	Angelobung
vereinbaren	ausschnapsen
vergleichen	abschließen
Vergnügen	Gaudee, Lätitzerl
vergnügen, sich	auf Lepschi gehen
Verhältniswahl	Proportionalwahl
Verhältniswort	Vorwort
Verhör	Einvernahme
verhören	einvernehmen
Verkauf	Abverkauf, Verschleiß
verkaufen	abverkaufen, verschleißen
Verkäuferin	Ladnerin
verklagen	klagen
verlängern	prolongieren
Verlängerung	Prolongation, Prolongierung
verleihen	herleihen
verlorengehen	tschari gehen
Verlust	Verstoß
Verlustpunkt	Bummerl
Vermieter	Unterstandsgeber, Hausherr

vermißt	abgängig
Vermißtenmeldung	Abhängigkeitsanzeige
vernehmen	einvernehmen
Vernehmung	Einvernahme
vernehmungsfähig	einvernahmsfähig
verpflegen	ausspeisen
Verpflegung	Menage
verrückt	hirnrissig
verrückt sein	rappeln
versagen	auslassen
Versandabteilung	Expedit
verscherbeln	verscheppern
Verschiebe...	Verschub...
verschießen	abschießen
Verschlag	Kobel, Kotter
verschließen	versperren
Verschnaufpause	Schnaufpause
verschollen	abgängig
verschwenden	urassen
versenden	aussenden
versetzt werden (Schule)	aufsteigen
verspotten	ausspotten, pflanzen, sekkieren
verstanden?	kapischo?
verstauchen	überknöcheln
Verteidiger (Sport)	Back
Vertreter	Agent
Vertrieb	Verschleiß
verurteilt	abgestraft
vervielfältigen	abziehen
Verwaltung	Gestion
verwirren	drausbringen
Verzehr	Konsumation
verzieren	dressieren
Vesper	Jause
Vesper (am Vormittag)	Jause, Gabelfrühstück
vespern	jausnen
Vetternwirtschaft	Freunderlwirtschaft
Videotext	Teletext
vielleicht	leicht
Vierzeiler	Schnaderhüpfl
Vikar	Kooperator
Villenviertel	Cottage
Visitenkarte	Visitkarte
Vogelscheuche	Spatzenschreck
Volksküche	Auskocherei
vollständig	zur Gänze
volltrinken	antrinken
von vornherein	im vorhinein

vor	füri
vorarbeiten	einarbeiten
Vorfahrt	Vorrang
vorgehen (als Beamter)	amtshandeln
vorkommen	aufscheinen
Vorgehensweise	Vorgangsweise
vorlegen	beibringen
Vorliebe	Animo
Vorsteher	Vorstand
vorstellig werden	bittlich werden
Vorstoß	Vorsprache

W

Wacholder	Kranewit
wachsen	wachseln
Wachstuch	Wichsleinwand
Waffeln	Neapolitaner, Schnitten
Wahlberechtigten, die	Elektorat
wählerisch	heikel
Wahlkandidat	Wahlwerber
wahrnehmen	ausnehmen
Waldbeere	Schwarzbeere
Wäldchen	Schachen
Wanderhändler	Marktfahrer
warm (angenehm warm)	bacherlwarm
warten	passen
Waschbrett	Waschrumpel
Wäscheklammer	Kluppe
Weckglas	Rexglas
weiden (Alm)	almen
weihen	ausweihen
Weihnachtsgebäck	Weihnachtsbäckerei
Weihnachtsgeld	Weihnachtsremuneration
Weihnachtsgeschenk	Christkindl
Weihnachtsmarkt	Christkindlmarkt
Weihwasser	Weihbrunn
Weißkappes	Weißkraut
Weißkohl	Weißkraut
weiter	weiters
wenden	reversieren, umdrehen

wenig	Alzerl
Weste	Gilet
Wetterdach	Schopf
werben	agentieren
Werk...	Werks...
Wert	Anwert
Wettkampf	Bewerb
Wichtigtuer	Wichtigmacher, Adabai, Gschaftlhuber
wie der Ochs vorm Scheunentor	wie 's Mandl beim Sterz
wie geht's	wie schaut's aus?
Wiener	Bazi
Windpocken	Schafblattern
Wink	Deuter
winken	wacheln
Winzer	[Wein]hauer, Weinzierl
Wirsing	Kohl
Wirtin	Zimmerfrau
wischen (fegen)	[zusammen]kehren
wispeln	pfeifen
Witwe[r]	Wittib[er]
Witz	Schmäh
Wohnsitz	Ansitz
Wolldecke	Kotzen
Würstchen	Würstel
Wurzel	Karotte
wütend werden	aufdrehen

Z

Zacke	Zacken
zahlen	erlegen, brandeln
Zeche	Konsumation
Zeck	Fangen, Fangerl
Zecke	Zeck
Zeltbahn	Zeltblatt
zelten	kampieren
zensieren	zensurieren
Zephyr	Zephir
zerbrechen	zusammenhauen
zerlegen	aushacken, ausschroten
zerstreiten	zerkriegen
zerzaust	zausig, zernepft
Zeugnis	Ausweis

Ziege	Geiß	zugleich	unter einem
Ziehharmonika	Maurerklavier	Zuhälter	Strizzi
Zierdecke	Überwurf	Zulauf	Griß
Zigarettendose	Tabatiere	zuletzt	auf die Letzt
Zigarette[nrest]	Tschick	zurück	retour
Zimmer	Kabinett	zurückbringen	zurückstellen
Zimmerdecke	Plafond	zur Zeit	derzeit, zurzeit
Zitze	Dutte	zusätzlich	außertourlich
Zollbeamter	Zollwachebeamter,	Zuschauer	Zuseher
	Finanzer	zusehen	zuschauen
Zollerklärung	Bollette	zustellen	zustreifen
zu Abend essen	nachtmahlen	zustimmen	akklamieren
zu (essen)	zum (Essen)	zuziehen	beiziehen
Zuchthaus	Kerker	Zweigstelle	Expositur
Zuckung	Bremsler	Zweitfrisur	Pepi
zudringlich	sekkant	Zwerg	Zwutschkerl
Zug	Garnitur	Zwetsche	Zwetschke
Zug...	Zugs...	Zwetschge	Zwetschke
Zugabe	Draufgabe, Drüber-	Zwischengeschoß	Mezzanin
	strahrer, Zuwaage	Zwischenmahlzeit	Jause
zu gegebener Zeit	seinerzeit	Zyklamen	Zyklame